主编 郭喜良 冉俊祥
副主编 陈旭东 朱永平 杜国兴
主审 徐永吉 潘 彪
摄影 陈旭东 朱永平

# 进口木材
# 原色图鉴

上海科学技术出版社

**第 2 版**

图书在版编目（CIP）数据

进口木材原色图鉴 / 郭喜良，冉俊祥主编. —2版. —上海：上海科学技术出版社，2016.9（2021.6重印）
ISBN 978-7-5478-3060-4

Ⅰ.①进… Ⅱ.①郭… ②冉… Ⅲ.①木材-进口商品-图谱 Ⅳ.①F752.652.4-64

中国版本图书馆CIP数据核字（2016）第096193号

**进口木材原色图鉴（第2版）**

主　　编　郭喜良　冉俊祥
副 主 编　陈旭东　朱永平　杜国兴
主　　审　徐永吉　潘　彪
摄　　影　陈旭东　朱永平
责任编辑　陈　晨　楼玲玲
装帧设计　房惠平

上海世纪出版股份有限公司
上海科学技术出版社　　出版
（上海钦州南路71号　邮政编码200235）
上海世纪出版股份有限公司发行中心发行
200001　上海福建中路193号　www.ewen.co
上海中华商务联合印刷有限公司印刷
开本 889×1194 1/16 印张 17.25
字数 800千字
2004年3月第1版
2016年9月第2版 2021年6月第17次印刷
ISBN 978-7-5478-3060-4/TS·185
定价：230.00元

本书如有缺页、错装或坏损等严重质量问题，请向工厂联系调换

## 内容说明

1. 本书以丰富逼真的彩图为主，配以精炼的文字说明，分地区详细介绍了我国常见的进口木材233种，隶属于60科182属。

2. 标题树种名包括中文名和拉丁名，部分树种经鉴定只能确定到属，书中用属名"+sp."表示。

3. 标题英文名为进口贸易合同中常用的地方名称之一。

4. 木材名称指中华人民共和国国家质量监督检验检疫总局2001年11月12日发布，2002年5月1日实施的国家标准《中国主要进口木材名称》GB/T 18513—2001中规定的名称。

5. 地方名称指输出国、产地国以及其他国家对该树种的称呼。因巴布亚新几内亚、所罗门群岛以及马来西亚沙捞越进口原木通常具有树种代码标识，故本书也加以列明，以便于现场识别。

6. 不规范名称指目前木材流通市场上常用的名称，大部分是商家随意冠名，缺乏科学性，且易误导消费者，本书加以列明以便广大读者鉴别对照。

7. 低倍显微镜下横切面宏观构造图片的放大倍数用括号加以说明，如（×12）则表示该图放大12倍。板样图指弦切面或径切面特征图片，均为实物大小，未经放大。

8. 识别要点的内容主要是该树种具有代表性的识别特征，便于读者快速查阅和使用。

9. 所有树种根据产地分为南洋地区、非洲地区和其他地区，每个地区的树种均按科、属、种的拉丁名第一个字母先后排序，并以此顺序编排目录。

10. 为方便读者检索，本书附有树种中文名索引（以汉语拼音为序）、拉丁名索引和英文名及代码索引（以字母顺序排列）。

## 再版说明

本书于2004年出版以来,已经连续13次重印,2015年修订出版了便携平装版。在本书编写和修订过程中,得到国内外广大读者的关心和支持,指出了书中的差错和不足之处,也给我们提出了很好的建议。为了更好地满足广大读者的要求,使本书更实用、更科学、更权威,2016年,我们再次对本书的精装版进行了以下几方面的修订。

1. 增减树种

近年来,我国进口木材的数量和树种不断增多,其中不乏一些新树种,经过开发利用,市场知名度越来越高,得到了贸易商、生产企业以及消费者的喜爱,例如产于南美洲的微凹黄檀、雨树、阔变豆、李叶苏木,产于非洲热带地区的刺猬紫檀、非洲螺穗木、凯尔杂色豆等,这些都是性能优良的深色硬木。所以,本次的改版,我们增加了21个新的树种,同时也剔除了9个欠知名的、材质性能一般、用途不广的树种,这些树种主要来自巴布亚新几内亚。这样,新改编的图鉴共有233个树种(其中有12种木材属于红木,有9种木材被列入CITES附录予以管制),分别为南洋地区121种、非洲地区79种、其他地区33种,隶属于60科182属。

2. 图文勘误

当时由于受进口到货、现场取样、图像拍摄等条件的限制,少量树种的新切面、树皮以及原木的照片不太理想,不够典型,给读者带来了不便。在"国家材种鉴定与木材检疫重点实验室"的专家和专业领域其他朋友们的共同努力下,我们对第一版中的39个树种的文字内容进行了修订,同时也对37个树种的67张图片进行了更新。

3. 对部分隶属于红木或被列入CITES公约附录予以管制的濒危树种,在本次修订时,特别给以标识和备注,以期引起读者的关注和重视。

4. 在附录部分,新增加了三个附录:我国濒危物种进出口管理办公室行政许可事项公示内容;濒危野生动植物种国际贸易公约(CITES)简介及濒危木材物种进口贸易管理;濒危野生动植物种国际贸易公约(CITES)附录(木材类物种),以便于读者查阅。

由于作者水平有限,恳请专家、学者和广大读者朋友不吝赐教。在修订成书过程中,得到了朱君、王晶晶和龚正3位同志的大力协助,在此一并感谢!

2016年7月

# 序

森林是人类赖以生存和发展的宝贵资源，也是人类不可缺少的重要生态环境。保护森林、合理利用森林资源、建立可持续的森林生态系统，已经成为全球共同的课题。我国作为人均森林资源相对贫乏的发展中国家，每年需要进口大量的木材来满足国内国民经济的发展和人民生活水平的提高。近几年来，我国从欧洲、东南亚、非洲、大洋洲等地区进口木材数量逐年大幅增长。张家港口岸也已逐步发展为全国最大的阔叶木进口基地和贸易集散地。

目前，进口木材呈现出面广、量大、树种杂等特点，涉及非洲、东南亚、大洋洲、欧洲、南美洲等100多个国家和地区，进口树种500余种，其中不乏许多新树种。随着进口木材数量、地区和树种越来越多，研究开发、合理利用进口木材这一宝贵资源的意义显得日趋重要。

作者在张家港及周边口岸长期从事进口木材检验检疫工作，具有丰富的实践经验，他们充分发挥资源和技术优势，通过大量的现场拍摄、识别特征描述、用材单位调查、实物标本制作以及实验室微观鉴定等一系列工作，拍摄了1 000多张精美逼真的照片，编写了这本《进口木材原色图鉴》，详细介绍了我国主要进口木材树种的分布、木材构造特征、木材加工性能和用途的最新研究成果，旨在为广大的生产经营单位合理开发、综合利用进口木材资源，保护森林，可持续地经营和利用世界森林资源做出贡献。

本书详细介绍了当前国内市场上常见的233种进口木材，分别隶属于60个科和182个属，全书融实用性、科学性于一体，图文并茂，语言精练，结构严谨，并选配了大量的彩色实物图片，真实地展示了各种木材的树皮、心边材、弦切面或径切面以及断面结构等识别特征，同时还介绍了进口树种的分布、地方名称、标准名称、不规范名称、木材构造特征、木材加工性能和主要用途等知识，为准确、快速鉴定树种和合理开发使用木材提供了依据。

对于广大从事进口木材生产经营、出入境检验检疫、科研教学、进出口贸易、海关和木材检测等单位和人员来说，《进口木材原色图鉴》是一部颇有参考价值的工具书，它填补了我国彩色进口原木图鉴的空白。相信该书的出版对提高进口木材树种检验鉴定技术，促进我国对进口木材的开发利用和研究具有一定的意义。

国家质检总局党组成员
动植物检疫监管司司长

# 前言

自古以来,木材一直是人类生存不可缺少的物质材料。随着我国国民经济的发展和人民生活水平的逐年提高,国内对木材的需求越来越大,特别是1998年我国实施天然林保护工程以及1999年元月实施进口木材零关税政策,极大地刺激了木材的进口。目前,进口木材呈现出面广、量大、树种杂等特点,涉及非洲、东南亚、大洋洲、欧洲、南美洲等100多个国家和地区,进口树种500余种,其中不乏许多新树种,国内对之缺乏研究和开发。这些都给对外贸易、木材经营管理和加工利用带来一系列问题。为了填补我国进口木材原色图鉴资料的空白、促进进口木材在国内市场的开发利用,编者在长期检验、研究进口原木的基础上,通过大量的现场拍摄、识别特征描述、用材单位调查、实物标本制作以及实验室微观鉴定等一系列工作,拍摄了一千多张高精度的现场图片和横切面宏观构造特征照片,历时3年,完成此书。

本书以图文并茂的形式详细介绍了国内市场上常见的进口木材233种,隶属于60科182属,根据其产地分为南洋地区、非洲地区和其他地区三部分,其中南洋地区包括东南亚各地、大洋洲的巴布亚新几内亚和所罗门群岛。全书融实用性、科学性于一体,图文并茂,语言精练,结构严谨,并选配了大量的彩色实物图片,真实地展示了各种木材的树皮、心边材、弦切面或径切面以及宏观构造等识别特征,同时还介绍了进口树种的分布、地方名称、规范名称、不规范名称、木材构造特征、木材加工性能和主要用途等知识,为准确、快速鉴定树种和合理开发使用木材提供了依据。

我们相信,本书的出版,将促进我国进口木材的开发利用和研究,提高国内用户对进口木材的认识和鉴别能力,对保护我国宝贵的森林资源有着重要意义。同时,该书对生产加工、教学、科研、进出口贸易、出入境检验检疫、海关和木材检测等单位和人员具有较高的参考价值。

在这部《进口木材原色图鉴》付梓之际,特向在标本鉴定和成书过程中给予帮助的南京林业大学木材科学研究所所长、博士生导师徐永吉教授以及潘彪教授表示衷心感谢。

由于编者水平有限,难免出现错漏,恳请同行专家、学者和广大读者不吝赐教。

编者

# 目录

## 一 南洋地区

山楂子 *Buchanania* sp. /2
坎诺漆 *Campnosperma* sp. /3
人面子 *Dracontomelon* sp. /4
胶漆树 *Gluta* sp. /5
帕里漆 *Parishia* sp. /6
槟榔青 *Spondias* sp. /7
糖胶树 *Alstonia scholaris* /8
鸡骨常山 *Alstonia* sp. /9
小脉夹竹桃 *Dyera costulata* /10
贝壳杉 *Agathis* sp. /11
巴布亚金刀木 *Planchonia papuana* /12
榴莲 *Durio* sp. /13
橄榄（红）*Canarium* sp. /14
橄榄（灰）*Canarium* sp. /15
摘亚木 *Dialium* sp. /16
印茄 *Intsia* sp. /17
贝特豆 *Kingiodendron* sp. /18
大甘巴豆 *Koompassia excelsa* /19
大花甘巴豆 *Koompassia grandiflora* /20
甘巴豆 *Koompassia malaccensis* /21
马尼尔豆 *Maniltoa psylogyne* /22
冠瓣木 *Lophopetalum* sp. /23
伞花姜饼木 *Parinari corymbosa* /24
榄仁（黄）*Terminalia* sp. /25
榄仁（褐）*Terminalia* sp. /26
榄仁（红褐）*Terminalia* sp. /27
毛榄仁 *Terminalia tomentosa* /28
裂冠木 *Schizomeria* sp. /29
苏门达腊八果木 *Octomeles sumatrana* /30
四数木 *Tetrameles nudiflora* /31
五桠果 *Dillenia* sp. /32
异翅香 *Anisoptera* sp. /33
龙脑香 *Dipterocarpus* sp. /34

冰片香 *Dryobalanops* sp. /35
坡垒（轻）*Hopea* sp. /36
坡垒（重）*Hopea* sp. /37
娑罗双（白）*Shorea* sp. /38
娑罗双（黄）*Shorea* sp. /39
娑罗双（深红）*Shorea* sp. /40
娑罗双（重黄）*Shorea* sp. /41
青皮 *Vatica* sp. /42
杜英 *Elaeocarpus* sp. /43
猴欢喜 *Sloanea* sp. /44
秋枫 *Bischofia javanica* /45
黄桐 *Endospermum* sp. /46
交趾黄檀 *Dalbergia cochinchinensis* /47
阔叶黄檀 *Dalbergia latifolia* /48
奥氏黄檀 *Dalbergia oliveri* /49
大果紫檀 *Pterocarpus macrocarpus* /50
檀香紫檀 *Pterocarpus santalinus* /51
渐尖栲 *Castanopsis acuminatissima* /52
石栎 *Lithocarpus* sp. /53
菲律宾特里卡木 *Trichadenia philippinensis* /54
棱柱木 *Gonystylus* sp. /55
海棠木 *Calophyllum* sp. /56
山竹子（白）*Garcinia* sp. /57
山竹子（红）*Garcinia* sp. /58
黄牛木 *Cratoxylum* sp. /59

桂樟 *Cinnamomum culilawan* /60
厚壳桂 *Cryptocarya* sp. /61
土楠 *Endiandra* sp. /62
坤甸铁樟木 *Eusideroxylon zwageri* /63
木姜子 *Litsea* sp. /64
巴新埃梅木 *Elmerrillia papuana* /65
木莲 *Manglietia* sp. /66
钟康木 *Dactylocladus stenostachys* /67
米仔兰 *Aglaia* sp. /68
兜状阿摩楝 *Amoora cucullata* /69
溪沙 *Chisocheton* sp. /70
樫木（红）*Dysoxylum* sp. /71
樫木（白）*Dysoxylum* sp. /72
山道楝 *Sandoricum* sp. /73
红椿 *Toona ciliata* var. *sureni* /74
南洋楹 *Albizia falcataria* /75
木荚豆 *Xylia* sp. /76
箭毒木 *Antiaris toxicaria* /77
波罗蜜 *Artocarpus* sp. /78
榕树 *Ficus* sp. /79
臭桑 *Parartocarpus venenosus* /80
肉豆蔻 *Myristica* sp. /81
剥皮桉 *Eucalyptus deglupta* /82
巨桉 *Eucalyptus grandis* /83
番樱桃 *Eugenia* sp. /84
水蒲桃 *Syzygium buettnerianum* /85
爪哇铁青树 *Strombosia javanica* /86
椰子木 *Cocos nucifera* /87
陆均松 *Dacrydium* sp. /88
苦味罗汉松 *Podocarpus amarus* /89
竹节树 *Carallia brachiata* /90
风车果 *Combretocarpus rotundatus* /91
马来蔷薇 *Parastemon urophyllum* /92
黄梁木 *Anthocephalus chinensis* /93
大叶黄梁木 *Anthocephalus macrophyllus* /94
鞭茜草木 *Mastixiodendron pachyclados* /95

黄胆木 *Nauclea* sp. /96
新黄胆木 *Neonauclea* sp. /97
吴茱萸 *Euodia* sp. /98
舍帝巨盘木 *Flindersia schottiana* /99
烈味天料木 *Homalium foetidum* /100
番龙眼 *Pometia* sp. /101
特斯铁罗 *Tristiropsis canarioides* /102
倒卵伯克山榄 *Burckella obovata* /103
金叶山榄 *Chrysophyllum* sp. /104
迈氏铁线子 *Manilkara merrilliana* /105
胶木 *Palaquium* sp. /106
凯特山榄 *Planchonella thyrsoidea* /107
红山榄 *Planchonella torricellensis* /108
伯克尔臭椿 *Ailanthus integrifolia* (*A. peekellii*) /109
八宝树 *Duabanga* sp. /110
银叶树 *Heritiera littoralis* /111
舟翅桐 *Pterocymbium* sp. /112
霍氏翅苹婆 *Pterygota horsfieldii* /113
船形木 *Scaphium* sp. /114
苹婆 *Sterculia* sp. /115
巴布亚大头茶 *Gordonia papuana* /116
硬椴 *Pentace* sp. /117
阔叶朴 *Celtis latifolia* /118
菲律宾朴 *Celtis philippinensis* /119
摩鹿加石梓 *Gmelina moluccana* /120
柚木 *Tectona grandis* /121
黄叶树 *Xanthophyllum* sp. /122

桂樟　*Cinnamomum culilawan* /60
厚壳桂　*Cryptocarya* sp. /61
土楠　*Endiandra* sp. /62
坤甸铁樟木　*Eusideroxylon zwageri* /63
木姜子　*Litsea* sp. /64
巴新埃梅木　*Elmerrillia papuana* /65
木莲　*Manglietia* sp. /66
钟康木　*Dactylocladus stenostachys* /67
米仔兰　*Aglaia* sp. /68
兜状阿摩楝　*Amoora cucullata* /69
溪沙　*Chisocheton* sp. /70
樫木（红）　*Dysoxylum* sp. /71
樫木（白）　*Dysoxylum* sp. /72
山道楝　*Sandoricum* sp. /73
红椿　*Toona ciliata* var. *sureni* /74
南洋楹　*Albizia falcataria* /75
木荚豆　*Xylia* sp. /76
箭毒木　*Antiaris toxicaria* /77
波罗蜜　*Artocarpus* sp. /78
榕树　*Ficus* sp. /79
臭桑　*Parartocarpus venenosus* /80
肉豆蔻　*Myristica* sp. /81
剥皮桉　*Eucalyptus deglupta* /82
巨桉　*Eucalyptus grandis* /83
番樱桃　*Eugenia* sp. /84
水蒲桃　*Syzygium buettnerianum* /85
爪哇铁青树　*Strombosia javanica* /86
椰子木　*Cocos nucifera* /87
陆均松　*Dacrydium* sp. /88
苦味罗汉松　*Podocarpus amarus* /89
竹节树　*Carallia brachiata* /90
风车果　*Combretocarpus rotundatus* /91
马来蔷薇　*Parastemon urophyllum* /92
黄梁木　*Anthocephalus chinensis* /93
大叶黄梁木　*Anthocephalus macrophyllus* /94
鞭茜草木　*Mastixiodendron pachyclados* /95

黄胆木　*Nauclea* sp. /96
新黄胆木　*Neonauclea* sp. /97
吴茱萸　*Euodia* sp. /98
舍帝巨盘木　*Flindersia schottiana* /99
烈味天料木　*Homalium foetidum* /100
番龙眼　*Pometia* sp. /101
特斯铁罗　*Tristiropsis canarioides* /102
倒卵伯克山榄　*Burckella obovata* /103
金叶山榄　*Chrysophyllum* sp. /104
迈氏铁线子　*Manilkara merrilliana* /105
胶木　*Palaquium* sp. /106
凯特山榄　*Planchonella thyrsoidea* /107
红山榄　*Planchonella torricellensis* /108
伯克尔臭椿　*Ailanthus integrifolia* (*A. peekellii*) /109
八宝树　*Duabanga* sp. /110
银叶树　*Heritiera littoralis* /111
舟翅桐　*Pterocymbium* sp. /112
霍氏翅苹婆　*Pterygota horsfieldii* /113
船形木　*Scaphium* sp. /114
苹婆　*Sterculia* sp. /115
巴布亚大头茶　*Gordonia papuana* /116
硬椴　*Pentace* sp. /117
阔叶朴　*Celtis latifolia* /118
菲律宾朴　*Celtis philippinensis* /119
摩鹿加石梓　*Gmelina moluccana* /120
柚木　*Tectona grandis* /121
黄叶树　*Xanthophyllum* sp. /122

# 目录

## 一 南洋地区

山榄子 *Buchanania* sp. /2
坎诺漆 *Campnosperma* sp. /3
人面子 *Dracontomelon* sp. /4
胶漆树 *Gluta* sp. /5
帕里漆 *Parishia* sp. /6
槟榔青 *Spondias* sp. /7
糖胶树 *Alstonia scholaris* /8
鸡骨常山 *Alstonia* sp. /9
小脉夹竹桃 *Dyera costulata* /10
贝壳杉 *Agathis* sp. /11
巴布亚金刀木 *Planchonia papuana* /12
榴莲 *Durio* sp. /13
橄榄（红）*Canarium* sp. /14
橄榄（灰）*Canarium* sp. /15
摘亚木 *Dialium* sp. /16
印茄 *Intsia* sp. /17
贝特豆 *Kingiodendron* sp. /18
大甘巴豆 *Koompassia excelsa* /19
大花甘巴豆 *Koompassia grandiflora* /20
甘巴豆 *Koompassia malaccensis* /21
马尼尔豆 *Maniltoa psylogyne* /22
冠瓣木 *Lophopetalum* sp. /23
伞花姜饼木 *Parinari corymbosa* /24
榄仁（黄）*Terminalia* sp. /25
榄仁（褐）*Terminalia* sp. /26
榄仁（红褐）*Terminalia* sp. /27
毛榄仁 *Terminalia tomentosa* /28
裂冠木 *Schizomeria* sp. /29
苏门达腊八果木 *Octomeles sumatrana* /30
四数木 *Tetrameles nudiflora* /31
五桠果 *Dillenia* sp. /32
异翅香 *Anisoptera* sp. /33
龙脑香 *Dipterocarpus* sp. /34

冰片香 *Dryobalanops* sp. /35
坡垒（轻）*Hopea* sp. /36
坡垒（重）*Hopea* sp. /37
娑罗双（白）*Shorea* sp. /38
娑罗双（黄）*Shorea* sp. /39
娑罗双（深红）*Shorea* sp. /40
娑罗双（重黄）*Shorea* sp. /41
青皮 *Vatica* sp. /42
杜英 *Elaeocarpus* sp. /43
猴欢喜 *Sloanea* sp. /44
秋枫 *Bischofia javanica* /45
黄桐 *Endospermum* sp. /46
交趾黄檀 *Dalbergia cochinchinensis* /47
阔叶黄檀 *Dalbergia latifolia* /48
奥氏黄檀 *Dalbergia oliveri* /49
大果紫檀 *Pterocarpus macrocarpus* /50
檀香紫檀 *Pterocarpus santalinus* /51
渐尖栲 *Castanopsis acuminatissima* /52
石栎 *Lithocarpus* sp. /53
菲律宾特里卡木 *Trichadenia philippinensis* /54
棱柱木 *Gonystylus* sp. /55
海棠木 *Calophyllum* sp. /56
山竹子（白）*Garcinia* sp. /57
山竹子（红）*Garcinia* sp. /58
黄牛木 *Cratoxylum* sp. /59

## 二 非洲地区

洞果漆 Antrocaryon sp. /124
红木棉 Rhodognaphalon brevicuspe /125
奥克榄 Aucoumea klaineana /126
非洲橄榄 Canarium schweinfurthii /127
中非蜡烛木 Dacryodes buettneri /128
异毛蜡烛木 Dacryodes heterotricha /129
缅茄 Afzelia sp. /130
鞋木 Berlinia sp. /131
劳氏短盖豆 Brachystegia laurentii /132
米氏短盖豆 Brachystegia mildbraedii /133
短盖豆 Brachystegia sp. /134
神圣香脂树 Copaifera religiosa /135
西非香脂树 Copaifera salikounda /136
假凤梨喃喃果 Cynometra ananta /137
西非苏木 Daniellia sp. /138
大果荚髓苏木 Detarium macrocarpum /139
荚髓苏木 Detarium senegalense /140
代德苏木 Didelotia sp. /141
两蕊苏木 Distemonanthus benthamianus /142
格木 Erythrophleum sp. /143
大瓣苏木 Gilbertiodendron sp. /144
香脂苏木 Gossweilerodendron balsamiferum /145
阿诺古夷苏木 Guibourtia arnoldiana /146
爱里古夷苏木 Guibourtia ehie /147
古夷苏木 Guibourtia sp. /148
小鞋木豆 Microberlinia sp. /149
单瓣豆 Monopetalanthus sp. /150
尖柱苏木 Oxystigma oxyphyllum /151
赛鞋木豆 Paraberlinia bifoliolata /152
赛油楠 Sindoropsis letestui /153
塔布四鞋木 Tetraberlinia tubmaniana /154
风车木 Combretum imberbe /155
艳丽榄仁 Terminalia superba /156
乌木 Diospyros sp. /157
非洲螺穗木 Spirostachys africana /158
凯尔杂色豆 Baphia kirkii /159

可乐豆木 Colophospermum mopane /160
卢氏黑黄檀 Dalbergia louvelii /161
东非黑黄檀 Dalbergia melanoxylon /162
非洲崖豆木 Millettia laurentii /163
斯图崖豆木 Millettia stuhlmannii /164
大美木豆 Pericopsis elata /165
安哥拉紫檀 Pterocarpus angolensis /166
刺猬紫檀 Pterocarpus erinaceus /167
非洲紫檀 Pterocarpus soyauxii /168
葱叶状铁木豆 Swartzia fistuloides /169
马达加斯加铁木豆 Swartzia madagascariensis /170
非洲风车玉蕊 Combretodendron macrocarpum /171
安哥拉非洲棟 Entandrophragma angolense /172
大非洲棟 Entandrophragma candollei /173
刚果非洲棟 Entandrophragma congoense /174
筒状非洲棟 Entandrophragma cylindricum /175
良木非洲棟 Entandrophragma utile /176
黑驼峰棟 Guarea thompsonii /177
卡雅棟 Khaya sp. /178
虎斑棟 Lovoa sp. /179
海氏瓮萼豆 Calpocalyx heitzii /180
加蓬圆盘豆 Cylicodiscus gabunensis /181
腺瘤豆 Piptadeniastrum africanum /182
大绿柄桑 Chlorophora excelsa /183
凹果豆蔻 Coelocaryon preussii /184
安哥拉丛花树 Pycnanthus angolensis /185
具柄西非肉豆蔻 Staudtia stipitata /186
翼红铁木 Lophira alata /187
特斯金莲木 Testulea gabonensis /188
克莱小红树 Anopyxis klaineana /189
富油红树 Poga oleosa /190
毛帽柱木 Mitragyna ciliata /191
狄氏黄胆木 Nauclea diderrichii /192
软崖椒 Fagara heitzii /193
粗状阿林山榄 Aningeria robusta /194
奥特山榄 Autranella congolensis /195

毒籽山榄 *Baillonella toxisperma* /196
非洲甘比山榄 *Gambeya africana* /197
莱特山榄 *Letestua durissima* /198
猴子果 *Tieghemella heckelii* /199
黄苹婆 *Sterculia oblonga* /200
褐苹婆 *Sterculia rhinopetala* /201
白梧桐 *Triplochiton scleroxylon* /202

# 三 其他地区

槭木 *Acer* sp. /204
白桦 *Betula platyphylla* /205
欧洲鹅耳枥 *Carpinus betulus* /206
孪叶苏木 *Hymenaea courbaril* /207
紫心苏木 *Peltogyne* sp. /208
甘蓝豆 *Andira* sp. /209
微凹黄檀 *Dalbergia retusa* /210
阔变豆 *Platymiscium* sp. /211
平萼铁木豆 *Swartzia leiocalycina* /212
欧洲水青冈 *Fagus sylvatica* /213
美洲白栎 *Quercus alba* /214
柞木 *Quercus mongolica* /215
红栎 *Quercus rubra* /216
毛药树 *Goupia* sp. /217
黑核桃 *Juglans nigra* /218
红尼克樟 *Nectandra rubra* /219
雨树 *Samanea saman* /220
饱食桑 *Brosimum* sp. /221
水曲柳 *Fraxinus mandshurica* /222
西伯利亚冷杉 *Abies sibirica* /223
落叶松 *Larix gmelinii* /224
日本鱼鳞云杉 *Picea jezoensis* /225
红皮云杉 *Picea koraiensis* /226

辐射松 *Pinus radiata* /227
西伯利亚红松 *Pinus sibirica* /228
樟子松 *Pinus sylvestris* var. *mongolica* /229
北美黄杉 *Pseudotsuga menziesii* /230
铁杉 *Tsuga* sp. /231
甜樱桃 *Prunus avium* /232
黑樱桃 *Prunus serotina* /233
杨木 *Populus* sp. /234
玫瑰夸雷木 *Qualea rosea* /235
乔木维腊木 *Bulnesia arborea* /236

拉丁名索引 /237
英文名索引 /239
中文名索引 /249
附录1 木材宏观识别特征基本知识 /254
附录2 我国濒危物种进出口管理办公室行政许可事项公示内容 /259
附录3 濒危野生动植物种国际贸易公约（CITES）简介及濒危木材物种进口贸易管理 /261
附录4 濒危野生动植物种国际贸易公约（CITES）附录（木材物种）/262

参考文献 /264

# 一 南洋地区
# Tropical Asian Region

# 山樏子 *Buchanania* sp.
## PINK SATINWOOD

漆树科
*Anacardiaceae*

- 山樏子属 *Buchanania*
- 木材名称：暂无
- 地方名称：Pink Satinwood（巴布亚新几内亚-代码SAP），Pauhan（印度尼西亚），Otak-udang（马来西亚沙捞越），Balinghasai（菲律宾）。
- 不规范名称：粉椴木、山样子、红椴木
- 识别要点：新鲜树皮剥离时，材表常因渗出红色树液而呈红色。放大镜下可见径向树胶道，在弦切面木射线中表现为黑色小点。木材质轻，与椴木相近，但结构较椴木粗。

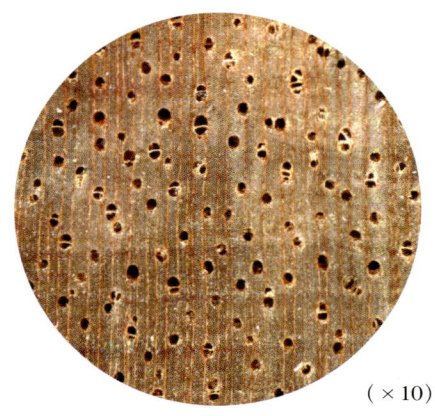

(×10)

- 宏观构造：散孔材。管孔肉眼下明显，少，略大；单管孔及径列复管孔（2～4个）；具少量内含物。轴向薄壁组织放大镜下不见。木射线放大镜下略见，密度中，甚窄。

- 树木与分布：乔木。本属约25种，分布于东南亚、澳大利亚、巴布亚新几内亚等热带地区。主要从巴布亚新几内亚进口，数量较多。

- 横断面：心边材区别不明显。心材淡粉红色。边材淡灰色或淡粉红色。生长轮不明显。

- 板样

- 树皮：厚1.0～1.5 cm，质硬脆，易块状剥离。外皮灰褐色或灰白色；具不规则的浅龟裂；皮孔明显。内皮红褐色；韧皮纤维较发达；石细胞较明显，颗粒状及层状分布。新鲜树皮剥离时，材表常因渗出红色树液而呈红色。

- 木材材性：略具金色光泽。纹理直或浅交错；结构略细；材质轻软；强度低；干缩小。加工容易，切面光滑；易于钉钉，握钉力弱；油漆和胶黏性能良好。不耐腐。干燥快，略有翘曲。气干密度0.34～0.54 g/cm³。

- 木材用途：主要适用于装饰线条、旋切单板、胶合板、家具、火柴盒、模型、包装箱、科技木原料等。

# 坎诺漆 *Campnosperma* sp.
## TERENTANG

漆树科
*Anacardiaceae*

- **坎诺漆属** *Campnosperma*
- **木材名称**：坎诺漆
- **地方名称**：Terentang（马来西亚沙捞越－代码TERE、印度尼西亚），Campnosperma（巴布亚新几内亚－代码CAM、所罗门群岛－代码CP/CM），Terentang daun besar、Terentang kelintang（马来西亚），Talantang putih（印度尼西亚），Nang pron（泰国）。
- **不规范名称**：印尼漆、漆木
- **识别要点**：外皮灰白色，极薄，易纸片状脱落。新鲜树皮剥离时常见深色树液渗出。轴向薄壁组织难见，横向胞间道在放大镜下有时可见。木材灰粉红色，质轻软，结构细而匀。

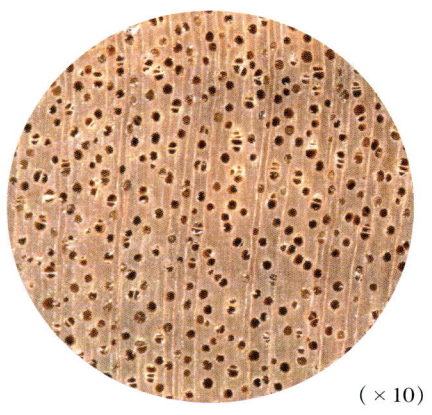

(×10)

- **宏观构造**：散孔材。管孔肉眼下可见，略少，略大；主为单管孔，少数径列复管孔（2～3个）；含深色树胶。轴向薄壁组织放大镜下未见。木射线放大镜下可见，稀而窄。

- **树木与分布**：中至大乔木，高约30 m，直径0.5 m。本属共15种，分布于马来西亚、印度尼西亚、巴布亚新几内亚、中南美洲及非洲地区。主要从巴布亚新几内亚进口，数量大。

- **横断面**：心边材区别略明显。心材灰粉红色或灰褐色微红，具深色细条纹。边材色浅，宽5～8 cm。生长轮不明显。

- **板样**

- **树皮**：厚1～2 cm，质硬，易条块状剥落。外皮灰白色；极薄，易纸片状脱落。内皮紫红色；韧皮纤维略发达；石细胞发达，细砂粒状。新鲜树皮剥离时常见深色树液渗出。

- **木材材性**：光泽弱。纹理交错；结构细而均匀；质轻软；强度低；干缩率低。锯、刨、旋切加工容易，切削面易粗糙起毛；胶黏和油漆性能一般，握钉力强。不耐腐。干燥快，略有翘曲和开裂。气干密度约0.37 g/cm³。

- **木材用途**：主要适用于胶合板、旋切单板、火柴杆和盒、装饰线条、绘图板、包装箱、板条箱、家具、模型、鞋跟等。

# 人面子 *Dracontomelon* sp.
## PNG WALNUT

漆树科
Anacardiaceae

- **人面子属** *Dracontomelon*
- **木材名称**：人面子木
- **地方名称**：PNG Walnut、Loup、Damoni、Dorea（巴布亚新几内亚–代码WAL），Sengkuang（马来西亚沙捞越–代码SMKU、印度尼西亚），Dao、Lamio、Paldao（菲律宾）、Dahu ketjil daun、Kailil aki（印度尼西亚），Mati anak（马来西亚）。
- **不规范名称**：黑胡桃、巴新胡桃木
- **识别要点**：新断面有深褐色至黑色同心圆状的条纹，边材很宽。板面有深色条纹，类似胡桃木。散孔材，不具切线状薄壁组织，可与核桃木区别。

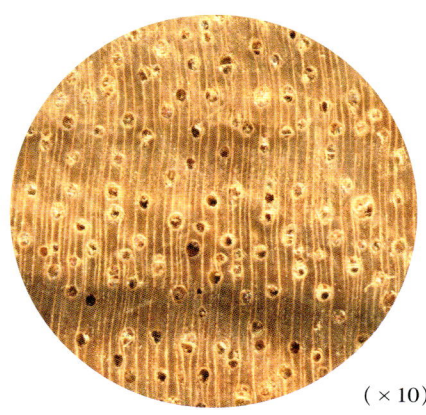

（×10）

- **宏观构造**：散孔材。管孔肉眼下可见，少，大小中等；主为单管孔，少数径列复管孔（2～3个）；具黑色树胶和侵填体。轴向薄壁组织放大镜下明显，略少，环管束状及短翼状。木射线放大镜下明显，密度中，窄。

- **树木与分布**：大乔木，树高30～35 m，直径0.6～1.0 m。本属有8种，分布于东南亚及巴布亚新几内亚。主要从巴布亚新几内亚进口，量较大。

- **横断面**：心边材区别明显。心材暗褐色，常带有深褐色至黑色同心圆状的条纹，略似核桃木。边材很宽，灰黄色或浅玫瑰色，宽可达20 cm以上。生长轮略明显，较均匀。

- **树皮**：厚0.5～1.0 cm，质硬，易大块状剥离。外皮薄、硬，易小片状脱落；灰白至灰褐色；皮孔小，圆形及狭长椭圆形，星散分布。内皮浅黄褐色至黄白色；韧皮纤维发达，层片状排列，易撕成麻丝状。

- **木材材性**：具光泽。纹理直或交错，有时呈波浪纹理；结构略细，均匀；重量中；硬度中；干缩中。加工容易，刨切质量好；油漆和胶黏性能良好；握钉力好。略耐腐。干燥性能良好，有开裂和翘曲。气干密度约0.6 g/cm³。

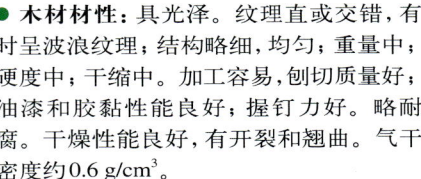

- **板样**

- **木材用途**：适用于刨切单板、胶合板、家具、地板、细木工、装潢线条、高级橱柜、木雕和工艺制品。是美国黑胡桃木的替代品。巴布亚新几内亚产的树木材质与樟科Lauraceae土楠属 *Endiandra* sp. 树木相似。

# 胶漆树 *Gluta* sp.
## RENGAS

漆树科
*Anacardiaceae*

- **胶漆树属** *Gluta*
- **木材名称**：任嘎漆
- **地方名称**：Rengas（马来西亚沙捞越–代码RGAS/REHU、印度尼西亚），Hekakore（巴布亚新几内亚–代码HEK），Son（越南），Kreoul（柬埔寨），Inhas（婆罗洲），Poei、Anga、Rengas tembaga、Rengas hutan（印度尼西亚），Gluta（缅甸）。
- **不规范名称**：红心漆、漆木、南洋漆、印尼花梨
- **识别要点**：材身常渗出刺激性树液。心边材区别极明显，边材很宽，心材鲜红色至深红色。轮界状的轴向薄壁组织明显。木材弦切面放大镜下可见含横向树胶道的纺锤形射线。

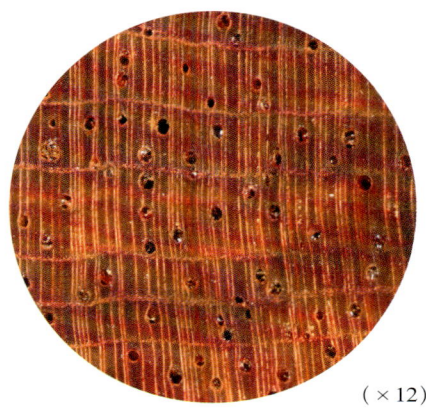

（×12）

- **宏观构造**：散孔材。管孔肉眼下可见，少，大小中等；主为单管孔，少数径列复管孔（通常2个）；心材具有丰富的红色树胶和侵填体。轴向薄壁组织放大镜下明显，发达，轮界状及环管束状。木射线放大镜下可见，略密、窄。

- **树木与分布**：落叶乔木，树高约37 m，胸径可达1.2 m。本属约13种，分布于马来西亚、印度尼西亚、缅甸等东南亚地区。主要从马来西亚进口，量少。

- **横断面**：心边材区别极明显。心材鲜红色至深红色也称血色。边材很宽，18～20 cm，灰粉红褐色。生长轮明显，具深色组织带。

- **板样**

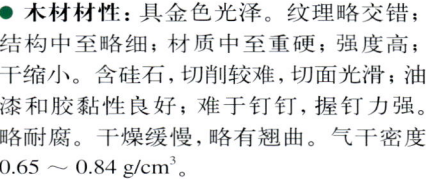

- **树皮**：厚约0.8 cm，质硬，易折断，易长条块状剥离。外皮红褐至黑褐色；具规则浅纵裂，易片状脱落。内皮红褐色；韧皮纤维近材表部位发达；石细胞颗粒状，层状排列。常有黑色树液渗出，对皮肤有刺激性，易引起斑疹。

- **木材材性**：具金色光泽。纹理略交错；结构中至略细；材质中至重硬；强度高；干缩小。含硅石，切削较难，切面光滑，油漆和胶黏性良好；难于钉钉，握钉力强。略耐腐。干燥缓慢，略有翘曲。气干密度0.65～0.84 g/cm³。

- **木材用途**：主要适用于优质家具、镶嵌板、刨切单板、胶合板、地板、细木工、装饰品、车台、桥梁、建筑以及工具柄等，可代替红木。

# 帕里漆 *Parishia* sp.
## SEPUL

漆树科
*Anacardiaceae*

- **帕里漆属** *Parishia*
- **木材名称**：暂无
- **地方名称**：Sepul、Kedondong、Rengas、Surian sepul（马来西亚）、Melabog、Bulabog（菲律宾）、Layang layang（马来西亚沙巴）、Rengas susu（马来西亚沙捞越－代码UPPI）、Malabang、Aan（印度尼西亚）。
- **不规范名称**：黄漆树、印缅漆
- **识别要点**：树皮创伤后常渗出黑色漆液。石细胞发达，细砂粒状。木材具径向树胶道，放大镜下可分辨。木材具油性感。弦切面常见因树胶引起的黑色小点。

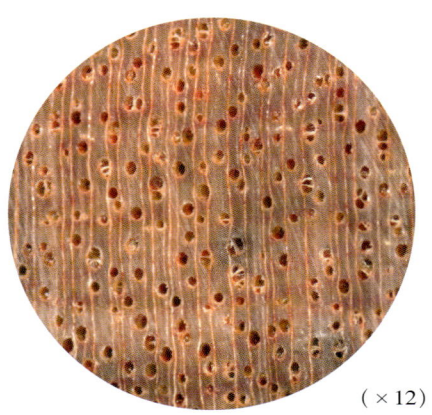

（×12）

- **宏观构造**：散孔材。管孔肉眼下可见，略少，大小中等；主为单管孔，少数径列复管孔（2～4个）；具深色沉积物及侵填体。轴向薄壁组织放大镜下略见，环管状。木射线放大镜下明显，稀，略窄。

- **树木与分布**：乔木。本属约12种，分布于印度尼西亚和马来西亚，主要从马来西亚进口，量不大。

- **横断面**：心边材区别略明显。心材浅红褐色。边材灰粉红色，宽约8 cm。生长轮略明显，均匀。

- **板样**

- **树皮**：厚0.5～0.8 cm，质硬，易剥离。外皮黑褐色，具细龟裂，薄片状脱落。内皮栗褐色，常渗出黑色漆液；韧皮纤维略发达；石细胞发达，细砂粒状。

- **木材材性**：略具光泽；具油性感。纹理直；结构略细；质地轻软至中；强度中；干缩大。加工容易，切面较光滑；油漆性能中等；胶黏和钉钉容易。不耐腐。干燥容易，易翘裂。气干密度0.52～0.75 g/cm³。

- **木材用途**：适用于旋切单板、胶合板、家具、包装箱、门窗、墙板、室内装饰等。

# 槟榔青 *Spondias* sp.
SPONDIAS

漆树科
*Anacardiaceae*

- **槟榔青属** *Spondias*
- **木材名称：** 暂无
- **地方名称：** Spondias（巴布亚新几内亚-代码SPO），Kedongdong jawa（马来西亚），Makaw farang（泰国），Mokak pareang（柬埔寨），Hevi（菲律宾），Coc（越南），Hogplum（东南亚地区）。
- **不规范名称：** 酸枣木
- **识别要点：** 外皮具明显的链珠状皮孔，长约8 cm。髓心明显，深红褐色。锯屑对眼、鼻、喉有刺激性。木材色浅，质轻软。弦面射线内横向树胶道在放大镜下可分辨。

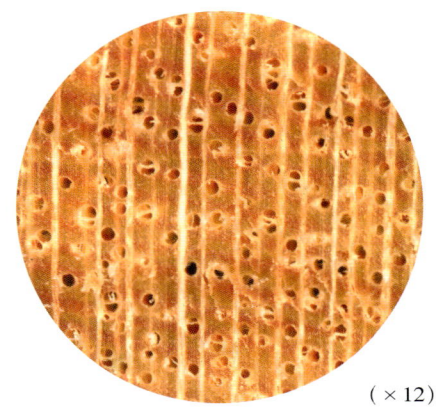

（×12）

- **宏观构造：** 散孔材。管孔放大镜下明显，少，大小中等；单管孔及径列复管孔（2～3个）。轴向薄壁组织放大镜下不明显，环管状及短翼状。木射线肉眼下明显，密度中，略宽。

- **树木与分布：** 落叶乔木，高10～25 m，胸径达1 m。本属10～20种，分布于东南亚及巴布亚新几内亚等地区。常从巴布亚新几内亚进口，较少见。

- **横断面：** 心边材区别不明显。木材淡黄褐色略带粉红色。生长轮略明显。髓心明显，深红褐色，近圆形。

- **树皮：** 厚2～3 cm。外皮灰黑色；质较软；具不规则龟裂，易块状剥离；具明显的链珠状皮孔，长约8 cm。内皮黄白色；韧皮纤维发达，捏之易呈棉絮状；石细胞发达，呈颗粒状堆积。断面常见黑色树液流出。

- **木材材性：** 纹理直或波纹状交错；结构中，均匀；质轻软；强度低。加工不难，但刨切时容易出现毛刺，且形成绒毛状表面；油漆和胶黏性能中等；握钉力小。不耐腐。干燥容易，稍有翘曲。气干密度0.35～0.46 g/cm³。

- **板样**

- **木材用途：** 适用于胶合板、旋切单板、火柴杆及盒、箱板、墙壁板及普通家具等。

# 糖胶树 *Alstonia scholaris*
## WHITE CHEESEWOOD

夹竹桃科
*Apocynaceae*

- **鸡骨常山属** *Alstonia*
- **木材名称：** 灯架木
- **地方名称：** White cheesewood、Milky pine、Alstonia（澳大利亚、巴布亚新几内亚－代码CWW）, Pulai、Basong（马来西亚）, Dita（菲律宾）, Shaitan wood、Pulai biasa（印度尼西亚）, Mo-ciua（越南）, Mergalang、Pelai（马来西亚沙捞越－代码PELI）, Chatian（印度）, Poeplkhe（柬埔寨）, Shaitan（缅甸）。
- **不规范名称：** 白乳木、乳松、鸭脚树
- **识别要点：** 外皮黄褐色，呈块状脱落，可与外皮黑褐色、有龟裂的夹竹桃木 Jelutong（*Dyera costulata*）相区别。材身因乳汁迹产生的洞眼比夹竹桃木大。管孔内含物常呈红色，带状薄壁组织与木射线构成网状。木材黄白色，质轻软。

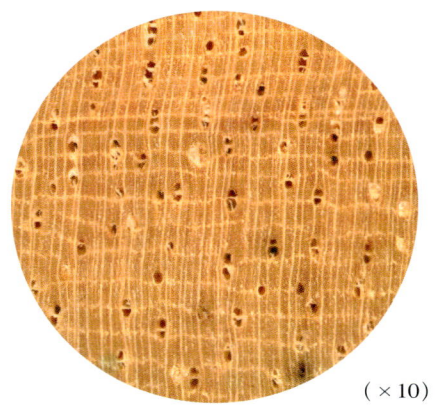

(×10)

- **宏观构造：** 散孔材。管孔肉眼下可见，少，大小中等；主为径列复管孔（2～7个，多2～3个），少数单管孔；具红色内含物。轴向薄壁组织肉眼下可见，发达，弦向细带状，常与木射线构成网状。木射线放大镜下明显，密度中，窄。

- **树木与分布：** 大乔木，主干高30 m，胸径0.8～0.9 m。本属约50种，分布于东南亚、大洋洲及非洲。该种主要从马来西亚以及巴布亚新几内亚进口，数量较多。另巴布亚新几内亚常把该属密度大的一类叫做 Hard Alstonia。

- **横断面：** 心边材无区别。木材黄白色。生长轮不明显。

- **树皮：** 厚2～3 cm，新鲜时不易剥落，日晒后可块状脱落。外皮灰黄褐色，表面光滑，质较松软；具横向排列的细线状皮孔。内皮浅黄褐色，砍削后会渗出大量白色乳液；质地疏松，捏之成粉末。

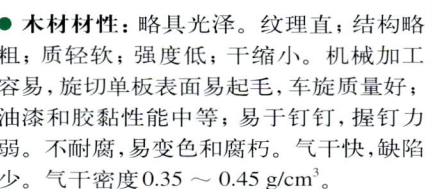

- **板样**

- **木材材性：** 略具光泽。纹理直；结构略粗；质轻软；强度低；干缩小。机械加工容易，旋切单板表面易起毛，车旋质量好；油漆和胶黏性能中等；易于钉钉，握钉力弱。不耐腐，易变色和腐朽。气干快，缺陷少。气干密度0.35～0.45 g/cm³。

- **木材用途：** 适用于模型、天花板、鞋跟、图画板、旋切单板、胶合板芯板、包装材料、家具及室内装修、火柴杆等。

# 鸡骨常山 *Alstonia* sp.
## HARD ALSTONIA

夹竹桃科
*Apocynaceae*

- 鸡骨常山属 *Alstonia*
- 木材名称：暂无
- 地方名称：Hard Alstonia（巴布亚新几内亚－代码ALH）。
- 不规范名称：硬乳木
- 识别要点：树皮易长条状脱落。管孔内浅色沉积物丰富。石细胞颗粒状及层状排列。比同一属的糖胶树 *Alstonia scholaris* 重。

- 树木与分布：大乔木，主干高 12～15 m，直径 0.9～1.2 m，有时具板根。本属约 50 种，分布于东南亚及南太平洋地区。主要从巴布亚新几内亚进口，量不多。本属中巴布亚新几内亚产 *Alstonia scholaris*，因材质轻软，归入白乳木类，其余各种均归入硬乳木类。

- 树皮：厚 0.8～1.0 cm，质硬，易折断，日晒后易长条状脱落。外皮表面灰褐色至灰黄，内层浅黄色，具有规则的浅纵裂。内皮黄白色；韧皮纤维较发达；石细胞丰富，颗粒状，层状排列。

- 横断面：心边材区别略明显。心材浅黄褐色。边材色浅，黄白色。生长轮略明显。

- 宏观构造：散孔材。管孔放大镜下明显，略多，略小；单管孔及径列复管孔（2～5个，多数 2～3 个）；具丰富的浅色沉积物。轴向薄壁组织肉眼下不明显，少，离管短线状。木射线放大镜下明显，略密，窄。

- 板样

- 木材材性：略具光泽。纹理交错；结构略粗；重量中至重；硬；加工容易，表面光滑。油漆和胶黏性中等。易于钉钉，握钉力中。气干密度 0.67～0.85 g/cm³。

- 木材用途：适用于一般建筑、重型建筑、地板、枕木、雕刻、单板及胶合板、家具及室内装修等。

# 小脉夹竹桃 *Dyera costulata*
## JELUTONG

夹竹桃科
*Apocynaceae*

- **夹竹桃木属** *Dyera*
- **木材名称**：夹竹桃木
- **地方名称**：Jelutong、Jelutong paya、Jelutong bukit（马来西亚沙巴、沙捞越－代码JELU），Tinpeddaeng（泰国），Njalutung（印度尼西亚），Red jelutong。
- **不规范名称**：南洋桐、南洋夹竹桃、日罗冬
- **识别要点**：外皮灰色或灰黑色；具龟裂，易呈小方块状脱落。材身因乳汁迹产生的洞眼比糖胶树 *Alstonia scholaris* 小。管孔主为径向复管孔。轴向薄壁组织细线状，比糖胶树的带状细，排列间距也小。木材色浅，质轻软，结构细而匀。

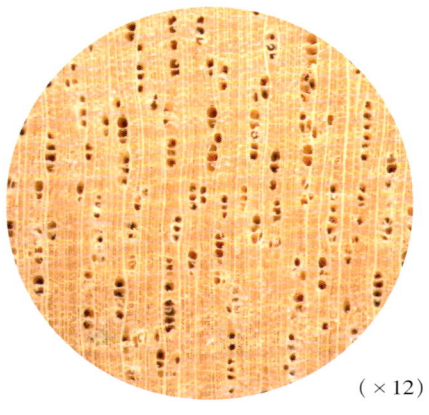

(×12)

- **宏观构造**：散孔材。管孔肉眼下可见，少，略大；主为短径列复管孔（2～4个），少数单管孔。轴向薄壁组织放大镜下可见，丰富，离管细线状及星散聚合状，与木射线构成网状。木射线放大镜下明显，密度中，窄。

- **树木与分布**：大乔木，高近30 m，胸径约1.2 m。本属2～3种，分布于东南亚地区。该种主要从马来西亚进口，量大。

- **横断面**：心边材区别不明显。新切面乳白色，久为浅草黄色。生长轮略明显。

- **树皮**：厚1.0～1.5 cm，质软，易剥离。外皮灰色或灰黑色；表面粗糙，有浅的细沟槽或龟裂，易呈小方块状脱落。内皮棕褐色，最内层为浅黄褐色；易捻成粉末状；石细胞丰富，颗粒状，近材表部位呈环状排列。

- **木材材性**：光泽弱。纹理直；结构略细，均匀；质轻软，强度低。干缩小。易于加工，切面略光滑；油漆和胶黏性能良好；易于钉钉，握钉力弱。不耐腐。干燥速度快，稍有翘曲和表面开裂。气干密度约0.44 g/cm³。

- **板样**

- **木材用途**：适用于模型、乒乓球拍、缝纫机台板、家具、绘图板、铅笔杆、包装箱、旋切单板、胶合板的芯板、室内轻型构件。白色乳液可作口香糖的原料。

# 贝壳杉 *Agathis* sp.
## AGATHIS

南洋杉科
*Araucariaceae*

- **贝壳杉属** *Agathis*
- **木材名称**：贝壳杉
- **地方名称**：Agathis（印度尼西亚），Bindang（所罗门群岛－代码CAD、马来西亚沙捞越－代码BIND）、Damar-minyak、Malayan kauri（马来西亚），Kauri pine（新西兰、巴布亚新几内亚－代码AGA）、Tjina（印度尼西亚）、Mengilan（马来西亚沙巴）、Almaciga（菲律宾）、Dakua makedre（斐济）、East indian kauri、Tolong（缅甸）。
- **不规范名称**：南洋扁柏、南洋桂树、卡里松
- **识别要点**：树皮刚剥离的材表红褐色，并残留少许丝状内皮。树木受伤后流出白色的树液。木材具深色晚材带形成的条纹。

(×16)

- **宏观构造**：早晚材区别不明显。早材至晚材渐变，晚材带窄。早材管胞放大镜下可见。轴向薄壁组织无。木射线放大镜下明显，稀，甚窄。

- **树木与分布**：常绿乔木，高达38 m，胸径1.5～3.0 m。本属约20种，是南洋材中最有名的针叶树材，分布于东南亚到巴布亚新几内亚和南太平洋地区。常从马来西亚、印度尼西亚进口，量大。

- **横断面**：心边材区别不明显。木材浅黄褐色。生长轮略明显，常见轮界状深色晚材带。

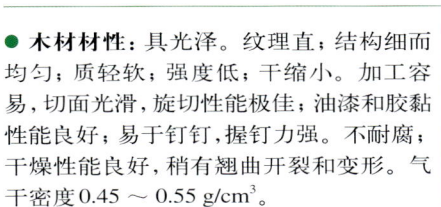

- **板样**

- **树皮**：厚1.0～2.5 cm，质硬脆，不易剥落。外皮灰褐色；表面光滑；小片状脱落后现出圆形凹陷。内皮浅红褐色；韧皮纤维略发达；石细胞较发达。树皮刚剥离的材表红褐色，并残留少许丝状内皮。树木受伤后流出白色的树液。

- **木材材性**：具光泽。纹理直；结构细而均匀；质轻软；强度低；干缩小。加工容易，切面光滑，旋切性能极佳；油漆和胶黏性能良好；易于钉钉，握钉力强。不耐腐；干燥性能良好，稍有翘曲开裂和变形。气干密度0.45～0.55 g/cm³。

- **木材用途**：适用于家具、房屋结构、高级细木工制品、绘图板、箱盒、盆桶、胶合板、旋切单板、模型以及火柴杆、铅笔杆、造船等。其树脂是制造高级亮漆的原料。

# 巴布亚金刀木 *Planchonia papuana*

**PLANCHONIA**

金刀木科
*Barringtoniaceae*

- **金刀木属** *Planchonia*
- **木材名称**：暂无
- **地方名称**：Planchonia（巴布亚新几内亚–代码PLA），Putat paya（马来西亚沙巴、印度尼西亚），Selangan kang kong（马来西亚沙巴），Lamog（菲律宾）。
- **不规范名称**：普朗木
- **识别要点**：树皮粗糙，松软。内皮红褐色；易撕成麻片及麻丝状；切削面常见砂粒状及针状结晶。心材紫红褐色。导管槽常见白色胶质状沉积物。不连续弦向细线状的薄壁组织与木射线构成网状。

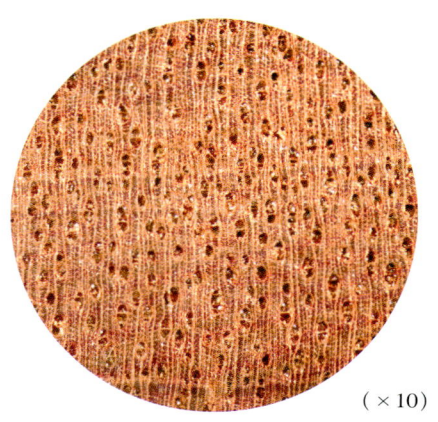

（×10）

- **宏观构造**：散孔材。管孔肉眼下可见，略少，大小中等；主为径列复管孔（2～3个），少数单管孔。轴向薄壁组织放大镜下明显，傍管状及不连续弦向细线状，后者与木射线构成网状。木射线放大镜下明显，略密，窄。

- **树木与分布**：大乔木，高约40 m，胸径达1.2 m。原为玉蕊科，后分出为金刀木科。本属约10种，分布于东南亚及南太平洋地区。该种主要从巴布亚新几内亚进口，略成小批量。

- **横断面**：心边材区别明显。心材紫红褐色，具深色细条纹。边材浅黄白色，宽5～10 cm。生长轮略明显，具深色组织带。

- **树皮**：厚0.5～1.5 cm，质软，易条状剥离。外皮灰褐至棕褐色；表面粗糙，具较多龟裂纹，易鳞片状剥落。内皮红褐色；韧皮纤维发达，易撕成麻片及麻丝状；切削面常见砂粒状及针状结晶。

- **木材材性**：光泽弱；具有美丽的花纹。纹理直至略交错；结构细而匀；重硬；强度很高；干缩低。加工容易，切面光滑；油漆和胶黏性能良好；握钉力强，须先钻孔。耐腐。干燥困难，易开裂、翘曲。气干密度0.70～0.90 g/cm³。

- **板样**

- **木材用途**：适用于高档家具、地板、细木工制品、工具柄、胶合板、室内装修、建筑用材、枕木、桩木、桥梁等。

# 榴莲 *Durio* sp.
## DURIAN

木棉科
*Bombacaceae*

- **榴莲属** *Durio*
- **木材名称：**杜里木棉
- **方名称：**Durian（马来西亚沙捞越–代码DURN、沙巴，菲律宾，加里曼丹岛北部，印度）、Punggai、Durian kampong、Durian daun、Apa apa、Bengang（马来西亚），Laung、Loeria（印度尼西亚）、Durian puteh（马来西亚沙巴）。
- **不规范名称：**韶子木、毛荔枝、麝香猫果
- **识别要点：**树皮石细胞密集排成径列。木材导管槽中常具白色蜡状沉积物。离管细线状的轴向薄壁组织与木射线构成网状。心材深红褐色。

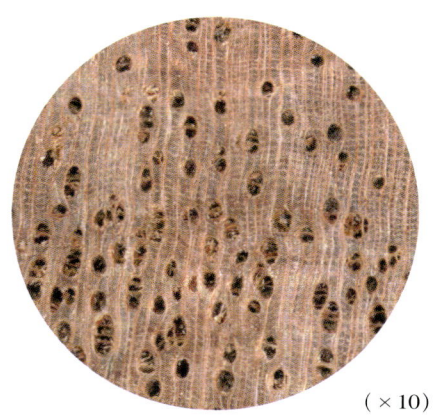

(×10)

- **宏观构造：**散孔材。管孔肉眼下明显，少而略大；单管孔及径列复管孔（2～4个，多2个）；具丰富的红色树胶。轴向薄壁组织放大镜下略见，弦向线状，细而密，与木射线构成网状。木射线放大镜下可见，稀而窄。

- **树木与分布：**常绿大乔木，高20～40 m，胸径1.2 m。本属约27种，分布于马来西亚、印度尼西亚、菲律宾等东南亚地区。主要从马来西亚进口，成小批量。

- **横断面：**心边材区别明显。心材深红褐色至淡栗褐色。边材新鲜时白色，长时间放置后边材变成灰褐色。生长轮不明显。

- **树皮：**厚2～4 cm，质较硬，不易剥离。外皮灰褐色；易条块状脱落。内皮红褐色；韧皮纤维较发达，易撕成丝状；石细胞发达，颗粒状，密集排成径列，具少数白色纤毛。

- **木材材性：**光泽弱。纹理直至交错；结构粗，不均匀；重量、强度、硬度、干缩率中等。加工容易，切面相当光滑；油漆和胶黏性能良好；略难钉钉，握钉力中。不耐腐。干燥良好，略翘曲。气干密度0.57～0.63 g/cm³。

- **板样**

- **木材用途：**适用于胶合板、旋切单板、轻型构件、室内装修、家具、模型、包装箱、火柴杆及盒、造纸等。

# 橄榄（红）*Canarium* sp.
## RED CANARIUM

橄榄科
*Burseraceae*

- **橄榄属** *Canarium*
- **木材名称**：橄榄木
- **地方名称**：Red Canarium、Galip（巴布亚新几内亚－代码CAR、所罗门群岛－代码CN），Kedondong（马来西亚沙巴、沙捞越－代码KDON），Merdong-dong、Kenari（印度尼西亚），Pagsahingin、Piling-liftan（菲律宾）。
- **不规范名称**：红橄榄
- **识别要点**：树皮表面略平滑；圆形皮孔较多。木材管孔有斜、径向排列趋势，内含深色树胶。木材粉红褐色，生材有树脂香味。

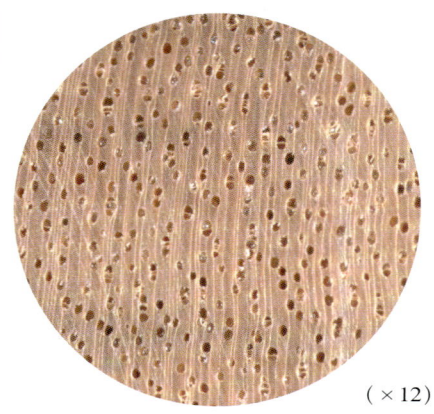

（×12）

- **宏观构造**：散孔材。管孔肉眼下略可见，略少，大小中等；主为单管孔，少数短径列或斜列复管孔（2～3个）；含深色树胶。轴向薄壁组织未见。木射线放大镜下可见，略密，窄。

- **树木与分布**：乔木，树高约30 m，直径可达0.9 m。本属约100种，分布于东南亚、太平洋地区及非洲。常从巴布亚新几内亚和所罗门群岛进口，为主要的商品材。巴布亚新几内亚根据木材颜色常将该属分为红橄榄和灰橄榄两类。

- **横断面**：心边材区别不明显。心材粉红褐色至红褐色。边材色稍浅。生长轮不明显。

- **树皮**：厚0.5～1.0 cm，质较硬，易大块状剥离。外皮灰褐色至浅红褐色；表面略平滑；圆形皮孔较多。内皮红黄色；韧皮纤维发达，可撕成丝片状；石细胞颗粒状，层状排列。材身常见黑色树液渗出。

- **木材材性**：具光泽；生材有树脂香味。纹理交错；结构略细，均匀；重量、硬度、强度中等；干缩小。加工较易；油漆、车旋、胶黏及握钉性能好。不耐腐。干燥慢，略弓弯和开裂。气干密度0.58～0.7 g/cm³。

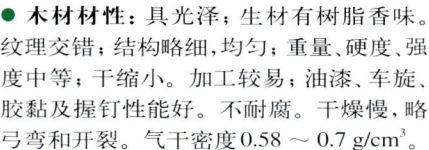

- **板样**

- **木材用途**：适用于建筑构件、单板和胶合板、室内装饰、厨房家具、地板、门窗框架、细木工部件、模板、箱盒、包装箱等。

# 橄榄（灰）Canarium sp.
## GREY CANARIUM

橄榄科
*Burseraceae*

- **橄榄属** *Canarium*
- **木材名称**：橄榄木
- **地方名称**：Grey Canarium（巴布亚新几内亚–代码CAG），Kedondong（马来西亚沙巴、沙捞越–代码KDON），Merdong-dong、Kenari（印度尼西亚），Pagsahingin（菲律宾）。
- **不规范名称**：灰橄榄
- **识别要点**：与橄榄（红）Red Canarium 相比，材质略轻软，颜色不同。

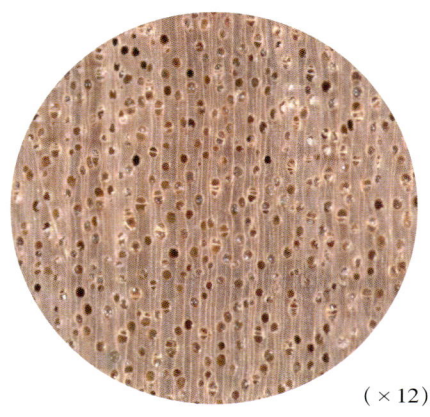

（×12）

- **宏观构造**：散孔材。管孔肉眼下略可见，略少，大小中等；主为单管孔，少数短径列或斜列复管孔（2～3个）；含深色树胶。轴向薄壁组织未见。木射线放大镜下可见，略密，窄。

- **树木与分布**：乔木，树高25～30 m，直径0.6 m以上。本属约100种，分布于东南亚及太平洋地区。常从巴布亚新几内亚和所罗门群岛进口，为主要的商品材。巴布亚新几内亚根据木材颜色常将该属分为红橄榄和灰橄榄两类。

- **横断面**：心边材区别明显。心材黄褐色至红褐色。边材色稍深，青褐色。生长轮不明显。

- **板样**

- **树皮**：厚0.5～1.0 cm，质较硬，易大块状剥离。外皮灰褐色；表面略平滑。具圆点状皮孔。内皮浅红褐色；韧皮纤维略发达；石细胞颗粒状，层状排列。材身常见黑色树液渗出。

- **木材材性**：木材具变幻带状光泽；生材有树脂香味。纹理交错，结构略粗，均匀；重量、软硬、强度中等；干缩小。加工较易；油漆和胶黏容易；略难钉钉，握钉力中。不耐腐。干燥性能较好。气干密度0.33～0.58 g/cm³。

- **木材用途**：与橄榄（红）Red Canarium用途相近。

# 摘亚木 *Dialium* sp.
## KERANJI

苏木科  
*Caesalpiniaceae*

- 摘亚木属 *Dialium*
- 木材名称：摘亚木
- 地方名称：Keranji（马来西亚沙捞越–代码KERJ、沙巴，印度尼西亚），Khleng、Yi thong bueng（泰国），Kerandji asap（印度尼西亚），Keranji kuning besar（马来西亚），Kralanh（柬埔寨），Xoay（越南）。
- 不规范名称：南洋红檀、柚木王
- 识别要点：材表及弦切面现细纱纹，具波痕。轴向薄壁组织密集细线状，分布均匀，与木射线构成网格状。本属40种，材色、密度相差甚大，最轻的适度摘亚木 *D. modestum* 密度仅 0.6 g/cm³，最重的越南摘亚木 *D. cochinchinensis* 密度可达 1.12 g/cm³。

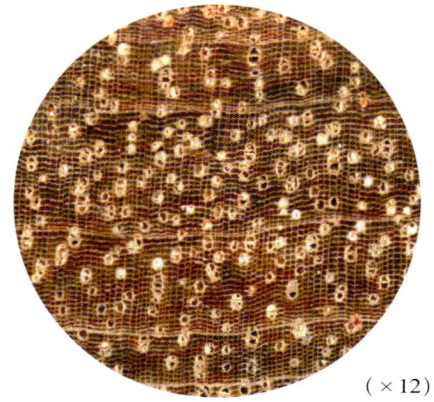

(×12)

- 宏观构造：散孔材。管孔放大镜下明显，略少，大小中等；主为单管孔，少数径列复管孔（2～5个，多数2～3个）；含红褐色树胶及白点状沉积物。轴向薄壁组织肉眼下明显，发达，密集细线状，分布均匀，与木射线构成网格状。木射线放大镜下略可见，密，甚窄。

- 树木与分布：乔木，高25 m左右，胸径约 0.6 m。本属约有40种，分布于热带美洲、热带非洲、马达加斯加和东南亚等地区，其中东南亚约16种。在马来西亚进口杂木中常有发现，量少，不成批量。

- 横断面：心边材区别明显。心材红褐至暗褐色，具深色同心圆细线。边材浅黄色。生长轮略可见。

- 树皮：厚1.0～1.5 cm，质硬，不易剥离。外皮灰白或灰褐色；易小块状脱落，表面具浅凹坑；密生小圆形皮孔。内皮红褐或深褐色；石细胞丰富，颗粒状及波浪形。

- 木材材性：光泽弱。纹理交错；结构略细；质重硬；强度高；干缩小。锯解略难，切面光滑；握钉力强；胶黏性较好。略耐腐。干燥慢，易开裂。气干密度0.60～1.12 g/cm³。

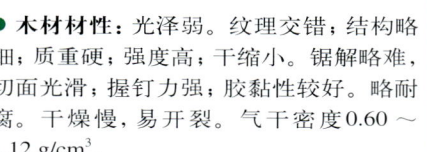

- 板样

- 木材用途：适用于刨切单板、高档家具、雕刻、室内装修、重型结构、体育器材、地板、器具柄等。

# 印茄 *Intsia* sp.
## MERBAU

苏木科
*Caesalpiniaceae*

- 印茄属 *Intsia*
- 木材名称：印茄木
- 地方名称：Merbau（印度尼西亚、马来西亚沙捞越–代码MRBU，特指*I. palembanica*），Kwila（巴布亚新几内亚–代码KWI，所罗门群岛–代码IN），Ipil（马来西亚沙捞越–代码IPIL，特指*I. bijuga*），Idil（菲律宾），Mirabow、Merbau darat、Djumelai（印度尼西亚），Salumpho（泰国），Gonuo、Komu。
- 不规范名称：菠萝格、南洋木宝、铁梨木、太平洋格木
- 识别要点：外皮凹坑多而明显。弦切面和材表具波痕。管孔含丰富的黑色树胶和硫黄色沉积物，肉眼下明显，可溶于水使水变成黄色。轴向薄壁组织发达，翼状、聚翼状及轮界状。

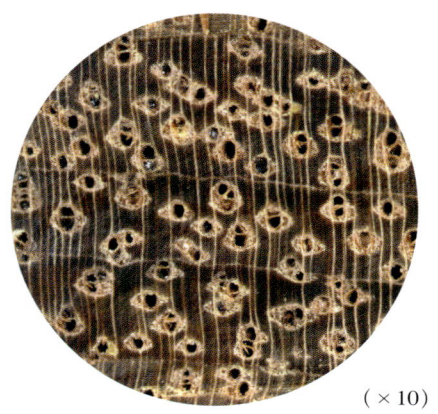

(×10)

- 宏观构造：散孔材。管孔肉眼下明显，少，略大；主为单管孔，少数径列或斜列复管孔（2～3个）；具黑色树胶及硫黄色沉积物。轴向薄壁组织肉眼下明显，发达，翼状、聚翼状及轮界状。木射线放大镜下明显，密度中，甚窄。

- 树木与分布：大乔木，高约45 m，胸径达1.7 m。本属9种，分布于东南亚及太平洋群岛。从印度尼西亚、马来西亚进口量很大，巴布亚新几内亚进口量较少。

- 横断面：心边材区别极明显。心材暗红褐色，略具深色条纹。边材淡黄白色，厚3～4 cm。生长轮略明显。

- 板样

- 树皮：厚0.5～1.5 cm，质硬，略难剥离。外皮灰白至灰褐色；较薄；坚硬；易小片状脱落而残留浅凹坑；密布卵圆形皮孔。内皮新鲜时黄白色，久则成橘黄色；韧皮纤维略发达；石细胞发达，颗粒状至层状，分布均匀。

- 木材材性：微具光泽。纹理深交错；结构粗；质重硬，强度高。干缩甚小。锯、刨加工困难，树胶易塞锯齿；胶黏、车旋、油漆性能良好；钉钉须先打孔；能腐蚀金属。耐腐。干燥慢，但稳定性很好。气干密度约0.80 g/cm³。

- 木材用途：适用于室内装修、重型构件、地板、细木工制品、枕木、桥梁、码头、雕刻、首饰盒、旋切装饰单板，也是红木家具的替代品。从硫黄色沉积物中可提取纺织染料。

# 贝特豆 *Kingiodendron* sp.
## KINGIODENDRON

苏木科
*Caesalpiniaceae*

- 贝特豆属 *Kingiodendron*
- 木材名称：暂无
- 地方名称：Kingiodendron、Batete（巴布亚新几内亚－代码KIN），Apiitan、Danggai、Tabalangon（菲律宾）。
- 不规范名称：金苏木
- 识别要点：原木断面有树胶流出，常覆盖整个断面。管孔含丰富的黑褐色树胶。轴向薄壁组织环管状、翼状、带状及轮界状。轴向树胶道放大镜下可见，黑褐色，散生。

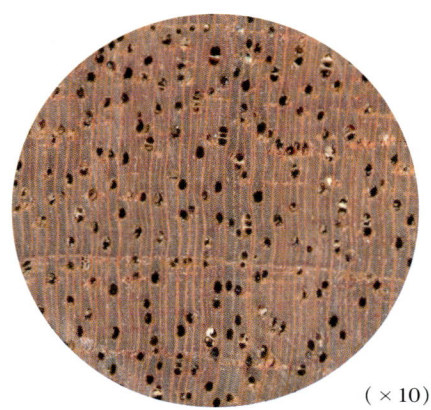

(×10)

- 宏观构造：散孔材。管孔放大镜下明显，少，大小中等；单管孔及少数径列复管孔（2～3个）；含丰富的黑褐色树胶。轴向薄壁组织放大镜下可见，环管状、翼状、带状及轮界状。木射线肉眼下略见，密度中，窄。轴向树胶道放大镜下可见，黑褐色，散生。

- 树木与分布：大乔木，高可达40 m，直径达1.2 m。本属约4种，分布于东南亚、所罗门群岛、斐济及巴布亚新几内亚等地。常从巴布亚新几内亚进口，较少见。

- 横断面：心边材区别略明显。心材红褐色至暗褐色。边材浅黄白色。生长轮略明显，界以浅色的轮界薄壁组织线。原木断面常见黑褐色的圆形髓心。

- 树皮：厚0.5～1.5 cm，质硬脆，易块状剥离。外皮灰褐至灰白色；密布卵圆形皮孔。内皮红褐色；石细胞颗粒状及层片状，主要分布近外皮部位。

- 木材材性：光泽弱。纹理直；结构细，均匀；重量、硬度和强度中等；干缩略大。加工容易，切面略光滑。不耐腐。干燥性能良好，稍有翘曲。气干密度0.67～0.70 g/cm³。

- 板样

- 木材用途：适用于室内装修、家具、细木工制品、地梁、房梁、地板等。

# 大甘巴豆 *Koompassia excelsa*
## MENGARIS

苏木科
*Caesalpiniaceae*

- 甘巴豆属 *Koompassia*
- 木材名称：大甘巴豆
- 地方名称：Mengaris（马来西亚沙巴、沙捞越－代码MGRS），Tualang（马来西亚、印度尼西亚），Tapang、Kayu raja（马来西亚沙捞越），Bengaris、Wehis、Menggeris（印度尼西亚），Manggis（菲律宾），Ginoo、Menggis（菲律宾），Yuan（泰国）。
- 不规范名称：白宫、软门格、金不换、南洋钢柏木、肯帕斯
- 识别要点：大径原木具树瘤状的内含韧皮部。树皮剥落后，材表常留有浅红色斑块。弦切面和材表具波痕。轴向薄壁组织为明显的离管带状及长聚翼状，少数长翼状及轮界状。甘巴豆 *K. malaccensis* 的薄壁组织带状不太明显，密度稍大。巴布亚新几内亚产大花甘巴豆 *K. grandiflora* 轴向薄壁组织长翼状，聚翼状长度周期性变动，带状波壁组织不规则分布，木材密度略低。

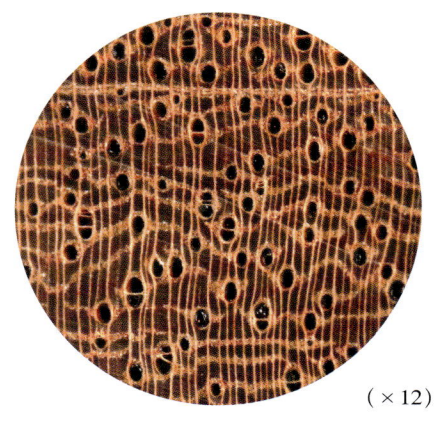

(×12)

- 宏观构造：散孔材。管孔肉眼下明显，数少，略大；主为单管孔，少数径列复管孔（2～3个）；含黑褐色树胶。轴向薄壁组织肉眼下明显，发达，离管带状和长聚翼状，少数长翼状、轮界状。木射线放大镜下明显，密度中，窄。

- 树木与分布：大乔木，高约54 m，胸径约1.2 m。大径原木常见树瘤状的内含韧皮部。本属4种，分布于东南亚和巴布亚新几内亚等地。该种主要从马来西亚、印度尼西亚进口，成批量。

- 横断面：心边材区别明显。心材淡红色至橘红色，具黄褐色细线条。边材浅黄褐色，常见蓝变。生长轮略可见。

- 树皮：厚0.5～1.0 cm，质硬脆，易小片状脱落，不易剥离；树皮剥落后往往在材表留有浅红色斑块。外皮红褐色带灰白色；卵圆形皮孔小而多。内皮棕褐色；质地细腻；石细胞发达；层状排列。

- 木材材性：具光泽，具蜡质感。纹理深交错；结构粗；重硬；强度高；干缩小。锯解和旋切难加工，刨切面光滑；油漆和胶黏性不佳；握钉力强，需预先钻孔。耐腐。因含微酸性，对黑金属有腐蚀性。干燥稍慢，易开裂。气干密度通常大于0.8 g/cm³。

- 板样

- 木材用途：适用于码头、桥梁用材、枕木、船坞等重型结构，还可作高级企口地板、细木工制品、家具、农业器具、化工用木桶等。

# 大花甘巴豆 *Koompassia grandiflora*
## PNG KEMPAS

苏木科
*Caesalpiniaceae*

- 甘巴豆属 *Koompassia*
- 木材名称：暂无
- 地方名称：PNG Kempas（巴布亚新几内亚－代码KEM），Mengris（马来西亚沙捞越、印度尼西亚）。
- 不规范名称：金不换、南洋钢柏木、黄花梨、南洋红木、凤眼木、肯帕斯
- 识别要点：外皮灰白或灰褐色。大径原木内具树瘤状的内含韧皮部。树皮剥落后，材表常留有浅红色斑块。弦切面和材表波痕明显。轴向薄壁组织的长翼状很典型。

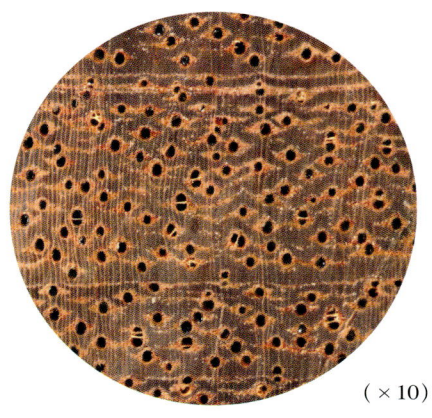

( ×10 )

- 宏观构造：散孔材。管孔肉眼下明显，少，略大；主为单管孔，少数径列复管孔（2～3个）；含黑褐色树胶。轴向薄壁组织肉眼下明显，发达，大多为长翼状，少数为长聚翼状、弦向带状和轮界状。木射线放大镜下略明显，密度中，窄。

- 树木与分布：大乔木，高约54 m，胸径约1.2 m。大径原木常见树瘤状的内含韧皮部。本属4种，分布于马来半岛、印度尼西亚、加里曼丹岛及巴布亚新几内亚等地。该种主要从巴布亚新几内亚进口，成批量。

- 横断面：心边材区别明显。心材橘红褐色，具黄褐色细线条。边材浅黄褐色，常见蓝变。生长轮略可见。

- 板样

- 树皮：厚0.4～1.2 cm，质硬脆，不易剥离；树皮剥落后往往在材表留有浅红色斑块。外皮灰白或灰褐色；卵圆形皮孔小而多。内皮棕褐色；石细胞发达，层状排列。

- 木材材性：具光泽；具蜡质感。纹理深交错；结构粗；甚重甚硬；强度高；干缩小。加工困难，刨切面光滑；油漆、染色、抛光和胶黏性好；握钉力强，需预先钻孔。耐腐。因含微酸性，对黑金属有腐蚀性。干燥稍慢，易开裂。气干密度约0.83 g/cm³。

- 木材用途：略同大甘巴豆Mengaris（*Koompassia excelsa*）。适用于刨切单板、胶合板、仿红木家具、地板、装饰材料、车旋制品、造船、车厢板、建筑构件等。

# 甘巴豆 *Koompassia malaccensis*
## KEMPAS

苏木科
*Caesalpiniaceae*

- **甘巴豆属** *Koompassia*
- **木材名称**：甘巴豆
- **地方名称**：Kempas、Empas、Impas、Tualang（马来西亚、印度尼西亚）、Pah、Upil、Mengaris（印度尼西亚）、Thong、Bueng（泰国）。
- **不规范名称**：甘笔、甘拔、硬门格、金不换、南洋钢柏木
- **识别要点**：大径原木材表具内含韧皮部，似夹皮状木质化镶嵌物。弦切面和材表具波痕。大甘巴豆（*K. excelsa*），其轴向薄壁组织带状较明显，心材颜色较深暗，结构更粗糙些。

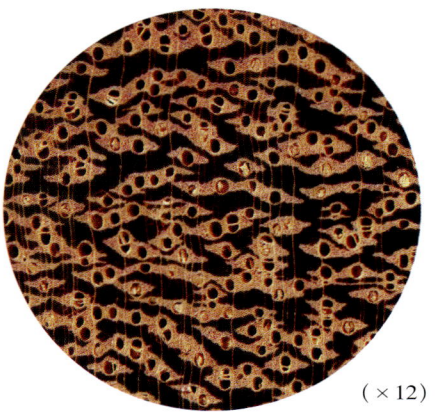

（×12）

- **宏观构造**：散孔材。管孔肉眼下明显，数少，略大；主为单管孔，少数径列复管孔（2～3个）；部分管孔含黄白色酥松状的沉积物。轴向薄壁组织肉眼下明显，发达，主为翼状（翼翅较尖），次为聚翼状，还可见长短不一的细弦线。木射线放大镜下明显，密度中，窄。

- **树木与分布**：大乔木，高30～55 m，胸径可达3.0～4.0 m。大径原木常见树瘤状的内含韧皮部。本属4种，分布于东南亚和巴布亚新几内亚等地。该种主要从马来西亚、印度尼西亚进口，成批量。

- **横断面**：心边材区别明显。心材粉红、砖红或橘红色，具黄褐色细线条。边材浅黄褐色，常见蓝变。生长轮略可见。

- **树皮**：厚0.5～1.0 cm，表面平滑，质硬脆，易小片状脱落，不易剥离；树皮剥落后往往在材表留有浅红色斑块。外皮红褐色带灰白色，卵圆形皮孔小而多。内皮棕褐色；质地细腻；石细胞发达；层状排列。

- **板样**

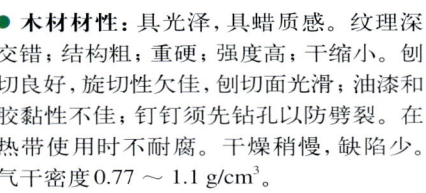

- **木材材性**：具光泽，具蜡质感。纹理深交错；结构粗；重硬；强度高；干缩小。刨切良好，旋切性欠佳，刨切面光滑；油漆和胶黏性不佳；钉钉须先钻孔以防劈裂。在热带使用时不耐腐。干燥稍慢，缺陷少。气干密度0.77～1.1 g/cm³。

- **木材用途**：适用于码头、桥梁用材、枕木、船坞等重型构件，还可作实木地板、细木工制品、家具、农业器具、化工用木桶等。

进口木材原色图鉴（第2版） 南洋地区

# 马尼尔豆 *Maniltoa psylogyne*
## MANILTOA

苏木科
Caesalpiniaceae

- 马尼尔豆属 *Maniltoa*
- 木材名称：暂无
- 地方名称：Maniltoa（巴布亚新几内亚—代码MAT）。
- 不规范名称：无
- 识别要点：木材管孔单独，侵填体和树胶丰富。弦向细带状的轴向薄壁组织与木射线构成网状。弦切面导管槽扭曲，构成美丽花纹。

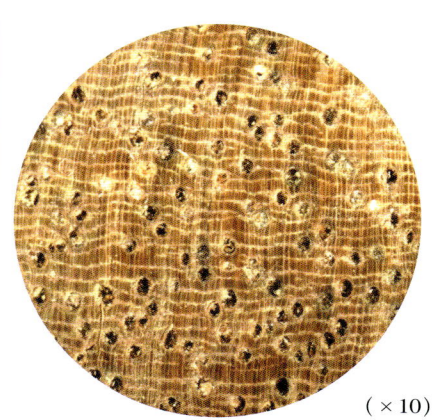

（×10）

- **宏观构造**：散孔材。管孔在肉眼下可见，略少，大小中等；主为单管孔，少数短径列复管孔（2～3个）；含丰富的侵填体及深色树胶。轴向薄壁组织肉眼下可见，发达，弦向带状、翼状及环管束状，前者排列均匀，与木射线构成网状。木射线放大镜下可见，密，甚窄。

- **树木与分布**：本属约20种，分布于东南亚至巴布亚新几内亚等地区，主要从巴布亚新几内亚进口，量很少。

- **横断面**：新鲜时心边材区别明显，日久后变不明显。心材褐色或红褐色，有时具金色光泽。边材新鲜时浅黄白色，久置后变灰褐至褐色。生长轮不明显。

- **板样**

- **树皮**：厚1.5～2.0 cm，质略硬脆，不易折断，日晒后易条块状脱落。外皮灰白色至灰褐色，平滑。内皮红褐色；韧皮纤维发达，层片状，质较硬。

- **木材材性**：略具光泽；弦切面导管槽明显，略扭曲，构成美丽花纹。纹理直或略交错；结构细至略粗；重量中至重；硬至略硬。气干密度0.73～0.84 g/cm³。

- **木材用途**：适用于家具、一般建材、地板、工具柄及旋切单板等。

# 冠瓣木 *Lophopetalum* sp.
## LOPHOPETALUM

卫矛科
Celastraceae

- 冠瓣木属 *Lophopetalum*
- 木材名称：冠瓣木
- 地方名称：Lophopetalum（巴布亚新几内亚-代码LOP），Perupok（马来西亚沙巴、沙捞越-代码PERK，印度尼西亚、巴布亚新几内亚），Mataulat、Banate（马来西亚），Perupuk sjawa（印度尼西亚），Dual（缅甸），Sang-trang（越南），Abuab（菲律宾），Kerukh、Tinjau tasek、Perupok dual（东南亚）。
- 不规范名称：东卫矛
- 识别要点：外皮皮底呈橘黄色。轴向薄壁组织弦向深色带状，在弦切面形成独特的细条状花纹。

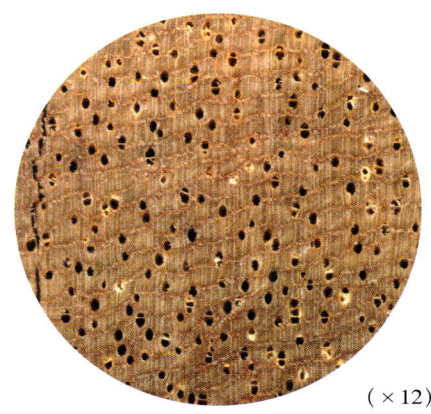

(×12)

- 宏观构造：散孔材。管孔肉眼下可见，略少，略小；主为单管孔，少数径列复管孔（2～3个，多2个）。轴向薄壁组织肉眼下可见，弦向深色带状，略具波形，较密，排列均匀。木射线显微镜下略见，密而窄。

- 树木与分布：乔木，高可达38 m，直径达0.7 m。本属约18种，广布于东南亚及巴布亚新几内亚，常从巴布亚新几内亚及马来西亚进口，量少。

- 横断面：心边材区别不明显。木材灰黄色至灰黄褐色。边材易蓝变。生长轮不明显。

- 板样

- 树皮：厚1～2 cm，易长条形剥离。外皮表面灰褐至灰黄色，底面橘黄色；薄而脆；有浅龟裂，易小片状脱落。内皮棕褐色；韧皮纤维发达，易撕成麻丝状。

- 木材材性：具光泽。纹理直；结构细至中；质轻软至中；强度中等；干缩低。加工容易，切削面光滑；胶黏、握钉和油漆性能中等。耐腐。干燥性能良好。气干密度 $0.48\sim0.64\ \text{g/cm}^3$。

- 木材用途：适用于细木工制品、旋切单板、胶合板、家具、轻型结构、室内装潢等。

# 伞花姜饼木 *Parinari corymbosa*
## BUSU PLUM

金橡实科
*Chrysobalanaceae*

- 姜饼木属 *Parinari*
- 木材名称：姜饼木
- 地方名称：Busu plum（巴布亚新几内亚－代码PLB、所罗门群岛－代码PA/PAR），Merbatu（马来西亚、印度尼西亚、泰国），Bankawang（马来西亚沙巴），Nyalin、Obah ngilas（马来西亚沙捞越），Liusin（菲律宾），Bone、Boeboem、Boneapi、Donge、Joesoekadoja、Kalake、Kolasa（印度尼西亚）。
- 不规范名称：巴林蔷薇木
- 识别要点：心材暗红褐色带紫色调，心部具不规则花纹。轴向薄壁组织发达，弦向细线状，密集而略均匀。材质重硬。

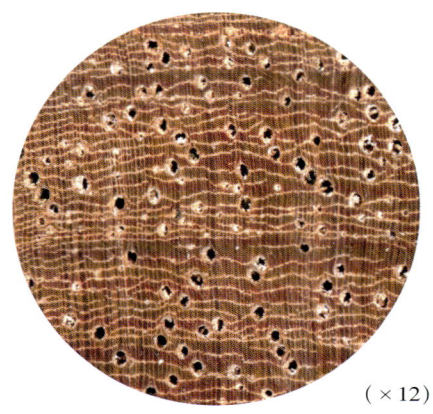

（×12）

- 宏观构造：散孔材。管孔肉眼下可见，少，大小中等；单管孔；部分略斜列。轴向薄壁组织肉眼下略见，发达，弦向细线状，密集而略均匀。木射线放大镜下可见，甚密，窄。

- 树木与分布：乔木，高约15 m，直径达1.6 m。本属约70种，广泛分布于世界热带地区。主要从巴布亚新几内亚进口，量少。

- 横断面：心边材略明显。心材暗红褐色带紫色调，心部具不规则花纹。边材色稍浅，宽3～4 cm。生长轮略明显，轮间界以深色组织带。

- 板样

- 树皮：厚0.5～0.8 cm，质脆硬，不易剥离。外皮深灰褐色；具小龟裂纹；呈不规则块状脱落。内皮浅红褐色；石细胞发达，近外皮处为层状排列。

- 木材材性：光泽弱。纹理略交错；结构细；质重硬至甚重硬；强度高；干缩大。加工困难，切面光滑；含硅石，易钝刀；油漆、胶黏性能好；握钉力强，须先钻孔。略耐腐。干燥快，略翘曲、劈裂。气干密度0.8～1.0 g/cm³。

- 木材用途：适用于重型包装材、集装箱垫板（可代替克隆 *Dipterocarpus* sp.）、矿柱、桩材、胶合板芯材、家具、建筑用材等。

# 榄仁（黄）*Terminalia* sp.
## YELLOW TERMINALIA

使君子科
*Combretaceae*

- 榄仁树属 *Terminalia*
- 木材名称：浅黄榄仁
- 地方名称：黄榄仁 Yellow Terminalia（巴布亚新几内亚－代码 TEY），Talisai（马来西亚沙巴），Ketapang（印度尼西亚）。
- 不规范名称：无
- 识别要点：树皮红褐色，具龟裂纹，易鳞片状脱落。原木新断面为均匀的浅黄色。轴向薄壁组织弦向细带状，略呈波浪形。木射线甚密，甚窄。

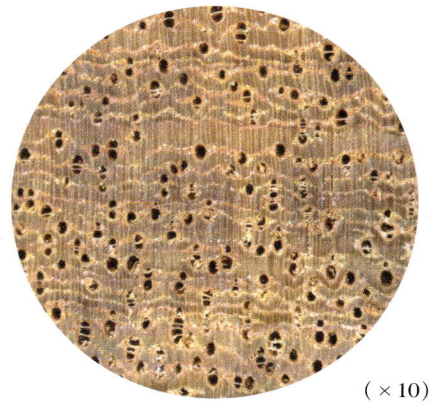

(×10)

- **宏观构造**：散孔材。管孔肉眼下可见，少，略大；主为单管孔，少数径列复管孔（2～4个，多2～3个）。轴向薄壁组织肉眼下可见，弦向带状（略呈波浪形）、翼状及聚翼状。木射线放大镜下略见，甚密，甚窄。

- **树木与分布**：大乔木，高24～38 m，直径可达1.0 m。本属约250种，广泛分布于非洲热带、美洲和亚洲到巴布亚新几内亚和南太平洋地区。主要从巴布亚新几内亚进口，成批量。巴布亚新几内亚共20多种，根据木材颜色不同，常分为褐榄仁、黄榄仁及红褐榄仁三类。

- **横断面**：心边材区别不明显。木材浅黄褐色或黄褐色，材色均匀。生长轮略可见。

- **板样**

- **树皮**：厚0.5 cm左右，质略松软，易条块状剥离。外皮红褐色；具龟裂纹，易鳞片状脱落。内皮灰褐色；韧皮纤维略发达，易分离成松针状。

- **木材材性**：具光泽。纹理略交错；结构中；质轻软至中；强度低；干缩小。刨、锯加工略难，切面略起毛；砂光、油漆、胶黏及钉钉性能好。不耐腐，易遭白蚁。干燥稍慢，略有扭曲和开裂。气干密度 0.46～0.58 g/cm³。

- **木材用途**：适用于旋切和刨切单板、胶合板、轻型骨架、地板、家具、室内装修、细木工制品、包装箱盒等。

# 榄仁（褐）*Terminalia* sp.
## BROWN TERMINALIA

使君子科
*Combretaceae*

- **榄仁树属** *Terminalia*
- **木材名称**：褐榄仁
- **地方名称**：Brown Terminalia（巴布亚新几内亚–代码TEB），Dafo（所罗门群岛），Homba、Peo、Maranuri、Kopica（大洋洲）。
- **不规范名称**：无
- **识别要点**：树皮灰褐色，具规则的长纵裂。心材巧克力褐色，带深色条纹；边材粉褐色，带浅黄色。轴向薄壁组织翼状、环管束状，具侵填体。受伤树胶道弦向排列。

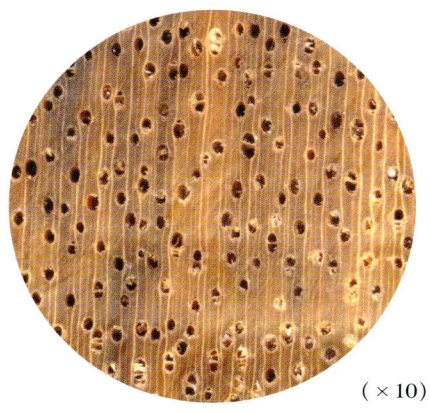

(×10)

- **宏观构造**：散孔材。管孔肉眼下略明显，少，略大；主为单管孔，少数径列复管孔（2～3个）；具树胶。轴向薄壁组织放大镜下明显，翼状及环管束状。木射线放大镜下明显，略密，窄。有时可见受伤树胶道弦向排列。

- **树木与分布**：大乔木，高达38 m，直径可达1.8 m。本属约250种，广泛分布于非洲热带、美洲和亚洲到巴布亚新几内亚和南太平洋地区。主要从巴布亚新几内亚进口，成批量。巴布亚新几内亚共20多种，根据木材颜色不同，常分为褐榄仁、黄榄仁及红褐榄仁三类。

- **横断面**：心边材区别明显。心材浅褐色至巧克力褐色，具深色条纹。边材粉褐色，带浅黄色。生长轮明显。

- **板样**

- **树皮**：厚0.5～1.5 cm，质较硬脆，易条块状剥离。外皮薄；灰褐色；具规则的长纵裂，日晒后易小块状脱落。内皮红棕色；韧皮纤维较发达。

- **木材材性**：具光泽。纹理直或略交错；结构中；质轻软；强度低；干缩小。刨、锯加工略难，切面略起毛；砂光、油漆、胶黏及钉钉性能好。不耐腐，易遭白蚁。干燥略有开裂。气干密度约0.46 g/cm³。

- **木材用途**：适用于轻型骨架、地板、旋切和刨切单板、胶合板、家具、室内装修、细木工制品等。

# 榄仁（红褐）*Terminalia* sp.
## RED-BROWN TERMINALIA

使君子科
*Combretaceae*

- **榄仁树属** *Terminalia*
- **木材名称：** 红褐榄仁
- **地方名称：** Red-brown Terminalia（巴布亚新几内亚－代码TER、所罗门群岛－代码TB/TK）、Talisai（菲律宾、马来西亚沙巴）、Ketapang（印度尼西亚、马来西亚沙捞越）、Almendro、Badam、Kalumpit、Kumbuk、Arjun（东南亚）。
- **不规范名称：** 无
- **识别要点：** 树皮具规则的纵裂，呈小片状脱落。心材一般呈红褐色略带浅黄。轴向薄壁组织翼状、聚翼状及环管束状。弦切材常具不规则火焰状图案。

（×10）

- **宏观构造：** 散孔材。管孔肉眼下可见，略少，略大；主为单管孔，少数径列复管孔（2～3个）；具侵填体。轴向薄壁组织放大镜下明显，短翼状及聚翼状。木射线放大镜下明显，密度中，窄。

- **树木与分布：** 大乔木，高达35 m，直径达1.6 m。本属约250种，广泛分布于非洲热带、美洲和亚洲到巴布亚新几内亚和南太平洋地区。主要从巴布亚新几内亚进口，成批量。巴布亚新几内亚共20多种，根据木材颜色不同，常分为褐榄仁、黄榄仁及红褐榄仁三类。

- **横断面：** 心边材区别略明显。心材红褐色至浅褐色，有时带浅黄色调。边材色稍浅。生长轮略明显。

- **树皮：** 厚1.0～3.0 cm，质略硬，不易剥离。外皮灰白色至灰褐色；具规则的纵裂，呈小片状脱落。内皮浅紫红色；韧皮纤维略发达。

- **木材材性：** 具光泽。纹理交错；结构细而均匀；重量、硬度、强度均中等；干缩小。刨、锯加工容易，切面略起毛；砂光、油漆、胶黏及钉钉性能好。不耐腐，易遭白蚁。干燥略有开裂。具微酸性，易腐蚀金属。锯屑对皮肤有刺激性。气干密度0.54～0.75 g/cm³。

- **板样**

- **木材用途：** 适用于旋切单板、胶合板、细木工制品、室内装修、地板、轻型结构、车工制品、玩具等。

# 毛榄仁 *Terminalia tomentosa*
## LAUREL

使君子科
*Combretaceae*

- 榄仁树属 *Terminalia*
- 木材名称：毛榄仁
- 地方名称：Laurel（缅甸），Rokfa（泰国），Cam lien（越南），Chhlik（柬埔寨）。
- 不规范名称：黑胡桃、黑檀
- 识别要点：木材颜色深，具深色条纹；轴向薄壁组织晶体含量丰富，呈现为白色。

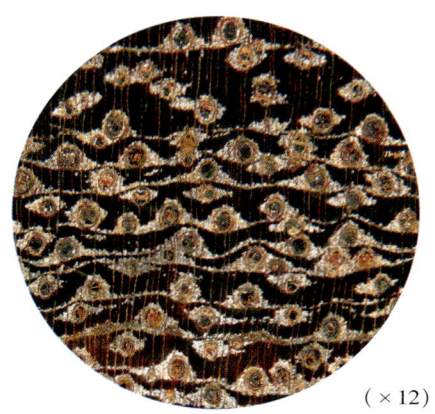

（×12）

- 宏观构造：散孔材。管孔肉眼下明显，略少，略大；主为单管孔，少数径列复管孔（2～3个）；深色树胶丰富。轴向薄壁组织肉眼下明显，翼状、聚翼状、弦向带状、轮界状，因含有大量的晶体而呈现为明显的白色。木射线在放大镜下可见，中至略密，甚窄。

- 树木与分布：大乔木，高达18 m或以上，直径达1.2 m或以上。主要分布于泰国、缅甸、越南、柬埔寨及印度等地。

- 横断面：心边材区别明显。心材变化大，从浅褐色带深色条纹到巧克力褐色，具深色条纹。边材黄白色，宽3.0～5.0 cm。生长轮明显。

- 板样

- 树皮：厚1.0～2.0 cm，质硬，不易剥离。外皮灰褐色，略粗糙，具规则纵裂，易长条状脱落。内皮紫红褐色，斜削面可见白色细线条；韧皮纤维较发达。

- 木材材性：木材具光泽；无特殊气味和滋味。纹理直；结构中，略均匀。木材硬重；强度高；干缩大。气干困难，常开裂，变形较严重，锯、刨加工困难，切面光滑；油漆性能好；心材极耐腐和虫蛀。气干密度0.74～0.96 g/cm³。

- 木材用途：适用于高档家具、实木地板、装饰单板、细木工板、工具柄等。

# 裂冠木 *Schizomeria* sp.
## PINK BIRCH

火把树科
*Cunoniaceae*

- 裂冠木属 *Schizomeria*
- 木材名称：暂无
- 地方名称：Pink Birch、Schizomeria（巴布亚新几内亚－代码BIP），Crabapple、Humbug、Squeaker（澳大利亚），Bea bea、Malafelo、Hambia（所罗门群岛－代码SH/SZ），White birch（英国）。
- 不规范名称：粉桦木、红桦
- 识别要点：外皮具有规则的纵裂及细龟裂纹。内皮层受伤后有血红色黏液渗出。弦向线状的轴向薄壁组织极细而密集，排列均匀，与木射线构成网状。木材暗红褐色，结构细，外观及材质略与桦木相似。

（×12）

- 宏观构造：散孔材。管孔放大镜下明显，多，略小；主为单管孔，少数径列复管孔（2～3个，多2个）；具侵填体。轴向薄壁组织放大镜下可见，弦向线状，极细而密集，排列均匀，与木射线构成网状。木射线放大镜下略可见，略密，甚窄。

- 树木与分布：本属约18种，分布于澳大利亚、所罗门群岛、巴布亚新几内亚。常从巴布亚新几内亚、所罗门群岛进口，成批量。

- 横断面：心边材区别略明显。心材暗红褐色，具少而粗的黑条纹。边材浅褐色，宽7～10 cm。生长轮不明显。

- 树皮：厚1～2 cm，质硬，略难剥离。外皮灰褐色至灰白色；具有规则的纵裂及细龟裂纹。内皮紫红色；韧皮纤维较发达；内皮层受伤后有血红色黏液渗出。

- 木材材性：光泽弱。纹理直或略波状。结构细且均匀。重量轻至中，略硬；强度中；干缩中。加工容易；切面一般光滑，但纹理交错波纹状时，易起毛刺。染色、抛光、黏合、钉钉性能良好。不耐腐。干燥容易，缺陷少。气干密度为0.49～0.73 g/cm³。

- 板样

- 木材用途：适用于细木工制品、火柴杆、室内装修、装潢线条、胶合板、轻型建筑骨架、护墙板、家具及硬木生产。

# 苏门达腊八果木 *Octomeles sumatrana*
ERIMA

四数木科
*Datiscaceae*

- 八果木属 *Octomeles*
- 木材名称：八果木
- 地方名称：Erima（巴布亚新几内亚－代码ERI），Binuang、Ilimo（菲律宾、巴布亚新几内亚、印度尼西亚、马来西亚沙巴、沙捞越，代码BINU），Benoea（印度尼西亚）。
- 不规范名称：臭酸仔、白芸香木
- 识别要点：树皮粗糙，具龟裂；韧皮纤维发达，易撕成麻丝状。边材常蓝变。生材具酸臭气味。材质甚轻软。结构粗。

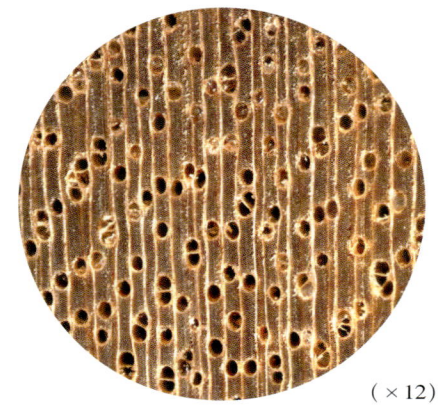

(×12)

- 宏观构造：散孔材。管孔肉眼下明显，少，略大；主为单管孔，少数短径列复管孔（2～3个，多2个）；具少量浅色沉积物。轴向薄壁组织放大镜下略见，环管束状及翼状。木射线肉眼下可见，密度中，略宽。

- 树木与分布：大乔木，高达45 m以上，胸径多1.0 m以上。本属仅1种，分布于东南亚和南太平洋地区，常从巴布亚新几内亚、马来西亚、印度尼西亚进口，批量大。

- 横断面：心边材区别不明显。心材浅灰褐色至灰黄褐色，略具深色条纹。边材易染蓝变色。生长轮不明显。

- 板样

- 树皮：厚2.5～4.0 cm，质松软，粗糙，易条块状剥离。外皮灰白至灰褐色；具龟裂，易小片状脱落。皮孔明显。内皮浅黄褐色；韧皮纤维发达，易撕成麻丝状。

- 木材材性：光泽较强；生材具酸臭气味。纹理交错；结构粗；质甚轻软；强度低；干缩大。加工容易，刨削面易起毛；抛光、胶黏性能良好；握钉力差。不耐腐。干燥缓慢，缺陷少。气干密度约0.3 g/cm³。

- 木材用途：适用于旋切单板、胶合板、室内装饰、轻型结构、细木工制品、家具、包装箱等。

# 四数木 Tetrameles nudiflora
## TETRAMELES

四数木科
*Datiscaceae*

- **四数木属** *Tetrameles*
- **木材名称：** 四数木
- **地方名称：** Tetrameles（巴布亚新几内亚-代码TEM），Mengkundor（马来西亚），Thitpok、Kundur、Binung（印度尼西亚），Baing、Sawbya（缅甸），Kapong、Sompong（泰国），Tung（越南），Maina（巴基斯坦）。
- **不规范名称：** 黄芸香木
- **识别要点：** 树皮粗糙，具规则长纵裂。内皮外层质地疏松，捏之成粉末状；内层撕之易成麻丝状。生材微具酸臭气味。木材轻软，因轴向薄壁组织和木纤维叠生，弦面可见波痕。原木与同一科的八果木 Erima（*Octomeles* sp.）很相似，但后者质更轻，木射线更宽。

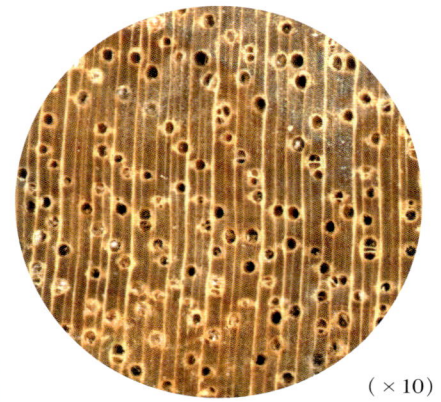

（×10）

- **宏观构造：** 散孔材。管孔肉眼下可见，少，略大；主为单管孔，少数短径列复管孔（2～3个）；略呈斜列；具少量沉积物。轴向薄壁组织放大镜下明显，短翼状及傍管束状。木射线肉眼下可见，密度中，窄。

- **树木与分布：** 大乔木，高达50 m，直径可达3.0 m，具大板根。本属仅1种，分布于东南亚及巴布亚新几内亚等地区。该种常从巴布亚新几内亚进口，量较多。

- **横断面：** 心边材区别不明显。木材淡黄褐色，略带橄榄绿色。生长轮略明显，轮间界以深色晚材带。

- **树皮：** 厚1.5～2.5 cm，质松软，易块状剥离。外皮灰白至灰褐色；具规则长纵裂，易长窄条状剥落。内皮浅褐色；外层质地疏松，捏之成粉末状；内层韧皮纤维发达，撕之易成麻丝状；石细胞丰富，颗粒状，分布于近外皮部位。

- **木材材性：** 具光泽；生材微具酸臭气味。纹理交错；结构粗；质轻软；强度低。加工容易，切面略起毛，易于旋切。不耐腐。干燥容易，易腐朽、变色和翘曲。气干密度约0.42 g/cm³。

- **板样**

- **木材用途：** 适用于旋切单板、胶合板、细木工制品、包装箱盒、火柴杆、模型、室内装饰等。

# 五桠果 *Dillenia* sp.
## DILLENIA

五桠果科
*Dilleniaceae*

- **五桠果属** *Dillenia*
- **木材名称**：五桠果
- **地方名称**：Dillenia（巴布亚新几内亚-代码DIL、所罗门群岛-代码DL）、Simpor、Simpoh laki、Simpur jangkang（马来西亚沙捞越-代码SIML/SIMP、沙巴、缅甸）、Kerandji、Kendikara（印度尼西亚）、Khleng（泰国）、Katmon（菲律宾）、Xoay、Kralanh、Phlo、Poplea（柬埔寨）。
- **不规范名称**：第伦桃、桠果木
- **识别要点**：树皮表面常有薄纸片状红褐色叠生物。外皮红褐色；具月牙状凹坑。韧皮纤维呈径向层状紧密排列，捏之易成粉末状。木射线少而略宽，与管孔孔径相近。木材纵切面可见切线状轴向薄壁组织构成的深色花纹，径面射线斑纹明显。

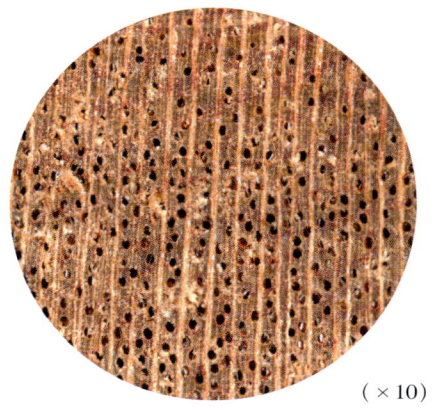

(×10)

- **宏观构造**：散孔材。管孔肉眼下可见，略少，大小中等；单管孔；具侵填体和白色沉积物。轴向薄壁组织放大镜下略见，星散-聚合状。木射线肉眼下明显，稀，略宽，与管孔等宽。

- **树木与分布**：落叶大乔木，高15～20 m，胸径达1.0 m。本属约80种，分布于马达加斯加到东南亚、巴布亚新几内亚和斐济等地区，常从巴布亚新几内亚及所罗门群岛进口，成批量。

- **横断面**：心边材区别略明显。心材深紫褐色，略具黑色同心圆状条纹。边材红褐色，宽4～7 cm。生长轮不明显。

- **树皮**：厚1～2 cm，质较硬脆，易碎，不易剥离；表面常有薄纸片状红褐色叠生物。外皮红褐色；具月牙状凹坑。内皮深栗褐色；韧皮纤维略发达，径向层状紧密排列，捏之易成粉末状；石细胞发达，层状和颗粒状。

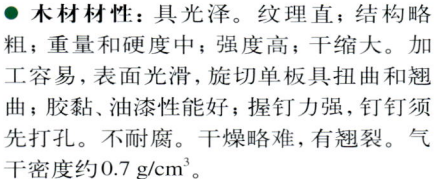

- **板样**

- **木材材性**：具光泽。纹理直；结构略粗；重量和硬度中；强度高；干缩大。加工容易，表面光滑，旋切单板具扭曲和翘曲；胶黏、油漆性能好；握钉力强，钉钉须先打孔。不耐腐。干燥略难，有翘裂。气干密度约0.7 g/cm³。

- **木材用途**：适用于旋切单板、胶合板、装饰单板、高档家具、室内装修、特制箱盒、其他装饰品、楼梯踏板、地板、枕木等。

# 异翅香 *Anisoptera* sp.
## MERSAWA

龙脑香科
*Dipterocarpaceae*

- **异翅香属** *Anisoptera*
- **木材名称**：异翅香
- **地方名称**：Mersawa（巴布亚新几内亚－代码MER、马来西亚沙捞越－代码MSWA），Garawa（巴布亚新几内亚），Pengiran、Pengiran kerangas（马来西亚沙巴），Mersawa paya（马来西亚）、Palosapis、Dagang、Bayott、Bellarosa、Duali（菲律宾）、Phdiek、Ven-ven（越南、柬埔寨），Kaunghmu（缅甸），Krabak（泰国）。
- **不规范名称**：山桂花、玉檀木
- **识别要点**：原木端面常见空洞和白色树胶圈。材表常残留有麻丝状内皮，日晒后呈卷曲。管孔全部单管孔。白色点状树胶道明显，以星散状为主。木材浅黄或草黄色，与黄娑罗双相似。

- **树木与分布**：大乔木，高达45 m，胸径达1.0～1.5 m；成材空洞多。本属约13种，广泛分布于东南亚及巴布亚新几内亚等地区，常从巴布亚新几内亚、马来西亚、印度尼西亚进口，量大。

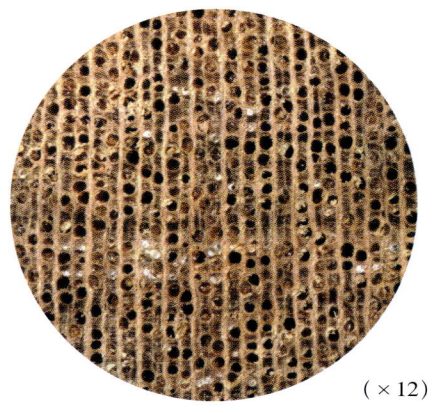

（×12）

- **宏观构造**：散孔材。管孔肉眼可见，略少，略小；单管孔；具白色沉积物和侵填体。轴向薄壁组织放大镜下难见，有时可见离管短线状。木射线肉眼下可见，数量中，略宽。轴向树胶道肉眼下甚明显，白色点状或略弦向带状。

- **横断面**：心边材新鲜时区别不明显，由于边材易蓝变，久则区别明显。心材浅黄褐色至稻草黄褐色。边材浅灰褐色，宽3～5 cm；常见白色树胶圈。生长轮不明显。

- **树皮**：厚2～3 cm，质软，易剥离。外皮灰白至灰褐色；具浅纵裂，易薄片状剥落。内皮黄褐色；韧皮纤维发达，易分离成层片状；石细胞丰富，层状排列。

- **板样**

- **木材材性**：光泽弱。纹理略交错；结构略粗，均匀；重量、硬度、强度中等；干缩小。加工容易，切面光滑；含硅石，刀具易钝；油漆、胶黏、抛光性能好；握钉力强。略耐腐。干燥很慢，有开裂、轻微翘曲、杯弯缺陷。气干密度约0.6 g/cm³。

- **木材用途**：适用于旋切单板、胶合板、地板、家具、细木工制品、一般建筑用材、室内装修、包装箱等。

# 龙脑香 *Dipterocarpus* sp.
KERUING

龙脑香科
*Dipterocarpaceae*

- **龙脑香属** *Dipterocarpus*
- **木材名称**：龙脑香
- **地方名称**：Keruing（马来西亚沙巴、沙捞越–代码KERP/KRXX，印度尼西亚），Apitong、Bagac（菲律宾），Chhoeuteal（柬埔寨），Gurjun（印度、缅甸），Yang、Heng、Pluang（泰国），Eng、In、Kayin、Burma gurium、Kangin（缅甸），Dan、Tro（越南）。
- **不规范名称**：南洋油崽木、夹油木、缅甸红、克隆木、阿必通
- **识别要点**：树皮坚硬、粗糙，常呈半卷形片状脱落。断面常渗有大量的树胶。白色点状的轴向树胶道明显，单独或短弦列。

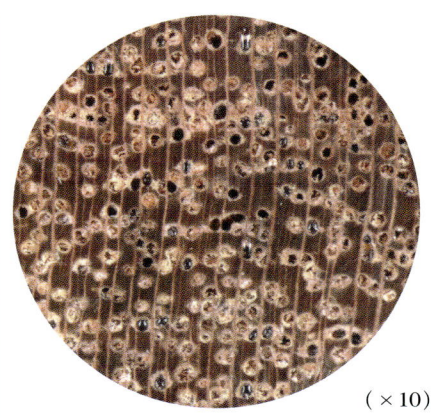

(×10)

- **宏观构造**：散孔材。管孔肉眼下可见，略少，大小中等；主为单管孔，极少短径列复管孔（2～3个）；部分略斜列；多褐色树胶。轴向薄壁组织放大镜下可见，环管束状、近翼状及聚翼状。木射线放大镜下明显，略密，略宽。轴向树胶道肉眼下明显，白色点状，单独或短弦列。

- **树木与分布**：大乔木，高25～45 m，直径0.8～1.0 m。本属约75种，东南亚约30种，广泛分布于东南亚广大地区。常从马来西亚、印度尼西亚等地进口，量大。

- **横断面**：心边材区别略明显。心材灰红褐色至红褐色，久则转为巧克力色。边材浅灰褐色，宽5～10 cm。生长轮不明显。

- **树皮**：厚0.5～0.8 cm，质硬脆，易块状剥离。外皮灰褐色；平滑，具不规则浅凹陷，常呈半卷形片状脱落；圆形皮孔明显。内皮浅棕色；韧皮纤维略发达，石细胞发达，密集排成径列及弦列。

- **木材材性**：光泽弱；具树脂气味。纹理直；结构粗，均匀；材质中至重硬；强度高；干缩小。加工困难，含硅石和树胶，易钝锯和黏锯；刨面光滑；胶黏性能差；握钉力强，钉钉须先钻孔；油漆效果好。略耐腐。具抗酸性。干燥缓慢，易开裂翘曲。气干密度0.7～0.8 g/cm$^3$。

- **板样**

- **木材用途**：适用于重型结构、建筑工程、港口工程、造船、地板、车辆用材、胶合板、实验室器具等。

# 冰片香 *Dryobalanops* sp.
## KAPUR

龙脑香科
*Dipterocarpaceae*

- 冰片香属 *Dryobalanops*
- 木材名称：冰片香
- 地方名称：Kapur（印度尼西亚，马来西亚沙巴）、Keladan（马来西亚）、Kapur barus、Kelansau、Borneo camphora wood、Brunei teak（马来西亚沙巴）、Kapur paya（马来西亚沙捞越－代码KAPA、KPXX）。
- 不规范名称：山樟、婆罗洲柚木
- 识别要点：原木端面常见同心圆状树胶圈。新断面常见特殊的棕黄色。轴向树胶道肉眼下明显，长弦列白色点状。新鲜材有强烈的樟脑香气。本属中各种香气强弱、波痕有无有差别，香气弱者如沼泽冰片香 *D. rappa*，无香气者如基氏冰片香 *D. keithii*；有波痕者为芳味冰片香 *D. aromatica* 和椭圆叶冰片香 *D. oblongifolia*，前者是中药冰片的唯一树种。

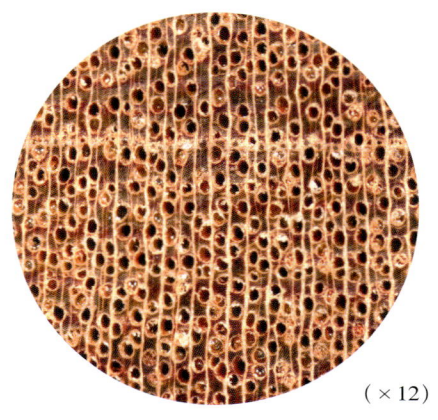

(×12)

- 宏观构造：散孔材。管孔肉眼下明显，略多，大小中等；单管孔；部分斜列；侵填体丰富。轴向薄壁组织放大镜下可见，环管束状或近翼状。木射线肉眼下略见，略密，略宽。轴向树胶道肉眼下明显，长弦列白色点状。

- 树木与分布：大乔木，高可达 60 m，胸径 1.5～2.0 m。本属约9种，分布于东南亚地区。常从马来西亚、印度尼西亚进口，量大，是南洋材中重要的商品材。

- 横断面：心边材区别明显。心材新切面玫瑰红色，久则为红褐色。边材灰黄褐色，宽3～6 cm。生长轮不明显。

- 树皮：厚1.0～1.5 cm，质硬，易长条状剥离。外皮灰褐色至灰白；具有规则的浅纵裂；脱落后呈黄褐色。内皮红褐色；韧皮纤维发达，易撕成层片状；石细胞丰富，层片状。

- 木材材性：具光泽；新切面有强烈的樟脑气味。纹理直；结构略粗；质重硬；强度高；干缩中。加工容易，切面光滑；含硅石，易钝锯；油漆、抛光性能良好；胶黏性差；钉钉易劈裂；含单宁，遇铁器会变色。略耐腐。干燥慢，稍有翘曲、开裂。气干密度约 0.8 g/cm³。

- 板样

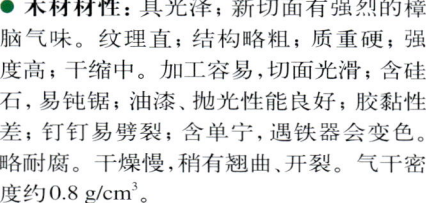

- 木材用途：适用于旋切单板、胶合板的芯板和背板、地板、家具、包装箱、细木工板、重型结构、一般建筑用材、船龙骨、枕木等。木材可提炼天然冰片，也是合成樟脑的原料。

# 坡垒（轻）*Hopea* sp.
## LIGHT HOPEA

龙脑香科
*Dipterocarpaceae*

- **坡垒属** *Hopea*
- **木材名称**：轻坡垒
- **地方名称**：Light Hopea（巴布亚新几内亚–代码HOL），Merawan（马来西亚沙捞越–代码MWAN），Luis（马来西亚沙捞越–代码LUIS），Selangan、Mang（马来西亚沙巴），Takhian tong（泰国）。
- **不规范名称**：无
- **识别要点**：木材新切面浅黄色，久则呈黄褐色。轴向树胶道肉眼下明显，长弦列白色点状。纵切面可见白色线状树胶道痕迹。

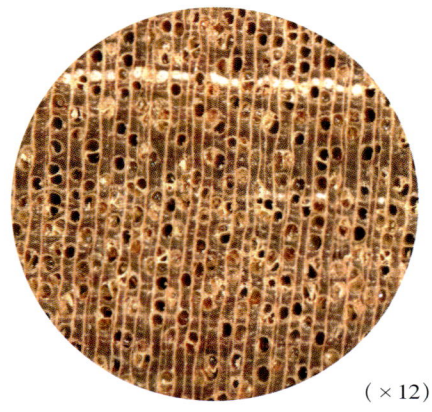

(×12)

- **宏观构造**：散孔材。管孔肉眼下可见，略少，大小中等；主为单管孔，少数径列复管孔（2～3个）；侵填体丰富。轴向薄壁组织放大镜下可见，环管束状、短翼状及少数聚翼状。木射线放大镜下明显，略多，宽度中等。轴向树胶道肉眼下明显，呈长弦列白色点状。

- **树木与分布**：大乔木，高31～42 m，直径0.5～1.0 m。本属约110种，轻坡垒类约31种，分布于东南亚及南太平洋地区。主要从巴布亚新几内亚、马来西亚、印度尼西亚进口，成批量。该属木材按标准气干密度0.95 g/cm³为界，划分成轻坡垒和重坡垒两类。

- **横断面**：心边材区别不明显。木材新切面浅黄色，久则呈黄褐色。生长轮不明显。

- **树皮**：厚1～2 cm，质硬，易长条状剥离。外皮灰褐色；表面略粗糙。内皮棕褐色；韧皮纤维发达，易撕成长条状。

- **木材材性**：光泽强。纹理交错；结构略细，均匀；质地中至重硬；强度略高；干缩大。车旋、锯刨等加工容易，创面光滑；略难钉钉；胶黏、抛光性能良好。耐腐。干燥较慢，略有杯弯、端裂。气干密度通常小于0.95 g/cm³。

- **板样**

- **木材用途**：适用于旋切单板、胶合板、地板、普通家具、轻型和中型结构用材、车辆材、酒桶、黄油搅拌桶等。

# 坡垒（重）*Hopea* sp.
## HEAVY HOPEA

龙脑香科
*Dipterocarpaceae*

- **坡垒属** *Hopea*
- **木材名称**：重坡垒
- **地方名称**：Heavy Hopea（巴布亚新几内亚–代码HOH），Giam（马来西亚沙捞越–代码GIAM），Luis-selangan（马来西亚沙捞越–代码SLGM），Gagil（马来西亚沙巴），Selangan batu、Thakiam、Thingan-net（马来西亚），Manggachapui（菲律宾），Koki（柬埔寨），Thingan（缅甸）。
- **不规范名称**：铁柚木、坤甸铁木
- **识别要点**：外皮黑褐色，较粗糙，具规则浅纵裂。白色点状的轴向树胶道肉眼下可见，长弦列状。其材色比轻坡垒浅。材质甚重硬。

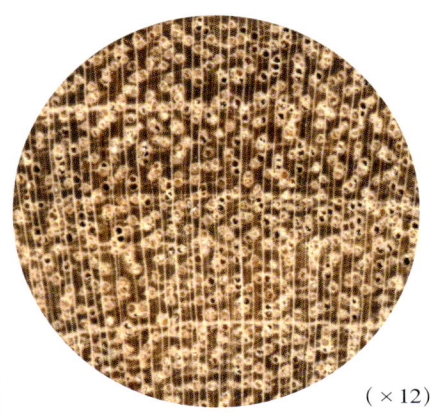

(×12)

- **宏观构造**：散孔材。管孔肉眼下略可见，略多，中等大小；主为单管孔，少数径列复管孔（2～3个）；部分斜列；侵填体丰富。轴向薄壁组织放大镜下略见，环管束状、窄翼状及聚翼状。木射线放大镜下明显，略密，窄。轴向树胶道肉眼下可见，白色点状，长弦列。

- **树木与分布**：常绿乔木，高达25 m，胸径达0.5～1.0 m。本属约110种，重坡垒类约24种，分布于东南亚及南太平洋地区。常从巴布亚新几内亚、马来西亚、印度尼西亚进口，成批量。该属木材按标准气干密度0.95 g/cm³为界，划分成轻坡垒和重坡垒两类。

- **横断面**：心边材区别略明显。心材黄褐色，久则变深。边材浅灰黄褐色，窄，宽2～3 cm。生长轮不明显。

- **树皮**：厚0.5～1.5 cm，质硬，易条状剥离。外皮黑褐色；较粗糙；具规则浅纵裂，易片状剥落。内皮棕褐色；韧皮纤维发达，易撕成麻丝状和层片状。

- **板样**

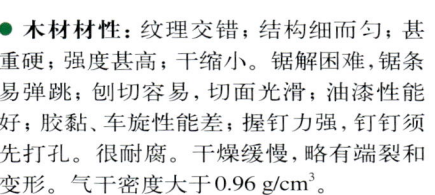

- **木材材性**：纹理交错；结构细而匀；甚重硬；强度甚高；干缩小。锯解困难，锯条易弹跳；刨切容易，切面光滑；油漆性能好；胶黏、车旋性能差；握钉力强，钉钉须先打孔。很耐腐。干燥缓慢，略有端裂和变形。气干密度大于0.96 g/cm³。

- **木材用途**：适用于高强度用材、造船、船甲板、船龙骨、重型结构、桥梁、码头、木桩、承重地板、工具柄、高档家具、车轴、啤酒桶、葡萄酒桶等。

# 娑罗双（白）*Shorea* sp.
## WHITE MERANTI

龙脑香科
*Dipterocarpaceae*

- 娑罗双属 *Shorea*
- 木材名称：白娑罗双
- 地方名称：White meranti（印度尼西亚、马来西亚沙捞越－代码MRTW），Melapi（马来西亚沙巴），Meranti-puteh（印度尼西亚），Bo-Bo（越南），Makai（印度），Komnhan，Lumbor（柬埔寨），Manggasinoro，Kalunti（菲律宾），Panong（泰国）。
- 不规范名称：白柳安、白把麻
- 识别要点：原木材表大多具有浅棱槽，常残留褐色丝状内皮；断面易起毛。心材近白色，具脆心。轴向树胶道呈白色长弦向带状，肉眼下明显。

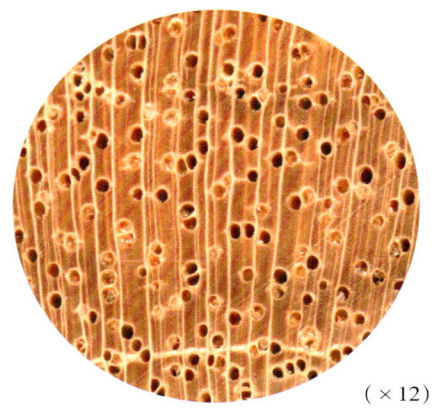

（×12）

- 宏观构造：散孔材。管孔肉眼下可见，略少，大小中等；主为单管孔，少数短径列复管孔（2个）；部分斜列；侵填体丰富。轴向薄壁组织放大镜下明显，环管束状、翼状及聚翼状。木射线放大镜下明显，密度中等，窄至略宽。轴向树胶道肉眼下明显，白色长弦向带状。

- 树木与分布：常绿乔木，高达40 m，直径约1.2 m。本类约有30种，分布于东南亚各地区。主要从印度尼西亚及马来西亚进口，量大。

- 横断面：心边材区别明显。心材近白色，久则转为浅黄褐色略带粉红。边材浅灰褐色至暗褐色，宽5.0～7.0 cm。生长轮不明显。

- 树皮：厚0.7～1.3 cm，质较硬，易条块状剥离。外皮灰褐色至棕褐色，具有不规则浅纵裂。内皮外层黄白色，内层红褐色；韧皮纤维发达，可撕成麻丝状；石细胞发达，颗粒状。材表通常残留褐色丝状内皮。

- 木材材性：具光泽。纹理交错；结构略粗，均匀；重量轻至重；强度中至略高；干缩小。含硅石，锯解略难，易钝锯；车旋较难，表面粗糙，刨切面光滑；旋切、胶黏、钉钉、油漆性能良好。不耐腐。干燥略难，易开裂和翘曲。气干密度为0.5～0.9 g/cm³。

- 板样

- 木材用途：适用于旋切单板、胶合板、地板、家具、一般建材、室内装修、细木工、液体容器等。

# 娑罗双（黄）*Shorea* sp.
## YELLOW MERANTI

龙脑香科
Dipterocarpaceae

- **娑罗双属** *Shorea*
- **木材名称**：黄娑罗双
- **地方名称**：Yellow meranti（马来西亚、印度尼西亚），Yellow seraya、Seraya-kuning、Selangan kuning、Selangan kacha（马来西亚沙巴）、Damar hitam（马来西亚）、Yellow lauan、Kalunti（菲律宾）、Lun hitam（马来西亚沙捞越）。
- **不规范名称**：黄柳安、黄把麻、乌烟杪
- **识别要点**：心材新鲜时亮黄色至浅黄褐色，久则转为黄褐色。久置后端面常发黑。轴向树胶道肉眼下明显，白色弦向带状，长短不等。木射线中特有径向树胶道。

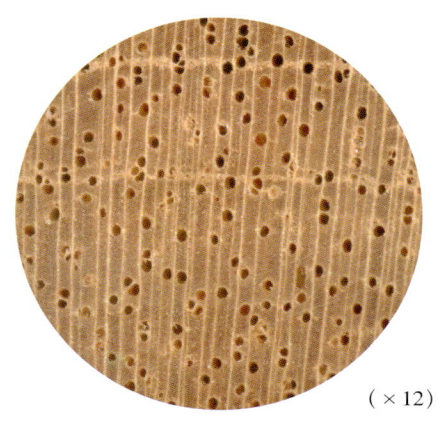
（×12）

- **宏观构造**：散孔材。管孔肉眼下可见，略少，略小；主为单管孔，少数短径列复管孔（2～3个）；具侵填体。轴向薄壁组织放大镜下可见，环管束状、弦向细线状以及少数短翼状。木射线放大镜下明显，密度中，窄。轴向树胶道肉眼下明显，白色弦向带状，长短不等。

- **树木与分布**：常绿乔木，高达67 m，胸径约1.4 m。本类约39种，分布于东南亚各地区。主要从印度尼西亚及马来西亚进口，量大。

- **横断面**：心边材区别略明显。心材新鲜时亮黄色至浅黄褐色，久则转为黄褐色。久置后端面常发黑。边材色浅，宽2～3 cm。生长轮不明显。

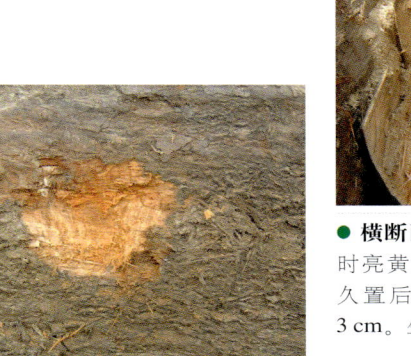

- **树皮**：厚1.0～1.5 cm，质较硬，易剥离。外皮黄绿色至灰褐色。内皮红褐色；韧皮纤维发达，易撕成麻丝状。材表通常残留褐色丝状内皮。

- **木材材性**：光泽弱。纹理交错；结构略粗，均匀；重量轻至中；强度中；干缩小。加工容易，切面略粗糙；胶黏、油漆及钉钉性能均好。不耐腐。干燥略慢，略有翘曲、弓弯。气干密度0.58～0.74 g/cm³。

- **板样**

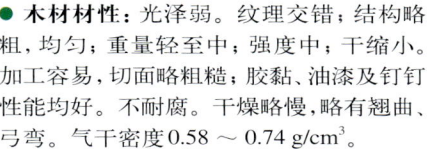

- **木材用途**：适用于旋切单板、胶合板、室内装修、家具、细木工板、地板、一般建筑等。

# 娑罗双（深红）*Shorea* sp.
## RED MERANTI

龙脑香科
*Dipterocarpaceae*

- 娑罗双属 *Shorea*
- 木材名称：深红娑罗双
- 地方名称：Red meranti、Red lauan、Dark red meranti（马来西亚、印度尼西亚），Meranti cheriak、Alan（马来西亚沙捞越–代码 ALAN）、Meranti-ketuk、Meranti-merah（印度尼西亚）、Dark red seraya、Obar-suluk（马来西亚沙巴）、Nemesu（马来西亚）、Saya（泰国）、Tangile、Tiaong、Dark red Philippine mahogany（菲律宾）。
- 不规范名称：红柳桉、深红把麻、菲律宾深红桃花心木
- 识别要点：材表常残留麻丝状内皮。心材红褐至砖红色。管孔侵填体丰富。轴向树胶道肉眼下明显，白色弦向带状，长短不一。

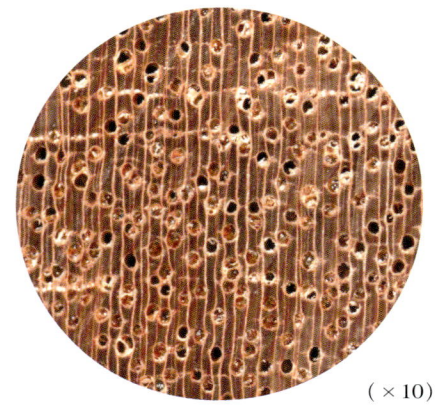

(×10)

- **宏观构造**：散孔材。管孔肉眼下明显，少而略大；主为单管孔，少数短径列复管孔（2～3个）；部分斜列；侵填体丰富。轴向薄壁组织放大镜下可见，环管状及近翼状。木射线放大镜下明显，稀，窄至略宽。轴向树胶道肉眼下明显，白色弦向带状，长短不一。

- **树木与分布**：常绿乔木，高达60 m，胸径约2.0 m，常具板根。本类约70种，常根据颜色分为深红和浅红两类，分布于东南亚各地区。主要从印度尼西亚及马来西亚进口，量大。

- **横断面**：心边材区别略明显。心材红褐至砖红色。边材黄白色，宽3～4 cm。生长轮不明显。

- **板样**

- **树皮**：厚1.0～2.0 cm，质较软，易条块状剥离。外皮深红褐色，具细龟裂，小片状脱落。内皮棕红色；韧皮纤维发达，易分离成麻丝状。材表常残留麻丝状内皮。

- **木材材性**：具光泽。纹理交错；结构粗；重量中至重；强度中至高；干缩小。加工容易，刨面光滑；胶黏、油漆及钉钉性能好。略耐腐。干燥稍快，略翘曲。气干密度0.56～0.86 g/cm³。

- **木材用途**：适用于旋切单板、胶合板、家具、细木工板、地板、室内装饰、一般建筑、造船等。

# 娑罗双（重黄）*Shorea* sp.
## BALAU

龙脑香科
*Dipterocarpaceae*

- 娑罗双属 *Shorea*
- 木材名称：重黄娑罗双
- 地方名称：Balau、Balau kumus、Balau merah（马来西亚、印度尼西亚），Bangkirai（印度尼西亚），Selangan batu kumus（马来西亚沙巴），Selangan batu（马来西亚沙捞越–代码SLGB），Malagakal、Yakal、Guijo（菲律宾），Teng、Aek（泰国）。
- 不规范名称：黄梢、油抄、金油檀、梢木、沉水梢、白杪
- 识别要点：材表常残留内皮，日晒易反卷。原木断面常见空洞。白色长弦向带状的轴向树胶道肉眼下明显。木材有蜡质感，具韧性，质重硬，材色及纤维与竹子相似。

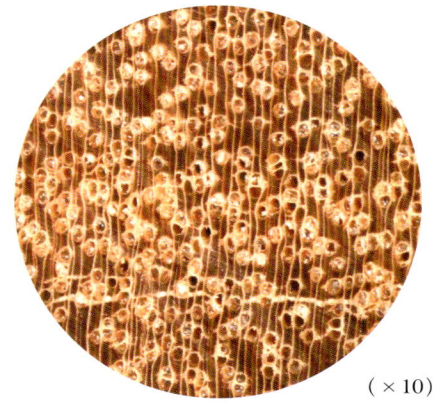

(×10)

- 宏观构造：散孔材。管孔肉眼下略见，略少，大小中等；单管孔及径列复管孔（2～3个）；部分斜列；侵填体丰富。轴向薄壁组织放大镜下明显，环管状、短翼状及聚翼状。木射线放大镜下明显，密度中，窄。轴向树胶道肉眼下明显，白色长弦向带状。

- 树木与分布：常绿乔木，高达60 m，直径达1.8 m。本类约45种，该类木材根据颜色分重红和重黄两类，分布于东南亚各地区。主要从马来西亚、印度尼西亚进口，成批量。

- 横断面：心边材区别明显。心材黄褐色带桃红，具深色细条纹。边材色浅，宽3～5 cm。生长轮略明显。断面常见洞。

- 树皮：厚1.0～2.0 cm，质硬，不易剥离。外皮浅褐色至灰褐色，具龟裂纹，背面常见白色斑点。内皮浅红褐色，韧皮纤维发达，易分离成棕丝状。材表常残留内皮，日晒易反卷。

- 木材材性：光泽弱；具蜡质感。纹理深交错；结构细而均匀；质甚重硬；强度高，干缩小。加工较难，切面光滑，适宜车旋；钉钉易劈裂，握钉力强，须先钻孔。耐酸性强。很耐腐。干燥很慢，易端裂、劈裂和变形。气干密度0.85～1.15 g/cm³。

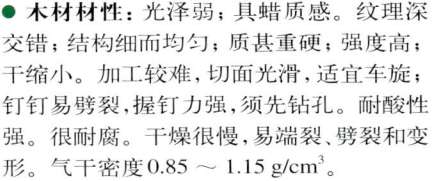

- 板样

- 木材用途：适用于重型结构、海上建筑、承重地板、造船、桥梁、码头设施、枕木、电杆、细木工制品、家具、酸液容器等。

# 青皮 *Vatica* sp.
## RESAK

龙脑香科
*Dipterocarpaceae*

- **青皮属** *Vatica*
- **木材名称：** 青皮
- **地方名称：** Resak（马来西亚沙捞越－代码RESK、沙巴，印度尼西亚），Resak puteh（马来西亚沙巴），Narig（菲律宾），Resak julong（马来西亚沙捞越、文莱），Mendora（缅甸），Tau（越南），Phan cham（泰国），Giam（印度尼西亚）。
- **不规范名称：** 油杪、青梅
- **识别要点：** 外皮薄；灰白至灰褐色；具细皱纹及细龟裂纹。树干断面常有大量树胶渗出。管孔单独。轴向树胶道白色散点状。板面有油性感。

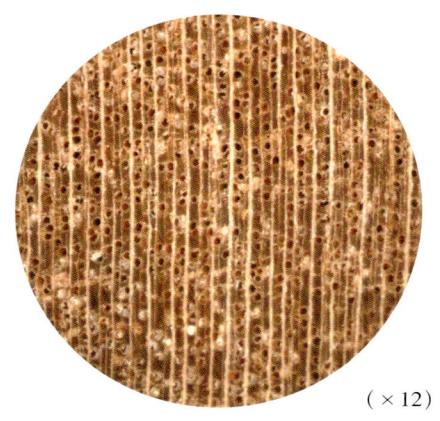

(×12)

- **宏观构造：** 散孔材。管孔放大镜下明显，略多，略小；主为单管孔，少数径列或斜列复管孔（2～3个）；侵填体可见。轴向薄壁组织放大镜下略见，星散-聚合状、环管束状。木射线肉眼下略见，略密，窄至略宽。轴向树胶道放大镜下可见，白色散点状。

- **树木与分布：** 乔木，高达30 m，直径0.5～1.2 m。本属约85种，分布于东南亚和巴布亚新几内亚，与杯裂香 *Cotylolobium* sp.和婆罗香 *Upuna* sp.统称为Resak。常从马来西亚、印度尼西亚等地区进口。

- **横断面：** 心边材区别不明显。木材浅红褐色略带绿色，久则转为深红褐色。边材常有深色树胶渗出。生长轮不明显，轮间界以深色纤维带。

- **树皮：** 厚0.5～1.5 cm，质硬，表面较平滑，不易剥离。外皮薄；灰白至灰褐色；具细皱纹及细龟裂纹。内皮黄褐色；韧皮纤维较发达。

- **板样**

- **木材材性：** 微具光泽；略有苦味；有油性感。纹理直；结构甚细，均匀；质重硬；强度高；干缩中。锯解、刨切困难，易钝刀，切面光滑。胶黏性差；油漆性能好；钉钉难。很耐腐。干燥很慢，略有端裂、面裂。气干密度多大于0.8 g/cm³。

- **木材用途：** 适用于重型结构、承重地板、桥梁、桩木、码头、枕木、船龙骨、机座、车旋制品、线轴、葡萄酒桶、食品容器等。

# 杜英 *Elaeocarpus* sp.
## QUANDONG

杜英科
*Elaeocarpaceae*

- **杜英属** *Elaeocarpus*
- **木材名称**：暂无
- **地方名称**：Quandong（巴布亚新几内亚－代码QUA），Sengkurat（马来西亚沙捞越－代码SENK），Sanga burong、Mendong（马来西亚），Jenitri（印度尼西亚）。
- **不规范名称**：无
- **识别要点**：外皮具圆形及链珠形的皮孔。韧皮纤维发达，易撕成短麻丝状。轮界状薄壁组织放大镜下可见。木材浅黄色，有光泽，质略轻软，结构细。

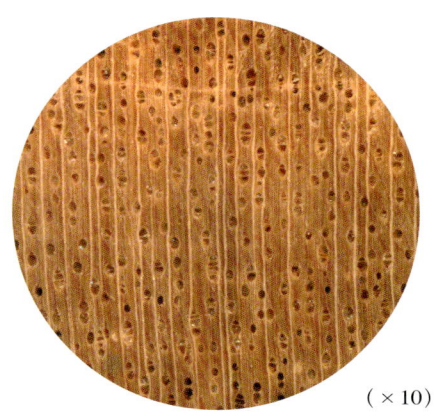

（×10）

- **宏观构造**：散孔材。管孔肉眼下可见，略少，大小中等；单管孔及径列复管孔（2～5个，多2～3个）；侵填体丰富。轴向薄壁组织放大镜下略见，轮界状及疏环管状。木射线肉眼下可见，密度中，略宽。

- **树木与分布**：乔木，高21～32 m，直径0.7～1.1 m。本属约200种，分布于东南亚、澳大利亚及南太平洋地区。主要从巴布亚新几内亚进口，量不大。

- **横断面**：心边材区别不明显。木材浅黄白色至浅黄色。生长轮略明显，轮间界以深色组织带。

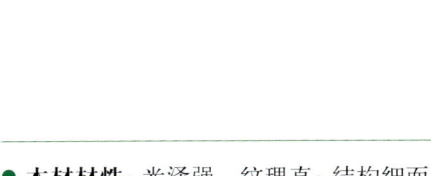

- **板样**

- **树皮**：厚1.0～2.0 cm，质软，易块状剥落。外皮黑褐色；有浅龟裂；具皮孔，圆形及链珠形。内皮浅黄白色；质松软；韧皮纤维发达，易撕成短麻丝状；石细胞发达，细颗粒状，分布于近外皮部位。

- **木材材性**：光泽强。纹理直；结构细而匀；质轻软；强度低。干缩甚小。加工容易，刨面光滑。油漆、胶黏、钉钉容易。不耐腐。干燥稍慢，略有端裂和面裂。气干密度约0.50 g/cm³。

- **木材用途**：适用于旋切单板、胶合板、室内装修、包装箱、板条箱、火柴杆等。

# 猴欢喜 *Sloanea* sp.
## SLOANEA

杜英科
*Elaeocarpaceae*

- ● 猴欢喜属 *Sloanea*
- ● 木材名称：暂无
- ● 地方名称：Sloanea（巴布亚新几内亚-代码SLO），Beleketebe（印度尼西亚）。
- ● 不规范名称：无
- ● 识别要点：树皮日晒后易纵向卷曲。外皮灰褐色至灰白色；具密集的圆形皮孔。轴向薄壁组织轮界状。材质略轻软。

（×12）

● **宏观构造**：散孔材。管孔肉眼下可见，略少，大小中等；单管孔及径列复管孔（2～3个）。轴向薄壁组织放大镜下略见，轮界状。木射线放大镜下明显，密度中，略宽。

● **树木与分布**：乔木，高约30 m，直径0.7 m以上，树干常通直，材表红褐色或红黄色，常见浅沟槽，有时具有小的枝刺。本属约120种，分布于热带亚洲及美洲。主要从巴布亚新几内亚进口，很少见。

● **横断面**：心边材区别略明显。心材淡粉红褐色至暗红褐色。边材部位易蓝变，呈灰绿色。

● **板样**

● **树皮**：厚1～2 cm，质较硬，易块状剥离，日晒后易纵向卷曲。外皮薄；灰褐色至灰白色；皮孔密集，圆形。内皮浅黄褐色；石细胞较明显，颗粒状分布。

● **木材材性**：光泽弱。纹理直；结构粗；材质略轻软；强度低。易于干燥和加工。油漆性能一般；胶黏容易；易于钉钉，握钉力小，不劈裂。不耐腐。气干密度0.55～0.57 g/cm³。

● **木材用途**：适用于建筑、家具、车旋制品、胶合板芯板、轻型构件及室内装修。

# 秋枫 *Bischofia javanica*
## JAVA CEDAR

大戟科
*Euphorbiaceae*

- **秋枫属** *Bischofia*
- **木材名称**：秋枫
- **地方名称**：Java Cedar（巴布亚新几内亚－代码CEJ），Koka（斐济），Tuai（马来西亚、菲律宾），Oemba、Godog（印度尼西亚），Term（泰国），Jitang（马来西亚），Nhoi（越南），Uriam（印度孟买），Gintungan（印度尼西亚爪哇），Bishopwood（印度），Bintungan、Polo（东南亚）。
- **不规范名称**：爪哇木、重阳木、牛血树
- **识别要点**：心材深红色或深红褐色略带紫色。管孔中充满丰富的红色沉积物。心材略具酸臭气味。

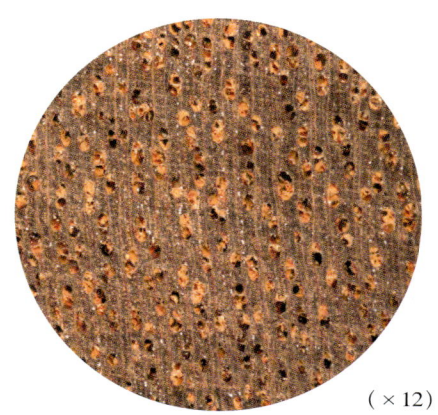

(×12)

- **宏观构造**：散孔材。管孔放大镜下明显，略少，大小中等；单管孔及径列复管孔（2～3个）；具侵填体；红色沉积物丰富。轴向薄壁组织放大镜下不见。木射线放大镜下可见，密度中等，略窄。

- **树木与分布**：大乔木，高达31 m，胸径约1.0 m。本属共2种，分布于东南亚及巴布亚新几内亚等地，主要从巴布亚新几内亚进口，量少。

- **横断面**：心边材区别明显。心材深红色或深红褐色略带紫色。边材浅黄褐色。生长轮不明显，轮间界以浅色线。

- **板样**

- **树皮**：厚0.5～0.8 cm，质硬脆。外皮浅褐色带灰白；呈小片状剥落，残留浅凹坑；皮孔小点状密布。内皮红褐色；韧皮纤维略发达。

- **木材材性**：具光泽；心材略具酸臭气味。纹理交错，结构细而均匀；重量和硬度中等；强度中；干缩大。易于加工，切面光滑；油漆和胶黏性能好；握钉力中。略耐腐。难于干燥，常翘裂和皱缩。气干密度约0.7 g/cm³。

- **木材用途**：适用于造船、码头木桩、桥梁、枕木、矿柱、地板、家具、细木工板、胶合板等。

# 黄桐 *Endospermum* sp.
## PNG BASSWOOD

大戟科
*Euphorbiaceae*

- **黄桐属** *Endospermum*
- **木材名称**：黄桐
- **地方名称**：PNG Basswood（巴布亚新几内亚 – 代码 BAS、所罗门群岛 – 代码 EN）, Terbulan、Ekur belangkas（马来西亚沙捞越 – 代码 TRBU）, Sendok-sendok（马来西亚沙巴）, Sesendok、Membulan（马来西亚）, Lempaung、Labu（印度尼西亚）, Gubas（菲律宾）。
- **不规范名称**：巴新椴木
- **识别要点**：外皮灰白色，具细小皱纹；内皮手捏易成粉末。轴向薄壁组织弦向细线状（间距略等），与木射线构成网状。木材浅黄白色，材质轻软，与夹竹桃科的糖胶树 *Alstonia scholaris* 很接近。

- **树木与分布**：大乔木，高 24~30 m，胸径 0.9~1.5 m。本属 12~13 种，分布于东南亚到南太平洋地区。主要从巴布亚新几内亚及所罗门群岛进口，量大。巴布亚新几内亚有印马黄桐 *E. diadenum* 和摩鹿加黄桐 *E. moluccanum*。

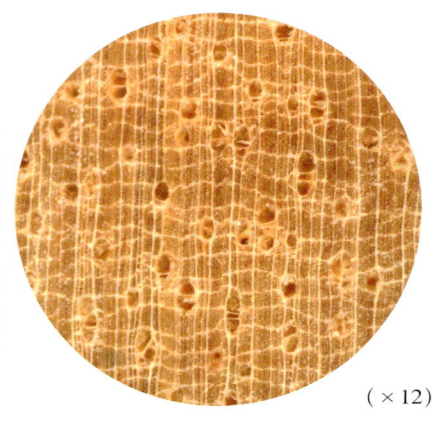

(×12)

- **宏观构造**：散孔材。管孔肉眼下明显，少，略大；单管孔及径列复管孔（2~4个）；含侵填体。轴向薄壁组织肉眼下可见，弦向细线状（分布略均匀），与木射线构成网状。木射线放大镜下明显，略密，窄。

- **横断面**：心边材区别不明显。心材浅黄白色，久则转成草黄色。边材日久会变成浅灰色。生长轮不明显。

- **树皮**：厚 1.0~2.5 cm，质松软，易块状剥落。外皮薄，灰白色，具细小皱纹，呈小片状剥落。内皮浅黄白色；层状堆积状；韧皮纤维不发达，手捏易成粉末；石细胞明显；层状排列。

- **木材材性**：光泽弱；新锯材略有异味。纹理直；结构细而均匀；质轻软；强度低；干缩低。易于加工，切面略起毛；旋切、油漆、胶黏、钉钉性能好；不耐腐，易蓝变。干燥快，略翘曲及变形。气干密度约 0.4 g/cm³。

- **板样**

- **木材用途**：适用于轻型结构、室内装修、细木工制品、旋切单板、胶合板、家具、木展、包装箱、木模、玩具、卫生筷等。

# 交趾黄檀 *Dalbergia cochinchinensis* （CITES 附录Ⅱ）
## SIAM ROSEWOOD

蝶形花科
*Fabaceae*

- **黄檀属** *Dalbergia*
- **木材名称**：红酸枝木
- **地方名称**：Siam rosewood、Trac（越南、柬埔寨）、Payung（泰国）、Kranghung（柬埔寨）、Thai rosewood、Cochin rosewood、Laos rosewood、Indochina rosewood、Palisandro de Siam、Palisandro de Tonkin、Hong Suan Jae、Techicai Sitan。
- **不规范名称**：老红木、大红酸枝、老挝大红酸枝、柬埔寨红酸枝
- **识别要点**：板面常呈深橘红色至暗橘红色，常带不规则的有绿色至黑褐色的条纹。具波痕。具典型的酸香气。木材油性感和稳定性比奥氏黄檀 *Dalbergia oliveri* 强。

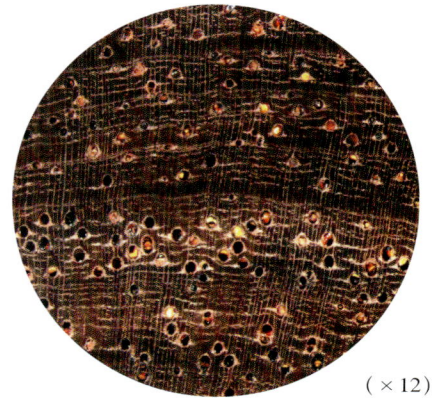

（×12）

- **宏观构造**：散孔材。管孔肉眼下略见，甚少至略少，大小中等；主为单管孔，少数径列复管孔（2～3个）；富含黑褐色树胶，部分管孔内可见金黄色的沉积物，类似檀香紫檀的金星。轴向薄壁组织放大镜下明显，主为不规则断续细线状，还有部分翼状和环管状。木射线放大镜下可见，密至甚密，甚窄。波痕明显。

- **树木及分布**：大乔木，高 12～16 m，直径可达 1 m。主要分布在泰国东北部的落叶或常绿的混交林，老挝中部和南部，越南和柬埔寨亦产。国内市场一般认为老挝料最好，泰国料略差一些。

- **横断面**：心边材区别明显。心材新切面紫红褐或暗红褐，常带黑褐或栗褐色深条纹（俗称黑筋），非常漂亮；边材灰白色。生长轮不明显或略明显。

- **树皮**：厚约 1.0 cm，质软，易长条状剥离。外皮浅灰褐色，具浅纵裂，呈鳞片状，可小片状脱落。内皮浅黄色，韧皮纤维很发达，易撕成麻丝状。

- **木材材性**：具酸香气；具光泽。纹理直；结构细而均匀；甚重硬；强度甚高；干缩率小；油性强。锯、刨加工并不难，刨面光洁漂亮。很耐腐。干燥良好，无翘曲变形，有时略有轻微端裂，干燥宜慢。气干密度 1.01～1.09 g/cm³。

- **板样**

- **木材用途**：适用于制造高级红木家具、装饰性单板、雕刻、乐器、工具柄、拐杖、刀把、算盘和框等。

# 阔叶黄檀 *Dalbergia latifolia*
## INDIAN ROSEWOOD

蝶形花科
*Fabaceae*

- **黄檀属** *Dalbergia*
- **木材名称**：黑酸枝木
- **地方名称**：Indian rosewood、Bombay blackwood（印度）、Sonkeling、Java-palisandre、Angsana keling、Sonobrits（印度尼西亚）、Rosewood（印度尼西亚、缅甸）。
- **不规范名称**：紫花梨、印度玫瑰木、印尼黑酸枝、印度紫檀
- **识别要点**：木材紫色调明显，新切板面为浅黄褐带深紫色宽条纹，日久变为紫褐色。新切面具蔷薇香气。具波痕。木屑酒精浸出液有明显的紫色调。

（×12）

- **宏观构造**：散孔材。管孔在肉眼下明显，少至略少，大小中等；主为单管孔，少数径列复管孔（2～3个），部分管孔内含紫褐色沉积物。轴向薄壁组织放大镜下明显，环管束状、翼状、聚翼状及波浪形窄带状。木射线放大镜下可见，略密，甚窄。波痕明显。

- **树木及分布**：大乔木，树高约43 m，直径1.0～1.5 m。主要分布于印度、印度尼西亚等地，目前进口主要来自印度尼西亚的人工林。

- **横断面**：心边材区别明显。心材颜色变异较大，浅金褐、黑褐、紫褐或深紫红，常有较宽但距离较远的紫黑色条纹；边材窄，宽3～4 cm，黄白色，常带有紫色条纹。生长轮略明显。

- **树皮**：树皮薄，外皮灰褐色，有龟裂，呈小片状脱落。

- **木材材性**：新切面具蔷薇香气；具光泽。纹理交错；结构细而均匀；重；强度高；干缩率大。机械加工不难，刨面光滑，车旋亦易；难于钉钉，握钉力强；着色和抛光性及胶黏性良好；锯解困难，易钝刀具。甚耐腐。干燥性能好，缺陷少。气干密度变异很大，0.75～1.04 g/cm³，多数0.82～0.86 g/cm³，其人工林的木材密度一般比较小。

- **板样**

- **木材用途**：适用于红木家具、装饰单板、高级车厢、钢琴外壳、镶嵌板、隔墙板、地板等。

# 奥氏黄檀 *Dalbergia oliveri*
## Burma tulipwood

蝶形花科
Fabaceae

- **黄檀属** *Dalbergia*
- **木材名称**：红酸枝木
- **地方名称**：Burma tulipwood、Rosewood（缅甸、印度），Ching-chan（泰国），Tamalan（缅甸）。
- **不规范名称**：白酸枝、缅甸红酸枝
- **识别要点**：心材新切面以浅红褐色为主，具有少量的黑色条纹，比较淡雅。弦向线状薄壁组织细而密集，略波浪形，与木射线构成网状。材质甚重硬，具酸香气，弦面具波痕。木材的油性感比交趾黄檀 *Dalbergia cochinchinensis* 略逊色。

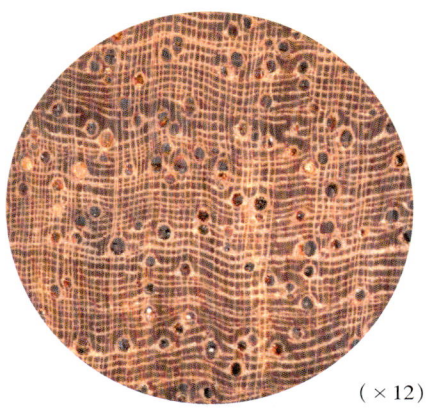

(×12)

- **宏观构造**：散孔材。管孔肉眼下略见，少，大小中等；主为单管孔，极少径列复管孔（2～3个）；黄褐至红褐色树胶丰富。轴向薄壁组织肉眼下可见，发达，弦向线状（细而密集，分布均匀，略波浪形，与木射线构成网状）、少量翼状及聚翼状。木射线放大镜下明显，密，甚窄。

- **树木及分布**：大乔木，高达25 m，直径一般0.5 m。本属约120种，分布于世界热带地区。该种主要从缅甸进口。

- **树皮**：进口时一般不带树皮，不带白边。

- **横断面**：心边材区别明显。心材柠檬红、红褐色至深红褐色，常具明显的黑色条纹（俗称黑筋）。边材灰白至黄白色。生长轮略明显。

- **板样**

- **木材材性**：具光泽和酸香气。纹理交错；结构甚细，均匀；甚重硬；强度很高。加工略困难，切面光滑，钉钉前须先打孔。很耐腐。干燥慢，略开裂和翘曲。气干密度大于0.90 g/cm³。

- **木材用途**：属名贵木材，被列入我国红木范畴。主要用于红木家具、雕刻工艺品、刨切微薄木、装饰单板、车旋工件、室内装修等。

# 大果紫檀 *Pterocarpus macrocarpus*
## BURMA PADAUK

蝶形花科
*Fabaceae*

- **紫檀属** *Pterocarpus*
- **木材名称**：花梨木
- **地方名称**：Burma padauk（缅甸），Pradoo、Pradu、Maipradoo（泰国），May dou（老挝）。
- **不规范名称**：香花梨、草花梨
- **识别要点**：半环孔材至散孔材。管孔充满深色树胶。轴向薄壁组织发达，翼状、聚翼状及弦向带状。木材具浓郁的奶香味。木片水浸出液浅黄褐色，有荧光反应，花梨木堆垛地面积水处常呈现出蓝幽幽的颜色。弦面具波痕。

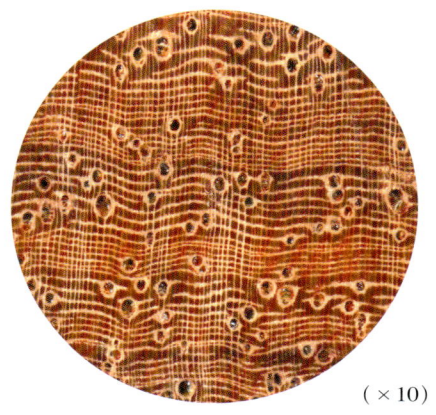
（×10）

- **宏观构造**：散孔材，半环孔材倾向明显。管孔肉眼下明显，少，略大，从内向外逐渐变小变少；主为单管孔，少数径列复管孔（2～3个）；深色树胶丰富。轴向薄壁组织肉眼下可见，发达，翼状、聚翼状及弦向带状。木射线放大镜下明显，略密，甚窄。

- **树木及分布**：大乔木，高10～30 m，直径0.5～1.0 m。本属30种，分布于东南亚和非洲等热带地区，是从缅甸进口的主要红木之一，多以木方和砍去白边的原条进口，少数以原木进口。

- **横断面**：心边材区别明显。心材颜色变异较大，金黄褐或浅黄色，浅红至暗砖红色，具黑色条纹，俗称黑筋。边材灰白色，易遭虫蛀，窄，宽2～3 cm。横断面常见黑褐色的树汁痕迹，呈水线状或片状，这是花梨木的明显特征。生长轮明显。

- **树皮**：树皮较松软，易条状剥离。外皮灰褐色至姜黄色，皮厚约1.0 cm，较软，易折断；内皮红褐色；韧皮纤维较发达。

- **木材材性**：具光泽和浓郁的奶香味。纹理交错；结构中；质重硬；强度高；干缩小。加工容易，刨面光滑；油漆和胶黏性能良好；略难钉钉，握钉力中。很耐腐。干燥容易，无缺陷。锯屑对呼吸道有刺激性。气干密度0.80～0.86 g/cm³。

- **板样**

- **木材用途**：适用于高档家具、刨切微薄木、高级细木工板、地板、胶合板、室内装修、雕刻、车辆等。

# 檀香紫檀 *Pterocarpus santalinus* （CITES 附录 II）
## RED SANDERS

蝶形花科
*Fabaceae*

- **紫檀属** *Pterocarpus*
- **木材名称**：紫檀木
- **地方名称**：Red sanders、Red sandalwood（印度）。
- **不规范名称**：小叶紫檀、牛毛纹紫檀、金星紫檀
- **识别要点**：锯解或打磨时发出醇香的气味，略辛辣。纹理常交错，有的局部呈绞丝状，纹理卷曲明显；管孔内含有丰富的树胶和紫檀素；木屑水浸出液紫红色，具荧光。依据材质和品相一般分为金星紫檀、牛毛纹紫檀、鸡血紫檀、水波纹紫檀等。

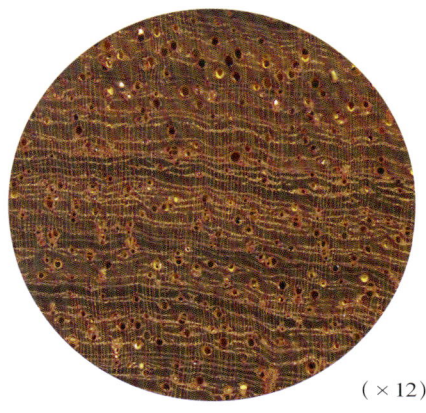

(×12)

- **宏观构造**：散孔材。管孔在肉眼下几乎不见，少至略少，小；主为单管孔，少数径列复管孔（2～4个）；充满红色树胶和紫檀素；部分含有金黄色或黄白色矿物质，被称为"金星紫檀"。轴向薄壁组织在放大镜下明显，主为同心层式或略带波浪形的细线，较密集，稀环管束状。木射线放大镜下可见，密，甚窄。波痕明显。

- **树木及分布**：乔木，枝下高4.6～6.1 m，树径25～77 cm。分布于印度南部，主产于卡纳塔克邦（Karnataka）及安得拉邦（Andhra Pradesh）。一般以砍去边材的心材原条进口。

- **横断面**：心边材区别明显。心材新切面橘黄褐色，渐变为深红色，久置空气中呈紫红褐色或暗黑褐色，常带浅色和紫黑条纹。边材窄，一般在5 cm以下，白色至浅黄白色。生长轮不明显。

- **树皮**：厚1.0～1.5 cm，质较硬，粗糙。外皮深灰色或深褐色，常裂成长方形薄片，易小片状脱落。内皮浅黄色并带有大量粉红色条纹。砍削后渗出丰富的血红色黏稠树液。

- **木材材性**：具特殊的檀香气味；具光泽；结构甚细；甚硬重；强度高；干缩小，稳定性极佳。常见交错纹理，有的局部卷曲，被称为"牛毛纹紫檀"。加工很难，特别是干材；打磨抛光性好；油漆、胶黏性好。木材甚耐腐。干燥性能极佳。气干密度1.05～1.26 g/cm³。

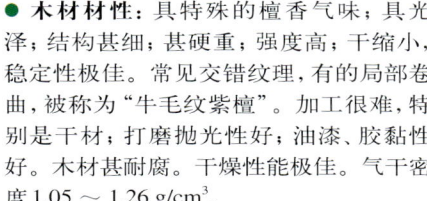

- **板样**

- **木材用途**：适用于顶级红木家具、雕刻和镶嵌工艺精品，也适用于乐器、车旋工艺品等，木屑可以用来提取染料。

进口木材原色图鉴（第2版） 南洋地区

# 渐尖栲 *Castanopsis acuminatissima*
## PNG OAK

壳斗科
*Fagaceae*

- **椎属** *Castanopsis*
- **木材名称**：暂无
- **地方名称**：PNG Oak（巴布亚新几内亚－代码OAP），Barangan（马来西亚沙捞越－代码BERA），Indonesian chestnut（英国、美国），Saninten、Tunggeureuk（印度尼西亚）。
- **不规范名称**：巴新橡木
- **识别要点**：生长轮明显，略波浪形起伏。管孔呈长径列或曲折径列。木射线具宽窄两类。弦向细线状的轴向薄壁组织密集，并与细木射线构成网状。

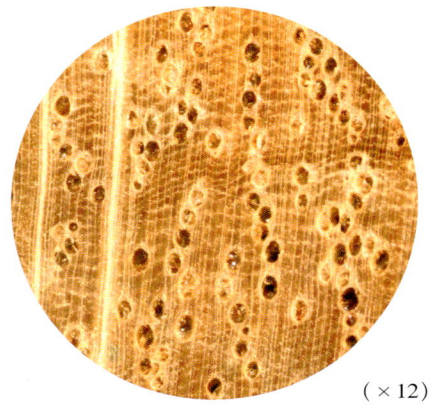

（×12）

- **宏观构造**：散孔材。管孔肉眼下明显，少，略大；单管孔；长径列或曲折径列；侵填体及沉积物丰富。轴向薄壁组织放大镜下可见，弦向细线状及环管束状。木射线密，具宽窄两类，宽者肉眼下明显；窄者甚窄，仅在放大镜下略见。

- **树木与分布**：常绿乔木，高达30 m，胸径约0.6 m。本属120种，分布于亚洲热带和亚热带、东南亚广泛地区，该种主要从巴布亚新几内亚进口，少见。

- **横断面**：心边材区别明显。心材粉红褐色至褐色。边材色浅，灰黄白色。生长轮明显，略波浪形起伏。

- **树皮**：厚2～3 cm，质硬，具有规则的宽纵裂，易大块状脱落。外皮浅灰褐至灰黄色；具纵向链珠状皮孔。内皮黄褐色；韧皮纤维发达，层片状重叠。

- **板样**

- **木材材性**：光泽弱。纹理直至略交错；结构粗；重量、强度中；干缩大。加工性能良好，切面光滑；胶黏和油漆性能良好；钉钉须先钻孔。不耐腐。干燥性能良好，略有表面开裂。气干密度约0.67 g/cm³。

- **木材用途**：适用于一般建筑用材、细木工、地板、家具、胶合板、旋切单板等。

# 石栎 *Lithocarpus* sp.
## PNG RED OAK

壳斗科
*Fagaceae*

- **石栎属** *Lithocarpus*
- **木材名称**：暂无
- **地方名称**：PNG Red Oak（巴布亚新几内亚－代码OAR），Mempening（印度尼西亚，马来西亚），Borneo oak（马来西亚沙巴），Pasang（印度尼西亚）。
- **不规范名称**：巴新红橡、婆罗洲橡树
- **识别要点**：心材深红褐色。管孔呈长径列或溪流状辐射状；充满内含物和侵填体。离管带状的薄壁组织与细木射线构成网状。木射线分宽窄两类。木材具蜡质感。木材与竹节树 *Carallia brachiata* 极似。

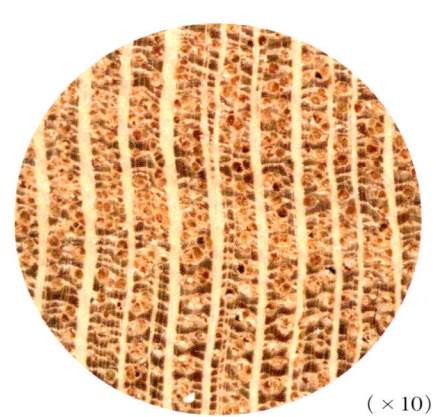

（×10）

- **宏观构造**：辐射孔材。管孔放大镜下明显，略少，略小；单管孔；呈长径列或溪流状辐射状；充满内含物和侵填体。轴向薄壁组织肉眼下可见，发达，环管束状及离管带状，后者密集而均匀，与细木射线构成网状。木射线略密，分宽窄两类，宽的甚宽，肉眼下明显；窄的甚窄，放大镜下略见。

- **树木与分布**：常绿乔木，高达51 m，直径达1.0 m。本属约有300种，东南亚164种，广泛分布于温带、亚热带和热带地区。常从巴布亚新几内亚进口，量不大。

- **横断面**：心边材区别明显。心材深红褐色。边材浅黄白色，很宽，达10 cm。生长轮不明显。

- **板样**

- **树皮**：厚1～2 cm，质硬脆，易长条状剥离。外皮灰黑色；表面较光滑。内皮新鲜时黄白色，久则成棕褐色，石细胞发达，集中近外皮部位，层状排列。皮底密布尖棱。

- **木材材性**：光泽弱；径切面宽木射线花纹明显；具蜡质感。纹理直至略交错，结构粗；甚重硬；强度高；干缩大。加工困难，易钝刀，切面光滑；油漆、胶黏性能好；握钉力强，须先钻孔。耐腐。干燥略难，易开裂翘曲。气干密度约 0.935 g/cm³。

- **木材用途**：适用于重型结构、造船、枕木、桥梁、运动器材、机器零件、纺织器材、家具、地板、胶合板、刨切单板、室内装修等。

# 菲律宾特里卡木  *Trichadenia philippinensis*
## TRICHADENIA

大风子科
*Flacourtiaceae*

- **特里卡属** *Trichadenia*
- **木材名称**：暂无
- **地方名称**：Trichadenia（巴布亚新几内亚–代码TRC），Popunti、Bakata（印度尼西亚），Malapinggan（菲律宾）。
- **不规范名称**：大枫子
- **识别要点**：外皮具有明显的凹坑。原木断面心部常有不规则的红色印迹。管孔主为径列复管孔（2～7个，多2～3个）。木材与Malas很相似，但结构要粗些。

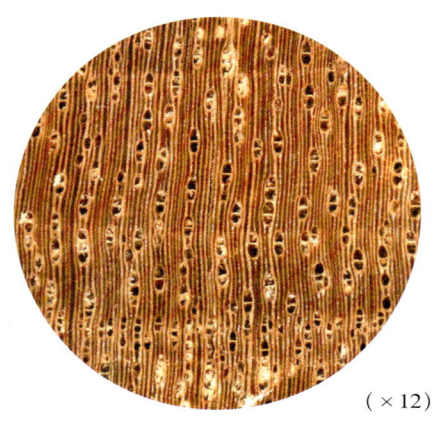

（×12）

- **宏观构造**：散孔材。管孔放大镜下明显，略少，大小中等；主为径列复管孔（2～7个，多2～3个），少数单管孔；具侵填体。轴向薄壁组织基本不见。木射线放大镜下明显，密，略窄。

- **树木与分布**：本属1种，主要分布于菲律宾、巴布亚新几内亚等地。在巴布亚新几内亚进口杂木中有发现，少见。

- **横断面**：心边材区别不明显。木材浅黄或黄褐略带紫，心部常有不规则的红色印迹。生长轮略明显。

- **板样**

- **树皮**：厚约1.2 cm，质较软，易块状脱落。外皮灰白至浅灰褐色，易块状脱落，残留明显的凹坑。内皮暗红色；韧皮纤维略发达，易捏碎如石棉；石细胞大颗粒状。

- **木材材性**：纹理直或略交错；结构细至略粗；重量中至重；质地较硬。气干密度0.74～0.83 g/cm³。

- **木材用途**：适用于家具、面板、胶合板、包装箱等。

# 棱柱木 *Gonystylus* sp. （CITES 附录Ⅱ）
RAMIN

棱柱木科
*Gonystylaceae*

- **棱柱木属** *Gonystylus*
- **木材名称**：棱柱木
- **地方名称**：Ramin、Gonystylus（巴布亚新几内亚-代码GON、所罗门群岛-代码GO/GON，马来西亚沙巴、沙捞越-代码RAMN、印度尼西亚）、Ramin melawis（马来西亚）、Ramin telur（马来西亚沙捞越）、Garu-buaja、Gaharu-buaya（印度尼西亚）、Lanutan-bagio（菲律宾）、Mavota（斐济）。
- **不规范名称**：拉明木、白木
- **识别要点**：外皮灰黑色；具规则纵裂。韧皮纤维可撕成纸片状或硬麻丝状，会刺痛皮肤。翼状轴向薄壁组织为海鸥形翼状。木材色浅，结构细而匀，生材略有臭味。

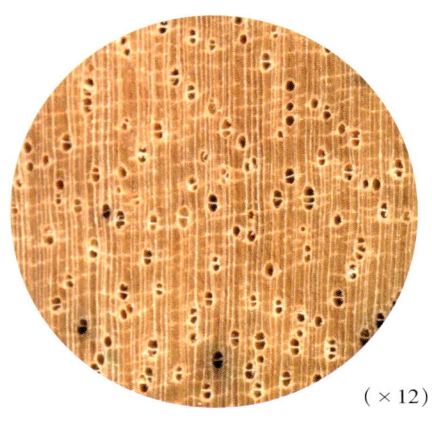

(×12)

- **宏观构造**：散孔材。管孔放大镜下明显，略少，略小；主为径列复管孔（2～4个，多2～3个），少数单管孔；具沉积物。轴向薄壁组织放大镜下明显，不规则细线状、海鸥形翼状及聚翼状。木射线放大镜下可见，略密，甚窄。

- **树木与分布**：常绿乔木，高约30 m，胸径约0.6 m。本属30种，分布于东南亚、巴布亚新几内亚、所罗门群岛和太平洋地区。主要从马来西亚、巴布亚新几内亚、所罗门群岛进口，成批量。

- **横断面**：心边材区别不明显。木材乳白色至浅黄色，久置呈草黄色。生长轮略明显。

- **树皮**：厚1.5～2.5 cm，质疏松，易条状剥落。外皮硬脆；灰黑色；具规则纵裂。内皮浅黄褐色；韧皮纤维发达，可撕成纸片状或麻丝状，较硬。

- **板样**

- **木材材性**：光泽弱；生材略有臭味。纹理浅交错；结构略细；重量及强度中；干缩中。加工容易，刨面光滑；胶黏、油漆、旋切、抛光等性能优良；略难钉钉，稍裂。不耐腐，易变色。干燥快，略微翘曲、端裂和侧面裂。气干密度约0.66 g/cm$^3$。

- **木材用途**：适用于胶合板及单板、细木工、木线条、地板、家具、轻型室内结构、模型、雕刻、玩具、绘图板、活动百叶窗等。

# 海棠木 *Calophyllum* sp.
## BINTANGOR

藤黄科
*Guttiferae*

- 海棠木属 *Calophyllum*
- 木材名称：海棠木
- 地方名称：Bintangor（印度尼西亚、马来西亚沙捞越－代码BINT），Calophyllum（巴布亚新几内亚－代码CAL、所罗门群岛－代码CA/CL），Bintangor laut（马来西亚）、Bitaog（菲律宾）、Tanghon、Kathing（泰国）、Mentangol、Damanu（斐济）、Penaga（马来西亚沙巴），Pongnget（缅甸），Bunut（新几内亚岛），Beauty-leaf。
- 不规范名称：红厚壳木、冰糖果
- 识别要点：外皮具深纵裂，材表菱形状的槽棱明显，常具扭转纹。树皮具浅黄色树液。管孔斜列或径列。轴向薄壁组织离管带状，断续而稀疏。

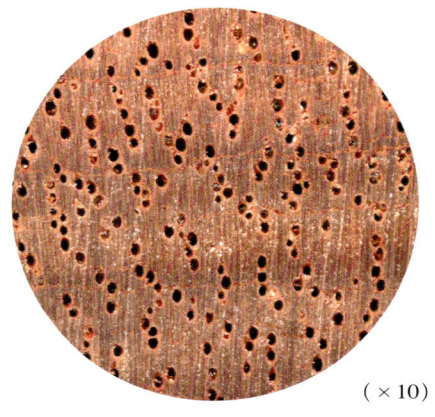

（×10）

- 宏观构造：散孔材。管孔肉眼下明显，略少，略大；单管孔；呈斜列或径列；含深色树胶。轴向薄壁组织放大镜下明显，离管带状，断续而稀疏，不均匀。木射线放大镜下略见，略密，甚窄。

- 树木与分布：常绿乔木，高约40 m，直径0.6～1.5 m，原木常见脆心。材表常留有淡黄色树液。本属约100种，分布于东南亚、南太平洋、马达加斯加和南美洲等地区，主要从马来西亚、巴布亚新几内亚、印度尼西亚进口，量大。

- 横断面：心边材区别明显。心材玫瑰红色至红褐色，具有褐色细条纹。边材浅黄或浅灰褐色，窄。生长轮略可见。

- 板样

- 树皮：很厚，有时达4 cm，不易剥离。外皮较硬；较厚；灰白色至灰褐色；具纵裂沟，较深较宽；易薄片状剥落。内皮红棕色；韧皮纤维发达；石细胞发达；层状排列。

- 木材材性：光泽强；花纹美丽。纹理交错；结构粗；重量和强度中等；硬度略高；干缩大。锯、刨容易，易起毛和撕裂；油漆、抛光和胶黏性能良好；略难钉钉；略耐腐。干燥宜慢，易开裂、翘曲。气干密度0.60～0.74 g/cm³。

- 木材用途：适用于高档家具、高级胶合板、旋切单板、装饰线条、细木工制品、地板、轻型构架、枕木、桥梁、乐器等。

# 山竹子（白）*Garcinia* sp.
## KANDIS-WHITE

藤黄科
*Guttiferae*

- **山竹子属** *Garcinia*
- **木材名称**：无
- **地方名称**：Kandis-white（巴布亚新几内亚–代码KAN-W，马来西亚沙巴、沙捞越–代码KDIS，印度尼西亚），Garcinia（巴布亚新几内亚），Sikop（马来西亚沙捞越），Binukau、Haras（菲律宾），Laubu（斐济），Trai-ly（越南）。
- **不规范名称**：白山竹
- **识别要点**：树皮薄且硬脆，具龟裂。径切面具竹子样纹理，弦面有带状薄壁组织形成的波状花纹。板材具蜡质感和光泽。本属400种木材构造材性有很大变异，如产越南、柬埔寨的芳香山竹子 *G. fragraeoides*，密度0.95～1.05 g/cm³，材质重硬，结构细而匀，与格木等划为同一类材，称"铁木"。

（×12）

- **宏观构造**：散孔材。管孔放大镜下明显，略多，略小；主为单管孔，少数径列复管孔（2～5个，多2～3个）；侵填体丰富。轴向薄壁组织肉眼可见，发达，弦向带状、翼状、聚翼状及环管束状。木射线放大镜下明显，略密，略窄。

- **树木与分布**：乔木，高约21 m，直径0.2～0.5 m。本属约400种，分布于亚热带、巴布亚新几内亚和非洲南部。主要从巴布亚新几内亚进口，成批量。巴布亚新几内亚根据材色将该属分为白山竹子（代码为KAN-W）及红山竹子（代码为KAN-R）两类。

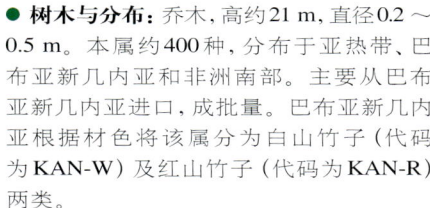

- **横断面**：心边材区别略明显。心材黄褐色或橘红色，略具细条纹。边材浅黄色，窄，2～3 cm。生长轮不明显。

- **树皮**：厚0.5 cm左右，质硬脆。外皮灰褐色；具龟裂，呈小块状脱落，残留浅凹坑。内皮明黄色至黄褐色；韧皮纤维较发达，径向紧密层状排列，略现布格状花纹。石细胞细颗粒状。

- **木材材性**：具光泽；有蜡质感；滋味微苦。纹理直；结构细而匀；材质中至甚重硬；强度高。加工困难，刨面光滑；油漆性能好；握钉力强，须先钻孔。很耐腐。干燥困难，易面裂。气干密度0.69～1.12 g/cm³。

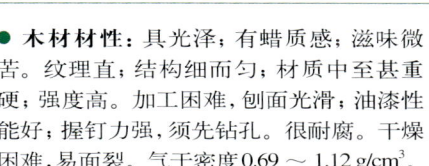

- **板样**

- **木材用途**：适用于承重构件、船龙骨、汽锤垫板、桥梁、码头用材、重型地板、旋切单板、高档家具、乐器材料等。

# 山竹子（红）*Garcinia* sp.
## KANDIS-RED

藤黄科
*Guttiferae*

- 山竹子属 *Garcinia*
- 木材名称：无
- 地方名称：Kandis-red（巴布亚新几内亚–代码KAN-R，马来西亚沙巴、沙捞越–代码KDIS，印度尼西亚），Garcinia（巴布亚新几内亚），Sikop（马来西亚沙捞越），Binukau、Haras（菲律宾），Laubu（斐济），Trai-ly（越南）。
- 不规范名称：红山竹
- 识别要点：树皮薄且硬脆，具龟裂。径切面具竹子样纹理，弦面有带状薄壁组织形成的波状花纹。板材具蜡质感和光泽。本属400种木材构造材性有很大变异，如产越南、柬埔寨的芳香山竹子 *G. fragraeoides*，密度0.95～1.05 g/cm³，材质重硬，结构细而匀，与格木等划为同一类材，称"铁木"。

- 树木与分布：乔木，高约21 m，直径0.2～0.5 m。本属约400种，分布于亚热带、巴布亚新几内亚和非洲南部。主要从巴布亚新几内亚进口，成批量。巴布亚新几内亚根据材色将该属分为白山竹子（代码为KAN-W）及红山竹子（代码为KAN-R）两类。

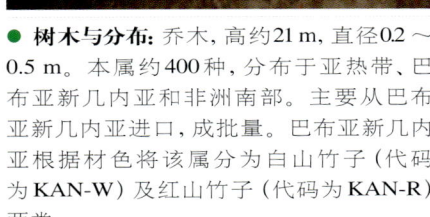

- 横断面：心边材区别明显。心材红褐色至紫褐色，久置氧化后呈黑褐色。边材浅黄色。生长轮不明显。

- 树皮：厚0.5～1.0 cm，质硬脆，易折断。外皮灰褐色；具不规则龟裂，呈小块状脱落，残留浅凹坑。内皮红褐色；韧皮纤维较发达，径向紧密层状排列，略现布格状花纹。石细胞细颗粒状。

- 木材材性：具光泽；有蜡质感；滋味微苦。纹理直；结构细而匀；材质中至甚重硬；强度高。加工困难，刨面光滑；油漆性能好；握钉力强，须先钻孔。很耐腐。干燥困难，易面裂。气干密度0.69～1.12g/cm³。

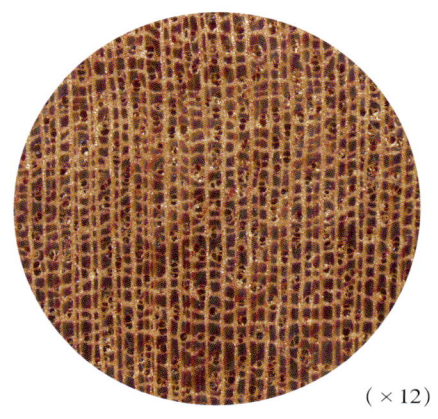

（×12）

- 宏观构造：散孔材。管孔放大镜下明显，略多，略小；主为单管孔，少数径列复管孔（2～3个，多2个）；部分管孔可见黄白色沉积物。轴向薄壁组织肉眼可见，发达，弦向带状、翼状、聚翼状及环管束状。木射线放大镜下明显，略密，略宽。

- 板样

- 木材用途：适用于承重构件、船龙骨、汽锤垫板、桥梁、码头用材、重型地板、旋切单板、高档家具、乐器材料等。

# 黄牛木 *Cratoxylum* sp.
## GERONGGANG

金丝桃科
*Hypericaceae*

- 黄牛木属 *Cratoxylum*
- 木材名称：轻黄牛木
- 地方名称：Geronggang（印度尼西亚、马来西亚沙捞越－代码GERO），Adat、Gerunggung（印度尼西亚），Serungan（马来西亚沙巴），Geronggang gajah（马来西亚沙捞越），Salinggogon（菲律宾）。
- 不规范名称：桶木、红桐木
- 识别要点：内皮常裸露，鲜红褐色，质脆，鳞片状叠生明显，易小片状脱落。轴向薄壁组织难见。心材砖红色。材质轻软。

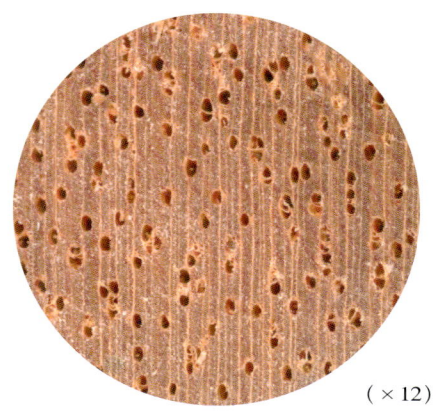

（×12）

- 宏观构造：散孔材。管孔肉眼下可见，略少，大小中等；单管孔，少数径列复管孔（2～4个）；含侵填体。轴向薄壁组织放大镜下基本不见，疏环管状。木射线放大镜下明显，密度中，窄。

- 树木与分布：常绿乔木，高约40 m，直径达1.0 m。本属约12种，分布东南亚各地。主要从马来西亚进口，成批量。

- 横断面：心边材区别略明显。心材砖红色或橘红褐色。边材浅玫瑰色。生长轮不明显。

- 板样

- 树皮：厚0.5～1.0 cm，较硬脆，易剥离。外皮灰褐色；表面粗糙，具龟裂，易鳞片状脱落。内皮鲜红褐色至铁锈红色；韧皮纤维发达，质脆，鳞片状叠生明显，易小片状脱落。

- 木材材性：具金色光泽。纹理交错；结构粗而均匀；质轻软；强度低；干缩中。加工容易，含硅石，易钝锯。刨切、油漆、胶黏性能良好；旋切差；握钉力差。不耐腐。干燥容易，质量好。气干密度约0.46 g/cm³。

- 木材用途：适用于高刨切单板、胶合板、家具、细木工板、室内装修、木线条、轻型结构、食品包装盒、黑板等。

# 桂樟 *Cinnamomum culilawan*
## PNG CAMPHOR WOOD

樟科
*Lauraceae*

- **樟属** *Cinnamomum*
- **木材名称**：桂樟
- **地方名称**：PNG Camphor wood（巴布亚新几内亚－代码CAH）、Medang（印度尼西亚、马来西亚沙捞越－代码MEDN）、Dalchini、Medang-rawali、Polio（印度尼西亚）、Kayu、Bunsod（马来西亚沙巴）、Kalingag（菲律宾）、Keplan wangi、Njatu（马来西亚沙捞越）、Karawe-hmanthein（缅甸）、Kondo-findo。
- **不规范名称**：巴新樟木、香樟木
- **识别要点**：生材和树皮具桂皮气味并稍具甜味。轴向薄壁组织不明显，环管束状及短翼状。木材纹理交错。

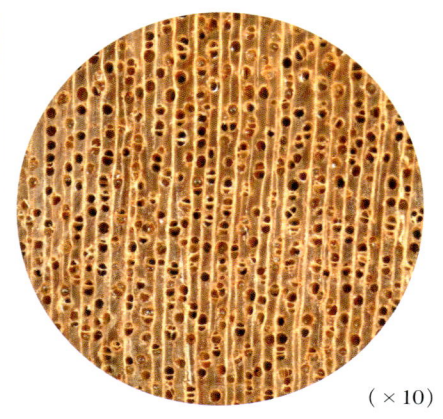

（×10）

- **宏观构造**：散孔材。管孔肉眼下可见，略少，大小中等；单管孔及短径列复管孔（2～3个）；部分含褐色树胶；部分斜列。轴向薄壁组织放大镜下略见，环管束状及短翼状。木射线放大镜下明显，密度中，窄。

- **树木与分布**：常绿乔木，高20～26 m，直径达1.0 m。本属约250种，分布于亚洲热带、亚热带、南太平洋地区。主要从马来西亚及巴布亚新几内亚进口，不常见。

- **横断面**：心边材区别明显。心材黄褐色至红褐色。边材灰褐色。生长轮略明显。

- **板样**

- **树皮**：厚1～2 cm，质硬脆。外皮灰褐色带灰白；块状脱落；具浅细纵裂；具少量圆形皮孔。内皮棕褐色；石细胞细颗粒状。树皮及木材具明显的桂皮气味。

- **木材材性**：光泽强；具樟脑味；稍具甜味。纹理交错；结构细而均匀；质轻软至中；强度低；干缩小。加工容易，切面光滑；油漆和胶黏性能好。握钉力中。略耐腐。干燥稍慢，略开裂。气干密度0.41～0.62 g/cm³。

- **木材用途**：适用于旋切单板、胶合板、细木工制品、室内装修、家具、雕刻、车旋件等。树皮及木材是药材及香料的原料。

# 厚壳桂 *Cryptocarya* sp.
## CRYPTOCARYA

樟科
*Lauraceae*

- **厚壳桂属** *Cryptocarya*
- **木材名称**：暂无
- **地方名称**：Cryptocarya、Massoy（巴布亚新几内亚－代码CRY）, Rose maple、White laurel（澳大利亚），梅旦Medang（马来西亚、印度尼西亚），Medangdering（马来西亚沙巴），Medang payong（马来西亚），Dugkatan、Lamot（菲律宾）。
- **不规范名称**：红槭、白桂
- **识别要点**：韧皮纤维短而细，捏之易碎；新鲜时具有似草坪修剪后散发出的气味。轴向薄壁组织环管状。木材黄褐色，有油性。生材略有樟脑气味。

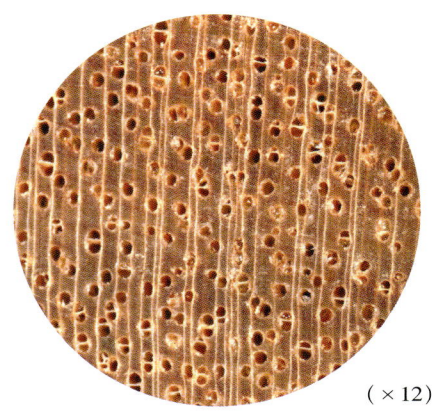

(×12)

- **宏观构造**：散孔材。管孔肉眼下可见，略少，大小中等；单管孔及径列复管孔（2～3个）；具树胶和侵填体。轴向薄壁组织放大镜下略见，环管状。木射线放大镜下明显，密度中，窄。

- **树木与分布**：常绿乔木，高达40 m，直径0.4～1.1 m。本属200～250种，分布于热带及亚热带地区。常从巴布亚新几内亚、所罗门群岛进口。

- **横断面**：心边材区别略明显。心材黄褐色，略带绿色调。边材灰褐色。生长轮不明显。

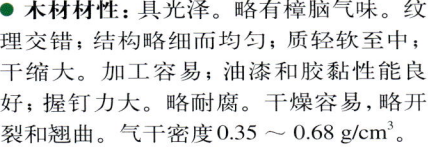

- **板样**

- **树皮**：厚1.5～2.5 cm，质硬，不易剥离。外皮灰色；较平滑。内皮红褐色；韧皮纤维短而细，捏之易碎；新鲜时具有似草坪修剪后散发出的气味；石细胞发达，大颗粒状分布。

- **木材材性**：具光泽。略有樟脑气味。纹理交错；结构略细而均匀；质轻软至中；干缩大。加工容易；油漆和胶黏性能良好；握钉力大。略耐腐。干燥容易，略开裂和翘曲。气干密度0.35～0.68 g/cm³。

- **木材用途**：适用于单板、胶合板、家具、仪器箱盒、细木工板、轻型结构、室内装修等。

# 土楠 *Endiandra* sp.
## ENDIANDRA

樟科  
*Lauraceae*

- 土楠属 *Endiandra*
- 木材名称：暂无
- 地方名称：Endiandra（巴布亚新几内亚－代码 END），Queensland walnut、Australian Walnut、Walnut Beat、Oriental Wood（澳大利亚）。
- 不规范名称：昆士兰胡桃木
- 识别要点：材表密布浅小沟槽。树皮韧皮纤维略捏之呈短针状。弦向不规则带状的薄壁组织间距大。木材花纹与欧洲胡桃（*Juglans regia*）相似。生材特有一种酸味。

(×12)

- 宏观构造：散孔材。管孔肉眼下可见，略多，大小中等；主为单管孔，少数径列单管孔（2～4个）。轴向薄壁组织肉眼下可见，弦向不规则带状，间距大，及环管束状。木射线放大镜下明显，略密，略宽。

- 树木与分布：大乔木，高 36～42 m，胸径约 1.5 m，具板根。分布于东南亚至澳大利亚的昆士兰州及巴布亚新几内亚和南太平洋地区。主要从巴布亚新几内亚进口，量少。

- 横断面：心边材区别不明显。木材浅红褐色到暗红褐色。边材色浅。生长轮略明显。

- 树皮：厚 1.5～2.0 cm，质硬，易块状剥离。外皮黑褐色，呈小窄片状剥落。内皮红褐色；韧皮纤维略发达，捏之成短针状；石细胞较发达，颗粒状，层状分布于近外皮部位。

- 板样

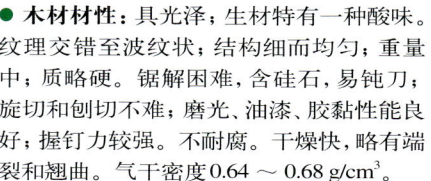

- 木材材性：具光泽；生材特有一种酸味。纹理交错至波纹状；结构细而均匀；重量中；质略硬。锯解困难，含硅石，易钝刀；旋切和刨切不难；磨光、油漆、胶黏性能良好；握钉力较强。不耐腐。干燥快，略有端裂和翘曲。气干密度 0.64～0.68 g/cm³。

- 木材用途：适用于旋切单板、胶合板、家具、高档硬木生产、地板、室内装修、装饰薄板等。

# 坤甸铁樟木 *Eusideroxylon zwageri*
## ULIN

樟科
*Lauraceae*

- **铁樟属** *Eusideroxylon*
- **木材名称**：坤甸铁樟木
- **地方名称**：Ulin、Onglen、Bulian、Badjudjang、Talihan、Tihin（印度尼西亚），Belian（印度尼西亚、马来西亚），Tambulian（菲律宾、马来西亚沙巴），Borneo ironwood（英国）。
- **不规范名称**：坤甸
- **识别要点**：树皮极薄。轴向薄壁组织短翼状、聚翼状、环管束状及不规则弦向带状。管孔内侵填体丰富。生材有柠檬味；木材有油性感。材质重硬。本属另一种为马氏铁樟木 *E. malagangai*，较坤甸铁樟木径级小，材色红，质轻，有较长的翼状薄壁组织。

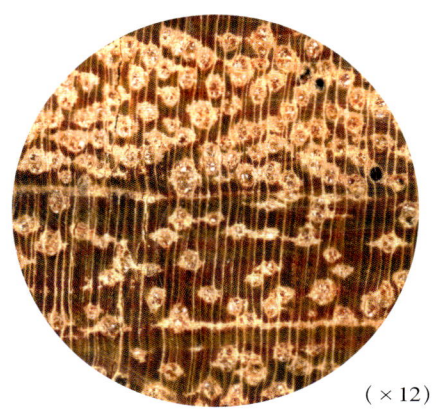

（×12）

- **宏观构造**：散孔材。管孔肉眼下可见，少，略大；主为单管孔，少数径列单管孔（2～4个）；侵填体丰富。轴向薄壁组织肉眼下可见，短翼状、聚翼状、环管束状及不规则弦向带状。木射线放大镜下明显，密度中，窄。

- **树木与分布**：常绿乔木，高约30 m，胸径约1.2 m。本属仅2种，分布于马来西亚、印度尼西亚、菲律宾。主要从马来西亚、印度尼西亚进口，量不大。

- **横断面**：心边材区别明显。心材浅黄褐色，久则转为巧克力褐色。边材窄，金黄色。生长轮略可见。

- **树皮**：厚约0.4 cm，质硬脆，易折断，易长条状剥离。外皮灰褐色，极薄，具浅纵裂，小薄片状脱落。内皮红褐色；韧皮纤维发达，易层片状分离；石细胞发达，层片状排列。

- **板样**

- **木材材性**：具光泽；生材有柠檬味；有油性感。纹理直或略斜；结构细而均匀；甚重硬；强度甚高，干缩甚大。加工不难，切面光滑；油漆和胶黏性能略差；握钉力强，须先钻孔。很耐腐。干燥慢，略有劈裂。气干密度1.0～1.2 g/cm³。

- **木材用途**：适用于重型构件、房柱、电杆、码头、桥梁、海水木桩、造船、酸性溶液的容器、重型地板、家具等。

# 木姜子 *Litsea* sp.
## LITSEA

樟科
*Lauraceae*

- **木姜子属** *Litsea*
- **木材名称**：暂无
- **地方名称**：Litsea（巴布亚新几内亚－代码LIT），Medang（马来西亚、印度尼西亚），Batikuling（菲律宾），Ondon（缅甸），Bollywood（澳大利亚），Lisang（马来西亚沙巴），Perawas、Lelamit（印度尼西亚）。
- **不规范名称**：无
- **识别要点**：树皮石细胞发达，呈厚层片状排列。木材轴向薄壁组织环管状。木材具金色光泽，表面有油性感。

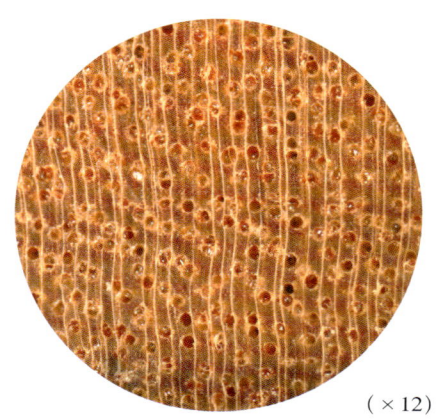

（×12）

- **宏观构造**：散孔材。管孔放大镜下明显，略多，大小中等；主为单管孔，少数径列复管孔（2～3个）；部分斜列；具侵填体和树胶。轴向薄壁组织放大镜下可见，环管状。木射线放大镜下明显，密度中，窄。

- **树木与分布**：常绿乔木，高21～27 m，胸径约0.5 m。本属约200种，分布于亚洲热带、亚热带及大洋洲。常从巴布亚新几内亚进口，量不大。

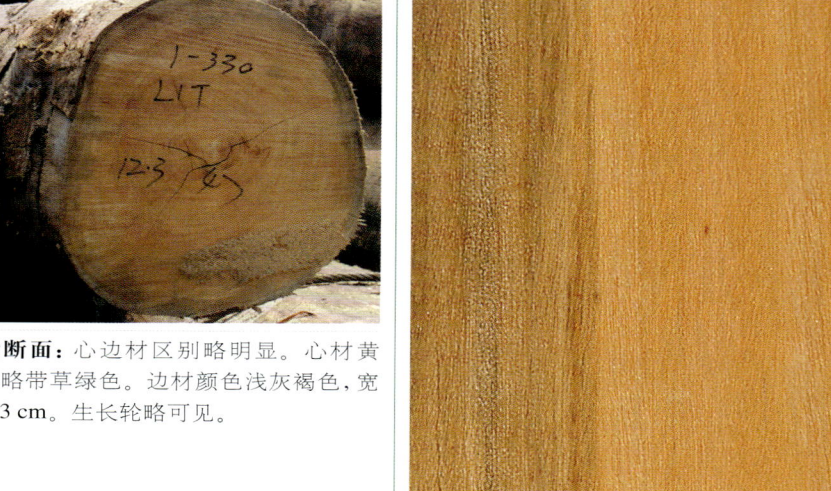

- **横断面**：心边材区别略明显。心材黄褐色略带草绿色。边材颜色浅灰褐色，宽2～3 cm。生长轮略可见。

- **板样**

- **树皮**：厚0.5～1.0 cm，质略硬脆，不易剥离。外皮灰褐色；具明显的细龟裂纹；薄片状剥落，表面光滑。内皮浅红褐色；韧皮纤维短、质硬脆、易碎；石细胞发达，呈厚层片状排列。

- **木材材性**：具金色光泽；表面有油性感。纹理直；结构细而均匀；重量、硬度、强度中等；干缩小。加工容易，切面光滑；油漆、胶黏性能好；握钉力强，但不劈裂。略耐腐。干燥略慢，缺陷少。气干密度约0.59 g/cm$^3$。

- **木材用途**：适用于旋切单板、胶合板、家具、细木工、室内装修、轻型结构、包装箱盒、雕刻等。

# 巴新埃梅木 *Elmerrillia papuana*
## WAU BEECH

木兰科
*Magnoliaceae*

- **埃梅木属** *Elmerrillia*
- **木材名称**：埃梅木
- **地方名称**：Wau beech（巴布亚新几内亚-代码BEW）、Oeroe、Silae、Woeroe、Taas（印度尼西亚）。
- **不规范名称**：瓦乌山毛榉、金丝柚
- **识别要点**：树皮薄，质软，内皮易撕成纸片状；石细胞呈白色带状。轴向薄壁组织轮界状。木材具金色光泽；具油性感；略具樟脑香气和甜味。材质轻软，结构细。

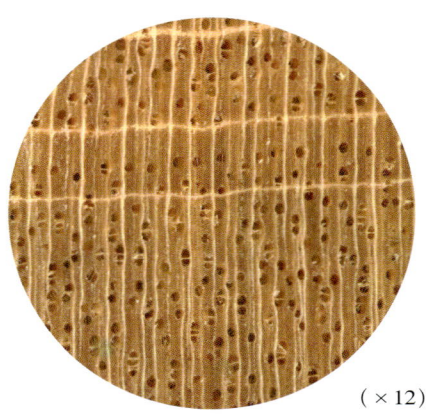

(×12)

- **宏观构造**：散孔材。管孔肉眼下略见，略少，大小中等；主为单管孔，少数径列复管孔（2～5个）；具侵填体。轴向薄壁组织肉眼下略见，轮界状。木射线放大镜下明显，密度中，窄。

- **树木与分布**：常绿乔木，高达40 m，直径达1.0 m。本属共有7种，分布于东南亚及巴布亚新几内亚等地。该种主要从巴布亚新几内亚进口，量较大。

- **横断面**：心边材区别略明显。心材黄白色带绿，久则呈暗褐色。边材浅灰白色，宽5～10 cm，易蓝变。生长轮明显。

- **树皮**：厚0.5～1.0 cm，质软，易条块状剥离。外皮灰褐色略带灰白色，表面平滑；薄片状剥落。内皮灰褐色；韧皮纤维发达，易撕成纸片状；石细胞层状，呈白色带状。

- **木材材性**：具金色光泽；具油性感；略具樟脑香气和甜味。纹理直；结构细而匀；质轻软；强度低；干缩小。加工容易，切面光滑；弯曲、抛光、油漆、胶黏性能好；易于钉钉，握钉力小。不耐腐。干燥容易，少翘裂。气干密度0.43～0.48 g/cm³。

- **板样**

- **木材用途**：适用于旋切单板、装饰单板、胶合板、家具、包装箱、绘图板、雕刻、室内装修、细木工制品等。

# 木莲 *Manglietia* sp.
## CHEMPAKA

木兰科
*Mangnoliaceae*

- 木莲属 *Manglietia*
- 木材名称：木莲
- 地方名称：Chempaka（马来西亚、印尼），Vangtam（越南）。
- 不规范名称：金丝柚、白楠
- 识别要点：木材弦切面常见深色纤维带形成的抛物线花纹；木材光泽强，类似楠木，但无楠木的清香味。横切面放大镜下可见倾斜的穿孔板"隔门"。

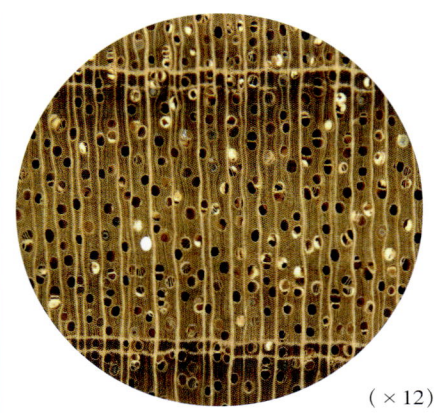

（×12）

- 宏观构造：散孔材。管孔放大镜下可见，小而多；主为单管孔，少数径列复管孔（2～3个）；白色沉积物多见；放大镜下可见到倾斜的穿孔板"隔门"。轴向薄壁组织肉眼下明显，轮界状。木射线放大镜下可见，略密，宽度中等。

- 树木与分布：大乔木，高达25 m或以上，直径达0.70 m或以上。主要分布于越南、中国广东、广西、云南、贵州等地。

- 横断面：心边材区别明显。心材黄绿色至绿褐色，深色纤维带明显。边材浅黄白色，宽4.0～6.0 cm。生长轮略明显。

- 板样

- 树皮：厚1.0～1.5 cm，质软，易块状剥离。外皮灰褐色至灰白色，略粗糙，易小片状脱落。内皮浅红褐色，韧皮纤维发达，麻丝状；进口时材表常见残留的麻丝状韧皮纤维。

- 木材材性：木材光泽强；无特殊气味和滋味。纹理直；结构甚细。木材轻；强度及硬度中等；干缩中。锯、刨加工容易，刨面光滑；抛光和油漆性能好；心材略抗白蚁和蠹虫。干燥容易，稳定性好。气干密度0.45～0.63 g/cm$^3$。

- 木材用途：适用于高档家具、楼梯、雕刻、乐器、车旋件、工艺美术用品等。

# 钟康木 *Dactylocladus stenostachys*
## JONGKONG

野牡丹科
*Melastomataceae*

- **钟康木属** *Dactylocladus*
- **木材名称**：钟康木
- **地方名称**：Jongkong（马来西亚沙巴、沙捞越－代码JONG，印度尼西亚），Medang jongkong、Mentibu、Merebong（马来西亚沙捞越），Sampinur、Pardu、Turit（印度尼西亚），Medang-tabak（马来西亚沙巴、文莱）。
- **不规范名称**：无
- **识别要点**：树皮捏碎后呈针晶状，接触皮肤有刺痒感。新断面常见类似射线的黑线条，在弦切面表现为小黑孔。木材具有内含韧皮部。翼状轴向薄壁组织其翼部细长，似海鸥状。

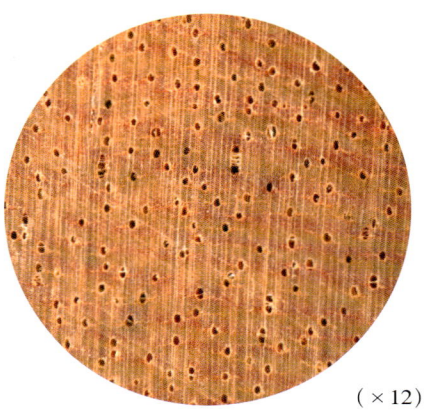

（×12）

- **宏观构造**：散孔材。管孔放大镜下明显，略少，大小中等；主为单管孔，少数径列复管孔（2～3个）。轴向薄壁组织放大镜下略见，翼状（翼部细长，似海鸥状）及短细弦线状。木射线放大镜下可见，密，甚窄。

- **树木与分布**：大乔木，高达25 m，直径0.5～0.7 m。本属仅1种，分布于印度尼西亚、马来西亚及越南等地区，在沙捞越进口杂木中常见。

- **横断面**：心边材区别不明显。心材浅橘褐色，久则为红褐色。边材色浅，宽2～3 cm。生长轮不明显。新断面常见类似射线的黑线条，在弦切面表现为小黑孔。木材具内含韧皮部。

- **板样**

- **树皮**：厚0.5～1.5 cm，质软，易条状剥落。外皮新鲜时红褐色，久则变灰白色；具有规则的浅纵裂。内皮浅红黄褐色，久则变暗红褐色。韧皮纤维较发达，捏之易粉碎成针晶状，皮肤接触后有刺痒的感觉。

- **木材材性**：具光泽。纹理直；结构略粗；重量、强度、干缩中等。加工容易，切面光滑；不耐腐。干燥稍慢，略有弯曲和劈裂。气干密度约0.63 g/cm³。

- **木材用途**：适用于单板、胶合板、模板、普通建筑、一般结构材、地板、家具、屋顶板和木瓦等。

# 米仔兰 *Aglaia* sp.
## AGLAIA

棟科
*Meliaceae*

- **米仔兰属** *Aglaia*
- **木材名称**：米兰
- **地方名称**：Aglaia、Red bean（巴布亚新几内亚–代码 AGL），Pasak（巴布亚新几内亚、马来西亚），Ayabala、Fangeri、Ulukwala（所罗门群岛），Rosekamala（澳大利亚），Goi tia（越南），Beng kheou（柬埔寨）。
- **不规范名称**：无
- **识别要点**：树皮韧皮纤维易撕成片状或麻丝状。石细胞大颗粒状及层状，发达。心材深红褐色略带紫色。木材重硬，结构细而匀。本属众多树种木材构造和材性上有较大变异。

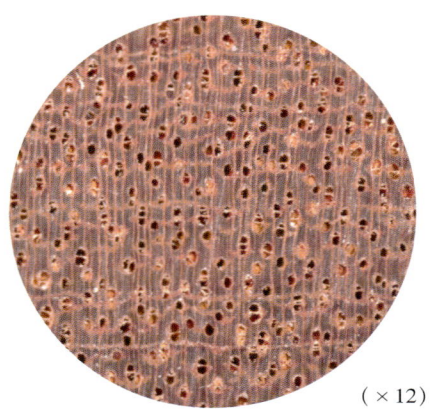

(×12)

- **宏观构造**：散孔材。管孔肉眼下略见，略少，大小中等；单管孔及径列复管孔（2～3个）；具深色树胶。轴向薄壁组织放大镜下可见，环管束状、短翼状、聚翼状及局部呈不规则带状。木射线放大镜下明显，略密，窄。

- **树木与分布**：乔木，高35～41 m，直径达1.0 m。本属250～300种，分布于东南亚及澳大利亚和南太平洋地区。主要从巴布亚新几内亚等地进口，量不大。

- **横断面**：心边材区别明显。心材深红褐色略带紫色。边材色浅，灰褐色至粉红色，宽3～7 cm。生长轮不明显。

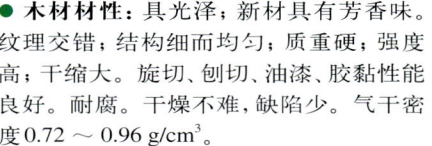

- **板样**

- **树皮**：厚0.5～1.5 cm，质较脆，易折断，易条块状剥离。外皮薄；黄褐色带灰白；具不规则浅纵裂，并有凹坑。内皮红褐色；韧皮纤维发达，易撕成片状或麻丝状；石细胞发达，大颗粒状及层状。

- **木材材性**：具光泽；新材具有芳香味。纹理交错；结构细而均匀；质重硬；强度高；干缩大。旋切、刨切、油漆、胶黏性能良好。耐腐。干燥不难，缺陷少。气干密度0.72～0.96 g/cm³。

- **木材用途**：适用于旋切单板、胶合板、高档家具、地板、细木工制品、车旋制品、枪托、室内装修、造船、车辆、桥梁、码头等。其饰面单板具桃花心木的效果。

# 兜状阿摩楝 *Amoora cucullata*
## AMOORA

楝科
Meliaceae

- **阿摩楝属** *Amoora*
- **木材名称**：阿摩楝
- **地方名称**：Amoora、Pacific maple（巴布亚新几内亚－代码AMO、所罗门群岛－代码AM）, Jelengan sasak（马来西亚沙捞越－代码JELX）, Bekak（马来西亚）, Malatumbaga（菲律宾）, Keramu（文莱、缅甸）, Tasua（泰国）, Jambangan、Thit nee（缅甸）, Goi（越南）。
- **不规范名称**：阿摩楝
- **识别要点**：树皮韧皮纤维发达，可撕成层片状。材表具有深沟槽。轴向薄壁组织放大镜下束状，肉眼下基本不见。原木新断面红褐色。木材构造特征与同科的米仔兰 *Aglaia* sp. 很相似，但米仔兰一般较重，并具弦向带状薄壁组织。

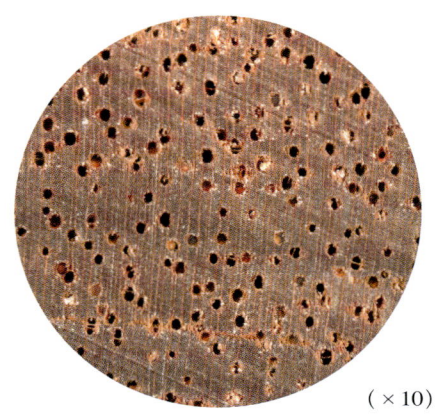

(×10)

- **宏观构造**：散孔材。管孔肉眼下可见，略少，略大；主为单管孔，少数径列复管孔（2～3个）；具树胶和白色沉积物。轴向薄壁组织放大镜下略见，环管束状。木射线放大镜下可见，略密，甚窄。

- **树木与分布**：乔木，高20～41 m，直径达1.2 m。本属约25种，分布于东南亚及巴布亚新几内亚。该种主要从巴布亚新几内亚进口，量大。

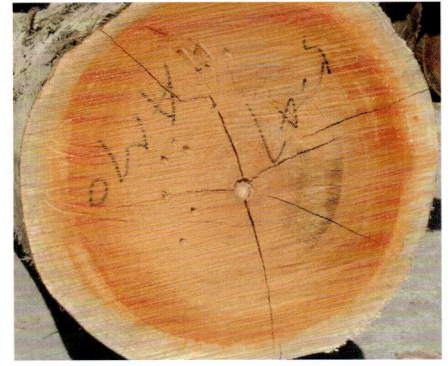

- **横断面**：心边材区别明显。心材红褐色至暗红褐色。边材灰白色至粉红褐色，宽2.0～3.0 cm。生长轮不明显。

- **板样**

- **树皮**：厚0.5～1.0 cm，质略硬脆，易折断和剥离。外皮灰褐色；具浅沟；呈薄片状脱落。内皮棕褐色至黄褐色；韧皮纤维发达，可撕成层片状。

- **木材材性**：具光泽。纹理交错；结构略粗；略轻；强度低；干缩大。加工容易，表面光滑；油漆、胶黏、握钉性能中等。略耐腐。干燥容易，略轻微扭曲。气干密度0.53～0.56 g/cm³。

- **木材用途**：适用于旋切单板、胶合板、装潢木线条、家具、地板、细木工、轻型构架、室内装修、车船甲板、车旋制品等。

# 溪沙  *Chisocheton* sp.
## KISO

棟科
*Meliaceae*

- **溪沙属** *Chisocheton*
- **木材名称**：溪沙
- **地方名称**：Kiso（巴布亚新几内亚－代码KIS），Katong-matsin（东南亚），Bua pesa kanan（马来西亚沙捞越－代码BUPK），Katong-maching（菲律宾）。
- **不规范名称**：克枊木
- **识别要点**：韧皮纤维较发达，易撕成细条状。轴向薄壁组织肉眼下明显，弦向带状，与木射线构成网状。木材与椈木属*Dysoxylum* sp.某些种很相似。

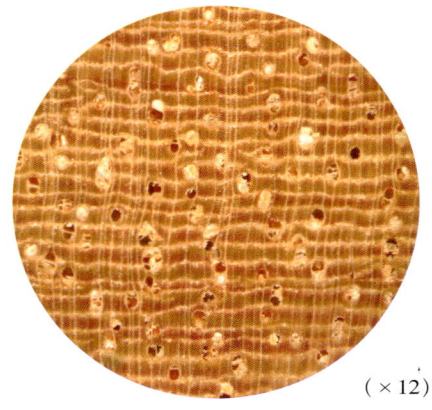

(×12)

- **宏观构造**：散孔材。管孔肉眼下可见，略少，大小中等；主为单管孔，少数径列复管孔（2～3个）；具树胶和白色沉积物。轴向薄壁组织肉眼下明显，弦向带状，与木射线构成网状。木射线放大镜下明显，略密，窄。

- **树木与分布**：乔木。本属约100种，分布于东南亚及南太平洋地区，主要从巴布亚新几内亚进口，量少。

- **横断面**：心边材区别略明显。心材浅褐色至粉红褐色。边材较浅。生长轮不明显。

- **树皮**：厚1～2 cm，较硬，易长条状剥离。外皮灰褐色至灰白色；具有小的浅龟裂纹。内皮红褐色；韧皮纤维较发达，易撕成细条状；石细胞颗粒状。

- **板样**

- **木材材性**：具光泽。纹理交错；结构细而匀；重量和强度中等；干缩大。加工不难，略易起毛；钉钉、胶黏、油漆性能良好。干燥略有扭曲。气干密度0.42～0.64 g/cm³。

- **木材用途**：适用于旋切单板、胶合板、家具、细木工、房屋建筑、地板、车工制品等。

# 樫木（红）*Dysoxylum* sp.
## DYSOX-RED

棟科
*Meliaceae*

- 樫木属 *Dysoxylum*
- 木材名称：暂无
- 地方名称：Dysox-red（巴布亚新几内亚－代码DYS-R、所罗门群岛－代码DX/DYS），Taloesa losesa、Wande-poete（印度尼西亚），Jarum-jarum（马来西亚），Bunga（文莱），Lantupak（马来西亚沙巴），Hugnh-duong（越南、柬埔寨）。
- 不规范名称：红樫木、米瓦桃花心木、大蒜树
- 识别要点：树皮及生材具略似葱蒜的特殊气味。木材颜色浅红色至深红褐色。韧皮纤维层片状。轴向薄壁组织波浪形弦向带状。

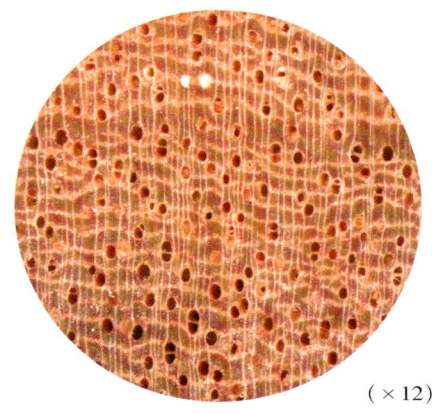

（×12）

- 宏观构造：散孔材。管孔肉眼下可见，略少，大小中等；单管孔及径列复管孔（2～3个）；含丰富的黄褐色树胶。轴向薄壁组织肉眼下明显，波浪形弦向带状及环管束状。木射线放大镜下明显，略密，窄。

- 树木与分布：常绿乔木，树皮及树叶具略似葱蒜的特殊气味。本属约200种，分布于东南亚至南太平洋地区。主要从巴布亚新几内亚进口，成批量。

- 横断面：心边材区别明显。心材浅红色至深红褐色。边材黄白或浅黄褐色，宽5～10 cm；市场通常称"红樫木"。巴布亚新几内亚根据该属木材的颜色深浅，分为红樫木和白樫木两种。

- 板样

- 树皮：厚约0.50 cm，略脆硬，易折断，易块状脱落。外皮略平滑，灰褐色，卵圆形皮孔较多。内皮黄白色至红褐色；韧皮纤维层片状，捏碎可呈松针状。

- 木材材性：具光泽；新材微具葱蒜样气味。纹理交错；结构细而匀；重量、硬度、强度中等；油漆和胶黏性能一般；握钉力大。耐腐。干燥慢，略开裂和变形。气干密度0.75～0.80 g/cm³，巴新白樫木一般为0.54～0.72 g/cm³。

- 木材用途：适用于高档家具、地板、胶合板、室内装饰、重型建筑、造船、桥梁、码头、雕刻、车旋制品等。

进口木材原色图鉴（第2版）　南洋地区

# 樫木（白）*Dysoxylum* sp.
## DYSOX-WHITE

棟科
*Meliaceae*

- **樫木属** *Dysoxylum*
- **木材名称：** 暂无
- **地方名称：** Dysox-white（巴布亚新几内亚－代码DYS-W、所罗门群岛－代码DX/DYS）、Taloesa losesa、Wande-poete（印度尼西亚）、Jarum-jarum（马来西亚）、Bunga（文莱）、Lantupak（马来西亚沙巴）、Hugnh-duong（越南、柬埔寨）。
- **不规范名称：** 白樫木、米瓦桃花心木、大蒜树
- **识别要点：** 树皮及生材具略似葱蒜的特殊气味。韧皮纤维易撕成长条麻丝状；石细胞细砂状。轴向薄壁组织波浪形弦向带状。

(×12)

- **宏观构造：** 散孔材。管孔肉眼下可见，略少，大小中等；单管孔及径列复管孔（2～3个）；常见白色沉积物。轴向薄壁组织肉眼下明显，波浪形弦向带状及环管束状。木射线放大镜下明显，略密，窄。

- **树木与分布：** 常绿乔木，树皮及树叶具略似葱蒜的特殊气味。本属约200种，分布于东南亚至南太平洋地区。主要从巴布亚新几内亚进口，成批量。

- **横断面：** 心边材区别不明显。心材浅鹅黄色微红。边材浅黄白，市场通常称"白樫木"。巴布亚新几内亚根据该属木材的颜色深浅，分为红樫木和白樫木两种。

- **板样**

- **树皮：** 厚1.0～2.0 cm，质地坚硬，不易折断，易长条状脱落。外皮灰白至灰褐色；略平滑；具不规则细小龟裂，呈小片状剥落。内皮浅红褐色；韧皮纤维发达，短绒毛状。

- **木材材性：** 具光泽；新材微具葱蒜样气味。纹理交错；结构细而匀；重量、硬度、强度中等；油漆和胶黏性能一般；握钉力大。耐腐。干燥慢，略开裂和变形。气干密度0.54～0.72 g/cm³，巴新红樫木一般为0.75～0.80 g/cm³。

- **木材用途：** 适用于高档家具、地板、胶合板、室内装饰、重型建筑、造船、桥梁、码头建设、雕刻、车旋制品等。

# 山道楝 *Sandoricum* sp.
## KLAMPU

楝科
*Meliaceae*

- **山道楝属** *Sandoricum*
- **木材名称**：山道楝
- **地方名称**：Klampu（马来西亚沙捞越–代码KELA），Ketapi、Tapi、Dembeo、Satoeh（印度尼西亚），Sentul（马来西亚），Kra-Thon（泰国），Thitto（缅甸），Katon（缅甸、泰国、印度尼西亚），Sau-dau、Sau（越南），Kompeng reach（柬埔寨），Santol（菲律宾）。
- **不规范名称**：无
- **识别要点**：树皮石细胞小而略多，星散状分布。轴向薄壁组织放大镜下可见，翼状、聚翼状及断续带状。径面具条状花纹。

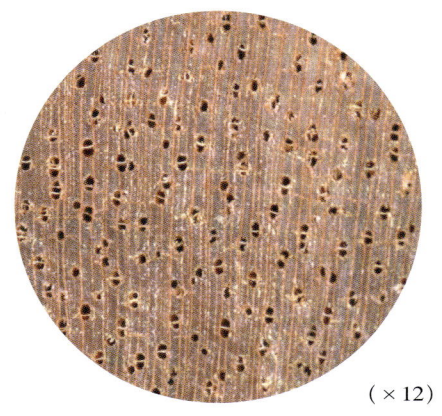

（×12）

- **宏观构造**：散孔材。管孔放大镜下明显，略少，大小中等；单管孔及径列复管孔（2个）。轴向薄壁组织放大镜下可见，翼状、聚翼状及断续带状。木射线放大镜下明显，略密，窄。

- **树木与分布**：大乔木，高达36 m，直径0.6～0.7 m。本属约10种，分布于东南亚地区，主要从马来西亚进口，量不大。

- **横断面**：心边材区别略明显。心材红褐色。边材浅黄白色。生长轮略明显。

- **板样**

- **树皮**：厚0.1～0.5 cm，质硬，易剥离。外皮灰白色略带土褐色，具小黑点状皮孔。内皮浅棕褐色；石细胞小而略多，星散状分布。

- **木材材性**：具光泽。纹理略斜；结构略粗；质轻软；强度低；干缩小。加工容易，切面光滑；油漆、胶黏、钉钉性能好。耐腐。干燥容易，缺陷少。气干密度0.44～0.57 g/cm³。

- **木材用途**：适用于刨切单板、胶合板、高档家具、室内装修、运动器材、细木工、轻型构件、车工制品等。

# 红椿 Toona ciliata var. sureni
## RED CEDAR

楝科
*Meliaceae*

- 香椿属 *Toona*
- 木材名称：红椿
- 地方名称：Red Cedar（巴布亚新几内亚-代码CER）、Surian、Surian sabrang、Mapala、Koemea、Toon（印度尼西亚）、Limpaga（马来西亚）、Surian、Kalantas（马来西亚沙巴）、Moulmein cedar（缅甸）、Yom hom（泰国）、Chomcha（柬埔寨）、Suren。
- 不规范名称：红杉、红雪松
- 识别要点：韧皮纤维较发达，易撕成短片状。心材浅砖红色至红褐色。半环孔材。管孔含侵填体及红色树胶。环状管孔在弦切面形成暗红色山形花纹，颇似桃花心木。木材质轻软，纹理直。

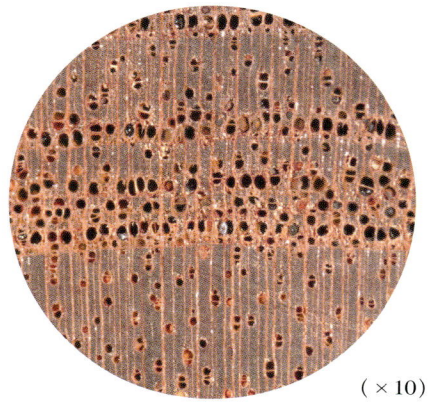

（×10）

- 宏观构造：半环孔材。管孔肉眼下略明显，从内向外逐渐减少、减小；单管孔及径列复管孔（2~3个）；具黑色树胶和侵填体。轴向薄壁组织放大镜下略明显，轮界状及环管束状。木射线放大镜下明显，密度中，窄至略宽。

- 树木与分布：大乔木，高25~35 m，直径可达1.5 m。本属约15种，分布于东南亚及大洋洲。常从巴布亚新几内亚进口，较少见。

- 横断面：心边材区别明显。心材浅砖红色至红褐色。边材浅黄白色。生长轮明显。

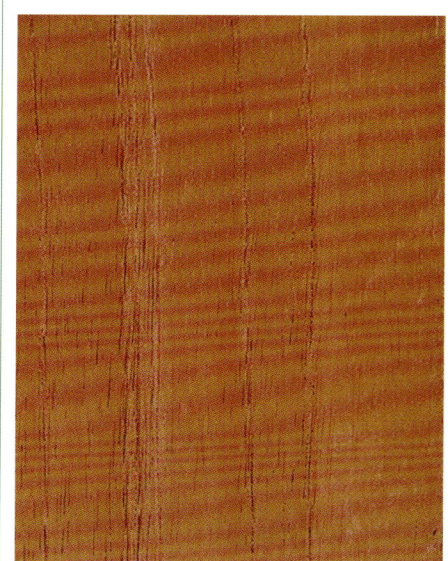

- 树皮：厚1.0~1.5 cm，质较软，易长条状剥落。外皮灰褐色；具有龟裂；易小片状剥落。内皮红褐色；韧皮纤维较发达，易撕成短片状；具石细胞。

- 板样

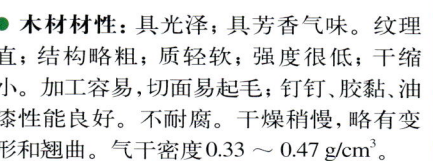

- 木材材性：具光泽；具芳香气味。纹理直；结构略粗；质轻软；强度很低；干缩小。加工容易，切面易起毛；钉钉、胶黏、油漆性能良好。不耐腐。干燥稍慢，略有变形和翘曲。气干密度0.33~0.47 g/cm³。

- 木材用途：适用于旋切单板、刨切微薄木、高级装饰胶合板、家具、细木工、室内装修、雕刻、钢琴外壳、雪茄烟木盒等。

# 南洋楹 *Albizia falcataria*
## WHITE ALBIZIA

含羞草科
*Mimosaceae*

- 合欢属 *Albizia*
- 木材名称：楹木
- 地方名称：White Albizia（巴布亚新几内亚－代码ALW），Batai（马来西亚），Sengon、Sengon laut（印度尼西亚），Moluccan sau（菲律宾），Sengon batai（印度尼西亚、马来西亚）。
- 不规范名称：白合欢
- 识别要点：内皮紫褐色至紫色。轴向薄壁组织环管束状。新切面具强烈气味。材质轻软。

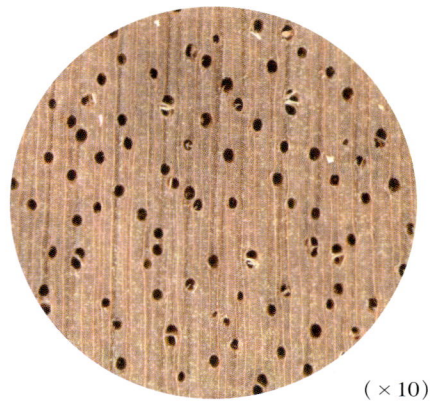

(×10)

- 宏观构造：散孔材。管孔肉眼下明显，少，略大；主为单管孔，少数径列复管孔（2～3个）。轴向薄壁组织放大镜下略见，环管束状、星散状及稀星散－聚合状，呈小白点状。木射线放大镜下可见，密度中，甚窄。

- 树木与分布：大乔木，是世界上生长最快的树种之一，高达40 m，直径1.0 m左右。本属约100种，分布于东南亚及南太平洋地区，该种主要从巴布亚新几内亚进口，成批量。

- 横断面：心边材区别略明显。心材浅粉红褐色，具深色细条纹。边材浅黄褐色。生长轮不明显。

- 板样

- 树皮：厚1.0～2.0 cm，易条块状剥落。外皮灰褐色；脆硬；具有浅裂纹；皮孔明显，卵圆形，较密集。内皮紫褐色，近外皮部位紫色；韧皮纤维较发达，易撕成窄条状。

- 木材材性：具光泽；新切面具强烈气味。纹理直；结构中而均匀；质甚轻软至轻软；强度低；干缩小。加工容易，刨面光滑；胶黏性能良好；握钉力弱。不耐腐。干燥快，无缺陷。锯屑对鼻子和喉咙具刺激性。气干密度0.32～0.38 g/cm³。

- 木材用途：适用于胶合板的芯板、包装箱、模型、家具配件、轻型建筑、室内装修、碎料板、乐器、玩具、车工等。

# 木荚豆 *Xylia* sp.
## PYINKADO

含羞草科
*Mimosaceae*

- **木荚豆属** *Xylia*
- **木材名称**：木荚豆
- **地方名称**：Pyinkado（缅甸），Irul（印度尼西亚），Sokram（柬埔寨），Deng（泰国），Tchiebuessain（喀麦隆）。
- **不规范名称**：金车花梨
- **识别要点**：木材外貌特征类似花梨木，是最早充当花梨木的树种之一。管孔内含深色树胶，常溢出木材表面而产生黏润油腻感或蜡质感，影响使用。

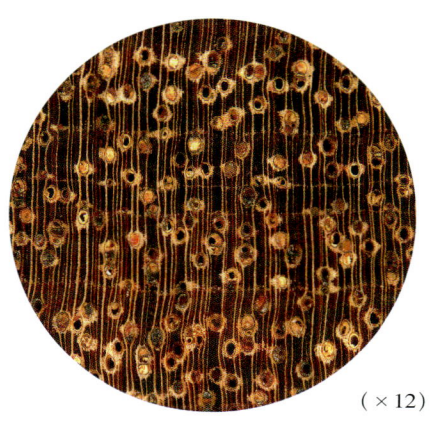

(×12)

- **宏观构造**：散孔材。管孔肉眼下明显，散生或略斜列，大小中等；主为单管孔，少数径列复管孔（2～3个）；部分管孔含白色沉积物或深色树胶。轴向薄壁组织肉眼下可见，翼状、聚翼状、轮界状。木射线放大镜下可见，略密，甚窄。

- **树木与分布**：大乔木，高达25 m或以上，直径达0.70 m或以上。主要分布于印度、缅甸、泰国、柬埔寨及非洲地区。

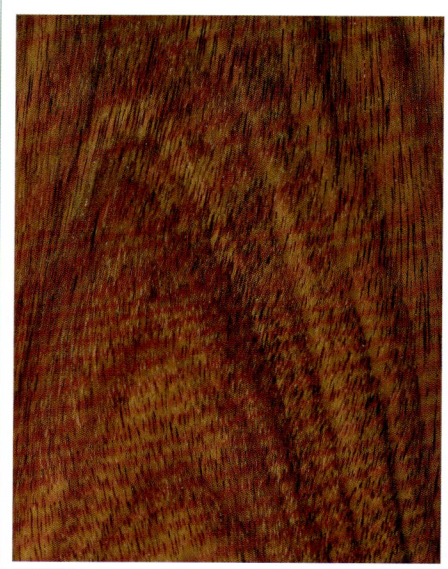

- **横断面**：心边材区别明显。心材新切面黄褐色，久则呈红褐色，常带有深色同心圆状条纹。边材灰白色。生长轮明显。

- **板样**

- **树皮**：厚0.8～1.0 cm，质硬，不易剥离。外皮灰白至灰褐色，具浅龟裂。内皮浅红褐色，韧皮纤维发达。

- **木材材性**：木材具光泽和油质感。纹理略交错；结构中至略细。木材硬重；强度高。干缩大，干燥困难，锯、刨加工困难，切面光滑；心材极耐腐，抗白蚁和水生钻木动物危害。气干密度1.0～1.18 g/cm³。

- **木材用途**：适用于重型建筑、实木地板、码头、桥梁、造船、楼梯等。

# 箭毒木 *Antiaris toxicaria*
## ANTIARIS

桑科
*Moraceae*

- **箭毒木属** *Antiaris*
- **木材名称**：箭毒木
- **地方名称**：Antiaris（巴布亚新几内亚–代码ANT），Terap（马来西亚沙巴），Upas（印度尼西亚），Ipoh（马来西亚沙捞越–代码IPOH）。
- **不规范名称**：毒果木、见血封喉木
- **识别要点**：树皮平滑，具较多的长链状皮孔。内皮质软，棉絮状。木射线和轴向薄壁组织内含结晶，放大镜下能分辨。锯屑可能引起皮炎和腹痛。材质甚轻软。

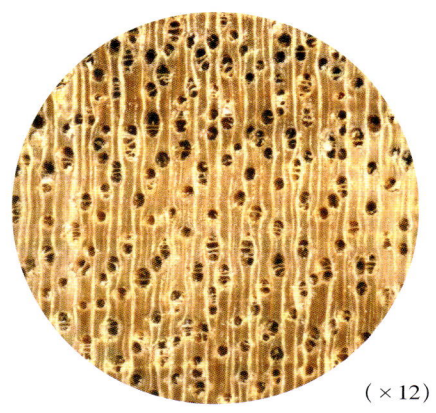

(×12)

- **宏观构造**：散孔材。管孔肉眼下可见，略少，大小中等；单管孔及径列复管孔（2～3个）；部分管孔具浅色沉积物。轴向薄壁组织放大镜下略见，似翼状及环管状。木射线放大镜下明显，密度中，略宽。

- **树木与分布**：大乔木，高约45 m，胸径约1.5 m。本属约4种，分布于热带非洲、亚洲以及巴布亚新几内亚，该种主要从巴布亚新几内亚进口，常见。

- **横断面**：心边材区别不明显。木材乳黄至灰黄色。生长轮略明显。

- **板样**

- **树皮**：厚1～2 cm，不易剥离。外皮灰白色至灰黄褐色；光滑；具较多的长链状皮孔。内皮浅黄白色；韧皮纤维发达，质软，棉絮状。

- **木材材性**：具光泽。纹理交错；结构略粗而均匀；质甚轻软，强度低。加工容易，刨面略有撕裂；油漆性能一般；胶黏性能优良；握钉力差。不耐腐，易青变。干燥容易，易扭曲和端裂。锯屑可能引起皮炎和腹痛。气干密度0.17～0.34 g/cm³。

- **木材用途**：适用于轻型构件、家具、农用器具、细木工板、木线条、单板和胶合板的芯板、包装箱等。树液可作箭毒用。

# 波罗蜜 *Artocarpus* sp.
## KAPIAK

桑科
Moraceae

- **波罗蜜属** *Artocarpus*
- **木材名称**：桂木
- **地方名称**：Kapiak（巴布亚新几内亚-代码KAP），Terap（马来西亚沙巴、印度尼西亚），Malagumihan（菲律宾），Koemboe、Teo、Tipoeloe、Teo mongkoeni、Kumut（印度尼西亚）。
- **不规范名称**：木菠萝、面包树、马来橡皮树
- **识别要点**：树皮灰黄褐色至黑褐色，日晒后易横向卷曲，韧性好，略似皮革状。横断面有油漆样深色乳液渗出。弦切面具金色变幻光泽带。

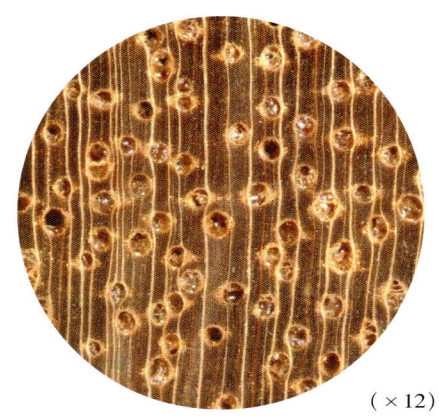

( ×12 )

- **宏观构造**：散孔材。管孔肉眼下明显，少，略大；主为单管孔，少数径列复管孔（2～3个）；侵填体丰富。轴向薄壁组织肉眼下可见，环管状、翼状及聚翼状。木射线肉眼下略明显，稀，略宽。

- **树木与分布**：常绿乔木，高30～40 m，胸径约0.8 m。本属约47种，分布于东南亚及大洋洲，根据颜色和密度不同，《中国主要进口木材名称》标准将之分为桂木和波罗蜜两类。波罗蜜类主要从巴布亚新几内亚进口，成批量。

- **横断面**：心边材区别明显。心材草黄色，久则为金褐色。边材浅黄白色，宽3～4 cm，常具褐变。生长轮略明显。横断面有油漆样深色乳液渗出。

- **板样**

- **树皮**：厚0.5～0.8 cm，质硬，易条状剥落，日晒后易横向卷曲，韧性好，略似皮革状。外皮灰黄褐色至黑褐色；表面平滑，易不规则薄片状脱落，残留浅凹坑。内皮深黄褐色；韧皮纤维较发达。

- **木材材性**：具金色光泽。纹理略交错；结构略粗而均匀；质轻软；强度低；干缩小。加工容易，切面光滑；油漆、胶黏、钉钉性能好。不耐腐，易蓝变。干燥快，缺陷少。气干密度0.4～0.5 g/cm³。

- **木材用途**：适用于旋切单板、胶合板、一般建筑、室内装修、地板、乐器、细木工制品、仪器箱盒等。

# 榕树 *Ficus* sp.
## FIG

桑科
*Moraceae*

- **榕属** *Ficus*
- **木材名称**：暂无
- **地方名称**：Fig（巴布亚新几内亚–代码FIG）、Ara（马来西亚）、Arah、Kayu ara（马来西亚沙巴）、Tangisang bayauak（菲律宾）。
- **不规范名称**：巴新无花果、巴新孔雀木
- **识别要点**：树皮圆形皮孔小而密。内皮浅黄褐色；捏之易成石棉状。轴向薄壁组织弦向带状，略宽，与木射线构成横向梯状。材质轻软。弦切面具鸡翅花纹。

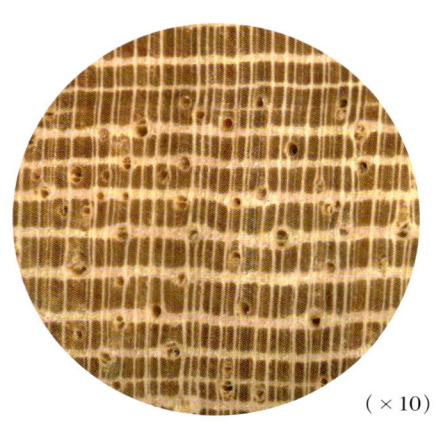

(×10)

- **宏观构造**：散孔材。管孔肉眼下略见，少，大小中等；主为单管孔，少数径列复管孔（2～3个）；具侵填体。轴向薄壁组织肉眼下略明显，弦向带状，带略宽，与木射线构成横向梯状。木射线放大镜下明显，密度中，略窄。

- **树木与分布**：大乔木，树干通直。本属约1 000种，广泛分布于亚洲至南太平洋地区，主要从巴布亚新几内亚进口，量不多。

- **横断面**：心边材区别不明显。木材黄白或灰白色，具褐色的同心圆状细条纹。边材常蓝变。生长轮不明显。

- **树皮**：厚1～2 cm，质地疏松，易块状剥离。外皮黄褐或灰褐色；较平滑；圆形皮孔小而密。内皮浅黄褐色；捏之易成石棉状；石细胞发达，大颗粒状。

- **木材材性**：具光泽。纹理中至深交错；结构中，略均匀；质轻软；强度甚低。加工容易，刨面易起毛；钉钉容易，不劈裂；油漆性能略差。不耐腐。干燥容易，略翘曲。气干密度约0.35 g/cm³。

- **板样**

- **木材用途**：适用于绘图板、胶合板芯板、包装箱盒、浮子、室内装修等。

# 臭桑 *Parartocarpus venenosus*
## PARARTOCARPUS

桑科
Moraceae

- **臭桑属** *Parartocarpus*
- **木材名称：** 暂无
- **地方名称：** Parartocarpus（巴布亚新几内亚-代码PAR），Terap、Ara Berteh Paya（马来西亚），Terap Hutan（马来西亚沙巴）。
- **不规范名称：** 拟桂木
- **识别要点：** 树皮皮孔突出明显，横向卵圆形及圆形。轴向薄壁组织翼状和聚翼状。原木断面常见蓝变。材质轻软，结构粗。

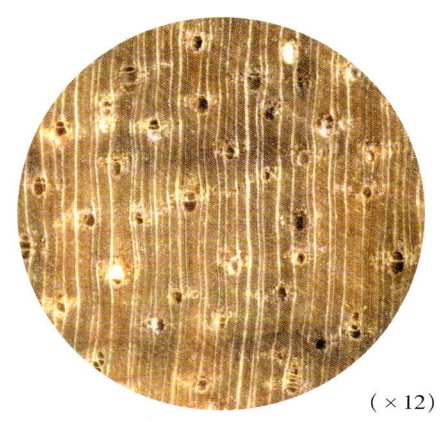

(×12)

- **宏观构造：** 散孔材。管孔肉眼下明显，少，略大；主为单管孔，少数径列复管孔（2～4个）；星散分布；侵填体丰富。轴向薄壁组织肉眼下明显，发达，翼状和聚翼状。木射线放大镜下明显，密度中等，窄。

- **树木与分布：** 乔木，直径0.6 m以上。本属2种，分布于东南亚、所罗门群岛以及巴布亚新几内亚等地区，该种主要从巴布亚新几内亚进口，数量少。

- **横断面：** 心边材区别不明显。木材新鲜时浅黄白色或灰白色，久则易蓝变，变色面积较大。心材部分常见不规则深色组织带。生长轮略明显。

- **板样**

- **树皮：** 厚0.5～1.0 cm，质松软，易碎。外皮薄，浅黄褐色，易条块状剥落；皮孔突出明显，横向卵圆形及圆形。内皮浅灰黑色；石细胞发达，大颗粒状，层状排列于近外皮部位。

- **木材材性：** 光泽弱。纹理直至略交错；结构粗；质轻软；强度低；干缩率中。加工容易，切面易起毛；不耐腐，易蓝变。干燥略慢，略见开裂和变形。气干密度约0.39 g/cm³。

- **木材用途：** 适用于旋切单板、胶合板芯板、板条箱、家具里衬部件、装饰板芯料、镜框等。

# 肉豆蔻 *Myristica* sp.
## NUTMEG

肉豆蔻科
*Myristicaceae*

- **肉豆蔻属** *Myristica*
- **木材名称**：肉豆蔻
- **地方名称**：Nutmeg（巴布亚新几内亚－代码NUT），Penarahan、Darah-darah（马来西亚），Kumpang（马来西亚沙捞越－代码KUMP）、Darah、Dedarah、Gampusu、Kiling（印度尼西亚），Duguan、Tambalau（菲律宾），Mutwinda（缅甸），Mendarahan、Rahan（东南亚）。
- **不规范名称**：无
- **识别要点**：内皮铁锈红色；层片状，不易分离；颗粒状石细胞明显。木材管孔径列。轴向薄壁组织轮界状及不规则弦向带状。断面木射线与纤维组织同色，不易观察。放大镜下径面射线组织中深红色的线由单宁所致。

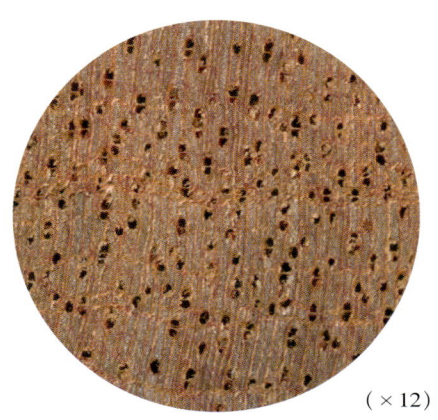

(×12)

- **宏观构造**：散孔材。管孔肉眼下可见，少，大小中等；主为短径列复管孔（2～3个），少数单管孔；略具深色沉积物。轴向薄壁组织放大镜下明显，轮界状及不规则弦向带状。木射线放大镜下略见，密度中，窄，与纤维组织同色。

- **树木与分布**：常绿乔木，高18～27 m，直径约0.7 m，略具板根。本属约300种，分布于东南亚、非洲和热带美洲。主要从巴布亚新几内亚进口，成批量。

- **横断面**：心边材区别不明显。木材灰红褐色。生长轮不明显。

- **板样**

- **树皮**：厚1～2 cm，质硬脆，易长条状剥离。外皮灰褐色；表面光滑。内皮铁锈红色；层片状排列，不易分离；石细胞明显，颗粒状。

- **木材材性**：光泽强；具油性感。纹理直；结构中；质轻软至中；强度低；干缩小。加工容易，刨削面光滑；油漆、胶黏、钉钉性能好。不耐腐，易变色。干燥稍慢，略翘曲。气干密度0.48～0.69 g/cm³。

- **木材用途**：适用于旋切单板、普通胶合板、包装箱盒、细木工制品、家具构件、室内装修、火柴、一般木器制品等。

# 剥皮桉 *Eucalyptus deglupta*
## KAMARERE

桃金娘科
*Myrtaceae*

- **桉属** *Eucalyptus*
- **木材名称**：剥皮桉
- **地方名称**：Kamarere、Komo（巴布亚新几内亚－代码KAM），Leda（印度尼西亚），Eucalyptus（马来西亚），Bagras、Banikag（菲律宾），Deglupta（斐济），Mindanao gum（澳大利亚）。
- **不规范名称**：无
- **识别要点**：内皮层状堆积，易撕成片状及麻丝状。心材红褐色略带紫，具细而密的褐色条纹。管孔仅为单管孔；斜列及弦列。

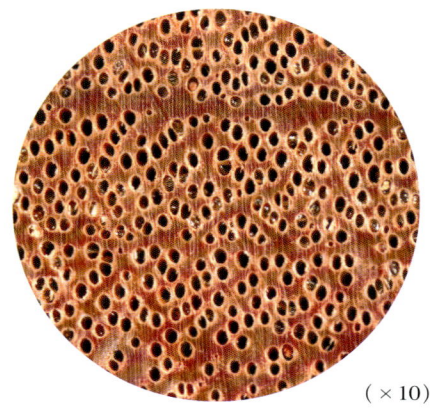

（×10）

- **宏观构造**：散孔材。管孔肉眼下明显，略少，略大；单管孔；斜列及弦列；侵填体丰富。轴向薄壁组织放大镜下明显，环管束状、短翼状及聚翼状。木射线放大镜下略见，甚密，甚窄。

- **树木与分布**：常绿大乔木，是世界上生长最快的树种之一，高达75 m，胸径0.7～2.5 m以上。本属共有500种，分布于澳大利亚、菲律宾和其他西太平洋各岛屿。该种主要从巴布亚新几内亚进口，成批量。

- **横断面**：心边材区别不明显。心材红褐色略带紫，具褐色条纹，细而密。边材近白色，宽3 cm。生长轮略可见。

- **树皮**：厚1.5～2.0 cm，质软，易条状剥离。外皮灰褐色至红褐色。内皮浅黄白色；层状堆积，易撕成片状及麻丝状。

- **板样**

- **木材材性**：具光泽。纹理交错；结构细而匀；重量中；强度低；干缩大。加工容易，切面光滑，但径锯板略起毛；胶黏、油漆、染色性能佳；难于钉钉，须先钻孔。不耐腐。干燥容易，略皱缩和翘曲。气干密度约0.69 g/cm³。

- **木材用途**：适用于刨切微薄木、胶合板、家具、细木工、包装箱盒、室内装修、电杆、枕木、车工制品等。

# 巨桉 *Eucalyptus grandis*
## GRANDIS GUM

桃金娘科
*Myrtaceae*

- **桉属** *Eucalyptus*
- **木材名称**：暂无
- **地方名称**：Grandis gum、Toolur rose gum、Flooded gum（澳大利亚），Saligna gum（英国）。
- **不规范名称**：无
- **识别要点**：心材暗红色，久则呈黄褐色，具深色细条纹。管孔为单管孔，斜列明显。

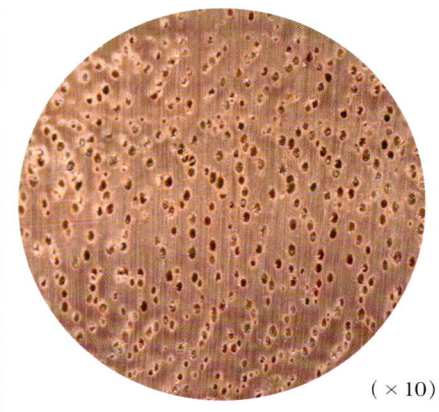

(×10)

- **宏观构造**：散孔材。管孔肉眼下可见，略少，大小中等；单管孔；斜列明显；具侵填体。轴向薄壁组织放大镜下可见，环管束状。木射线放大镜下略见，密，甚窄。

- **树木与分布**：乔木，高43～55 m，胸径1.0 m以上。本属共有500种，分布于澳大利亚、菲律宾和其他西太平洋各岛屿。该种常以集装箱运输方式从澳大利亚进口，量少，不带树皮。

- **树皮**：进口时一般不带树皮，不带白边。

- **横断面**：心边材区别略明显。心材暗红色，久则呈黄褐色，具深色细条纹。边材浅红色，宽2～3 cm。生长轮不明显。

- **板样**

- **木材材性**：具光泽。纹理交错；结构细而均匀；重量和硬度中；强度高；干缩中。加工容易，表面光滑；握钉力强，钉时易开裂。耐腐。干燥困难，易端裂、萎缩、褶皱。气干密度约0.71 g/cm³。

- **木材用途**：适用于建筑、枕木、矿柱、木桩、包装箱、地板、室内装修等。

# 番樱桃 *Eugenia* sp.
## UBAH

桃金娘科
*Myrtaceae*

- **番樱桃属** *Eugenia*
- **木材名称：** 暂无
- **地方名称：** Ubah（马来西亚沙捞越、缅甸、印度尼西亚），Kelat（马来西亚，本类木材通称），Salam（印度尼西亚），Obah（马来西亚沙巴），Pring（柬埔寨），San（越南）。
- **不规范名称：** 无
- **识别要点：** 内皮红褐色；韧皮纤维极发达，易撕成麻丝状。轴向薄壁组织翼状及聚翼状，常数个相连，略成短弦线状。

- **树木与分布：** 乔木。本属约1 000种，马来半岛有200种，分布于世界热带地区。主要从马来西亚进口，量不大。

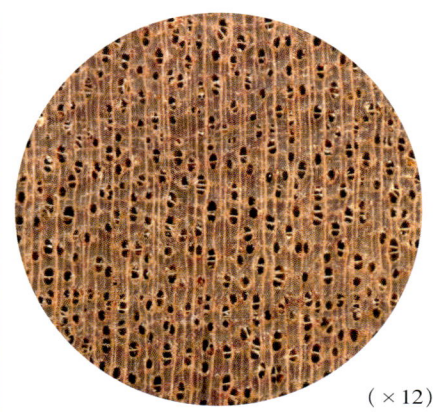

(×12)

- **宏观构造：** 散孔材。管孔放大镜下明显，略多，略小；单管孔及径列复管孔（2～3个）；具少量沉积物。轴向薄壁组织放大镜下略见，翼状及聚翼状，常数个相连，略成短弦线状。木射线放大镜下明显，密而窄。

- **横断面：** 心边材区别不明显。木材灰红褐色。生长轮略明显。

- **板样**

- **树皮：** 厚0.5 cm，质软，易长条状剥离。外皮灰红褐色。内皮红褐色；韧皮纤维极发达，易撕成麻丝状。

- **木材材性：** 光泽弱。纹理斜至交错；结构细而均匀；重量、硬度、强度中等；干缩甚大。加工容易，切面光滑；旋切、胶黏性能好；油漆性能一般；钉钉易劈裂。略耐腐。干燥慢，略有端裂和心裂。气干密度约0.67 g/cm³。

- **木材用途：** 适用于一般建筑用材、旋切单板、胶合板、造船、桩木、枕木、工具柄、农具、地板、乐器和家具等。树皮含单宁可做栲胶原料。

# 水蒲桃 *Syzygium buettnerianum*
## WATER GUM

桃金娘科
Myrtaceae

- 蒲桃属 *Syzygium*
- 木材名称：蒲桃
- 地方名称：Water Gum（澳大利亚、巴布亚新几内亚－代码GUW、所罗门群岛－代码EUG/EU），Satinash（澳大利亚），Malaruhat-puti、Mariig、Makaasim（菲律宾），Kelat（马来西亚沙巴、印度尼西亚），Tram（越南），Jaman（缅甸）。
- 不规范名称：水胶木、玛瑙木
- 识别要点：树皮韧皮纤维极发达，易撕成麻丝状。管孔肉眼下呈白点状。聚翼状的薄壁组织常连成密集的细弦线。木材与同一科的番樱桃（*Eugenia* sp.）极相似，市场常归为一类。

(×12)

- 宏观构造：散孔材。管孔放大镜下明显，呈白点状，多，略小；单管孔及径列复管孔（2～6个）；略斜列；侵填体丰富。轴向薄壁组织放大镜下明显，发达，环管束状、翼状及聚翼状，后者常连成密集的细弦线。木射线放大镜下可见，略密，窄。

- 树木与分布：常绿大乔木，高达20 m，胸径可达2.0 m。本属约有100种，分布于亚洲、非洲和太平洋的热带、亚热带地区。该种主要从巴布亚新几内亚和所罗门群岛进口，成批量。

- 横断面：心边材区别略明显。心材紫红褐色。边材灰粉红褐色，易蓝变，宽4～7 cm。生长轮略明显。

- 板样

- 树皮：厚0.5～2.0 cm，质较硬，易长条状剥离。外皮极薄，浅红褐色，易纸片状脱落。内皮紫红褐色至褐色；韧皮纤维极发达，易撕成麻丝状。

- 木材材性：光泽弱。纹理交错；结构细而匀；材质中至硬重；强度高；干缩中。加工略难，切面光滑；油漆、胶黏性能好；握钉力强，不劈裂。耐腐。干燥较慢，略开裂。气干密度0.68～0.90 g/cm³。

- 木材用途：适用于旋切单板、胶合板、一般建筑、垫板（代替克隆木）、桥梁、木桩、车辆、家具、地板、细木工、工具柄等。

# 爪哇铁青树 *Strombosia javanica*
## DEDALI

铁青树科
*Olacaceae*

- **铁青木属** *Strombosia*
- **木材名称**：铁青木
- **地方名称**：Dedali（马来西亚）。
- **不规范名称**：无
- **识别要点**：树皮皮孔明显，卵圆形或链珠状，横向排列。石细胞明显，大颗粒状及片状排列。管孔主要为径列或斜列复管孔（2～6个）。木材略具蜡质感。

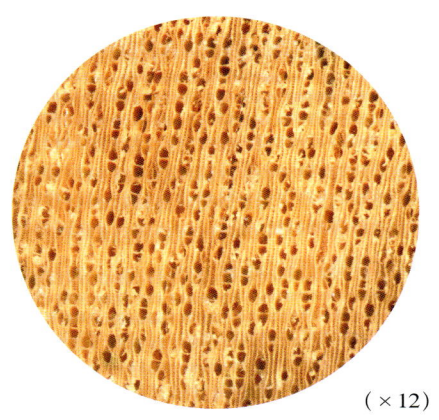

（×12）

- **宏观构造**：散孔材。管孔放大镜下可见，略多，略小；主为径列或斜列复管孔（2～6个），少数单管孔。轴向薄壁放大镜下略见，星散-聚合，呈细短弦线状。木射线放大镜下明显，密而窄。

- **树木与分布**：乔木，高可达30 m，直径0.7 m。本属17种，分布于非洲和亚洲的马来西亚、菲律宾及缅甸等地。该种主要从马来西亚进口，很少见。

- **横断面**：心边材区别略明显。心材橙黄色略带浅红。边材黄白色。生长轮不明显。

- **板样**

- **树皮**：厚0.5～1.0 cm，质较软，易块状剥离。外皮灰白色或灰黄色；易小片状剥落；皮孔明显，卵圆形或短链珠状，横向排列。内皮黄白色；韧皮纤维不发达；石细胞明显，大颗粒状及片状排列。

- **木材材性**：具光泽；略具蜡质感。纹理直或略斜；结构细而均匀；质硬重；强度高；干缩小。加工较容易，切面光滑；难钉钉，易劈裂，须先钻孔。耐腐。干燥慢，略开裂。气干密度约0.88 g/cm³。

- **木材用途**：适用于对强度和耐久性要求高的场合、重型结构、柱子、梁、枕木、木梭、纱管、承重家具、地板、门窗等。

# 椰子木  *Cocos nucifera*
## COCONUT

棕榈科
*Palmaceae*

- **椰子属** *Cocos*
- **木材名称**：暂无
- **地方名称**：Coconut、Cocanut palm（东南亚）。
- **不规范名称**：孔雀木
- **识别要点**：韧皮纤维极发达，为典型的麻丝状，粗视如棕丝，紧密黏附于外皮。基本组织全为薄壁细胞组成，颜色较浅，很发达，相互连接成网络状，占断面2/3以上。弦切面上纤维组织形成的短针状花纹较独特。

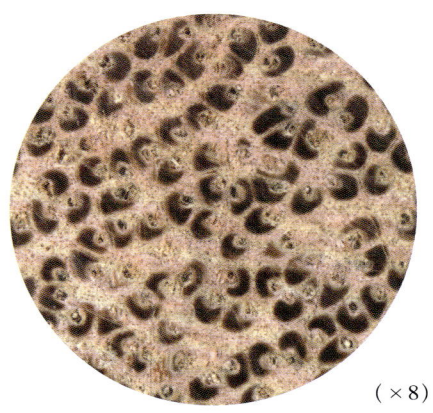

（×8）

- **宏观构造**：散孔材。管孔肉眼下明显，略少，大；单管孔；侵填体丰富。基本组织全为薄壁细胞组成，颜色较浅，很发达，相互连接成网络状，占断面2/3以上。深色内外纤维帽放大镜下明显可见。

- **树木与分布**：属单子叶植物，有"富裕树"和"热带宝树"之称，树高15～25 m，直径0.2～0.5 m，广泛分布于世界热带地区，从印度尼西亚进口过，不多见。

- **横断面**：心边材区别不明显。木材呈浅棕色，基本组织构成的浅色部分较软，维管束构成的暗色部分较硬。

- **板样**

- **树皮**：厚0.6～0.8 cm，难剥离。外皮较硬；灰褐至灰白色；具不规则纵裂；有略似竹节的环状结节。内皮深棕褐色；韧皮纤维极发达，为典型的麻丝状，粗视如棕丝，紧密黏附于外皮。

- **木材材性**：纹理直；结构粗而均匀；重量和硬度中等；强度高；干缩小。机械加工困难，含硅石，易钝刀；不能旋切；刨切面光滑；略耐腐。干燥性能良好，不降等。气干密度0.65～0.72 g/cm³。

- **木材用途**：适用于拼花地板、家具、雕刻、嵌板、矿柱、码头及海岸设施、艺术装饰制品。树干木炭可以制造活性炭。

# 陆均松 *Dacrydium* sp.
## SIMPLIOR

罗汉松科
Podocarpaceae

- **陆均松属**：*Dacrydium*
- **木材名称**：陆均松
- **地方名称**：Simplior、Semplior（马来西亚沙捞越—代码SEMP/SIMP），Lokinai（菲律宾），Sampinur、Au-bukit、Malor（马来西亚），Dacrydium（巴布亚新几内亚—代码DAC），Srokraham（柬埔寨），Meloor、Rimu、Huon pine、Melur（东南亚）。
- **不规范名称**：无
- **识别要点**：早材至晚材渐变。晚材带色略深，与早材带区别不明显。木材浅黄褐色，略带微红，结构细而匀。

（×16）

- **宏观构造**：针叶材。早材至晚材渐变。晚材带色略深，与早材带区别不明显。轴向薄壁组织未见。木射线放大镜下明显，略密，甚窄。

- **树木与分布**：大乔木，高约30 m，直径约0.9 m。本属约25种，分布于东南亚及大洋洲南部，主要从马来西亚进口，量不大。

- **横断面**：心边材区别不明显。木材浅黄褐色至玫瑰黄色；常见蓝变。生长轮略明显，不均匀。

- **树皮**：厚1.5～2.0 cm，质略硬，易剥离。外皮灰红褐色至灰褐色，易小片状脱落。内皮红黄色，韧皮纤维略发达。

- **木材材性**：具光泽。纹理直；结构细而均匀；质地轻软至中；强度低；干缩中。加工容易，表面光滑；胶黏、抛光及热处理后弯曲性能良好；钉钉前须钻孔。不耐腐。干燥容易，略开裂。气干密度0.50～0.73 g/cm³。

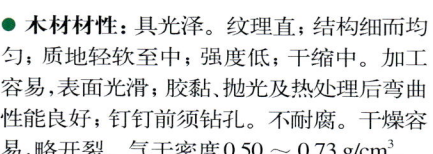

- **板样**

- **木材用途**：适用于细木工制品、包装箱、地板、装饰单板及胶合板、室内装饰、翻砂木模、嵌板等。

# 苦味罗汉松 *Podocarpus amarus*

## PODOCARPUS

罗汉松科
*Podocarpaceae*

- **罗汉松属** *Podocarpus*
- **木材名称**：罗汉松
- **地方名称**：Podocarpus、Pasuig podocarpus（巴布亚新几内亚－代码POD），Pasuig（菲律宾），Sapi、Rempayan（马来西亚沙巴），Kaju-tjina（印度尼西亚）。
- **不规范名称**：无
- **识别要点**：外皮灰红褐色，薄鳞片状剥落。内皮紫褐色；韧皮纤维较发达。早晚材区别不明显。原木与贝壳杉 *Agathis* sp. 相似，但其材色带黄绿色，树皮受伤后也不像贝壳杉一样渗出树液。

（×16）

- **宏观构造**：针叶材。早晚材区别不明显。早材管胞放大镜下略见。轮界状轴向薄壁组织放大镜下不易见。木射线放大镜下可见，密度中，甚窄。

- **树木与分布**：常绿乔木，高 35～60 m，直径 0.7～1.3 m。本属100种，分布于东南亚亚热带及南温带地区。该种主要从巴布亚新几内亚进口，不多见。

- **横断面**：心边材区别明显。心材浅黄褐色，微带绿色调。边材灰白色，很窄，宽约 1 cm。生长轮略可见，不均匀，轮间界以深色线。

- **树皮**：厚 0.5～1.5 cm，质较软，易条状剥离。外皮灰红褐色，薄鳞片状剥落。内皮紫褐色；韧皮纤维较发达。

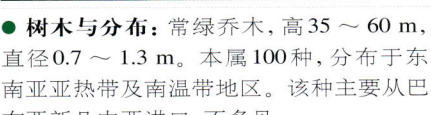

- **板样**

- **木材材性**：具光泽。纹理直；结构细；重量轻至中；强度低；干缩小。加工容易，切面光滑；油漆、胶黏性能好；钉钉不难，略有劈裂倾向。略耐腐。干燥速度较快，缺陷少。气干密度 0.40～0.64 g/cm³。

- **木材用途**：适用于旋切单板、胶合板、轻型结构、室内装修、雕刻、家具、细木工、车工制品等。

# 竹节树 *Carallia brachiata*
## CARALLIA

红树科
*Rhizophoraceae*

- **竹节树属** *Carallia*
- **木材名称**：竹节木
- **地方名称**：Carallia（巴布亚新几内亚-代码CLL），Meransi（马来西亚），Rabong（马来西亚沙捞越-代码RABO），Putat hutan（马来西亚沙巴），Carallia wood、Bara、Ringgit darah（印度尼西亚），Bakauan gubat（菲律宾），Chiangpara（泰国）。
- **不规范名称**：无
- **识别要点**：心材红褐色带橘黄；边材宽。轴向薄壁组织发达，弦向带状，长翼状及聚翼状。具宽窄两类木射线。径切面宽木射线花纹明显。木材与石栎 *Lithocarpus* sp. 极似。

- **树木与分布**：常绿乔木，高可达31 m，直径约0.6 m。本属有10种，分布于东南亚、马达加斯加、巴布亚新几内亚、澳大利亚。该种主要从巴布亚新几内亚进口，小批量。

(×10)

- **宏观构造**：散孔材。管孔放大镜下明显，少，大小中等；主为单管孔，少数斜列复管孔（2～3个）；具侵填体。轴向薄壁组织肉眼下可见，发达，弦向带状，长翼状及聚翼状。木射线略密，分宽窄两类：宽者肉眼下明显，少，比管孔大；窄者放大镜下可见，多而甚窄。

- **横断面**：心边材区别明显。心材红褐色带橘黄。边材黄白色至浅黄色，宽6～10 cm。生长轮不明显。

- **板样**

- **树皮**：厚1.0～1.5 cm，质硬脆，不易剥离。外皮灰白至灰褐色；具有不规则小龟裂纹。内皮红褐色；韧皮纤维较发达；石细胞发达，大颗粒状及层片状排列。

- **木材材性**：具光泽；径切面宽木射线花纹明显。结构粗，略均匀；纹理直或略交错；质重硬；强度高；干缩甚大。切削较难；油漆、胶黏性能好。略耐腐。干燥略难，略翘曲和开裂。气干密度约0.85 g/cm³。

- **木材用途**：适用于刨切单板、贴面板、家具、仪器箱盒、室内装饰、乐器、建筑构件、电杆、枕木等。

# 风车果 *Combretocarpus rotundatus*
KERUNTUM

红树科
*Rhizophoraceae*

- **风车果属** *Combretocarpus*
- **木材名称**：风车果
- **地方名称**：Keruntum（印度尼西亚、马来西亚沙捞越－代码KRUN），Pererpat paya（马来西亚沙巴），Perepat darat（印度尼西亚），Terumtum（缅甸）。
- **不规范名称**：虎皮木
- **识别要点**：树皮韧皮纤维发达，易分离成松针状。管孔内常含白色沉积物。带状薄壁组织常与宽木射线构成梯状。木射线分宽窄两类。心材紫褐色，木材与同一科的竹节木 *Carallia* sp. 很相似，其颜色要深些。

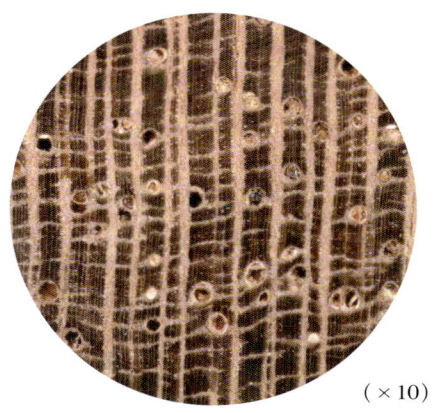

(×10)

- **宏观构造**：散孔材。管孔肉眼下明显，少，略大；主为单管孔，少数斜列复管孔（2个）；具侵填体和白色沉积物。轴向薄壁组织肉眼可见，发达，弦向连续与不连续带状及环管束状，前者与宽木射线构成梯状。木射线密，分宽窄两类；宽者肉眼下明显，窄者放大镜下略见，甚窄。

- **树木与分布**：乔木，高21～30 m，直径达0.8 m。本属仅1种，分布于马来西亚沙巴、沙捞越及印度尼西亚等地区。常从马来西亚进口，量少。

- **横断面**：心边材区别略明显。心材紫褐色，具深色细条纹。边材浅红褐色，窄，宽约1.0 cm。生长轮不明显。

- **树皮**：厚0.5～1.0 cm，易条块状剥离。外皮灰褐或红褐色；具浅纵裂。内皮紫褐色，韧皮纤维发达，易分离成松针状。

- **木材材性**：具光泽。纹理直至浅交错；结构略粗；质中至重硬；强度中；干缩小。加工容易，刨面光滑。耐腐。干燥稍慢，缺陷少。气干密度0.64～0.80 g/cm³。

- **板样**

- **木材用途**：适用于地板、室内装修、胶合板、造船、农业机械、重型结构、枕木、矿柱等。

# 马来蔷薇 *Parastemon urophyllum*
## KAJU MALAS

蔷薇科
*Rosaceae*

- 马来蔷薇属 *Parastemon*
- 木材名称：暂无
- 地方名称：Kaju malas、Malas、Mangilas、Bebuan（印度尼西亚），Mendailas、Tampaluan（马来西亚沙巴），Ngilas（马来西亚），Sempalawan（文莱）。
- 不规范名称：无
- 识别要点：树皮薄，灰黑色，硬脆。断面心部常见黑色不规则花纹。边材窄，新鲜时紫褐色。轴向薄壁组织呈离管细线状，细而密集，波浪形。

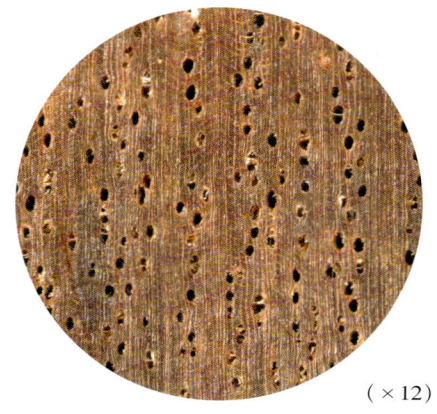

(×12)

- **宏观构造**：散孔材。管孔肉眼下可见，少，大小中等；单管孔及径列复管孔（2～3个）。轴向薄壁组织放大镜下略见，离管细线状，细而密集，呈波浪形。木射线放大镜下可见，略密，甚窄。

- **树木与分布**：乔木，高11～25 m，胸径0.3～0.8 m。本属有2种，分布于印度尼西亚、马来西亚。该种主要从马来西亚进口，量不大。

- **横断面**：心边材区别明显。心材浅紫红褐色至黄褐色，心部常见黑色不规则花纹。边材新鲜时紫褐色，久则转为灰褐色，宽1.0 cm左右。生长轮不明显。

- **板样**

- **树皮**：厚0.4～0.7 cm，质硬，易块状剥离。外皮青灰色或灰黑色；表面平滑。内皮灰褐色；韧皮纤维不发达，性脆，易折断。

- **木材材性**：具光泽。纹理直至浅交错；结构细而匀；质重硬；强度高；干缩中。锯刨困难，切面光滑，含硅石，易钝刀；钻孔容易，旋切稍难。耐腐。干燥稍慢，略扭曲。气干密度约0.84 g/cm³。

- **木材用途**：适用于建筑、运动器材、地板、家具、农业机械、造船、承重地板、矿柱等。

# 黄梁木 *Anthocephalus chinensis*
## LABULA

茜草科
*Rubiaceae*

- **黄梁木属** *Anthocephalus*
- **木材名称**：黄梁木
- **地方名称**：Labula（巴布亚新几内亚 – 代码LAB），Kadam（通称），Kelempayan（马来西亚），Laran、Kalampayang、Ludai（马来西亚沙巴），Kaatoan-bangkal（菲律宾），Kelempajan、Empajang、Kokaboe、Buno（印度尼西亚），Sempayang、Selimpoh、Limpoh（马来西亚沙捞越），Thkeou（柬埔寨）。
- **不规范名称**：团花木
- **识别要点**：树皮粗糙。韧皮纤维发达，易撕成细条状至麻丝状。管孔少，主为短径列复管孔（2～3个）。轴向薄壁组织短切线状。材质轻软。

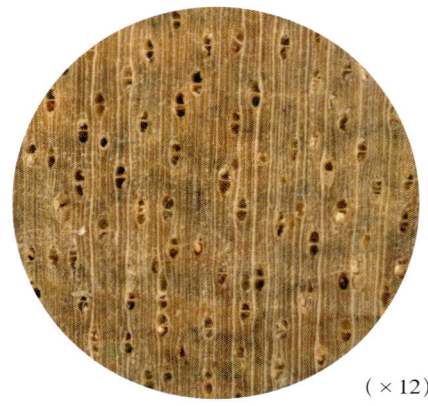

（×12）

- **宏观构造**：散孔材。管孔肉眼下可见，少，大小中等；主为短径列复管孔（2～3个），少数单管孔；浅色沉积物少。轴向薄壁组织放大镜下略见，短弦线状及星散-聚合状。木射线放大镜下明显，密，甚窄。

- **树木与分布**：大乔木，高约40 m，直径达1.0 m。生长迅速，有奇迹树（miracle tree）之称。本属3种，分布于东南亚及大洋洲。该种主要从马来西亚及巴布亚新几内亚进口，成批量。

- **横断面**：心边材区别略明显。心材黄白色至浅黄色。边材色浅，宽2 cm左右。心边材均易蓝变。生长轮略见。

- **板样**

- **树皮**：厚1.0～1.5 cm，质松软，易条状剥落。外皮灰褐色；表面略粗糙；具有不规则的小龟裂。内皮浅黄褐色；韧皮纤维发达，易撕成细条状至麻丝状。

- **木材材性**：具光泽。纹理直；结构细而均匀；质轻软；强度低；干缩小。加工容易，表面光滑；油漆、胶黏性能好；易于钉钉，握钉力弱。不耐腐。干燥快，缺陷少。气干密度0.4～0.5 g/cm³。

- **木材用途**：适用于旋切单板、胶合板、轻型结构、细木工制品、纸浆材、茶叶箱、火柴、普通家具等。

# 大叶黄梁木 *Anthocephalus macrophyllus*
## SAMAMA

茜草科
Rubiaceae

- **黄梁木属** *Anthocephalus*
- **木材名称**：黄梁木
- **地方名称**：Samama（印度尼西亚）。
- **不规范名称**：团花木
- **识别要点**：树皮韧皮纤维发达，易撕成细条状至麻丝状。轴向薄壁组织放大镜下略见，星散–聚合状，略呈短弦线状，部分构成梯状和网状。

- **树木与分布**：大乔木，高约38 m，直径达1.2 m。本属3种，分布于东南亚及大洋洲。该种从印度尼西亚进口过，少见。

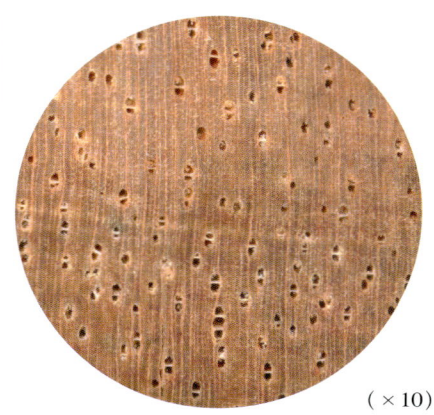

（×10）

- **宏观构造**：散孔材。管孔肉眼下可见，少，大小中等；单管孔及径列复管孔（2～4个）。轴向薄壁组织放大镜下略见，星散–聚合状，略呈短弦线，部分构成梯状和网状。木射线放大镜下可见，略密，甚窄。

- **横断面**：心边材区别不明显。木材浅红褐色。生长轮略明显。

- **板样**

- **树皮**：厚1～2 cm，质松软，易条状剥落。外皮灰褐色至灰白色；表面粗糙；皮孔较多；具有不规则的小龟裂。内皮浅黄色至浅黄褐色；韧皮纤维发达；层片状排列；易撕成细条状至麻丝状。

- **木材材性**：略具光泽。纹理直；结构细而均匀；重量和硬度中；强度中；干缩小。加工容易，切面光滑；油漆、胶黏性能好；易于钉钉，握钉力弱。不耐腐。干燥快，缺陷少。气干密度0.39～0.45 g/cm³。

- **木材用途**：适用于旋切单板、胶合板、家具、细木工制品、木模、天花板、木线条等。

# 鞭茜草木 *Mastixiodendron pachyclados*
## GARO GARO

茜草科
*Rubiaceae*

- **鞭茜草木属** *Mastixiodendron*
- **木材名称**：暂无
- **地方名称**：Garo garo（巴布亚新几内亚－代码GAG），Lantjat（印度尼西亚）。
- **不规范名称**：卡锣卡锣木
- **识别要点**：外皮具龟裂；内皮韧皮纤维发达，易分离成麻丝状。管孔中径列复管孔（2个）较多。轴向薄壁组织放大镜下不见。木材黄白色，结构细而匀，质重硬。

- **树木与分布**：本属有5种，分布于新几内亚至斐济，主要从巴布亚新几内亚和所罗门群岛进口，量少。

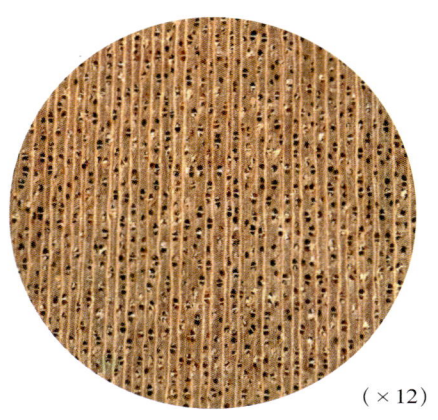

（×12）

- **宏观构造**：散孔材。管孔放大镜下明显，略多，略小；单管孔及径列复管孔（2～3个，多2个）；侵填体丰富。轴向薄壁组织放大镜下不见。木射线放大镜下明显，略密，略宽，排列均匀。

- **横断面**：心边材区别不明显。木材黄白或浅黄褐色。生长轮不明显。

- **板样**

- **树皮**：厚0.5～1.5 cm，质较软，易条块状剥离。外皮灰黄褐色至灰黑色，具不规则浅龟裂。内皮浅黄褐色略带红；韧皮纤维发达，易分离成麻丝状。树皮与同一科的黄梁木 *Anthocephalus chinensis* 很相似。

- **木材材性**：具光泽。纹理直；结构细，略均匀；质中等至重硬；强度高；耐腐。加工较容易。气干密度0.66～0.86 g/cm³。

- **木材用途**：适用于轻型结构、旋切单板、胶合板、家具等。

# 黄胆木 *Nauclea* sp.
## YELLOW CHEESEWOOD

茜草科
*Rubiaceae*

- **黄胆属** *Nauclea*
- **木材名称**：暂无
- **地方名称**：Yellow Cheesewood（巴布亚新几内亚－代码CWY）、Bengkal、Gempol（印度尼西亚）、Bangkal（菲律宾）。
- **不规范名称**：黄乳木、黄档木、乌檀
- **识别要点**：树皮极松软，韧皮纤维很发达，疏松呈棕丝状。心材橘黄或深黄色。不规则弦向短细线状的轴向薄壁组织隐约可见。木材结构细，具有油性感。

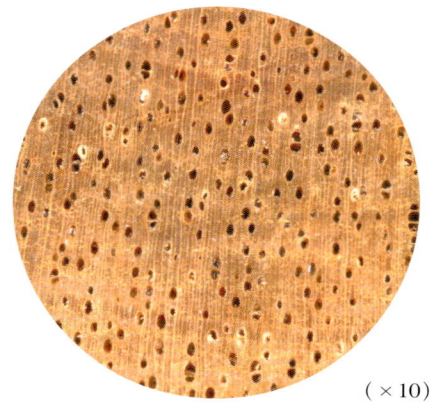

(×10)

- **宏观构造**：散孔材。管孔肉眼下可见，略少，大小中等；主为单管孔，少数径列复管孔（2～3个）；具褐色树胶或白色沉积物。轴向薄壁组织放大镜下略见，不规则弦向短细线状。木射线放大镜下可见，密，甚窄。

- **树木与分布**：乔木，高达30 m，直径约0.8 m。本属约35种，分布于热带亚洲、非洲及大洋洲。主要从巴布亚新几内亚进口，小批量。

- **横断面**：心边材区别不明显。心材橘黄或深黄色。边材浅黄色。生长轮略明显。

- **树皮**：厚1.0～1.5 cm，质极松软，易长条状剥离。外皮灰黄至灰白色；呈小片片状剥落。内皮浅黄褐色或土黄色；韧皮纤维很发达，疏松呈棕丝状。

- **木材材性**：具光泽；具有油性感；滋味苦。纹理略交错；结构细而匀；重量、硬度、强度中；干缩小。加工性能良好；油漆、胶黏性能良好。略耐腐。干燥性能良好，略有翘曲。气干密度0.58～0.66 g/cm³。

- **板样**

- **木材用途**：适用于旋切单板、胶合板、模型、食品容器、家具、地板、一般建筑、轻型结构、工具手柄、雕刻等。

# 新黄胆木 *Neonauclea* sp.
## YELLOW HARDWOOD

茜草科
*Rubiaceae*

- 新黄胆属 *Neonauclea*
- 木材名称：暂无
- 地方名称：Yellow hardwood（巴布亚新几内亚-代码HAY、所罗门群岛-代码NEO），Anggerit（印度尼西亚），Kelumpayang（马来西亚），Bangkal（马来西亚沙巴），Ludek（菲律宾），Melabi、Betang（缅甸）。
- 不规范名称：新乌檀、黄硬木
- 识别要点：内皮黄色；韧皮纤维很发达，易撕成麻丝束状。心材深橘黄色。管孔近乎全部单管孔，与同一科的黄胆木 *Nauclea* sp. 相比，其管孔稍多些，结构细，材质更重硬，其余均很相似。木材有特殊辛辣气味；滋味苦。

- 宏观构造：散孔材。管孔肉眼下略见，略多，大小中等；主为单管孔，极少径列复管孔（2个）。轴向薄壁组织放大镜下不见。木射线放大镜下可见，密，甚窄。

- 树木与分布：常绿乔木，高25～38 m，胸径0.5～0.8 m。本属约70种，分布于东南亚至南太平洋地区。主要从巴布亚新几内亚及所罗门群岛进口，成批量。进口时普遍存在心裂。

- 横断面：心边材区别略明显。心材深橘黄色。边材浅黄色。老龄树颜色变浅。

- 板样

- 树皮：厚1.0～1.5 cm，质松软，易条状剥离。外皮灰白至灰黄色；呈小片状脱落；皮孔明显，卵圆形。内皮黄色；韧皮纤维很发达；易撕成麻丝束状。

- 木材材性：具光泽；生材有特殊辛辣气味；滋味苦。纹理交错；结构细而匀；质重硬；强度高；干缩小。加工容易，切面光滑；油漆、旋切、胶黏、钉钉性能良好。耐腐。干燥速度中，略开裂。气干密度0.62～0.79 g/cm³。

- 木材用途：适用于旋切单板、胶合板、家具、包装箱盒、细木工板、地板、车旋制品、重型构件及房屋建筑等。

# 吴茱萸 *Euodia* sp.
EUODIA

芸香科
Rutaceae

- **吴茱萸属** *Euodia*
- **木材名称**：暂无
- **地方名称**：Euodia Heavy（巴布亚新几内亚－代码EUH），Euodia Light（巴布亚新几内亚－代码EUL），Pepauh（马来西亚），Kisampang、Dango、Sioh（印度尼西亚），Mangkau（菲律宾），Sampang（东南亚本类木材通称），Sarang（缅甸）。
- **不规范名称**：无
- **识别要点**：树皮疏松，易碎。内皮石细胞发达，层状及大颗粒状。材表具有沟槽。边材极易蓝变。管孔中白色沉积物丰富。

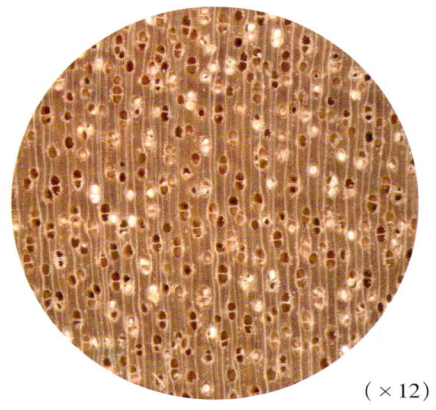

(×12)

- **宏观构造**：散孔材。管孔放大镜下明显，略多，略小；单管孔及短径列复管孔（2～3个，多2个）；具丰富白色沉积物和侵填体。轴向薄壁组织放大镜下可见，环管束状。木射线放大镜下明显，略密，窄。

- **树木与分布**：常绿乔木，高约25 m，胸径0.6 m以上。本属45种，分布于东南亚、马达加斯加及南太平洋地区。主要从巴布亚新几内亚进口，少见。在巴布亚新几内亚，常根据密度大小分为重吴茱萸和轻吴茱萸两类。

- **横断面**：心边材区别略明显。心材黄褐色。边材浅黄白色，宽6～10 cm。生长轮略可见。

- **树皮**：厚2～3 cm，质疏松，易碎，不易剥离。外皮灰白色；平滑；小块状剥落；皮孔明显。内皮浅黄褐色；韧皮纤维松软，捏之易成粉末；石细胞发达，层状及大颗粒状。

- **板样**

- **木材材性**：光泽强。纹理直；结构中至粗；质轻软至中；强度低至中；干缩小。加工容易，弦面光滑，径面易起毛；油漆、胶黏、钉钉性能良好。不耐腐，边材极易蓝变。干燥容易，缺陷少。气干密度 0.38～0.60 g/cm³。

- **木材用途**：适用于胶合板、室内装修、镶嵌板、模型、家具、包装箱、一般建筑、农具、雕刻等。

# 舍帝巨盘木 *Flindersia schottiana*
## SILVER ASH

芸香科
*Rutaceae*

- **巨盘木属** *Flindersia*
- **木材名称**：软巨盘木
- **地方名称**：Silver ash（巴布亚新几内亚-代码 ASS），Australian maple（英国），Queensland maple（澳大利亚昆士兰州）。
- **不规范名称**：丝光槭、丝光木
- **识别要点**：树皮较平滑。管孔具浅黄色沉积物。木材具天然丝般光泽。密度比类槭巨盘木 *F. pimenteliana* 略高。原木与巴布亚新几内亚另一种代码为 ASH 的巨盘木相似，均为浅黄白色至浅黄褐色。

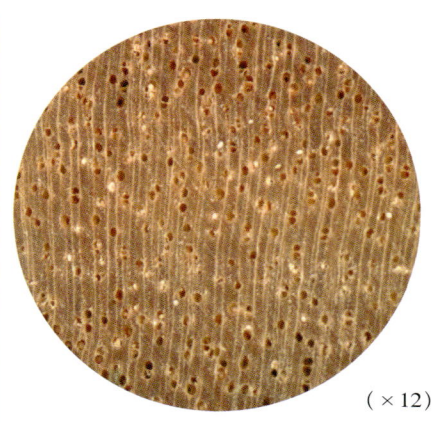

(×12)

- **宏观构造**：散孔材。管孔肉眼下略见，略多，大小中等；单管孔及短径列复管孔（2～3个）；具浅黄色沉积物。轴向薄壁组织放大镜下可见，环管状。木射线放大镜下明显，略密，窄。

- **树木与分布**：常绿乔木，高达 30 m，直径达 0.8 m。本属约 22 种，分布于澳大利亚及巴布亚新几内亚。该种主要从巴布亚新几内亚进口，成批量。

- **横断面**：心边材区别不明显，但其交界处可见一圈黑条纹。木材浅黄白色至浅黄褐色。生长轮不明显。

- **板样**

- **树皮**：厚 1～3 cm，质略硬，不易剥落。外皮灰黄褐色至灰白色；较平滑，具有小龟裂纹。内皮浅红褐色至红褐色；韧皮纤维略发达。石细胞发达，大颗粒状，集中于近外皮部位。

- **木材材性**：具天然丝般光泽。纹理直；结构细而均匀；质轻软；强度中等；干缩略大。机械加工、油漆、胶黏性能均好；韧性好，但不宜热弯；略难钉钉，握钉力强。不耐腐。干燥容易，略具翘曲和皱缩。气干密度 0.52～0.53 g/cm³。

- **木材用途**：适用于装饰单板、胶合板、家具、室内装修、木线条、工艺品、木雕制品、乐器、细木工制品等。

# 烈味天料木 *Homalium foetidum*
## MALAS

天料木科  
*Samydaceae*

- **天料木属** *Homalium*
- **木材名称**：天料木
- **地方名称**：Malas（巴布亚新几内亚-代码MAL）、Delinsem（东南亚）、Bansisian（马来西亚沙巴）、Petaling padang、Selimbar（马来西亚沙捞越）、Gia、Hia、Hjia（印度尼西亚）、Puyot、Aranga（菲律宾）、Myauk-chaw（缅甸）。
- **不规范名称**：马拉斯
- **识别要点**：外皮灰白色至灰褐色；易纸片状脱落。石细胞发达，小而多，环状排列。木材管孔多而小，轴向薄壁组织未见。木材红褐色，略具蜡质感，具有持续碘气味。材质重硬，结构细而匀。

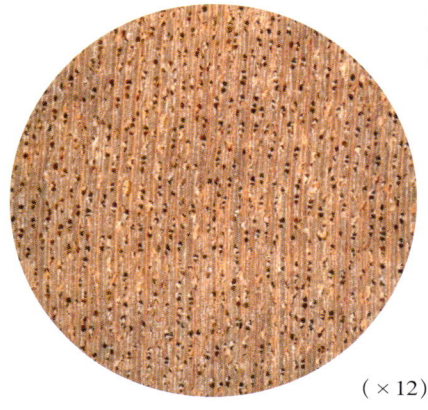

(×12)

- **宏观构造**：散孔材。管孔放大镜下可见，多，略小；主为径列复管孔（2～4个），少数单管孔；略具侵填体。轴向薄壁组织未见。木射线放大镜下明显，密而窄，与纤维组织颜色相近。

- **树木与分布**：大乔木，高30～40 m，胸径0.6～1.2 m。本属约200种，分布于世界热带地区，在东南亚及太平洋地区约有23种。该种主要从巴布亚新几内亚进口，量大。

- **横断面**：心边材区别不明显。木材浅粉红褐色至红褐色。生长轮略可见，不均匀。

- **树皮**：厚0.7～2.0 cm，质硬，块状脱落，表面较平滑。外皮灰白色至灰褐色；易纸片状脱落，外皮脱落后，内皮表面常见白色斑点。内皮黄褐色；韧皮纤维略发达，易片状分离。石细胞发达，小而多，环状排列。

- **板样**

- **木材材性**：具光泽；略有蜡质感；具有持续碘气味。纹理直至略交错；结构细而匀；质地中至重硬；强度高。加工容易，切面光滑；车旋、油漆、胶黏性能好；难于钉钉，须先钻孔。耐腐。干燥困难，易端裂和面裂。气干密度0.74～0.84 g/cm³。

- **木材用途**：适用于重型建筑构件、汽锤垫板、工具台、枕木、矿柱、码头建筑及其他水工用材、家具、地板、机械器具、细木工用材等。

# 番龙眼 *Pometia* sp.
## TAUN

无患子科
*Sapindaceae*

- **番龙眼属** *Pometia*
- **木材名称：** 番龙眼
- **地方名称：** Taun、Ohabu（巴布亚新几内亚－代码TAU），Kasai（马来西亚沙巴、沙捞越－代码KASA，所罗门群岛－代码PP/PM、印度尼西亚、缅甸），Kasi besar daun、Lan oeng、Matoa、Kaseh（印度尼西亚），Sibu（马来西亚沙巴），Malugai（菲律宾），Truong（越南、柬埔寨）。
- **不规范名称：** 唐木、红梅嘎
- **识别要点：** 外皮灰黑色，具不规则浅龟裂。内皮紫红色，斜削面呈紫白相间的斑马纹，为其主要的识别特征。木材含皂角苷，木片放入水中摇动可见泡沫。

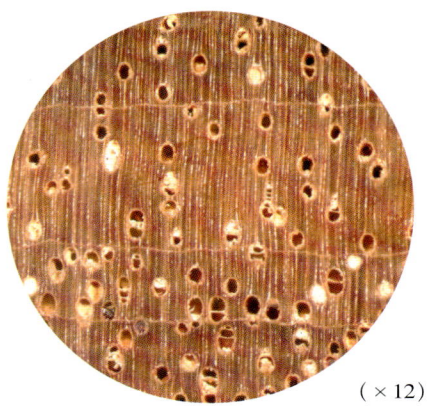

(×12)

- **宏观构造：** 散孔材。管孔肉眼下明显，甚少，略大；主为单管孔，少数径列复管孔（2～3个）；具白色沉积物。轴向薄壁组织放大镜下略见，环管束状及轮界状。木射线放大镜下可见，略密，甚窄。

- **树木与分布：** 常绿乔木，高30～45 m，直径近1.0 m。本属约10种，分布于东南亚和南太平洋地区。常从巴布亚新几内亚和马来西亚、印度尼西亚进口，是巴布亚新几内亚最重要的商品材。

- **横断面：** 心边材区别略明显。心材暗红褐色至紫红色。边材灰粉红褐色，宽2～4 cm。生长轮略明显，均匀。

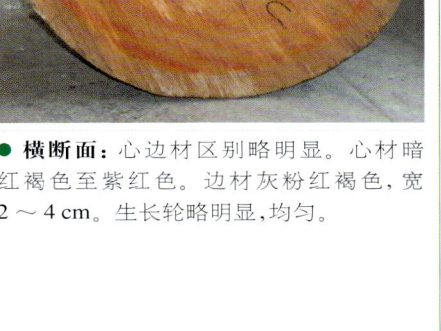

- **板样**

- **树皮：** 厚约0.5 cm，质硬脆，易块状剥离。外皮灰黑色，具不规则浅龟裂，易小片状脱落。内皮紫红色，断面见白色弦向带，斜削面呈紫白相间的斑马纹，为其主要的识别特征。

- **木材材性：** 具金色光泽。纹理直至浅交错；结构细而匀；重量、强度中等；干缩大。加工容易，切面光滑；热弯、油漆、染色、胶黏性能好；略难钉钉，握钉力中。略耐腐。干燥困难，易翘曲和皱缩。加工粉尘对黏膜有刺激。气干密度0.60～0.74 g/cm³。

- **木材用途：** 适用于旋切单板、胶合板、细木工制品、家具、弯曲木、建筑构件、轻型构件、钢琴、工具柄、室内装修等。

# 特斯铁罗 *Tristiropsis canarioides*
## TRISTIROPSIS

无患子科
*Sapindaceae*

- **特斯铁罗属** *Tristiropsis*
- **木材名称**：暂无
- **地方名称**：Tristiropsis（巴布亚新几内亚–代码TRI）。
- **不规范名称**：无
- **识别要点**：内皮红褐色；韧皮纤维略发达，晒干后捏之呈松针状。管孔大多是长径列复管孔（2～7个），管孔内具白色沉积物。木材桃褐色至浅桃红色，结构细，质重硬。

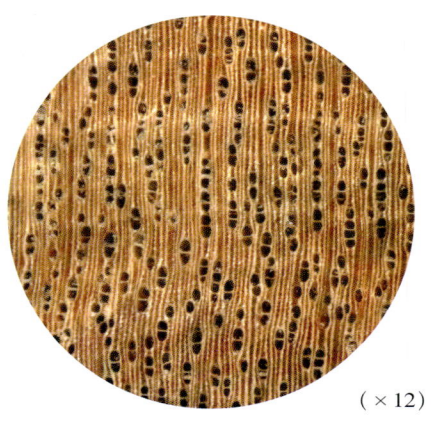

（×12）

- **宏观构造**：散孔材。管孔肉眼下可见，略多，略大；主为长径列复管孔（2～7个），少数单管孔；具侵填体及白色沉积物。轴向薄壁组织放大镜下略见，环管束状及不规则细弦线状。木射线放大镜下明显，略密，略宽。

- **树木与分布**：常从巴布亚新几内亚进口，很少见。

- **横断面**：心边材区别不明显。木材桃褐色至浅桃红色。生长轮略明显。

- **板样**

- **树皮**：厚1.0～1.5 cm，质较硬脆，易块状剥离。外皮黄白色至红褐色，易小片状脱落，残留浅凹坑。内皮红褐色；韧皮纤维略发达，晒干后捏之呈松针状；石细胞大颗粒状，层状分布。

- **木材材性**：纹理浅交错；结构细；质重硬；强度高。加工容易，表面欠光滑；胶黏、油漆性能好；握钉力强，钉钉须先打孔。耐腐。干燥略难，有翘裂。气干密度0.57～0.78 g/cm³。

- **木材用途**：适用于旋切单板、胶合板、家具、室内装修等。

# 倒卵伯克山榄 *Burckella obovata*
BURCKELLA

山榄科
*Sapotaceae*

- **伯克山榄属** *Burckella*
- **木材名称**：伯克山榄
- **地方名称**：Burckella（巴布亚新几内亚－代码BUR、所罗门群岛－代码BK）。
- **不规范名称**：朴开拉
- **识别要点**：树皮松软，韧皮纤维很发达，易撕成麻丝状。弦向细线状的薄壁组织常与木射线构成网状。木材含硅石和皂角苷。原木与尼亚托Nyatoh（*Palaquium* sp.）很相似。

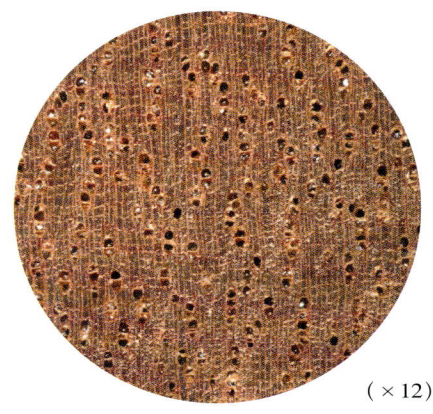

( ×12 )

- **宏观构造**：散孔材。管孔肉眼下可见，略少，大小中等；单管孔及径列复管孔（2～4个）；侵填体丰富。轴向薄壁组织放大镜下可见，弦向细线状，与木射线构成网状。木射线放大镜下可见，密，甚窄。

- **树木与分布**：乔木，高约30 m，直径0.5～0.8 m。本属约11种，分布于摩鹿加群岛和巴布亚新几内亚一直到萨摩亚群岛。该种主要从巴布亚新几内亚和所罗门群岛进口，成批量。

- **横断面**：心边材区别略明显。心材粉红褐色至红褐色，颜色从髓心向外逐渐变浅，略显黑色细条纹。边材新鲜时呈黄白色，日久呈粉红色，宽5～6 cm。生长轮略明显。

- **板样**

- **树皮**：厚0.5～1.0 cm，质较松软，易长条状剥落。外皮灰褐至灰白色；具较规则裂纹，常呈小片状剥落。内皮红褐色；韧皮纤维很发达，易撕成麻丝状。

- **木材材性**：略具光泽。纹理交错；结构细而均匀；质略重硬；强度中；干缩小。因含硅石，锯解略难，易钝刀；刨削、钻孔、开榫和砂光性能俱佳；车旋性能一般。不耐腐。干燥性能好。锯屑对眼、鼻、喉有刺激性。气干密度0.59～0.79 g/cm³。

- **木材用途**：适用于旋切单板、胶合板、轻型地板、造船、车厢板、家具、室内装修、木雕、车旋、细木工制品以及纸浆和纤维板原料。

# 金叶山榄 *Chrysophyllum* sp.
CHRYSOPHYLLUM

山榄科
*Sapotaceae*

- 金叶山榄属 *Chrysophyllum*
- 木材名称：暂无
- 地方名称：Chrysophyllum（巴布亚新几内亚－代码CHR），Menpulut（印度尼西亚）。
- 不规范名称：无
- 识别要点：外皮黄白色或灰白色；具不规则浅龟裂或略起皱。管孔主为径列复管孔（2～7个）。细而密集的线状薄壁组织与木射线构成网状。木材浅黄白色，原木与同一科的山榄属 *Planchonella* sp. 很相似。

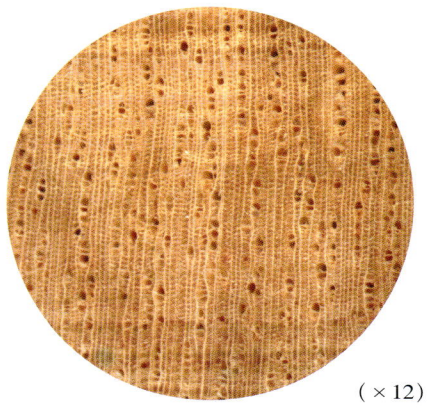

（×12）

- **宏观构造**：散孔材。管孔放大镜下明显，略多，大小中等；主为径列复管孔（2～7个），极少单管孔；具少量树胶。轴向薄壁组织放大镜下明显，弦向线状，细而密集，与木射线构成网状。木射线放大镜下明显，略密，窄。

- **树木与分布**：乔木，高约30 m，直径约0.6 m。本属约150种，分布于世界热带地区，拉丁美洲最多。主要从巴布亚新几内亚进口，很少见。

- **横断面**：心边材区别不明显。木材浅黄白或黄褐色。边材部位极易蓝变。生长轮略明显。

- **板样**

- **树皮**：厚约0.5 cm，质软，易小块状剥离。外皮黄白色或灰白色；具不规则浅龟裂或略起皱。内皮浅黄白色；韧皮纤维较发达，易撕成短丝状。

- **木材材性**：稍具光泽。纹理直或浅交错；结构细而均匀；重量轻至重；硬度中至硬；强度中等。加工性能中等；油漆性能优良；胶黏性能中等；握钉力中至大。不耐腐。干燥性能中等。气干密度 0.45～0.93 g/cm³。

- **木材用途**：可用作胶合板、生活用品、室内装修、细木工制品、家具等。

# 迈氏铁线子 *Manilkara merrilliana*
## NATOE

山榄科
*Sapotaceae*

- 铁线子属 *Manilkara*
- 木材名称：铁线子
- 地方名称：Natoe、Sawokecik、Sawo ketjik、Sauh ketjik（印度尼西亚），Manilkara（巴布亚新几内亚–代码MAK），Sawai（缅甸、菲律宾），Sawah（马来西亚），Kating（泰国）。
- 不规范名称：红檀、樱檀
- 识别要点：外皮红褐色至黑褐色，表面粗糙，具有规则的深纵裂。管孔呈明显的径列，充满沉积物。弦向线状的薄壁组织细而密集，分布均匀，常与木射线构成网状。材质重硬，易开裂。

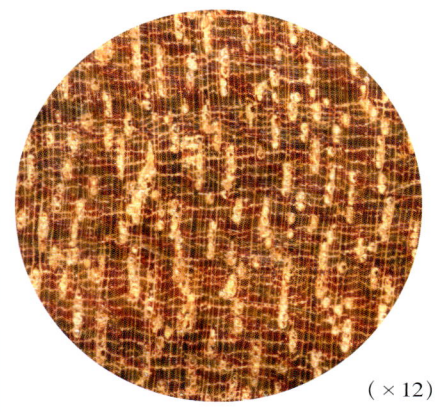

（×12）

- 宏观构造：散孔材。管孔放大镜下明显，略多，略小；单管孔及径列复管孔（2～5个）；径向排列明显；充满黄白色的沉积物。轴向薄壁组织放大镜下明显，弦向线状，细而密集，分布均匀，常与木射线构成网状。木射线放大镜下明显，密而窄。

- 树木与分布：常绿乔木，高达12 m，直径0.7 m左右；本属约70种，分布于世界热带地区。主要从印度尼西亚、巴布亚新几内亚进口，较少见。

- 横断面：心边材区别略明显。心材深红褐色至暗红褐色略带紫，具黑色细条纹，久则成锈褐色。边材色稍浅。生长轮不明显。

- 树皮：厚1.0～1.5 cm，质硬，较脆，不易剥离。外皮红褐色至黑褐色；表面粗糙，具有规则的深纵裂，易呈窄条片状剥落。内皮紫红色至浅黄褐色；韧皮纤维发达，易成麻丝状。

- 木材材性：具光泽。滋味微苦。纹理直至略交错；结构甚细、均匀；重硬至甚重硬；强度高。加工略困难，切面光滑。耐腐。干燥略难，易端裂和面裂。气干密度0.9～1.1 g/cm³。

- 板样

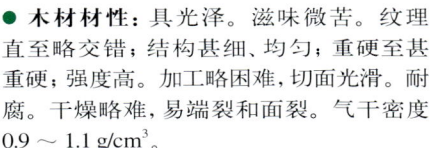

- 木材用途：适用于需强度大和耐久的场合、矿柱、码头木桩、枕木、桥梁、高档家具、工具柄、车工制品等。

# 胶木 *Palaquium* sp.
## PENCIL CEDAR

山榄科
*Sapotaceae*

- **胶木属** *Palaquium*
- **木材名称**：纳托山榄
- **地方名称**：Pencil cedar（巴布亚新几内亚–代码CEP、所罗门群岛–代码PQ），Nyatoh（马来西亚沙捞越–代码NYTO、沙巴，印度尼西亚），Njatuh、Nato、Koema（印度尼西亚），Jangkar（马来西亚沙捞越），Nyatau（缅甸），Bauvudi（斐济），Alakaak（菲律宾）。
- **不规范名称**：银丝木、金丝檀木、铅笔柏、春茶木
- **识别要点**：树皮具不规则纵向深裂，新鲜树皮受伤后会渗出白色树液。木材管孔径列，以复管孔为主。轴向薄壁组织弦向带状，细而密集，与木射线构成网状。

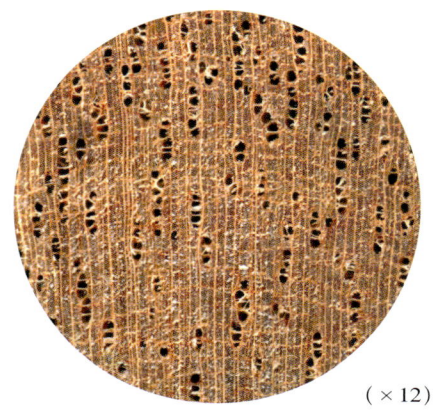
（×12）

- **宏观构造**：散孔材。管孔肉眼下可见，少，略小；主为径列复管孔（2～6个），少数单管孔；具侵填体。轴向薄壁组织放大镜下可见，弦向带状，细而密集，与木射线构成网状。木射线放大镜下明显，略密，窄。

- **树木与分布**：常绿乔木，高约35 m，胸径可达1.0 m。材表具有明显的深棱槽，槽棱明显，略似红厚壳。本属约115种，分布于东南亚及大洋洲。主要从马来西亚、巴布亚新几内亚、所罗门群岛进口，量较大。

- **横断面**：心边材区别明显。心材暗红褐色略带紫色，具有深色条带。边材浅粉红褐色，宽6～10 cm。生长轮略可见，均匀。

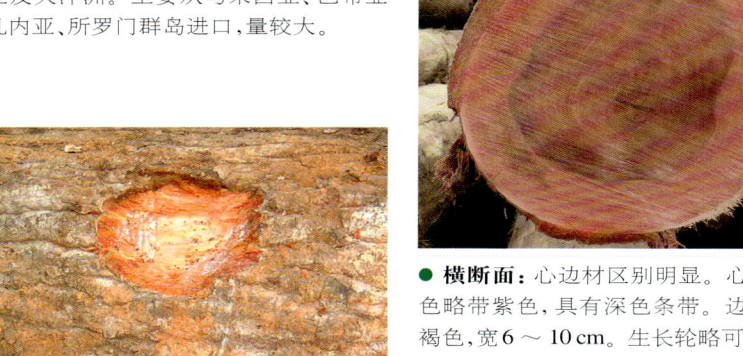

- **板样**

- **树皮**：厚1.0～3.0 cm，质硬脆，易块状脱落。外皮青灰褐色；具有深龟裂，纵裂深，横裂浅。内皮红褐色；韧皮纤维较发达；石细胞发达，颗粒状，主要集中于外皮部位。新鲜树皮受伤后会渗出白色树液。

- **木材材性**：具光泽。纹理深交错；结构细而均匀；重量轻至重；硬度中等；强度低；干缩小。加工较难，刨面光滑；油漆及胶黏性能一般；略难钉钉，握钉力中。略耐腐。干燥稍慢，常有端裂和翘曲。气干密度0.46～0.77 g/cm³。

- **木材用途**：适用于旋切单板、胶合板、刨切薄木、家具、轻型构架、地板、细木工板、室内装修、普通木制品等。立木树皮中含乳汁，可制古塔波胶。

# 凯特山榄 *Planchonella thyrsoidea*
## WHITE PLANCHONELLA

山榄科
*Sapotaceae*

- ● 山榄属 *Planchonella*
- ● 木材名称：白山榄
- ● 地方名称：White Planchonella、White sikwood（巴布亚新几内亚－代码PLW），Kete、Tete sesele、Verure（所罗门群岛）。
- ● 不规范名称：白丝光木
- ● 识别要点：内皮石细胞明显，大颗粒状，层状排列。木材管孔主要为径列复管孔（2～6个）。轴向薄壁组织弦向带状，细而密集，与木射线构成网状。木材浅黄白色，材质轻软，纹理直。

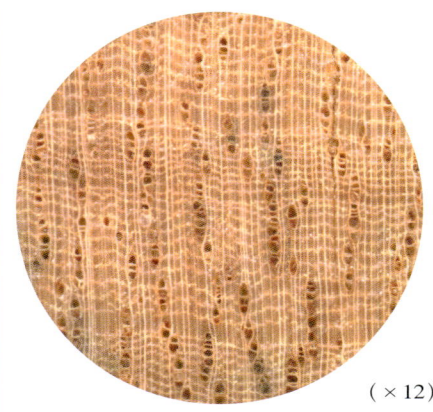

（×12）

- ● **宏观构造**：散孔材。管孔肉眼下略明显，少，略大；主为径列复管孔（2～6个），少数单管孔；具侵填体。轴向薄壁组织放大镜下明显，弦向带状，细而密集，与木射线构成网状。木射线放大镜下明显，略密，窄。

- ● **树木与分布**：大乔木，高35～45 m，直径0.6～0.7 m。本属约100种，分布于东南亚、南太平洋地区以及南美地区。主要从巴布亚新几内亚、所罗门群岛进口，量大。巴布亚新几内亚根据木材颜色将该属分为红山榄PLR及白山榄PLW两类。

- ● **横断面**：心边材区别不明显。心材浅黄白色，具浅褐色细条纹。边材灰白色，窄，宽约1 cm，常蓝变。生长轮略明显。

- ● **树皮**：厚2～3 cm，质地疏松，易块状剥离。外皮灰白至灰褐色；有浅龟裂纹。内皮红褐色；石细胞明显，大颗粒状，层状排列。

- ● **木材材性**：具光泽。纹理直；结构细而均匀；质轻软，强度低。干缩小。加工容易，切面光滑；砂光、钉钉、抛光性能好；油漆和胶黏性能一般。不耐腐，易蓝变。干燥容易，缺陷少。气干密度0.40～0.53 g/cm³。

- ● **板样**

- ● **木材用途**：适用于旋切单板、胶合板、轻型构件、家具、船板、装饰线条、细木工板、仪器箱盒、车旋材及室内装修等。可替代棱柱木 *Gonystylus* sp.。

# 红山榄 *Planchonella torricellensis*
## RED PLANCHONELLA

山榄科
*Sapotaceae*

- ● 山榄属 *Planchonella*
- ● 木材名称：红山榄木
- ● 地方名称：Red Planchonella、Red silkwood（巴布亚新几内亚－代码 PLR），Sarosaro、Bauloa（斐济）。
- ● 不规范名称：红丝光木
- ● 识别要点：心材粉红褐色至红褐色。管孔主为径列复管孔（2～6个）。轴向薄壁组织星散－聚合状，略呈短弦线。

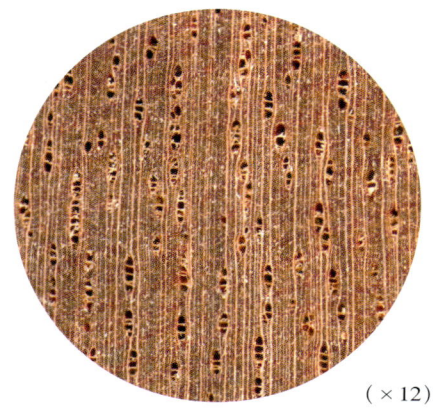

(×12)

- ● **宏观构造**：散孔材。管孔肉眼下略明显，少，略大；主为径列复管孔（2～6个），少数单管孔。轴向薄壁组织放大镜下略可见，星散－聚合状，略呈短弦线。木射线放大镜下明显，略密，窄。

- ● **树木与分布**：大乔木，高35～45 m，直径0.6～0.7 m。本属约100种，分布于东南亚、南太平洋地区以及南美地区。该种主要从巴布亚新几内亚、所罗门群岛进口，量大。巴布亚新几内亚根据木材颜色将该属分为红山榄 PLR 及白山榄 PLW 两类。

- ● **横断面**：心边材区别略明显。心材粉红褐色至红褐色。边材淡粉红色至近白色。生长轮略明显。

- ● **板样**

- ● **树皮**：厚0.5～0.8 cm，质硬脆，不易剥离。外皮灰白至黑褐色；具细龟裂纹。内皮红褐色；质脆；石细胞较明显，颗粒状。

- ● **木材材性**：具光泽。纹理直；结构细而均匀；质轻软至中；强度低；干缩小。加工容易，切面光滑；砂光、钉钉、抛光性能好；油漆和胶黏性能一般；钉钉容易。不耐腐。干燥容易，缺陷少。气干密度 0.50～0.59 g/cm³。

- ● **木材用途**：适用于旋切单板、胶合板、地板、轻型构件、家具、船板、装饰线条、细木工板、仪器箱盒、车旋材及室内装修等。与凯特山榄 *Planchonella thyrsoidea* 相近。

# 伯克尔臭椿 *Ailanthus integrifolia (A. peekellii)*
## WHITE SIRIS

苦木科
*Simaroubaceae*

- **臭椿属** *Ailanthus*
- **木材名称**：暂无
- **地方名称**：White siris（巴布亚新几内亚－代码SIW）。
- **不规范名称**：白丝里丝
- **识别要点**：外皮极薄，紫褐色，具细小皱纹，易片状脱落，露出灰白色至灰黄色。翼状轴向薄壁组织其翼部细长，似海鸥状。木材色浅，质轻软，具强烈苦味。

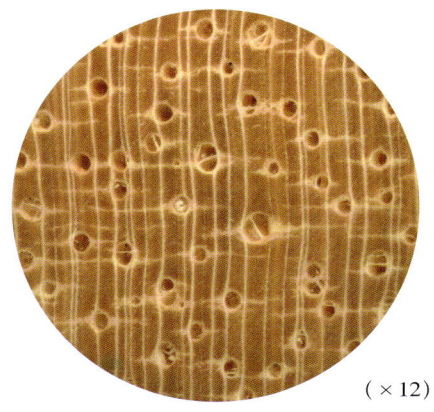

（×12）

- **宏观构造**：散孔材。管孔肉眼下明显，少而略大；单管孔及径列复管孔（2～4个，多2～3个）；具侵填体。轴向薄壁组织放大镜下明显，翼状（翼部细长，似海鸥状）及断续短弦线状。木射线放大镜下明显，密度中，略宽。

- **树木与分布**：大乔木，高25～30 m，直径约0.6 m。广泛分布于东南亚至巴布亚新几内亚地区，主要从巴布亚新几内亚进口，量少。

- **横断面**：心边材区别不明显。木材黄白色至白色。边材易蓝变。生长轮不明显。

- **板样**

- **树皮**：厚1.5～2.0 cm，质软，易大块状剥离。外皮极薄，紫褐色，具细小皱纹，易片状脱落，露出灰白色至灰黄色。内皮土黄色；韧皮纤维发达，易撕成麻丝状；石细胞发达，大颗粒状。

- **木材材性**：具光泽；具强烈苦味。纹理直；结构粗；质轻软；强度很低。加工容易，切面易起毛；钉钉、胶黏、油漆性能良好。不耐腐。气干密度0.33～0.39 g/cm³。

- **木材用途**：适用于家具、包装箱盒、细木工板、绘图板、室内装修、天花吊顶等。

# 八宝树 *Duabanga* sp.
## DUABANGA

海桑科
Sonneratiaceae

- **八宝树属** *Duabanga*
- **木材名称**：八宝树
- **地方名称**：Duabanga（巴布亚新几内亚－代码DUA），Ares、Benuang laki、Amas、Mas（印度尼西亚），Magas、Tagahas（马来西亚沙巴）、Berembang-bukit、Pedata-bukit（马来西亚），Lamphu（泰国），Berambang、Lampati（缅甸），Loktob（菲律宾），Phay（越南）。
- **不规范名称**：无
- **识别要点**：外皮具有规则的浅纵裂和长条状皮孔。心材浅黄褐色带绿。边材宽，其近材表部位常具一圈嫩黄色宽带。材质轻软。

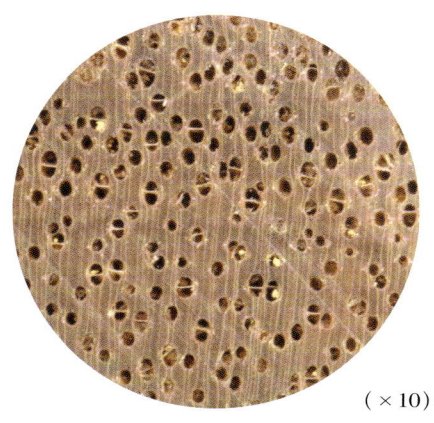

（×10）

- **宏观构造**：散孔材。管孔肉眼下明显，少而略大；单管孔及径列复管孔（2～4个，多2个）；具侵填体和浅黄色沉积物。轴向薄壁组织放大镜下可见，环管束状。木射线放大镜下可见，密度中，甚窄。

- **树木与分布**：常绿大乔木，高约35 m，胸径达1.5 m。本属共有3种，分布于东南亚及巴布亚新几内亚等地。主要从马来西亚及巴布亚新几内亚进口，量少。

- **横断面**：心边材区别略明显。心材浅黄褐色带绿，具褐色条纹。边材色浅，宽约10 cm，近材表部位常具一圈嫩黄色宽带。生长轮略明显。

- **板样**

- **树皮**：厚1.0～1.5 cm，质较软，韧性好，不易剥离。外皮灰褐色；具有规则的浅纵裂；具长条状皮孔。内皮红褐色；韧皮纤维略发达，质软易碎；石细胞发达，细颗粒状，集中于近外皮部位。

- **木材材性**：具光泽。纹理直至交错；结构粗；质轻软；强度低；干缩小。加工容易，切面易起毛；旋切和胶黏性能好；油漆性能一般；易于钉钉，握钉力弱。不耐腐。干燥快而好。气干密度0.45～0.50 g/cm³。

- **木材用途**：适用于旋切单板、胶合板、室内装修、渔网浮子、家具组件、混凝土模板、装饰线条等。

# 银叶树 *Heritiera littoralis*
## HERITIERA

梧桐科
*Sterculiaceae*

- **银叶树属** *Heritiera*
- **木材名称**：银叶树
- **地方名称**：Heritiera（巴布亚新几内亚–代码HER），Mengkulang（马来西亚沙捞越–代码MNKG），Dungun（马来西亚），Sundri、Doengoe、Peropa kapoete、Roemoe、Taloengang（印度尼西亚），Dungon-late（菲律宾），Cui（越南），Ngawan kai（泰国）。
- **不规范名称**：银口树
- **识别要点**：树皮质软，韧皮纤维发达，易撕成片状或麻丝状。弦向线状的轴向薄壁组织细如牛毛，很密集。木射线叠生排列，弦切面具波痕。径面具带状花纹。木材红褐色，质重硬。

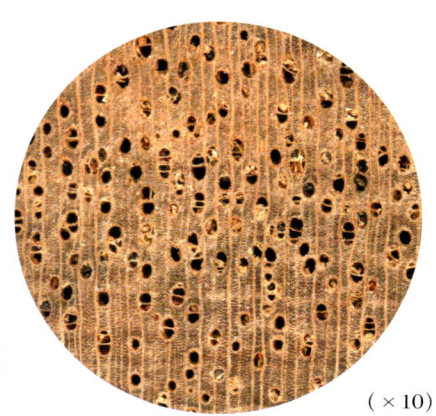

（×10）

- **宏观构造**：散孔材。管孔肉眼下可见，少，大小中等；单管孔及径列复管孔（2～4个，多2～3个）；略具红褐色树胶。轴向薄壁组织放大镜下略见，环管束状及不规则弦向线状，后者细如牛毛，很密集。木射线放大镜下明显，密度中，略宽。

- **树木与分布**：乔木，高30～50 m，直径达0.8 m，具大板根。本属约35种，分布于非洲、东南亚、澳大利亚及南太平洋地区。该种主要从巴布亚新几内亚进口，量不大。

- **横断面**：心边材区别略明显。心材红褐色至紫红褐色。边材色浅，粉红褐色。生长轮略明显。

- **板样**

- **树皮**：厚1.0～1.5 cm，质软，易长条状剥落。外皮灰红褐色；表面具有不规则的纵裂，呈小片状剥落。内皮红褐色至暗红褐色；韧皮纤维发达，层片状排列，易撕成片状或麻丝状。

- **木材材性**：具光泽；有油腻感。纹理交错；结构粗而均匀；质重硬至甚重硬；强度高；干缩小。因硅石，加工困难，刀具易变钝，切削面光滑；车旋、胶黏、油漆性能良好。略耐腐。干燥容易，易翘曲和开裂。气干密度0.79～1.1 g/cm$^3$。

- **木材用途**：适用于地板、胶合板、家具、运动器材、造船、枕木、房屋建筑、刨切单板等。

# 舟翅桐 *Pterocymbium* sp.
## AMBEROI

梧桐科
*Sterculiaceae*

- **舟翅桐属** *Pterocymbium*
- **木材名称：** 舟翅桐
- **地方名称：** Amberoi（巴布亚新几内亚-代码AMB），Teluto（马来西亚沙巴），Papita（印度尼西亚、缅甸）。
- **不规范名称：** 安贝木
- **识别要点：** 树皮松软，韧皮纤维发达，径向层状堆积，易分离成麻丝状。内皮和材表具细网状花纹。原木断面常见大面积的蓝变。木射线分宽窄两类。因木纤维叠生，弦面可见波痕。生材具恶臭。材质甚轻软，结构略粗。

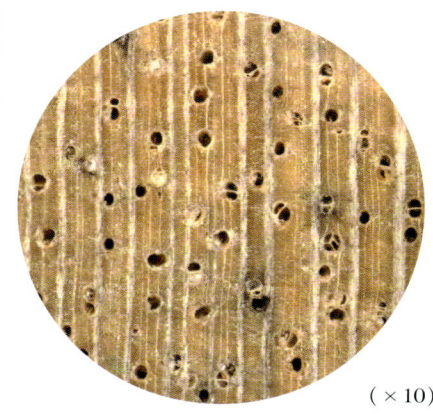

（×10）

- **宏观构造：** 散孔材。管孔肉眼下可见，甚少，大小中等；单管孔及径列复管孔（2～3个）；具浅色沉积物。轴向薄壁组织放大镜下明显，束状、短翼状及聚翼状。木射线密度中，分宽窄两类：宽者肉眼下明显；窄者甚窄，仅放大镜下可见。具轴向创伤树胶道，孔大，连成白色同心带状。

- **树木与分布：** 中等乔木，高约40 m，直径可达1.0 m。本属共6种，分布于东南亚、巴布亚新几内亚和斐济群岛，主要从巴布亚新几内亚进口，量不大。

- **横断面：** 心边材区别不明显。木材浅黄白色或灰白色。断面常见大面积的蓝变。生长轮略明显，均匀。

- **树皮：** 厚1.5～2.0 cm，质松软，易条状剥离。外皮略粗糙；深灰褐色；表面带有白色薄片，具不规则浅纵裂。内皮浅黄褐色；韧皮纤维发达，径向层状堆积，易分离成麻丝状。内皮和材表具细网状花纹。

- **木材材性：** 光泽强；生材具恶臭。纹理直；结构略粗；质甚轻软；强度低；干缩大。加工容易；油漆和胶黏性能一般；钉钉容易，握钉力弱。不耐腐。干燥容易。气干密度0.23～0.35 g/cm³。

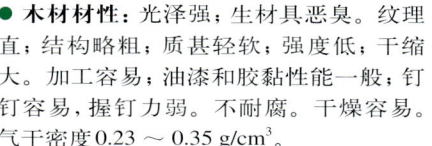

- **板样**

- **木材用途：** 适用于家具、旋切单板、胶合板芯板、浮漂子、模型、鞋跟、一般室内装修、层积木、包装材等。

# 霍氏翅苹婆 *Pterygota horsfieldii*
## WHITE TULIP OAK

梧桐科
*Sterculiaceae*

- 翅苹婆属 *Pterygota*
- 木材名称：翅苹婆
- 地方名称：White tulip oak（巴布亚新几内亚-代码OWT），Kasah（马来西亚），Pterygota、Impa（新几内亚岛）。
- 不规范名称：无
- 识别要点：外皮具长链状皮孔。韧皮纤维发达，易撕成长条纸片状或麻丝状。弦向带状的轴向薄壁组织密集而均匀，与木射线构成网状。弦面波痕明显。

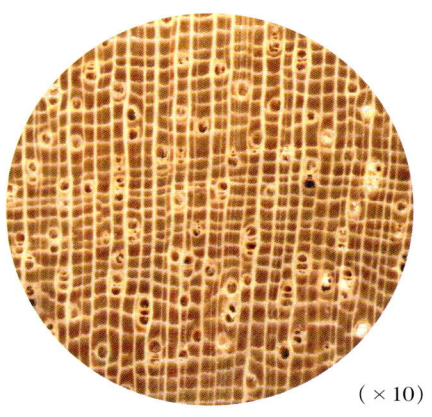
(×10)

- 宏观构造：散孔材。管孔肉眼可见，少，略大；单管孔及径列复管孔（2～4个）；具浅色沉积物。轴向薄壁组织肉眼下明显，发达，翼状及弦向带状，后者略波浪形，密集而均匀，与木射线构成网状。木射线分宽窄两种，宽者肉眼下明显，窄者放大镜下可见。

- 树木与分布：大乔木，高达40 m，直径达1.5 m。本属约20种，分布于热带亚洲和非洲，在东南亚和巴布亚新几内亚分布有5种。该种主要从巴布亚新几内亚进口，成批量。

- 横断面：心边材区别不明显。木材浅黄白至浅褐色，易蓝变和霉变。生长轮不明显。

- 树皮：厚1.5～2.5 cm，质较软，易细长条状剥离。外皮灰白或灰褐色；较硬；具有规则的浅纵裂；呈小片状脱落；长链状皮孔明显。内皮草黄色；韧皮纤维发达，易撕成长条纸片状或麻丝状。

- 木材材性：光泽强。纹理直；结构略粗；重量、强度中等；干缩略大。加工容易，切面光滑；油漆、染色、胶黏性能良好。略耐腐，易蓝变。干燥快，略有面裂。气干密度约0.56 g/cm³。

- 板样

- 木材用途：适用于旋切单板、胶合板、室内装修、家具、包装箱、玩具、车旋制品等。防腐处理后可作枕木、电杆等。

# 船形木 *Scaphium* sp.
## SAMRONG

梧桐科
*Sterculiaceae*

- **船形木属** *Scaphium*
- **木材名称**：船形木
- **地方名称**：Samrong（泰国、马来西亚），Kembang semangkok（马来西亚沙捞越－代码KEMS），Kapas-kapasan（印度尼西亚）。
- **不规范名称**：无
- **识别要点**：树皮韧皮纤维发达，易撕成麻丝状。弦向带状及轮界状的轴向薄壁组织与宽木射线构成大网格状。木射线分宽、窄两类；宽射线在材表及弦切面形成网状花纹；窄射线与轴向组织叠生，弦面现略明显的波痕。

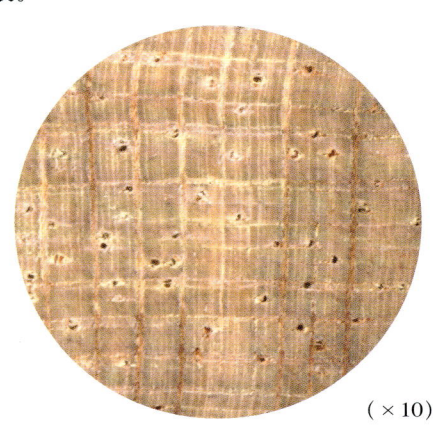

(×10)

- **宏观构造**：散孔材。管孔肉眼略见，甚少，大小中等；主为单管孔，少数径列复管孔（2～3个）；具少量沉积物。轴向薄壁组织放大镜下明显，环管束状、翼状、聚翼状、弦向带状及轮界状，后者与宽木射线构成大网格状。木射线分宽、窄两类；宽木射线肉眼可见；窄木射线放大镜下可见，甚窄。

- **树木与分布**：落叶大乔木。本属约6种，分布于东南亚。主要从马来西亚进口，量不大。

- **横断面**：心边材区别略明显。心材灰黄褐色到灰褐色。边材粉红褐色。生长轮肉眼下略明显。

- **板样**

- **树皮**：厚1.0～1.5 cm，质略硬，易长条状剥离。外皮灰白至灰褐色；具不规则浅龟裂；易小片状剥落。内皮红褐色；韧皮纤维发达，易撕成麻丝状。

- **木材材性**：光泽强。纹理直至略交错；结构粗而不均匀；重量和强度中；干缩小。加工容易，刨面光滑。略耐腐。干燥快，性能好。气干密度约0.71 g/cm³。

- **木材用途**：适用于家具、室内装修、旋切单板、刨切微薄木、胶合板等。

# 苹婆  *Sterculia* sp.
## STERCULIA

梧桐科
*Sterculiaceae*

- **苹婆属** *Sterculia*
- **木材名称**：苹婆
- **地方名称**：Sterculia（巴布亚新几内亚–代码STE），Biris（马来西亚沙捞越–代码BIRI），Kelumpang（马来西亚沙巴），Kalumpang（菲律宾），Kepuh、Kaloempang、Galoempang、Kaloemba（印度尼西亚）。
- **不规范名称**：无
- **识别要点**：树皮质软，韧皮纤维发达，层状叠生，每层具网眼，可撕成麻丝状。木射线分宽窄两类。原木与舟翅桐 *Pterocymbium* sp. 很相似。

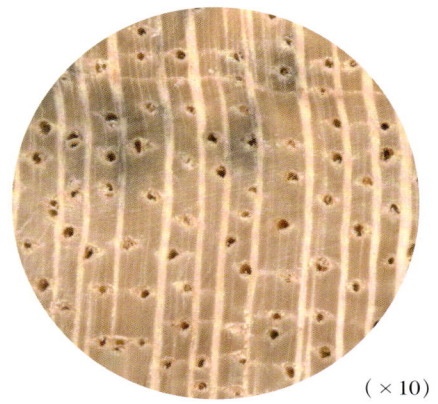

（×10）

- **宏观构造**：散孔材。管孔肉眼下可见，甚少，略大；主为单管孔，少数径列复管孔（2～3个）；具侵填体。轴向薄壁组织放大镜下明显，短翼状、聚翼状及弦向带状。木射线密度中，分宽窄两类；宽者肉眼下明显；窄者甚窄，仅放大镜下可见。

- **树木与分布**：乔木，高达10 m，直径达1.0 m。本属约300种，广泛分布于世界热带和亚热带地区。主要从马来西亚及巴布亚新几内亚进口，小批量。

- **横断面**：心边材区别常不明显。木材草黄色至黄褐色带粉红。生长轮略明显。

- **板样**

- **树皮**：厚1.0～1.5 cm，质软，易大块状剥离。外皮青灰色；具小龟裂纹。内皮黄白色；韧皮纤维发达，层状叠生，每层具网眼，可撕成麻丝状。石细胞发达，大颗粒状，集中于近外皮部位。

- **木材材性**：具光泽。纹理直至浅交错；结构粗；材质中等；强度低。加工容易；精加工和胶黏性能好；油漆和钉钉性能差。不耐腐。气干密度0.55～0.64 g/cm³。

- **木材用途**：适用于旋切单板、胶合板、天花板吊顶、建筑构件、家具、包装材等。

# 巴布亚大头茶 *Gordonia papuana*
## GORDONIA

山茶科
*Theaceae*

- **大头茶属** *Gordonia*
- **木材名称**：暂无
- **地方名称**：Gordonia、Schima（巴布亚新几内亚－代码GOR/SCH），Samak（马来西亚）。
- **不规范名称**：大头茶
- **识别要点**：内皮紫红色，韧皮纤维略发达，径向层状紧密排列，捏之易成粉末状。管孔为均匀分布的单管孔。纵切面导管槽具闪光。轴向薄壁组织稀少，肉眼下难分辨。

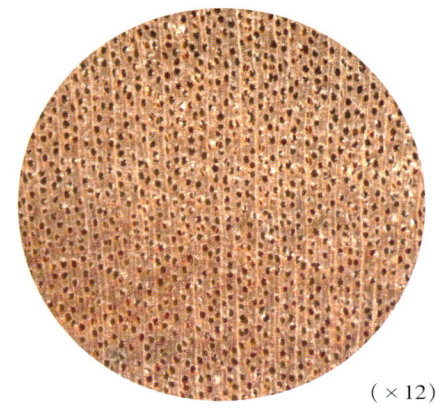

（×12）

- **宏观构造**：散孔材。管孔放大镜下可见，多，略小；单管孔；具侵填体。轴向薄壁组织放大镜下不见。木射线放大镜下略见，密度中，略窄，与纤维组织近同色。

- **树木与分布**：常从巴布亚新几内亚及所罗门群岛进口，成小批量。

- **横断面**：心边材区别明显。心材红褐色略带紫，具黑色同心圆状条纹。边材浅粉红色，宽3～7 cm。生长轮不明显。

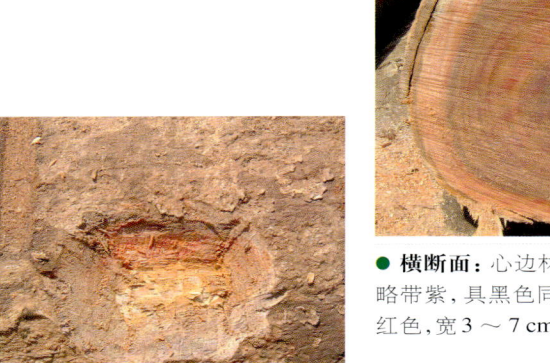

- **板样**

- **树皮**：厚1.0～2.0 cm，质较硬，易块状剥离。外皮灰黄褐色，易小片状脱落，残留浅凹坑。内皮紫红色；韧皮纤维略发达，径向层状紧密排列，捏之易成粉末状；石细胞大颗粒状，分布均匀。

- **木材材性**：具光泽。纹理浅交错；结构略粗；重量和硬度中等；强度中至高；干缩大。加工容易，表面光滑，旋切单板具扭曲和翘曲；胶黏、油漆性能好；握钉力强，钉钉须先打孔。耐腐。干燥略难，有翘裂。气干密度0.54～0.81 g/cm³。

- **木材用途**：适用于旋切单板、胶合板、家具、室内装修等。

# 硬椴 *Pentace* sp.
## MELUNAK

椴树科
*Tiliaceae*

- **硬椴属** *Pentace*
- **木材名称**：硬椴
- **地方名称**：Melunak（马来西亚），Takalis（马来西亚沙巴），Baru-baran（马来西亚沙捞越），Kaju pinang（印度尼西亚），Sisiat（泰国），Kashit、Thitka、Burma mahogang（缅甸）。
- **不规范名称**：缅甸桃花心木
- **识别要点**：树皮石细胞发达，肉眼下明显，厚层片状排列。管孔充满白色沉积物。轴向薄壁组织弦向细线状，细而均匀，与木射线构成网状，放大镜下略见。弦面波痕明显。本属中东京硬椴 *T. tonkinensis* 密度 0.96 g/cm³，归入另一商品类重硬椴类。

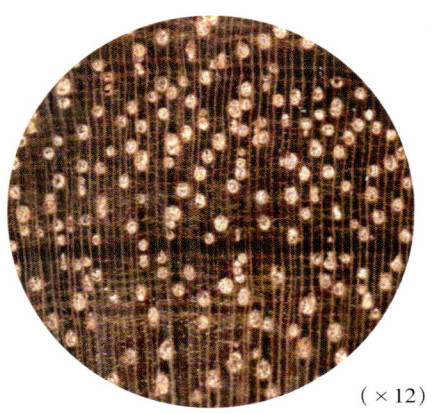

(×12)

- **宏观构造**：散孔材。管孔肉眼下明显，呈小白点状，略少，大小中等；主为单管孔，少数径列复管孔（2～4 个）；白色沉积物很丰富。轴向薄壁组织放大镜下略见，弦向细线状，细而均匀，与木射线构成网状。木射线放大镜下明显，密度中，窄。

- **树木与分布**：常绿大乔木，高 30～40 m，直径 0.5～1.0 m。本属约 28 种，分布于东南亚地区。主要从马来西亚进口，少见。

- **横断面**：心边材区别略明显。心材红褐色略带紫色。边材浅灰红褐色，宽 4～8 cm。生长轮略可见。

- **板样**

- **树皮**：厚 0.7～1.0 cm，质硬，不易剥离。外皮灰白色，具不规则浅龟裂，呈小片状脱落。内皮浅红褐色；韧皮纤维发达，易分离成层片状；石细胞发达，肉眼下明显，厚层片状排列。

- **木材材性**：具金色光泽。纹理略交错；结构细而匀；重量、硬度、强度中等；干缩小。加工容易，切面光滑；钉钉、胶黏、油漆、抛光性能好。耐腐。干燥慢，略开裂和翘曲。气干密度 0.53～0.75 g/cm³。

- **木材用途**：适用于高档家具、单板、胶合板、装潢用材、地板、细木工板、包装箱盒、车工制品等。

# 阔叶朴 *Celtis latifolia*
## LIGHT CELTIS

榆科
*Ulmaceae*

- **朴属** *Celtis*
- **木材名称**：朴木
- **地方名称**：Light celtis（巴布亚新几内亚、所罗门群岛 – 代码CEL）。
- **不规范名称**：软朴木
- **识别要点**：轴向薄壁组织主要为环管束状，密度低，其余略同于硬朴。

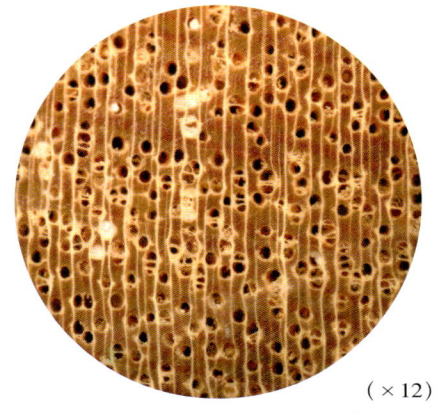

（×12）

- **宏观构造**：散孔材。管孔肉眼下可见，略少，大小中等；单管孔及径列复管孔（2～3个）；具白色沉积物。轴向薄壁组织放大镜下可见，环管束状及短翼状。木射线放大镜下明显，密度中，略窄。

- **树木与分布**：乔木。本属约80种，分布于世界温带到热带，东南亚到太平洋地区有9种。该种主要从巴布亚新几内亚、所罗门群岛进口，成批量。巴布亚新几内亚将该属木材按比重大小分为硬朴（气干密度0.62～0.80 g/cm³）和软朴（气干密度0.57 g/cm³以下）。

- **横断面**：心边材区别略明显。心材浅黄褐色，具深色细条纹。边材灰白色，常见蓝变和大理石样腐朽。生长轮略可见。

- **树皮**：厚1.0～2.0 cm，质坚硬，极难剥离。外皮灰白至灰褐色；表面平滑；长链形皮孔小而密集。内皮黄白色；石细胞明显，片状排列。

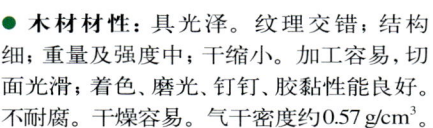

- **板样**

- **木材材性**：具光泽。纹理交错；结构细；重量及强度中；干缩小。加工容易，切面光滑；着色、磨光、钉钉、胶黏性能良好。不耐腐。干燥容易。气干密度约0.57 g/cm³。

- **木材用途**：适用于建筑构架、家具、旋切单板、胶合板、网球拍、造纸等。

# 菲律宾朴 *Celtis philippinensis*
## HARD CELTIS

榆科
*Ulmaceae*

- 朴属 *Celtis*
- 木材名称：朴木
- 地方名称：Hard celtis（巴布亚新几内亚、所罗门群岛 – 代码 CEH），Malaikmo（菲律宾、缅甸）。
- 不规范名称：硬朴木
- 识别要点：树皮坚硬，外皮具圆形及长链形的皮孔，小而多。石细胞明显，片状排列。管孔充满沉积物。心材黄色至黄褐色。

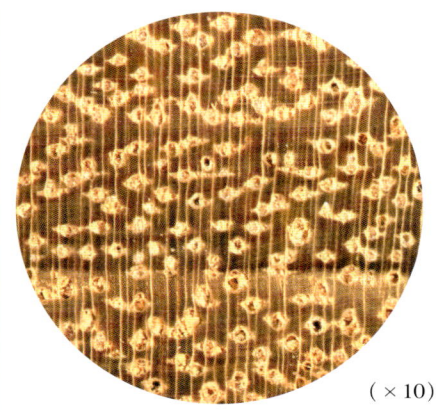

(×10)

- 宏观构造：散孔材。管孔肉眼下可见，略少，大小中等；单管孔及径列复管孔（2～4个）；浅色沉积物丰富。轴向薄壁组织肉眼下明显，翼状及聚翼状。木射线放大镜下明显，密度中，窄。

- 树木与分布：乔木。本属约80种，分布于世界温带到热带，东南亚到太平洋地区有9种。主要从巴布亚新几内亚、所罗门群岛进口，成批量。巴布亚新几内亚将该属木材按比重大小分为硬朴（气干密度 0.62～0.80 g/cm³）和软朴（气干密度 0.57 g/cm³ 以下）。

- 横断面：心边材区别明显。心材黄色至黄褐色，具黑色条纹。边材黄白色，常见蓝变。生长轮略明显。

- 树皮：厚 1.0～2.5 cm，质坚硬，极难剥离。外皮灰白至灰褐色；表面平滑；圆形及长链形的皮孔小而密布。内皮黄白色至浅红褐色；石细胞明显，片状排列。

- 板样

- 木材材性：具光泽。纹理交错；结构粗；材质中至重硬；强度高；干缩小。加工容易，切面光滑，着色、磨光、胶黏性能良好；握钉力中，须先钻孔。不耐腐。干燥容易。气干密度 0.62～0.80 g/cm³。

- 木材用途：适用于建筑构架、柱子、木桩、地板、家具、旋切单板、胶合板等。可代替棱柱木 *Gonystylus* sp. 使用。

# 摩鹿加石梓 *Gmelina moluccana*
## GMELINA

马鞭草科
*Verbenaceae*

- **石梓属** *Gmelina*
- **木材名称**：石梓
- **地方名称**：Gmelina（巴布亚新几内亚–代码GME），Gamari、Gumhar（印度尼西亚），Yemane（菲律宾），Arakoko、Kangali、Koko、Buti、Oarawaraha（所罗门群岛）。
- **不规范名称**：白水青冈、白山毛榉
- **识别要点**：树皮石细胞发达，层状排列。木材节疤处材色带红。管孔中侵填体丰富。轴向薄壁组织环管束状。木材手摸略有油腻感。

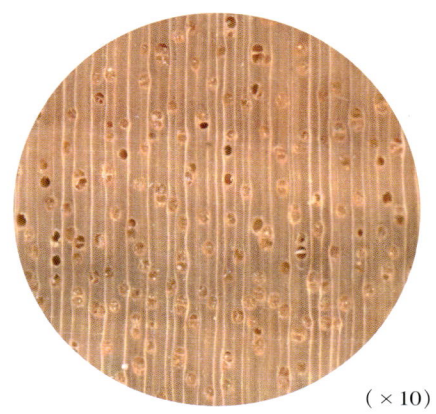

(×10)

- **宏观构造**：散孔材。管孔放大镜下明显，略少，略小；主为单管孔，少数径列复管孔（2～3个）；侵填体丰富。轴向薄壁组织放大镜下可见，环管束状。木射线放大镜下明显，密度中，窄。

- **树木与分布**：乔木，高约30 m，直径达1.0 m。本属约35种，分布于热带非洲、东南亚及大洋洲。该种主要从巴布亚新几内亚进口，量少。

- **横断面**：心边材区别明显。心材红褐色，具深色细条纹。边材灰黄白色，宽4～8 cm。生长轮略明显。

- **板样**

- **树皮**：厚0.5～1.5 cm，质较硬脆，易块状剥离。外皮灰褐或黑褐色；易不规则片状脱落。内皮红褐色；韧皮纤维较发达，石细胞发达，层状排列。

- **木材材性**：具光泽；手摸有油腻感。纹理直；结构较细，均匀；质轻软；强度低；干缩中。加工容易，切面光滑；胶黏、油漆、车旋性能好；握钉力中，须先钻孔。略耐腐。干燥快，缺陷少。气干密度约0.46 g/cm³。

- **木材用途**：适用于旋切单板、胶合板、家具、建筑用材、仪器箱盒、乐器、玩具、木桶、室内装修等。

# 柚木 *Tectona grandis*
## TEAK

马鞭草科
Verbenaceae

- **柚木属** *Tectona*
- **木材名称**：柚木
- **地方名称**：Teak（缅甸、印度、印度尼西亚、泰国），Jati（马来西亚沙巴），Djati、Koelidawa（马来西亚沙巴），Kyun（缅甸），Maysak（柬埔寨），Giati（越南），Mai sak（泰国），Teek（老挝），Teck（法国），Teca（西班牙），Sagwan、Teku、Golden teak（东南亚）。
- **不规范名称**：胭脂木、泰柚
- **识别要点**：材表常见凹陷沟槽。环孔材至半环孔材。生长轮明显。心材金黄褐色。木材具油性和皮革气味。

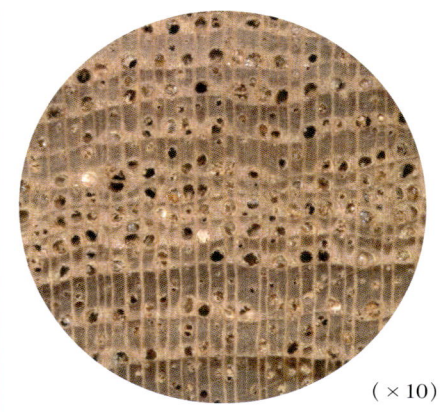

（×10）

- **宏观构造**：环孔材至半环孔材。早材至晚材略急变。早材管孔肉眼下明显，大，连续排列成早材带；晚材管孔放大镜下明显，少，略小，单管孔及少数径列复管孔（2～3个）。多白色沉积物和侵填体。轴向薄壁组织放大镜下可见，环管状及轮界状。木射线肉眼下略见，稀，略宽。

- **树木与分布**：乔木，高39～45 m，胸径约1.5 m。是世界上最著名、最珍贵的木材之一。本属共3种，分布于东南亚。该种主要从缅甸进口，量不大。

- **横断面**：心边材区别明显。心材金黄褐色，具油性感。边材黄白色，宽约1.0 cm。生长轮明显，不均匀。

- **板样**

- **树皮**：厚0.5～1.0 cm，质软，易剥离。外皮灰褐色；易小片状剥落。内皮红褐色；韧皮纤维发达，层片状排列。进口柚木一般很少见树皮。

- **木材材性**：具金色光泽；略具皮革气味；有油性感。纹理直；结构略粗；重量和硬度中；干缩小。加工容易，切面光滑；含硅石，刀具易钝；油漆、胶黏、钉钉性能好。很耐腐。干燥性能好。气干密度0.58～0.67 g/cm³。

- **木材用途**：适用于造船甲板、车辆、地板、高档家具、室内装修、刨切微薄木、装饰胶合板和贴面板、雕刻、钢琴外壳、化工设施等。

# 黄叶树 *Xanthophyllum* sp.
PNG BOX WOOD

黄叶树科
*Xanthophyllaceae*

- 黄叶树属 *Xanthophyllum*
- 木材名称：黄叶木
- 地方名称：PNG box wood（巴布亚新几内亚－代码BOW、所罗门群岛－代码XA），Nyalin（马来西亚沙捞越－代码NLIN），Lilin、Gading、Kiendog、Mendjalin、Minak angat（印度尼西亚），Minyak burok（马来西亚），Bok-bok、Malatading、Medang tanduk（菲律宾），Menkapas（东南亚）。
- 不规范名称：黄杨木、巴新黄杨木
- 识别要点：木材管孔少而略大，肉眼下很明显，有时具白色沉积物。弦向线状的轴向薄壁组织细而密集，排列均匀，与木射线构成纱网状。木材草黄色。

- 树木与分布：常绿乔木，高达 20 m，胸径达 0.8 m。该属有 60 种，分布于印度、马来西亚、菲律宾等东南亚和南太平洋地区。主要从巴布亚新几内亚进口，少见。

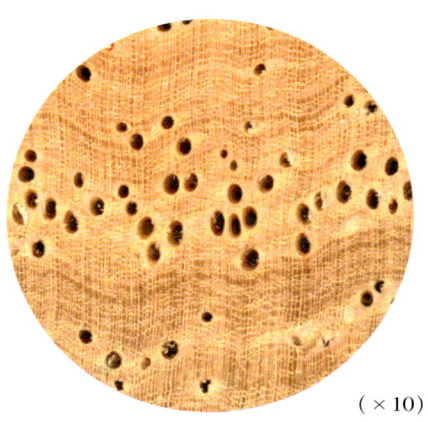

（×10）

- 宏观构造：散孔材。管孔肉眼下明显，少而略大；单管孔；具白色沉积物。轴向薄壁组织放大镜下明显，环管状，少数翼状及弦向线状，后者细而密集，排列均匀，与木射线构成网状。木射线放大镜下可见，密，甚窄。

- 横断面：心边材区别不明显。木材草黄色。边材易蓝变。生长轮略明显，略均匀。

- 板样

- 树皮：厚 1.5～2.0 cm，质较硬，不易剥离。外皮灰白色，略平滑。内皮浅黄色；疏松，手捏之易碎。

- 木材材性：具光泽。纹理深交错；结构略细；质重硬；强度高；干缩中。加工较难，切面光滑，油漆、胶黏性能好；难于钉钉，握钉力强。不耐腐。干燥稍慢，略翘曲和开裂。气干密度 0.72～0.88 g/cm³。

- 木材用途：适用于胶合板、家具、室内装修、地板、建筑用材，可代替黄杨木做木尺和绘图板等，但较黄杨木结构粗，密度小。

# 二 非洲地区
# Africa Region

# 洞果漆 *Antrocaryon* sp.
## ONZABILI

漆树科
*Anacardiaceae*

- **洞果漆属** *Antrocaryon*
- **木材名称**：洞果漆
- **地方名称**：Onzabili（加蓬），Akoua（科特迪瓦），Anguekong（赤道几内亚），Angonga、Bougongi（喀麦隆），Aprokuma、Purukuma、Etwi、Kuminimba（加纳），Ha okete（尼日利亚），Mugonogo [刚果（金）]，N'gongo [安哥拉、刚果（布）]，Mongongo（葡萄牙）。
- **不规范名称**：无
- **识别要点**：外皮表面灰黑至灰白；片状剥离后残留凹坑。内皮红褐色。轴向薄壁组织不见。轴向树胶道放大镜下可分辨。

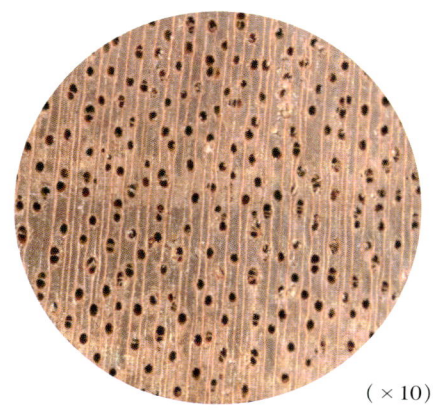

(×10)

- **宏观构造**：散孔材。管孔肉眼下可见，略少，大小中等；主为单管孔，少数径列复管孔（2～3个）。轴向薄壁组织放大镜下不见。木射线放大镜下明显，密度中，甚窄。

- **树木与分布**：大乔木，高约30 m，直径约1.0 m。本属8种，其中洞果漆 *A. klaineanum*、安氏洞果漆 *A. nannanii*、小星洞果漆 *A. micraster* 三种归为一类商品材。本属分布于西非各地，主要从加蓬、喀麦隆、赤道几内亚进口，较少见。

- **横断面**：心边材区别略明显。心材浅粉红色至浅褐色。边材浅黄白色。生长轮不明显。断面常见深色同心圆细线。

- **树皮**：厚1.0～1.5 cm，质松脆，易块状剥离。外皮表面灰黑至灰白；片状剥离后残留凹坑。内皮红褐色；韧皮纤维不发达。

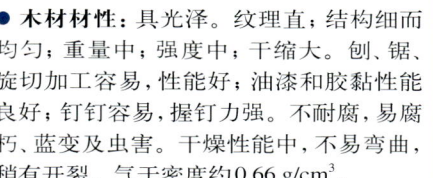

- **板样**

- **木材材性**：具光泽。纹理直；结构细而均匀；重量中；强度中；干缩大。刨、锯、旋切加工容易，性能好；油漆和胶黏性能良好；钉钉容易，握钉力强。不耐腐，易腐朽、蓝变及虫害。干燥性能中，不易弯曲，稍有开裂。气干密度约0.66 g/cm³。

- **木材用途**：适用于一般建筑、胶合板、刨切单板、室内装修、普通家具、普通包装箱、纸浆、玩具等。可以作为Okoume及Ilomba的替代品。

# 红木棉 *Rhodognaphalon brevicuspe*
## ALONE

木棉科
*Bombacaceae*

- 红木棉属 *Rhodognaphalon*
- 木材名称：红木棉
- 地方名称：Alone、Bouma（喀麦隆）、Ogumalanga（加蓬）、Bombax、Onyinakoben、Kuntunkuni（加纳）、Kondroti（科特迪瓦）、N'demo 刚果（布）、Kingue（利比里亚）、Meguza、Munguza（莫桑比克）、Mfume（坦桑尼亚）。
- 不规范名称：无
- 识别要点：材表呈棱条状。韧皮纤维丰富，用手捻之成片状。内皮石细胞丰富，呈层状排列。心材红褐色。弦面具波痕。木材质轻软，内含韧皮环状排列。

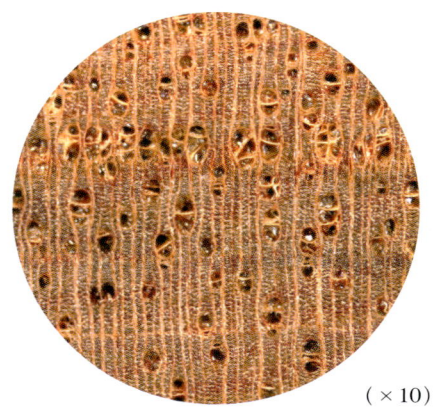

(×10)

- 宏观构造：散孔材。管孔肉眼下明显，少，略大；单管孔及径列复管孔（2～3个）；侵填体丰富。轴向薄壁组织放大镜下略见，离管细线状及环管状。木射线放大镜下可见，密度中，窄。

- 树木与分布：大乔木，高24～37 m，直径1.2～1.8 m。本属共7种，分布于西非至中非广大地区，该种主要从刚果、喀麦隆进口，量少。

- 横断面：心边材区别略明显。心材红褐色。边材色稍浅。生长轮略明显。

- 板样

- 树皮：厚2～3 cm。外皮灰白色至灰褐色，呈规则纵裂。内皮浅红褐色；韧皮纤维丰富，用手捻之成片状；石细胞丰富，呈层状排列。

- 木材材性：具光泽。纹理直至略交错；结构粗，略均匀；质轻软；强度低；干缩甚大。加工容易，但易起毛；胶黏、旋切性能好；钉钉容易，握钉力差。不耐腐。干燥性能好。气干密度约0.46 g/cm³。

- 木材用途：适用于胶合板、旋切单板、线条、细木工板、刨花板、普通家具、纤维板、包装箱、木模等。

# 奥克榄 *Aucoumea klaineana*
## OKOUME

橄榄科
*Burseraceae*

- **奥克榄属** *Aucoumea*
- **木材名称**：奥克榄
- **地方名称**：Okoume（法国），Combo Combo、Angouma、Moukoumi、N'koumi（加蓬），N'kumi [刚果（布）]，Okaka、azouga、Gaboon（英国），Mofoumou、Okume、N'goumi（赤道几内亚），Cambogala、Ozonga（西非）。
- **不规范名称**：非洲桃花心、加蓬榄、奥古曼
- **识别要点**：外皮灰褐色；易小片状脱落而残留浅凹坑。新鲜树皮刚剥落时，材表和皮底均呈红黄色。轴向薄壁组织不发达，放大镜下几乎不见。

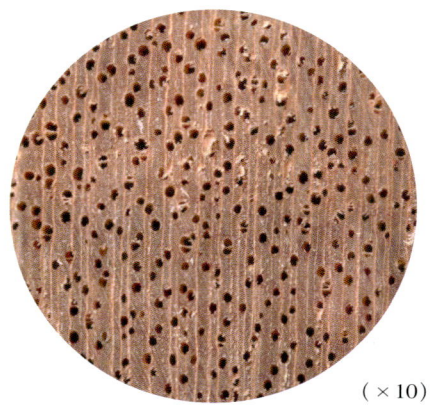

(×10)

- **宏观构造**：散孔材。管孔肉眼可见，略少，大小中等；主为单管孔，极少径列复管孔（2～3个）。轴向薄壁组织放大镜下几乎不见。木射线放大镜下明显，稀至中，窄。

- **树木与分布**：大乔木，高25～35 m，直径1.0～2.5 m，具大板根，有"非洲树木之王"之称。该属仅1种。分布于中非和西非。主要从加蓬、喀麦隆、赤道几内亚进口，是数量最大、最重要的西非胶合板用材。

- **横断面**：心边材区别略明显。心材橙红色至浅红褐色。边材灰白色，窄。生长轮不明显。

- **树皮**：厚0.5～0.8 cm，质较硬，易块状剥落。外皮灰褐色；易小片状脱落而残留浅凹坑；细点状皮孔密集。内皮深红褐色；纤维发达，易撕成长条。新鲜树皮刚剥落时，材表和皮底均呈红黄色。

- **木材材性**：光泽强。纹理直；结构细，均匀；重量轻；硬度软；强度低；干缩中。加工容易，含硅石，刀具易钝；单板刨切旋切性能佳；表面略起毛；胶黏性能良好；钉钉容易。略耐腐。干燥快，无缺陷。气干密度约0.48 g/cm³。

- **板样**

- **木材用途**：适用于旋切单板、胶合板、细木工制品、家具、木模、包装箱、轻型构件、乐器等。是最主要的胶合板旋切用材。

# 非洲橄榄 *Canarium schweinfurthii*
## AIELE

橄榄科
*Burseraceae*

- **橄榄属** *Canarium*
- **木材名称**：非洲橄榄
- **地方名称**：Aiele [科特迪瓦、刚果（金）、利比里亚]，African canarium（英国），Abeul、Ovili（加蓬），Abe（赤道几内亚），Abel（喀麦隆），Bediwunua、Kantankrui、Eyere、Kurutwe、Amonkyi（加纳），Papo、Elemi（尼日利亚），Mbidikala、Bidikala [刚果（金）]，Mwafu、Mupafu（乌干达），Mbili [刚果（布）、安哥拉]，Beri、Billi（塞拉利昂），Kedondong、Kembayu、Seladah、Ramy（西非）。
- **不规范名称**：黄桃木
- **识别要点**：外皮具明显的规则纵裂，窄长鳞片状翘曲，易脱落。弦切面具变幻带状光泽。材身常有许多小节和扭转纹。

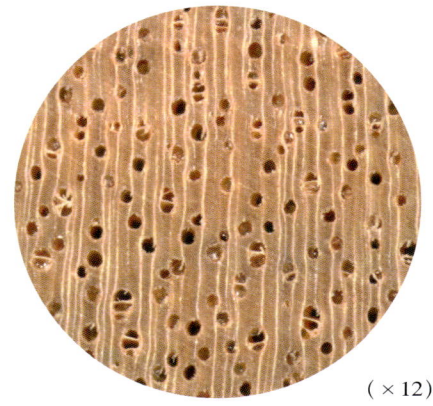

(×12)

- **宏观构造**：散孔材。管孔肉眼下明显，少，略大；单管孔及径列复管孔（2～3个）；具黄色沉积物。轴向薄壁组织放大镜下几不见。木射线放大镜下明显，稀至中，窄。

- **树木与分布**：大乔木，树干高30 m以上，胸径约1.2 m，具板根，大径级原木常有脆心。本属约100种，分布于亚洲、非洲热带地区及大洋洲北部，该种主要从非洲的利比里亚及加蓬进口，成批量。

- **横断面**：心边材区别略明显。心材浅黄褐或浅红褐色。边材色浅，宽约12 cm。生长轮明显。

- **板样**

- **树皮**：厚1.5～2.0 cm，质硬，易长条状脱落。外皮灰褐色；具明显的规则纵裂，窄长鳞片状翘曲，易脱落。内皮浅红褐色；韧皮纤维发达，层状；石细胞明显。

- **木材材性**：具光泽；新切面具香气。纹理交错；结构细，均匀；质轻软；强度中，干缩中。刨锯加工容易，含硅，易钝锯；胶黏、染色性能良好；握钉力强，钉前须先打孔。不耐腐。干燥慢，易变形和皱缩，翘曲和端裂严重。气干密度约0.53 g/cm³。

- **木材用途**：适用于旋切单板、刨切微薄木、胶合板芯板、家具、细木工、室内装修、地板、纸浆等。可替代Okoume用于单板生产。

# 中非蜡烛木 *Dacryodes buettneri*
## OZIGO

橄榄科
*Burseraceae*

- 蜡烛木属 *Dacryodes*
- 木材名称：蜡烛木
- 地方名称：Ozigo、Adjouaba、Ossabel、Igangaga、Assia（加蓬、喀麦隆、赤道几内亚），Mouguengueri [刚果（金）]，Safoukala [刚果（布）]。
- 不规范名称：奥吉古
- 识别要点：树皮有香醋味。新断面常见深色纤维层构成的同心圆细带。管孔中侵填体丰富。

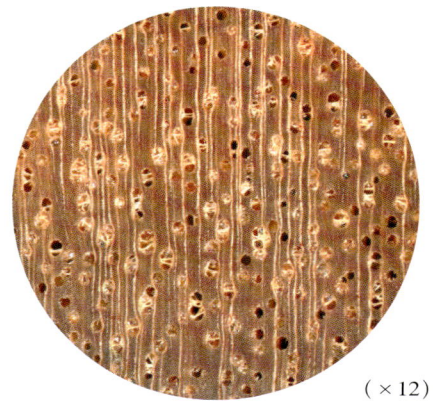

（×12）

- 宏观构造：散孔材。管孔放大镜下明显，略少，大小中等；主为单管孔，少数径列复管孔（2～3个）；侵填体丰富。轴向薄壁组织放大镜下不见。木射线放大镜下明显，密度中，窄。

- 树木与分布：大乔木，高25～40 m，直径可超过1.0 m。该属30种，分布于西非和中非。常从加蓬、刚果、喀麦隆、赤道几内亚等地区进口，数量大，是重要的胶合板用材。

- 横断面：心材与边材区别略明显。心材淡黄白色或浅黄褐色，常见深色同心圆细带，一般称作"矿物黑线"。边材灰白色。生长轮不明显。

- 树皮：厚0.5～1.0 cm，质硬，易大块剥离。外皮灰黄色；常翘曲，易小块剥落；具小圆点状皮孔。内皮红褐色。树皮有香醋味。材表常见密集浅沟槽。

- 木材材性：具光泽。纹理交错；结构细，均匀；重量中等；强度中；干缩大。加工容易，适宜单板旋切；含硅石，易钝锯；胶黏性能良好；钉钉容易。不耐腐，易青变和褐变。干燥速度中等，翘曲轻微，开裂较严重。气干密度0.59～0.65 g/cm³。

- 板样

- 木材用途：适用于旋切单板，但板面质量不及Okoume，还可用于胶合板、家具构件、地板、木箱、细木工制品等。可作为Okoume的替代品。

# 异毛蜡烛木 *Dacryodes heterotricha*
## SAFUKALA

橄榄科　*Burseraceae*

- **蜡烛木属** *Dacryodes*
- **木材名称**：蜡烛木
- **地方名称**：Safukala、Safoukala [刚果（布）]。
- **不规范名称**：无
- **识别要点**：外皮脱落后残留明显的凹坑。边材略带红褐色，很宽，约占断面一半。管孔内侵填体丰富。在蜡烛木属中属强度大，密度高的树种之一。

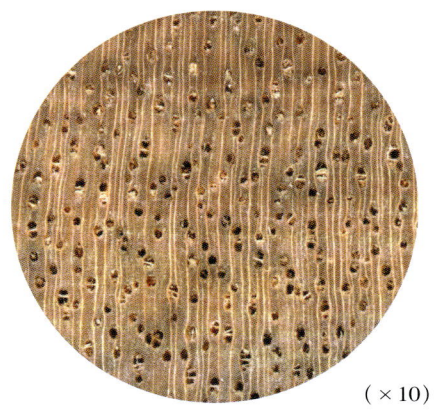

（×10）

- **宏观构造**：散孔材。管孔肉眼下可见，略少，大小中等；主为单管孔，少数径列复管孔（2～4个）；侵填体丰富；部分管孔含深色树胶。轴向薄壁组织放大镜下不见。木射线放大镜下可见，密度中，窄。

- **树木与分布**：大乔木，高达36 m，直径1.2～1.5 m。本属约30种，分布于西非和中非的雨林地区，该种常从刚果、赤道几内亚进口，较少见。

- **横断面**：心边材区别明显。心材灰黄色带微绿。边材略带红褐色，很宽，约占断面一半。生长轮不明显。

- **板样**

- **树皮**：厚1～2 cm，质地较硬脆，易折断，不易剥落。外皮表面灰褐至褐色，内层红褐色；外皮脱落后残留明显的凹坑。内皮浅褐色；韧皮纤维不发达；石细胞丰富，大颗粒状，层状分布于近外皮部位。

- **木材材性**：具光泽。纹理直或略交错；结构细，均匀；重量中等；强度高；干缩大。加工性能良好；胶黏、砂光、钉钉性能良好；含硅石，易钝锯。不耐腐。干燥常见开裂和翘曲。气干密度约0.75 g/cm³。

- **木材用途**：适用于旋切单板、胶合板、室内装修、车工制品、家具构件、车辆、造船、化工用木桶、包装箱等。

# 缅茄 *Afzelia* sp.
## DOUSSIE

苏木科
*Caesalpiniaceae*

- **缅茄属** *Afzelia*
- **木材名称**：缅茄木
- **地方名称**：Doussie（喀麦隆、法国、科特迪瓦），Afzelia（利比里亚、德国），Papao、Kpalaga、Kawo、Kukpalik（加纳），Apa、Aligna、Alinga（尼日利亚），Azodau、Lingue（塞内加尔、喀麦隆、科特迪瓦），M'banga（喀麦隆），Bolengu [刚果（金）]，N'kokongo [刚果（布）、安哥拉]，Uvala（安哥拉），Mussacossa、Chanfuta（莫桑比克、美国、葡萄牙），Mkora、Mkola、Mbembakofi（坦桑尼亚），Kpendei（塞拉利昂），Pauconta（几内亚比绍），Beyo、Meli、Azza（乌干达）。
- **不规范名称**：无
- **识别要点**：管孔内含有黄色染色成分，容易使湿的纤维着色。与印茄木 Merbau（*Intsia* sp.）相似。锯屑具有刺激性气味。材质重硬。

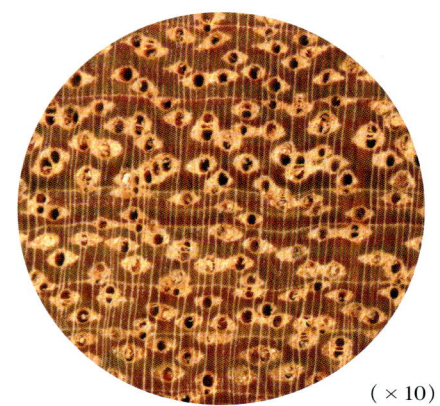

（×10）

- **宏观构造**：散孔材。管孔肉眼下可见，少，略大；主为单管孔，少数径列和斜列复管孔（2～4个）；具白色和黄色沉积物。轴向薄壁组织肉眼下可见，发达，翼状，聚翼状及轮界状。木射线放大镜下可见，略密，窄。

- **树木与分布**：大乔木，高可达30 m，直径多1.0 m以上。本属约30种，分布于西非、中非以及亚热带地区。主要从喀麦隆及刚果进口，量不多。

- **横断面**：心边材区分明显。心材褐色至红褐色。边材浅黄白色，较宽，2～5 cm。生长轮略明显。

- **板样**

- **树皮**：厚1～2 cm，质硬脆，易大块剥落。外皮灰黄褐色；小片状脱落，表面留有凹坑。内皮浅黄白色；石细胞发达。

- **木材材性**：具光泽。纹理交错；结构细，略均匀；质重硬；强度高；干缩小。加工略难，切面光滑；胶黏性能好，钉钉困难，宜先打孔。耐腐。耐酸性强。干燥性能好。气干密度约0.8 g/cm³。

- **木材用途**：适用于室外耐久性要求高的场合、重型建筑、港口建设、造船、高档家具、地板、高级细木工板、刨切单板、化工用木桶等。

# 鞋木 *Berlinia* sp.
## EBIARA

苏木科
*Caesalpiniaceae*

- **鞋木属** *Berlinia*
- **木材名称**：鞋木
- **地方名称**：Ebiara（加蓬、利比里亚），Abem、Essabem（喀麦隆），Tetekon-nini、Smanta、Wupa（加纳），Ekpogoi、Ekpogol（尼日利亚），Melegba、Pocouli（科特迪瓦、喀麦隆），M'possa [刚果（布）、刚果（金）、安哥拉]，Sarkpei（塞拉利昂），Berlinia（英国、德国），Obolo（加蓬），Gbordourt（利比里亚）
- **不规范名称**：玫瑰斑马木、红翅木、红玫瑰
- **识别要点**：边材宽，易腐朽变色。管孔内侵填体丰富。轴向薄壁组织发达，翼状、聚翼状及轮界状。径切面具有棕色条纹。

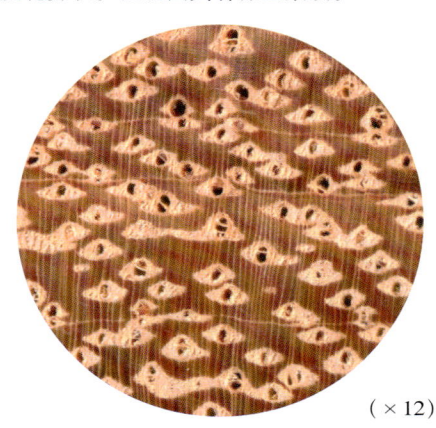

（×12）

- **宏观构造**：散孔材。管孔肉眼下明显，少而略大；主为单管孔，少数径列复管孔（2～3个）；含褐色树胶；侵填体丰富。轴向薄壁组织肉眼下明显，发达，翼状、聚翼状及轮界状。木射线放大镜下可见，略密，窄。

- **树木与分布**：大乔木，高30～36 m，直径0.9～1.2 m。本属15种，分布于西非至中非，主要从喀麦隆、刚果、加蓬进口，成批量。

- **横断面**：心边材区分明显。心材红褐色，具有深棕色或紫色条纹。边材灰白色略带粉红色，较宽，10～15 cm。生长轮不明显。

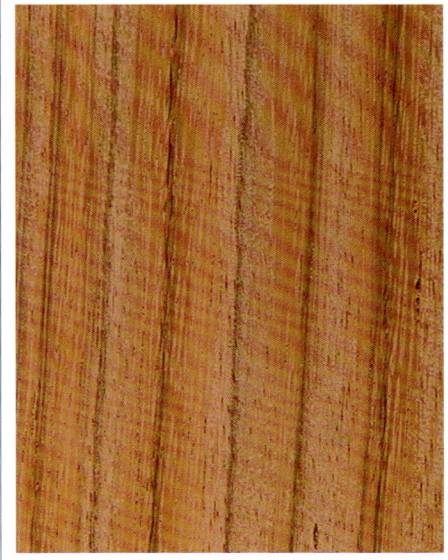

- **板样**

- **树皮**：厚0.5～1.0 cm，质地较硬，易大块状脱落。外皮灰褐至灰白色；表面较平滑。内皮黄褐色；韧皮纤维较发达；石细胞颗粒状，分布于近外皮部位。

- **木材材性**：具光泽。纹理直至略交错；结构中，略均匀；重量和硬度中等；强度高；干缩甚大。单板旋切刨切性能良好；握钉力强，须先打孔；胶黏性能良好。不耐腐。干燥慢，质量好。气干密度约0.72 g/cm³。

- **木材用途**：适用于工程结构、重型构件、建筑材料、细木工板、胶合板、高档家具、木线条、装饰单板、橱柜、车辆等。可替代栎木。

# 劳氏短盖豆 *Brachystegia laurentii*
## BOMANGA

苏木科
*Caesalpiniaceae*

- **短盖豆属** *Brachystegia*
- **木材名称**：软短盖豆
- **地方名称**：Bomanga、Bonghei［刚果（金）］, Yegna、Nzang（加蓬）, Leke、Ekop Leke（喀麦隆）, Arieua（法国）。
- **不规范名称**：黄玫瑰
- **识别要点**：心材暗褐色，具深浅相间带状条纹。边材宽。轴向薄壁组织环管状、短翼状、聚翼状及轮界状。材表及弦切面波痕明显。

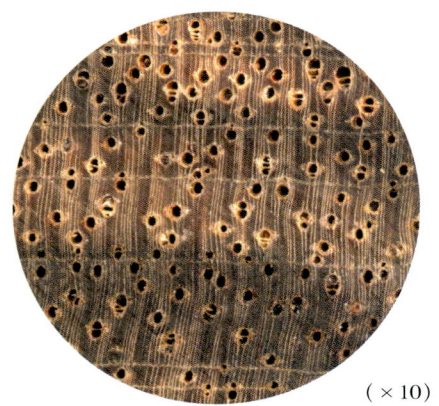

（×10）

- **宏观构造**：散孔材。管孔肉眼下明显，略少，大小中等；主为单管孔，少数径列复管孔（2～4个）；具沉积物或树胶。轴向薄壁组织肉眼下明显，短翼状、聚翼状、轮界状及环管状。木射线放大镜下可见，略密，甚窄。

- **树木与分布**：大乔木，高30～45 m，直径0.8～1.2 m。本属30种，分布于热带非洲，该种主要从喀麦隆及加蓬进口，量少。

- **横断面**：心边材区别明显。心材暗褐色，具黑色带状条纹。边材姜黄色，较宽，10～15 cm。生长轮略明显。

- **树皮**：厚0.5～1.0 cm，质硬脆，易折断，易长条状脱落。外皮灰褐色，小片状脱落。内皮红褐色；韧皮纤维发达。

- **板样**

- **木材材性**：具光泽。纹理直至略交错；结构细而匀；重量和强度中等；干缩中。刨锯、旋切加工容易；胶黏、钉钉、磨光性好。略耐腐。干燥慢，易开裂、翘曲、皱缩。气干密度约0.56 g/cm³。

- **木材用途**：适用于胶合板、旋切单板、室内装修、细木工板、家具、地板、楼梯、刨切薄木、包装箱、板条箱、化工用木桶等。

# 米氏短盖豆 *Brachystegia mildbraedii*
EVENE

苏木科
*Caesalpiniaceae*

- 短盖豆属 *Brachystegia*
- 木材名称：软短盖豆
- 地方名称：Evene、Ekop Evene（西非）。
- 不规范名称：黄玫瑰
- 识别要点：弦面和材表具波痕。边材很宽。木射线比劳氏短盖豆 Bomanga（*B. laurentii*）细，其余相同。

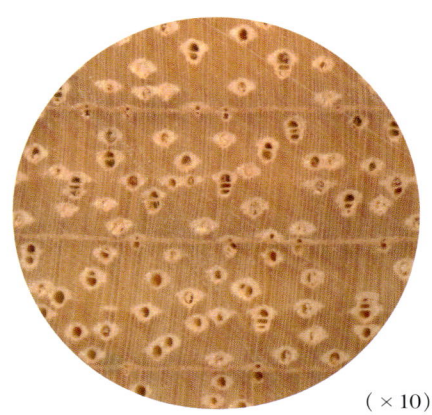

(×10)

- 宏观构造：散孔材。管孔肉眼下明显，少，大小中等；主为单管孔，少数径列复管孔（2～3个）；具沉积物。轴向薄壁组织肉眼下明显，环管束状、短翼状、聚翼状及轮界状。木射线放大镜略见，略密，甚窄。

- 树木与分布：大乔木，高达39 m，直径可达2 m，具板根。本属30种，分布于热带非洲，该种主要从喀麦隆、加蓬、赤道几内亚、刚果（金）、刚果（布）进口，量少。

- 横断面：心边材区别极明显。心材红褐色，具深色同心圆状细条纹。边材浅黄白色，宽，约20 cm。生长轮略明显。

- 板样

- 树皮：厚1～2 cm，质硬，较平滑，不易剥离。外皮灰黄褐色；密布圆形或卵圆形皮孔。内皮红褐色；韧皮纤维略发达；石细胞较发达，细砂粒状，近外皮部位分布。

- 木材材性：具光泽。纹理波状或交错；结构细；重量和强度中等；干缩大。易于机械加工、单板旋切和刨切；握钉良好，须先打孔；胶黏性能中等。不耐腐。干燥性能良好。气干密度约0.6 g/cm³。

- 木材用途：适用于房屋建筑、室内装修、地板、家具、护墙板、刨切单板、胶合板、食品包装等。

# 短盖豆 *Brachystegia* sp.
## NAGA

苏木科
*Caesalpiniaceae*

- **短盖豆属** *Brachystegia*
- **木材名称**：短盖豆
- **地方名称**：Naga（喀麦隆、利比里亚、法国），Meblo（科特迪瓦），Brachystegia（尼日利亚），Bogdei（塞拉利昂），Ekop naga（喀麦隆），Mendou（加蓬），Okwen（尼日利亚、英国），Tebako（利比里亚）。
- **不规范名称**：黄玫瑰、金丝木
- **识别要点**：外皮浅红褐色；硬，表面具有浅凹坑。内皮石细胞发达，层状，分布于近外皮部位。原木常具脆心。材表和弦面具波痕。本属许多种木材具深褐色条纹。

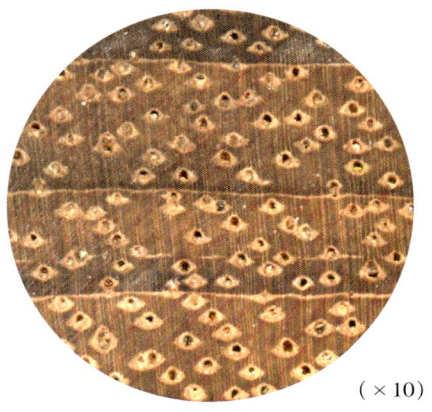

(×10)

- **宏观构造**：散孔材。管孔肉眼下可见，少，大小中等；主为单管孔，极少数径列复管孔（2个）；具褐色树胶。轴向薄壁组织肉眼下可见，环管束状、翼状、聚翼状及轮界状。木射线放大镜下略见，密，窄。

- **树木与分布**：大乔木，高达40 m，胸径最大可达2 m。本属30种，分布于西非地区。常从利比里亚进口，量较大。

- **横断面**：心边材区别明显。心材红褐色，具深褐色同心圆状细条纹；边材色浅，宽8～10 cm。生长轮略明显。

- **板样**

- **树皮**：厚2～3 cm，质硬，不易剥离。外皮浅红褐色；硬，表面具有浅凹坑。内皮红棕色；韧皮纤维发达，易分离成片状；石细胞发达，层状，分布于近外皮部位。

- **木材材性**：具光泽。纹理交错；结构细而匀；质略重硬；强度中等；干缩中。加工容易，切面光滑；胶黏性能中等；钉钉容易。略耐腐。干燥速度较慢，轻微变形，开裂严重。气干密度大于0.6 g/cm³。

- **木材用途**：适用于建筑构件、旋切单板、胶合板、地板、家具、室内装修等。

# 神圣香脂树 Copaifera religiosa
## N'TENE

苏木科 Caesalpiniaceae

- **香脂树属** *Copaifera*
- **木材名称**：香脂树
- **地方名称**：N'tene [刚果（布）], Anzem（加蓬）, Bengi [刚果（金）]。
- **不规范名称**：无
- **识别要点**：原木树皮与阿诺古夷苏木 Benzi（*Guibourtia arnoldiana*）相似。轴向薄壁组织环管状、带状及轮界状。带状薄壁组织中常含树胶道。管孔内深色树胶丰富。木材具淡香水味。

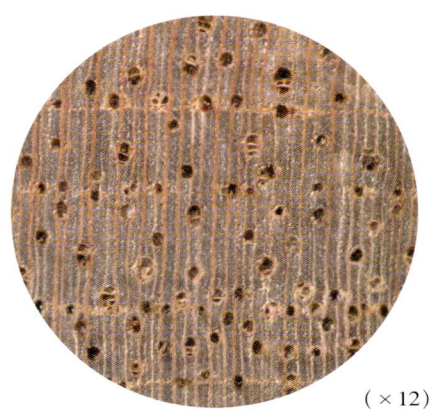

（×12）

- **宏观构造**：散孔材。管孔肉眼下明显，略少，大小中等；主为单管孔，少数径列复管孔（2～3个）；深色树胶丰富。轴向薄壁组织放大镜下明显，环管状、带状及轮界状。木射线肉眼下明显，密度中，略宽。

- **树木与分布**：大乔木，高达 43 m，直径达 2.0 m。端面常有深色树胶渗出。本属25种，分布于热带美洲和非洲，非洲有5种，该种主要从刚果（金）、刚果（布）及喀麦隆进口，量不多。

- **横断面**：心边材区别明显。心材红褐色，久则呈褐色。边材黄白色，宽10～12 cm。生长轮不明显。

- **板样**

- **树皮**：厚0.5～1.0 cm，质极硬，表面平滑，易长条状或大块状脱落。外皮表面深紫红褐色；具细小裂纹。内皮红褐色；韧皮纤维较发达。

- **木材材性**：具淡香水味。纹理直至略交错；结构中而均匀；重量中；强度中；干缩中。加工容易，适宜单板旋切和刨切；胶黏性能良好。不耐腐，易蓝变。干燥快，略有变形和开裂。气干密度 0.7～0.78 g/cm³。

- **木材用途**：适用于家具、单板、胶合板、包装箱、轻型结构、家庭装潢、纸浆、玩具等。可作为胡桃木 Walnut 的代用品。

# 西非香脂树 *Copaifera salikounda*
## ETIMOE

苏木科
*Caesalpiniaceae*

- **香脂树属** *Copaifera*
- **木材名称**：香脂树
- **地方名称**：Etimoe（科特迪瓦、利比里亚）、Olumi、Anzem、Andem-Evine（加蓬）、Ohwendua、Entedua（加纳）、Allihia、Nomatou（科特迪瓦）、Buini、Gum copal（塞拉利昂）、Ovblaleke（尼日利亚）、Bofelele [刚果（金）]。
- **不规范名称**：无
- **识别要点**：边材很宽。端面有黑色树胶圈。翼状轴向薄壁组织的翼较细长，并具有星散状。带状薄壁组织中有时含树胶道。木材带油性，常见深色树胶条纹。

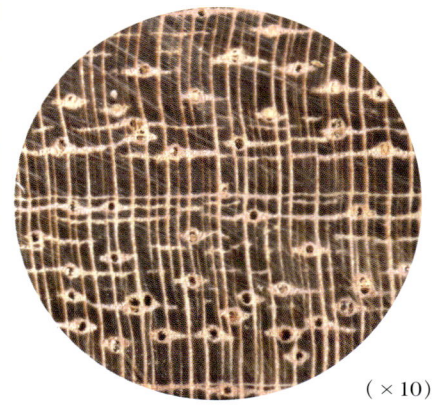

( ×10 )

- **宏观构造**：散孔材。管孔肉眼下可见，少，大小中等；主为单管孔，少数径列复管孔（2～3个）；含深色树胶。轴向薄壁组织肉眼下可见，发达，环管状、长翼状、聚翼状、星散状及细带状。带状薄壁组织中有时含树胶道。木射线肉眼下明显，略密，略宽。

- **树木与分布**：大乔木，高达40 m，直径约1.2 m，原木端面常有黑色树胶渗出。本属25种，分布于热带美洲和非洲，非洲有5种，主要从利比里亚及喀麦隆进口，成批量。

- **横断面**：心边材区别明显。心材红褐色，常具深色树胶条纹。边材色浅，红白色，很宽，约20 cm。生长轮略明显。

- **树皮**：厚0.5～1.0 cm，有韧性，易长条状脱落。外皮表面灰褐至灰白色。内皮浅红褐色至深红褐色；韧皮纤维较发达。

- **板样**

- **木材材性**：具光泽；有油性。纹理直至略交错；结构细而匀；质重硬；强度高；干缩大。机械加工容易，切面光滑；胶黏性能良好；钉钉容易。略耐腐。干燥不难。气干密度约0.78 g/cm³。

- **木材用途**：适用于旋切单板、刨切薄木、胶合板、房屋建筑、地板、造船、细木工制品、枕木、矿柱、运动器材等。

# 假凤梨喃喃果 *Cynometra ananta*
## APOME

苏木科
*Caesalpiniaceae*

- **喃喃果属** *Cynometra*
- **木材名称**：喃喃果木
- **地方名称**：Apome、Dah（利比里亚）、Ekop-nganga、Nkokom（喀麦隆）、Balaka、Wehu、Utuna［刚果（金）］、Angu（比利时）、Kekatong。
- **不规范名称**：无
- **识别要点**：内皮紫红色。心材暗红褐色，并具黑色同心圆状细条纹。轴向薄壁组织翼状、聚翼状及带状明显。弦面具波痕。

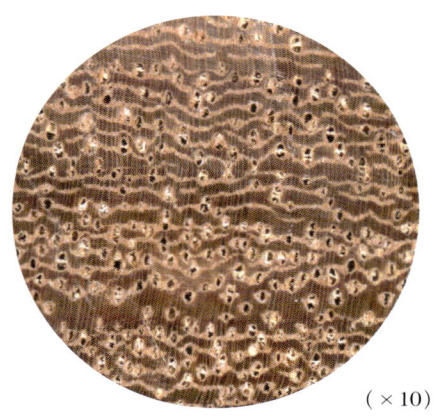

（×10）

- **树木与分布**：大乔木；高约30 m，直径1.0 m以上。该属60种，分布于世界热带地区，该种主要从非洲的利比里亚进口，成批量。

- **宏观构造**：散孔材。管孔放大镜下明显，略少，略小；主为单管孔，少数径列复管孔（2～3个）；具树胶；侵填体丰富。轴向薄壁组织肉眼下可见，发达、翼状、聚翼状、傍管及离管带状。木射线放大镜下略见，密，甚窄。

- **横断面**：心边材区别极明显。心材暗红褐色，具黑色同心圆状细条纹。边材粉红褐色或浅黄白色，较宽，5～8 cm。生长轮明显。

- **板样**

- **树皮**：厚1.0～1.5 cm，质硬，不易剥离。外皮红棕色，略带灰白色；具较深的纵裂纹，较粗糙。近材表部位韧皮纤维发达，近外皮部位木质化。材表常残留内皮纤维。

- **木材材性**：具光泽。纹理略交错；结构细；质重硬；强度高；干缩大。加工困难，锯齿易钝；胶黏、握钉和刨光性能佳，钉钉应先打孔。很耐腐。接触钢铁时易变色。干燥慢，略开裂。气干密度大于0.9 g/cm³。

- **木材用途**：适用于重型构件和建筑材料、枕木、码头、海底打桩、重载地板、木模、造船、运动器材、农业机械、车工制品等。

# 西非苏木 *Daniellia* sp.
## FARO

苏木科
*Caesalpiniaceae*

- **西非苏木属** *Daniellia*
- **木材名称**：西非苏木
- **地方名称**：Faro、Fara（科特迪瓦），Olengue pau incenso、Sandan、Ogea（英国），Lonlaviol（加蓬），Sinfa ndola［刚果（布）］，Gbessi（塞拉利昂），Oziya（尼日利亚），N'su（赤道几内亚），Nsou（喀麦隆），Hyedua、Eyele、Shedua、Ehyedua（加纳），Bolengu［刚果（金）］，Daniellia（德国），Blaang、Copal、Gum copal（利比里亚）。
- **不规范名称**：法罗
- **识别要点**：树皮折断面具明显的布格纹。材表和弦面波痕明显。轴向薄壁组织环管束状及轮界状，常与轴向树胶道混合。

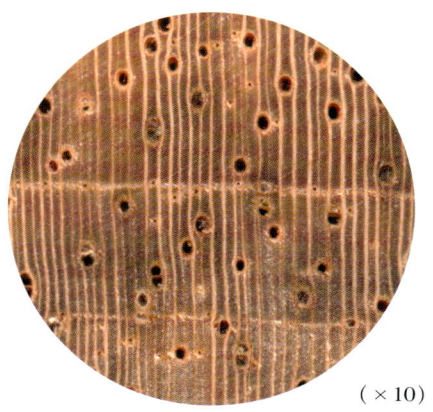

（×10）

- **宏观构造**：散孔材。管孔肉眼下明显，少，略大；主为单管孔，极少数为径列复管孔（2～3个）；具褐色树胶和沉积物。轴向薄壁组织肉眼下可见，环管束状及轮界状，常与轴向树胶道混合。木射线肉眼下可见，密度中等，略宽。

- **树木与分布**：大乔木，高可达46 m，直径1.2～2.0 m；断面边材部位常有黑色树胶渗出。本属11种，分布于热带西非，常从喀麦隆及赤道几内亚进口，量不多。

- **横断面**：心边材区别明显。心材浅红至红褐色，带绿褐色细条纹。边材浅黄色或浅黄白色，宽10～18 cm，易腐朽变色。生长轮明显。

- **树皮**：厚0.5～1.5 cm，质硬脆，平滑，不易剥离，折断面具明显的布格纹。外皮灰白色略带褐色，极薄。内皮红褐色；石细胞发达，大颗粒状及层状。

- **木材材性**：光泽强。纹理浅交错；结构略粗；重量轻至中；强度低至中；干缩略大。加工容易，刨面光滑，旋切单板表面易起毛；油漆、胶黏、钉钉性能均佳。不耐腐，不抗白蚁。干燥快，略有轻微翘曲和皱缩。气干密度0.50～0.57 g/cm³。

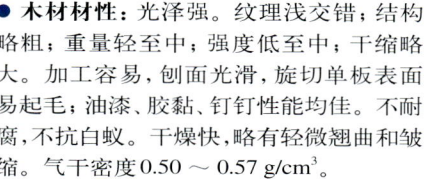
- **板样**

- **木材用途**：适用于胶合板的芯板、细木工、家具构件、室内装修、轻型结构、模具、中密度板、包装箱、车工制品等。有时可代替针叶木使用。

# 大果荚髓苏木 *Detarium macrocarpum*
ENUK

苏木科
*Caesalpiniaceae*

- **荚髓苏木属** *Detarium*
- **木材名称**：荚髓苏木
- **地方名称**：Enuk、Allen（赤道几内亚），Amouk（喀麦隆），Enouk、Aboranzorki（加蓬）。
- **不规范名称**：无
- **识别要点**：原木断面常见黑色树胶。轴向薄壁组织带状明显且间距小，不均匀。该原木一般比荚髓苏木 *D. senegalense* 大。木材红褐色，具深色同心圆状条纹。

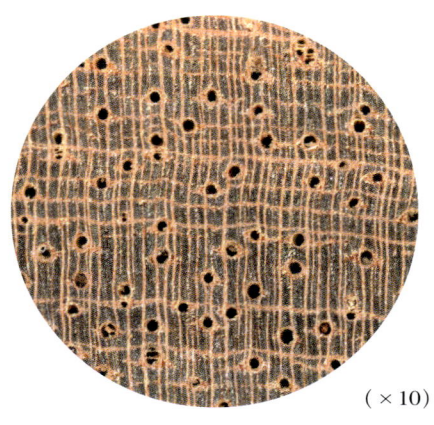

（×10）

- **宏观构造**：散孔材。管孔肉眼下明显，略少，略大；主为单管孔，少数径列复管孔（2～3个）；含黑色树胶。轴向薄壁组织肉眼下可见，发达，带状（间距小，不均匀）、环管束状及翼状（翼很短）。木射线放大镜下明显，略密，窄。

- **树木与分布**：大乔木，高可达35 m，直径达4.0 m。原木断面常见黑色树胶。本属4种，主要分布于加蓬、喀麦隆、赤道几内亚等地，不常见。

- **横断面**：心边材区别明显。心材红褐色，具深色同心圆状条纹。边材浅灰黄色，很宽，约25 cm。生长轮略明显。常具脆心。

- **板样**

- **树皮**：厚1.0～2.0 cm，质硬脆，不易剥离。外皮黑褐色；鳞片状剥落，具龟裂纹。内皮红褐色至黄白色；韧皮纤维较发达；石细胞大颗粒状及层片状，分布于近外皮部位。

- **木材材性**：具光泽；有特殊香气。纹理直至略交错；结构细而匀；重量和强度中等；干缩甚大。加工容易，刨切性能好；握钉和胶黏性好。耐腐性强。抗白蚁。干燥易慢，略有面裂和变形倾向。气干密度约0.7 g/cm³。

- **木材用途**：适用于房屋建筑、高档家具、室内装修、地板、刨切单板、造船、车辆、胶合板、包装箱、木线条等。可作为爱里古夷苏木 Ovengkol（*Guibourtia ehie*）及胡桃木 Walnut（*Juglans nigra*）的替代品。

# 荚髓苏木 *Detarium senegalense*
## MAMBODE

苏木科
*Caesalpiniaceae*

- **荚髓苏木属** *Detarium*
- **木材名称**：荚髓苏木
- **地方名称**：Mambode（几内亚比绍、喀麦隆）、Kpuyai（塞拉利昂）、Bodo、Boire（科特迪瓦）、Tambacoumba（苏丹）。
- **不规范名称**：黑玫瑰
- **识别要点**：材表具波痕。轴向薄壁组织与大果荚髓苏木 Enuk（*D. macrocarpum*）比，细线状的要少，间距大，但翼状的特征要明显得多。性质和用途与大果荚髓苏木相同。

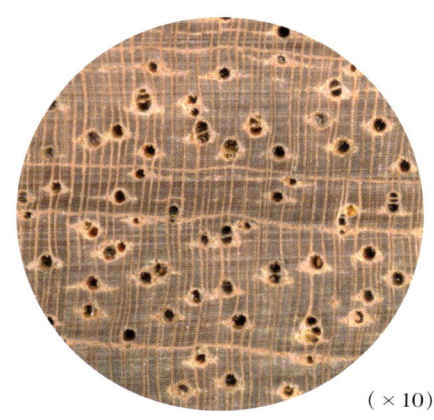

（×10）

- **宏观构造**：散孔材。管孔肉眼下明显，少，略大；主为单管孔，少数径列复管孔（2～3个）；具深褐色树胶和浅黄色沉积物。轴向薄壁组织肉眼下可见，短翼状、环管束状、离管细线状。木射线放大镜下明显，密度中，窄。

- **树木与分布**：大乔木，高达 36 m，直径可达 4.0 m。端面多见环状树脂胶，黑褐色。本属4种，分布于热带非洲。该种主要从喀麦隆及加蓬进口，量少。

- **横断面**：心边材区别极明显。心材暗红褐色，略具深色条纹。边材浅灰黄色或浅黄白色，很宽，约22 cm。生长轮略明显。

- **板样**

- **树皮**：厚约1 cm，质硬，不易剥离。外皮灰褐色；具龟裂纹；鳞片状剥落。内皮红褐色；韧皮纤维较发达；石细胞层状，大颗粒，近外皮部位分布。

- **木材材性**：具光泽；有略愉快气味。纹理直或略交错；结构细而匀；重量、强度中；干缩甚大。加工容易，刨切性能好；胶黏性好；握钉力强，宜先打孔。耐腐，抗白蚁。干燥性能好，缺陷少。气干密度约 0.74 g/cm³。

- **木材用途**：适用于房屋建筑、高档家具、室内装修、地板、刨切单板、胶合板、造船、包装箱、板条箱等。

# 代德苏木 *Didelotia* sp.
## DIDELOTIA

苏木科
*Caesalpiniaceae*

- **代德苏木属** *Didelotia*
- **木材名称**：代德苏木
- **地方名称**：Didelotia、Toubaouat（西非），Bondu、Sapo、Did（利比里亚），Ekop zing、Ekop gombe、Broutou（喀麦隆）。
- **不规范名称**：地达木
- **识别要点**：年轮交界处有墨绿色条纹。轴向薄壁组织的翼很短，接近于环管束状。木射线密、窄，远小于孔径。

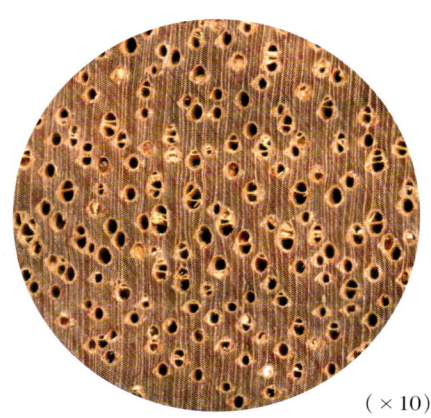

（×10）

- **宏观构造**：散孔材。管孔肉眼下明显，少，略大；单管孔及径列复管孔（2～3个）；具浅黄褐色沉积物。轴向薄壁组织放大镜下明显，略发达，短翼状，少数聚翼状，偶见不规则细带状。木射线放大镜下可见，密，甚窄，远小于孔径。

- **树木与分布**：大乔木，高可达 55 m，直径 1.2～1.5 m。本属 7 种，主要分布于西非热带雨林地区，常从利比里亚进口，成批量。

- **横断面**：心边材区别略明显，轮界处有墨绿色条纹。心材浅红至浅红褐色，且略带墨绿色同心圆条纹。边材浅褐色稍带玫瑰色，宽 5～7 cm。生长轮不明显。

- **板样**

- **树皮**：厚 0.5～1.0 cm，质硬，易大块剥离。外皮浅土黄色；平滑；质地硬。内皮浅红棕色；韧皮纤维发达，易撕成短片状；石细胞颗粒状，均匀分布。

- **木材材性**：具光泽。纹理直；结构粗，均匀；重量中至重；强度中；干缩中。旋切和刨切性能良好，切面光滑；胶黏性好。略耐腐，易遭白蚁侵蚀。干燥宜慢，易端裂和纵裂。气干密度大于 0.6 g/cm³。

- **木材用途**：适用于家具、细木工板的芯板、胶合板、旋切单板、碎料板、刨切薄木、室内装修、车工制品等。

# 两蕊苏木 *Distemonanthus benthamianus*
## MOVINGUI

苏木科
*Caesalpiniaceae*

- **两蕊苏木属** *Distemonanthus*
- **木材名称：**两蕊苏木
- **地方名称：**Movingui（加蓬、喀麦隆），Muvenghi、Ogueminya（加蓬），Eyen（喀麦隆、赤道几内亚、西班牙），Movingul［刚果（布）］，Ayan、Anyaran、Edo（尼日利亚），Duabeyie、Kutreamfo、Ehoromfia、Bonsamdua、Duabai（加纳），Gwadau（利比里亚），Barre（科特迪瓦），Distemonanthus（英国）。
- **不规范名称：**黄芸香
- **识别要点：**内皮红褐色，斜削面呈红白相间花纹。材表及弦面波痕明显。有部分翼状的轴向薄壁组织两翼长短不对称。材面可见带状薄壁组织构成的深色条状花纹。木材有黄色浸出物。

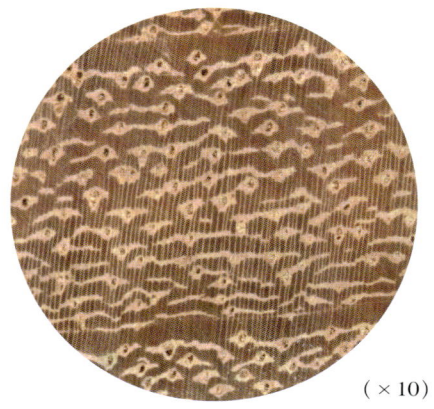

（×10）

- **宏观构造：**散孔材。管孔放大镜下明显，少而略小；主为单管孔，少数径列复管孔（2～3个）；具深色树胶和沉积物。轴向薄壁组织肉眼下明显，发达，翼状（有部分两翼长短不对称）、聚翼状、离管短细带状。木射线放大镜下明显，略稀，略窄。

- **树木与分布：**大乔木，高达30 m以上，但胸径很少超过0.75 m；有脆心。本属仅1种，主要分布于西非至中非热带雨林。常从喀麦隆、刚果（金）、刚果（布）、加蓬等地区进口，量不太多。

- **横断面：**心边材区分略明显。心材浅黄或黄褐色，微具条纹。边材浅黄白色，宽2 cm。生长轮不明显。

- **树皮：**厚0.5～1.0 cm，质地脆硬，易块状剥落。外皮灰褐色至灰白色；剥落后残留凹坑。内皮红褐色，斜削面呈红白相间花纹；石细胞发达，层状排列。

- **木材材性：**具光泽。纹理交错；结构细而均匀；重量、硬度、强度及干缩中等。加工容易，易钝锯；易于钉钉，握钉力强；胶黏性好。略耐腐。具有抗酸性。干燥慢，干燥性能良好。气干密度约0.72 g/cm³。

- **板样**

- **木材用途：**适用于家具、细木工、旋切单板、胶合板、地板、楼梯、化工木桶、造船、冷藏绝缘材料等。

# 格木 *Erythrophleum* sp.
## TALI

苏木科
*Caesalpiniaceae*

- **格木属** *Erythrophleum*
- **木材名称**：格木
- **地方名称**：Tali [科特迪瓦、刚果（布）、利比里亚、喀麦隆]，Missanda（莫桑比克、英国）、Elone、Eloun（加蓬、喀麦隆），Alu、Alui（科特迪瓦），Gogbei（塞拉利昂），Mancone（几内亚比绍），Potrodum（加纳），Erun、Sasswood（尼日利亚），Elondo（赤道几内亚），N'kasa [刚果（布）]，Kassa [刚果（金）]，Mwavi（坦桑尼亚），Muave（赞比亚），Lim、Limxank、Lin。
- **不规范名称**：非洲菠萝格、塔利
- **识别要点**：树皮具浅凹坑，略似古夷苏木 Kevazingo（*Guibourtia* sp.）。内皮深棕褐色；石细胞发达，大颗粒及层状排列。材表及皮底具波痕。翼状薄壁组织明显。材质甚重硬。

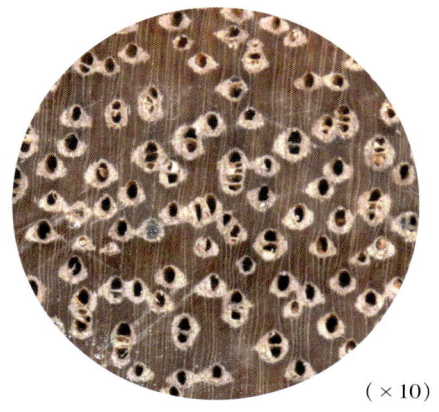

(×10)

- **宏观构造**：散孔材。管孔肉眼下明显，少而略大；主为单管孔，少数径列复管孔（2～5个，多2～3个）；含少量树胶和沉积物。轴向薄壁组织肉眼下可见，发达，短翼状、聚翼状、环管束状。木射线放大镜下略见，略密，甚窄，远比孔径小。

- **树木与分布**：大乔木，高28～40 m，胸径1～2 m，具板根。种子和树皮对人体有毒。本属17种，分布于非洲、亚洲东部和大洋洲北部。常从喀麦隆、加蓬、刚果（金）、刚果（布）等地区进口，成批量。

- **横断面**：心边材区别明显。心材黄褐色至红褐色，具深色同心圆状条纹。边材浅黄色；宽2～5 cm。生长轮不明显。

- **树皮**：厚1.0～2.0 cm，质硬脆，易块状脱落。外皮灰褐色；略粗糙，具明显凹坑。内皮深棕褐色；石细胞发达，大颗粒及层状排列，分布于近外皮部位。

- **木材材性**：光泽强。纹理交错；结构中；甚重硬；强度高；干缩甚大。锯困难，易钝锯；锯屑能刺激鼻喉；砂光、车旋、胶黏性能好。很耐腐，抗白蚁。干燥慢，易翘曲和开裂。气干密度为0.9～1.1 g/cm³。

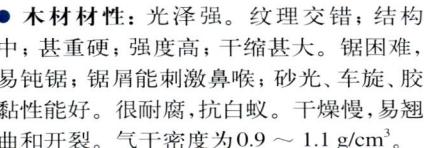

- **板样**

- **木材用途**：适用于重型建筑、耐久性用材、桥梁、港口和码头用材、枕木、重载地板、车辆、渔船、工具柄等。

# 大瓣苏木 *Gilbertiodendron* sp.
## LIMBALI

苏木科
*Caesalpiniaceae*

- **大瓣苏木属** *Gilbertiodendron*
- **木材名称**：大瓣苏木
- **地方名称**：Limbali、Ditshipi、Ligudu[刚果（金）]、Ekobem（喀麦隆）、Ekpagoieze（尼日利亚）、Vaa（科特迪瓦）、Sehmeh（利比里亚）、Abeum grandes feuilles（加蓬）、Molapa（中菲）、Kifusa、Medjilaba、Kotoprepre。
- **不规范名称**：红桉木
- **识别要点**：树皮中石细胞呈大颗粒状。管孔少而略大。轴向薄壁组织主为短翼状。材质重硬。

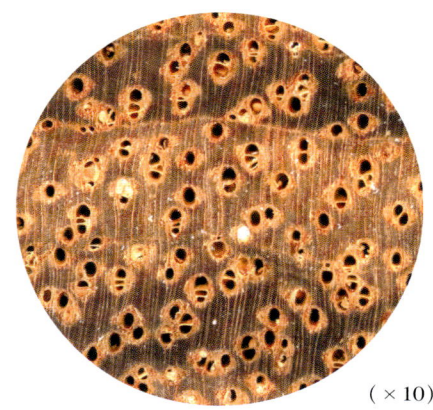

(×10)

- **宏观构造**：散孔材。管孔肉眼下明显，少，略大；单管孔及径列复管孔（2～3个）；具深色树胶及浅色沉积物。轴向薄壁组织肉眼下可见，短翼状及聚翼状，偶见轮界状。木射线放大镜下略见，密，甚窄。

- **树木与分布**：大乔木，高18～36 m，胸径1～2 m。本属约25种，分布于热带西非和中非，该种主要从利比里亚和喀麦隆进口，成批量。

- **横断面**：心边材区别明显。心材红褐色，具深色同心圆状条纹。边材色浅，浅黄褐色，宽5 cm左右。生长轮不明显。

- **板样**

- **树皮**：厚0.8～1.2 cm，质硬脆，易长条状剥落。外皮较平滑；黄褐色。内皮浅红褐色；韧皮纤维略发达；石细胞大颗粒状。

- **木材材性**：具光泽。纹理直；结构细而均匀；材质中至重硬；强度高；干缩甚大。易加工，但因含硅石，易钝锯，刨面光滑；油漆、胶黏性能好；握钉力强。耐腐。干燥慢，易开裂，略变形。气干密度0.7～0.8 g/cm³。

- **木材用途**：适用于地板、家具、房屋建筑、车辆、农业用具、细木工板、旋切单板、船舶甲板、枕木、车旋材等。可作为绿柄桑Iroko（*Chlorophora* sp.）、柚木Teak（*Tectona grandis*）的替代品。

# 香脂苏木 *Gossweilerodendron balsamiferum*
## AGBA

苏木科
*Caesalpiniaceae*

- **香脂苏木属** *Gossweilerodendron*
- **木材名称**：香脂苏木
- **地方名称**：Agba（德国、英国、意大利）, Sinedon（喀麦隆）, Emolo（加蓬）, Achi、Egba、Emongi（尼日利亚）, Tola Blanc [刚果（布）], Tola Branca、Moboron、White tola（安哥拉）, N'tola、Mutsek-kamambole [刚果（金）], Tola（法国、喀麦隆）。
- **不规范名称**：无
- **识别要点**：外皮具规则的纵裂。树胶发达，边材部位常见深褐色的树胶圈。木材具松脂香味。弦切面具抛物线花纹。木材胞间道散生或弦列，在横断面和纵切面可分辨。

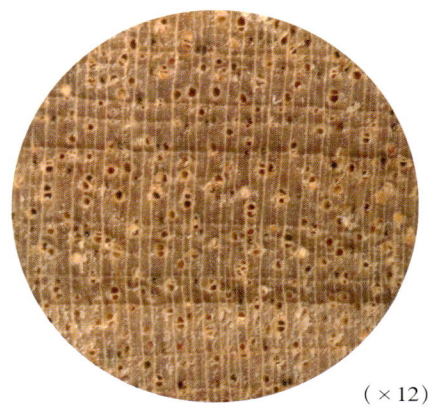

(×12)

- **宏观构造**：散孔材。管孔放大镜下明显，略少，大小中等；主为单管孔，少数径列复管孔（2～3个）；具树胶和浅黄色沉积物。轴向薄壁组织放大镜下明显，环管状、翼状、聚翼状及轮界状。木射线放大镜下明显，稀而窄。

- **树木与分布**：大乔木，高30 m以上，直径1.5～2.0 m。原木端面容易开裂，常有深褐色树胶渗出，在边材部位能形成树胶圈。材身具浅沟槽。该属仅1种，分布于热带非洲，常从喀麦隆、刚果、加蓬进口，量不多。

- **横断面**：心边材区别明显。心材浅黄棕色或黄褐色，略具深色同心圆状条纹。边材色浅，黄白色，宽8～10 cm。生长轮不明显。

- **板样**

- **树皮**：厚约2 cm，质硬脆，易折断，易长条状脱落。外皮表面浅灰褐色；规则纵裂，外皮内层深紫褐色。内皮浅红褐色；韧皮纤维发达。

- **木材材性**：光泽强；具松脂香味和油性。纹理直至交错；结构细而匀；质轻软；强度低；干缩小。易加工，树脂多，易塞锯；切面光滑；胶黏和钉钉性能好。耐腐，很抗白蚁。干燥快，无缺陷。气干密度约0.48 g/cm³。

- **木材用途**：用途广，主要适用于家具、细木工制品、室内装修、地板、旋切单板、胶合板、玩具、船舶桅杆、木模型等。

# 阿诺古夷苏木 *Guibourtia arnoldiana*
**BENZI**

苏木科
*Caesalpiniaceae*

- **古夷苏木属** *Guibourtia*
- **木材名称**：阿诺古夷苏木
- **地方名称**：Benzi [喀麦隆、刚果（布）], Kouan、Ogbon-eli（喀麦隆）、Mutenye、Mbenge、Benge [刚果（金）]、M'beng、Bengi、Mutene、Libenge、Tungi [刚果（布）]、M'penze（安哥拉），Olive Walnut（英国）。
- **不规范名称**：非洲黑胡桃
- **识别要点**：内皮紫褐色，坚韧，具细纵裂。断面的同心圆条纹较致密。管孔略小。具轮界状薄壁组织。径面板具黑条纹。

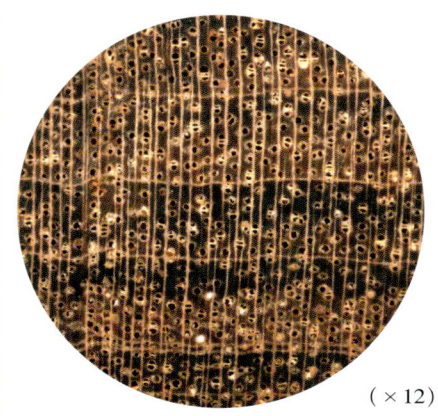

(×12)

- **宏观构造**：散孔材。管孔放大镜下明显，略少，略小；主为单管孔，少数径列复管孔（2～3个）；具浅褐色树胶和白色沉积物。轴向薄壁组织放大镜下明显，轮界状、环带状、短翼状及聚翼状。木射线放大镜下明显，密度中，窄。

- **树木与分布**：大乔木，高20～25 m，直径约1.0 m；常具板根。本属15种，非洲11种，主要分布于西非和中非。该种常从刚果及喀麦隆等地区进口，小批量。

- **横断面**：心边材区别明显。心材黄褐色至浅褐色，略带灰色，具较致密的黑褐色同心圆状细条纹。边材灰黄白色，窄。生长轮略明显，常界以轮界状薄壁组织。

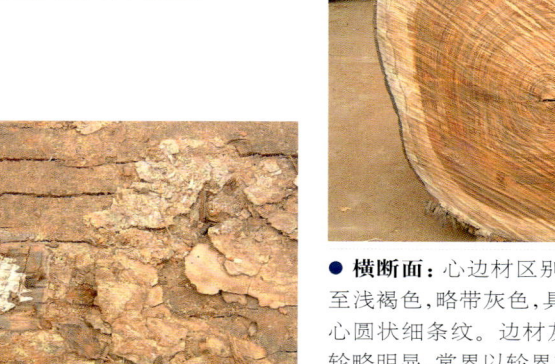

- **板样**

- **树皮**：厚0.5～1.0 cm，质硬，易条块状剥离。外皮灰黄褐色；薄；小片状脱落。内皮紫褐色；具细纵裂；韧皮纤维略发达，有韧性。

- **木材材性**：具光泽；有油性。纹理直；结构细而匀；质重硬；强度高；干缩甚大。加工性能良好，热处理后旋切质量高；砂光、握钉、胶黏性能好。略耐腐。干燥速度中等，略有翘曲和开裂。气干密度约0.8 g/cm³。

- **木材用途**：适用于旋切单板、胶合板、刨切微薄木、细木工板、室内装修、家具构件、承重地板、木模、车工制品等。可作为黑胡桃木的替代品用于单板加工。

# 爱里古夷苏木 *Guibourtia ehie*
## OVENGKOL

苏木科
*Caesalpiniaceae*

- **古夷苏木属** *Guibourtia*
- **木材名称**：爱里古夷苏木
- **地方名称**：Ovengkol、Ovangkol（加蓬）、Ehie、Bubinga、Anokye、Hyedua、Hyeduanini（加纳）、Amazakoue、Amazoue、Whimawe（科特迪瓦、利比里亚）、Palissandro（赤道几内亚）、Black Hyedua（加纳、尼日利亚）、Osun（尼日利亚）、Klsese、Ngula [刚果（金）、刚果（布）]、Daniela（意大利）、Mozambique（美国）。
- **不规范名称**：黑檀、非洲柚木
- **识别要点**：外皮平滑；灰褐至浅灰黄色；易小薄片状脱落。弦切面具有美丽的黑色"山形"条纹。管孔内含深色树胶和米黄色沉积物。木材重硬。

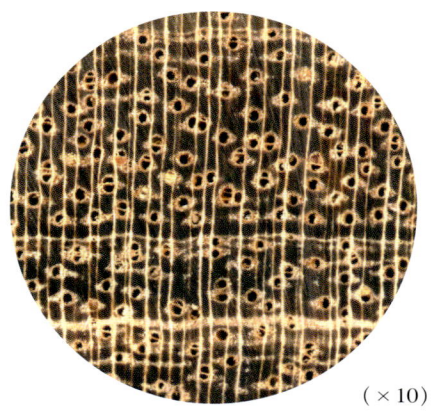

(×10)

- **宏观构造**：散孔材。管孔肉眼下可见，略少，略大；主为单管孔，少数径列复管孔（2～3个）；含深色树胶和米黄色沉积物。轴向薄壁组织肉眼下可见，发达，翼状、聚翼状和轮界状。木射线肉眼下可见，密度中等，略宽。

- **树木与分布**：大乔木，高达45 m，直径达2.5 m；板根大；材表常见小沟槽。本属15种，非洲11种，分布于西非和中非地区。该种常从喀麦隆、加蓬、赤道几内亚进口，数量较多。

- **横断面**：心边材区别明显。心材黄褐色至巧克力色，具黑色同心圆状条纹。边材黄白色至灰白色，宽5～9 cm。生长轮略明显。

- **树皮**：厚1.0～1.5 cm，质硬，不易剥离。外皮平滑；灰褐至浅灰黄色；易小薄片状脱落。内皮深褐色；韧皮纤维略发达。

- **板样**

- **木材材性**：具光泽；具难闻气味。纹理直至略交错；结构细而匀；质重硬；强度高；干缩甚大。加工容易，适宜单板刨切；胶黏和油漆性能良好。略耐腐。干燥慢，性能好。气干密度常大于0.8 g/cm³。

- **木材用途**：适用于刨切单板、胶合板、高档家具、木线条、房屋建筑、耐久材、地板、厨房设施、化工用木桶等。

# 古夷苏木 *Guibourtia* sp.
## KEVAZINGO

苏木科
*Caesalpiniaceae*

- **古夷苏木属** *Guibourtia*
- **木材名称：** 古夷苏木
- **地方名称：** Kevazingo、Gabon kenvazingo、Ebana（加蓬）、Bubinga（中非）、Essingang（喀麦隆）、Oveng（赤道几内亚）、Waka [刚果（金）]。
- **不规范名称：** 巴花、红贵宝
- **识别要点：** 外皮呈圆形小鳞片状脱落，脱落后残留卵圆形浅凹坑。树皮受伤后会流出红色胶质。管孔稀少，不大。翼状及轮界状薄壁组织明显。心材红褐色带紫色条纹。

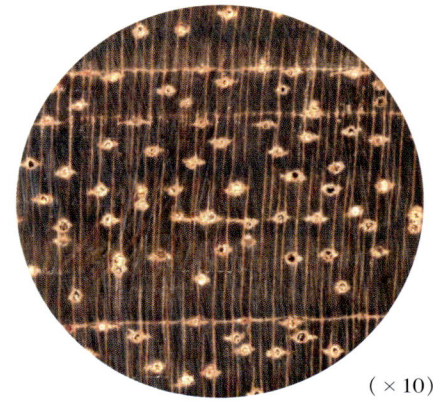

(×10)

- **宏观构造：** 散孔材。管孔肉眼下可见，甚少，大小中等；主为单管孔。少数径列复管孔（2～3个）；含红色树胶。轴向薄壁组织肉眼下明显，环管束状、短翼状及轮界状。木射线放大镜下可见，稀而窄。

- **树木与分布：** 大乔木；高24～30 m，直径1.0 m以上；具较大板根。本属15种，分布于热带非洲和美洲，其中非洲有11种。主要从喀麦隆、赤道几内亚、加蓬进口，量较大。

- **横断面：** 心边材区别明显。心材红褐色，常具紫色条纹。边材白色，宽5～8 cm。生长轮略明显。

- **板样**

- **树皮：** 厚0.5～1.5 cm，质硬脆，不易折断、剥落。外皮灰褐色至灰白色；皮孔明显；外皮呈圆形小鳞片状脱落，残留卵圆形浅凹坑。内皮深棕褐色；石细胞明显，颗粒状，近外皮部位层状排列。树皮受伤后会流出红色胶质。

- **木材材性：** 具光泽；生材具不愉快气味。纹理直至略交错；结构细而匀；质重硬；强度高；干缩大。加工容易，刨切、车旋、握钉、油漆以及胶黏性能均好。耐腐、抗白蚁。干燥较快，无缺陷。气干密度0.87～0.92 g/cm³。

- **木材用途：** 适用于豪华家具、刨切薄木、细木工板、装饰单板、地板、乐器、雕刻、建筑、枕木、生活器具等。

# 小鞋木豆 *Microberlinia* sp.
## ZINGANA

苏木科
*Caesalpiniaceae*

- 小鞋木豆属 *Microberlinia*
- 木材名称：小鞋木豆
- 地方名称：Zingana（加蓬、喀麦隆），Allen Ele、Amouk（喀麦隆），Zebrano、Zebrawood（英国、德国、美国）。
- 不规范名称：大斑马木、乌金木
- 识别要点：树皮日晒后易卷曲残留于材表，易条块状剥离。原木断面及切面具显著的深浅相间的黑褐色条纹，极具装饰价值。心材浅褐色。木射线甚窄。

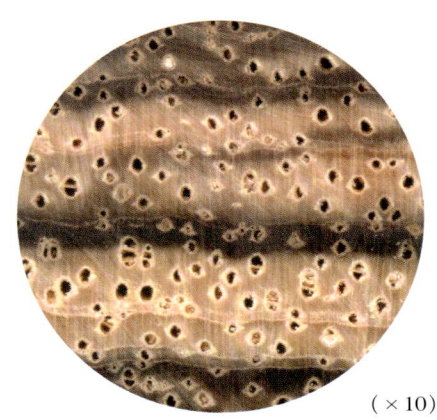

(×10)

- 宏观构造：散孔材。管孔肉眼下可见，少，略大；主为单管孔，少数径列复管孔（2～3个）；具褐色树胶。轴向薄壁组织放大镜下明显，发达，多数短翼状，少数聚翼状及不规则细带状。木射线放大镜下略见，略密，甚窄。

- 树木与分布：大乔木，高约45 m；直径1.0 m以上；具板根；材表具有浅沟槽。本属共2种，分布于西非地区。常从加蓬及喀麦隆进口，成批量。

- 横断面：心边材区别极明显。心材浅褐色，具深浅相间的同心圆状细条纹，很明显。边材白色，宽8～10 cm。生长轮略明显。

- 板样

- 树皮：厚约0.5 cm，质较脆，日晒后易卷曲残留于材表，易条块状剥离。外皮黑褐色，较薄；龟裂，小片状脱落。内皮浅褐色；韧皮纤维略发达。

- 木材材性：具光泽；生材具异味。纹理交错；结构粗，均匀；材质中至重硬；强度高。干缩甚大。锯切加工容易，适宜单板刨切；握钉、胶黏、油漆、刨光性能良好。耐腐、抗白蚁。干燥慢，略开裂，变形严重。气干密度0.73～0.80 g/cm³。

- 木材用途：适用于刨切单板（常径切）、高档家具、室内装修、地板、工具柄、滑雪板、乐器等。

# 单瓣豆 *Monopetalanthus* sp.
## ANDOUNG

苏木科
*Caesalpiniaceae*

- 单瓣豆属 *Monopetalanthus*
- 木材名称：单瓣豆木
- 地方名称：Andoung、Adoung de heitz、Eko Andoung、N'Douma（加蓬、法国），Ekop、Andjung（赤道几内亚），Ekop mayo、Zoele（喀麦隆）。
- 不规范名称：安东
- 识别要点：心材具不规则深色条纹。轴向薄壁组织以短翼状和轮界状为主。现场特征与短盖豆 Naga（*Brachystegia* sp.）相似。

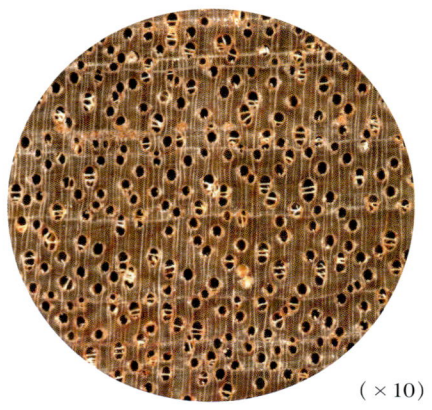

（×10）

- 宏观构造：散孔材。管孔放大镜下明显，少，大小中等；主为单管孔，少数径列复管孔（2～5个，多2～3个）；具少量沉积物。轴向薄壁组织放大镜下可见，主为短翼状和轮界状，少数聚翼状和环管束状。木射线放大镜下可见，略密，甚窄。

- 树木与分布：大乔木，高38 m以上，胸径0.8～1.2 m，具板根。本属10种，主要分布于热带中非地区。常从加蓬进口，量较多。市场常分红安东和白安东两类。

- 横断面：心边材区别略明显。心材浅褐色至粉红褐色，具不规则深色条纹。边材色浅，易腐朽变色。生长轮略明显，常界以轮界状薄壁组织。

- 树皮：厚1.0～1.5 cm，质硬脆，表皮平滑，易条状剥落。外皮青灰色或浅灰褐色；具少量纵裂纹。内皮红褐色；韧皮纤维较发达。

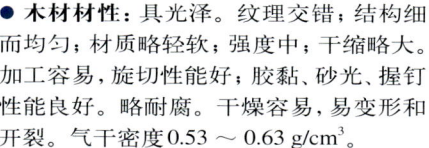

- 板样

- 木材材性：具光泽。纹理交错；结构细而均匀；材质略轻软；强度中；干缩略大。加工容易，旋切性能好；胶黏、砂光、握钉性能良好。略耐腐。干燥容易，易变形和开裂。气干密度 0.53～0.63 g/cm³。

- 木材用途：适用于旋切单板、胶合板、轻型构件、室内装修、地板、木线条、普通家具、造船、包装箱、玩具等。

# 小鞋木豆 *Microberlinia* sp.
## ZINGANA

苏木科
*Caesalpiniaceae*

- 小鞋木豆属 *Microberlinia*
- 木材名称：小鞋木豆
- 地方名称：Zingana（加蓬、喀麦隆），Allen Ele、Amouk（喀麦隆），Zebrano、Zebrawood（英国、德国、美国）。
- 不规范名称：大斑马木、乌金木
- 识别要点：树皮日晒后易卷曲残留于材表，易条块状剥离。原木断面及切面具显著的深浅相间的黑褐色条纹，极具装饰价值。心材浅褐色。木射线甚窄。

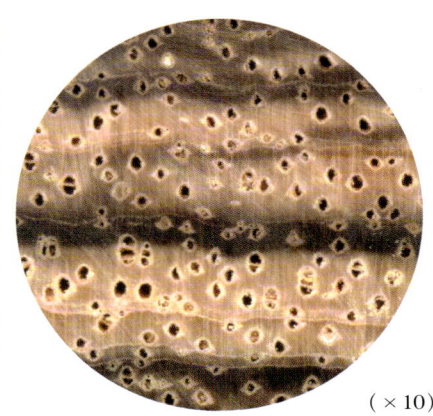

（×10）

- 宏观构造：散孔材。管孔肉眼下可见，少，略大；主为单管孔，少数径列复管孔（2～3个）；具褐色树胶。轴向薄壁组织放大镜下明显，发达，多数短翼状，少数聚翼状及不规则细带状。木射线放大镜下略见，略密，甚窄。

- 树木与分布：大乔木，高约45 m；直径1.0 m以上；具板根；材表具有浅沟槽。本属共2种，分布于西非地区。常从加蓬及喀麦隆进口，成批量。

- 横断面：心边材区别极明显。心材浅褐色，具深浅相间的同心圆状细条纹，很明显。边材白色，宽8～10 cm。生长轮略明显。

- 板样

- 树皮：厚约0.5 cm，质较脆，日晒后易卷曲残留于材表，易条块状剥离。外皮黑褐色，较薄，龟裂，小片状脱落。内皮浅褐色；韧皮纤维略发达。

- 木材材性：具光泽；生材具异味。纹理交错；结构粗，均匀；材质中至略硬；强度高；干缩甚大。锯切加工容易，适宜单板刨切；握钉、胶黏、油漆、刨光性能良好。耐腐、抗白蚁。干燥慢，略开裂，变形严重。气干密度0.73～0.80 g/cm³。

- 木材用途：适用于刨切单板（常径切）、高档家具、室内装修、地板、工具柄、滑雪板、乐器等。

# 单瓣豆 *Monopetalanthus* sp.
## ANDOUNG

苏木科
*Caesalpiniaceae*

- 单瓣豆属 *Monopetalanthus*
- 木材名称：单瓣豆木
- 地方名称：Andoung、Adoung de heitz、Eko Andoung、N'Douma（加蓬、法国），Ekop、Andjung（赤道几内亚），Ekop mayo、Zoele（喀麦隆）。
- 不规范名称：安东
- 识别要点：心材具不规则深色条纹。轴向薄壁组织以短翼状和轮界状为主。现场特征与短盖豆 Naga（*Brachystegia* sp.）相似。

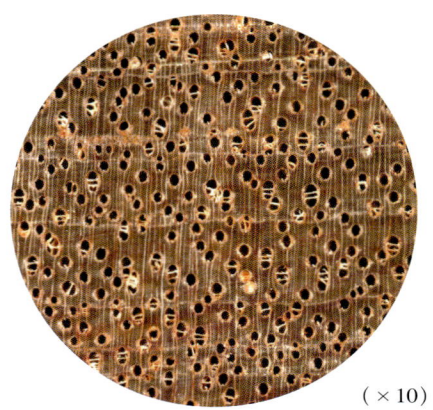

（×10）

- 宏观构造：散孔材。管孔放大镜下明显，少，大小中等；主为单管孔，少数径列复管孔（2～5个，多2～3个）；具少量沉积物。轴向薄壁组织放大镜下可见，主为短翼状和轮界状，少数聚翼状和环管束状。木射线放大镜下可见，略密，甚窄。

- 树木与分布：大乔木，高38 m以上，胸径0.8～1.2 m，具板根。本属10种，主要分布于热带中非地区。常从加蓬进口，量较多。市场常分红安东和白安东两类。

- 横断面：心边材区别略明显。心材浅褐色至粉红褐色，具不规则深色条纹。边材色浅，易腐朽变色。生长轮略明显，常界以轮界状薄壁组织。

- 板样

- 树皮：厚1.0～1.5 cm，质硬脆，表皮平滑，易条状剥落。外皮青灰色或浅灰褐色；具少量纵裂纹。内皮红褐色；韧皮纤维较发达。

- 木材材性：具光泽。纹理交错；结构细而均匀；材质略轻软；强度中；干缩略大。加工容易，旋切性能好；胶黏、砂光、握钉性能良好。略耐腐。干燥容易，易变形和开裂。气干密度0.53～0.63 g/cm³。

- 木材用途：适用于旋切单板、胶合板、轻型构件、室内装修、地板、木线条、普通家具、造船、包装箱、玩具等。

# 尖柱苏木 *Oxystigma oxyphyllum*
## TCHITOLA

苏木科
*Caesalpiniaceae*

- **尖柱苏木属** *Oxystigma*
- **木材名称**：尖柱苏木
- **地方名称**：Tchitola、Maranda、Tsibudimba、Kitola［刚果（布）］，Emola、M'babou（加蓬），Tschibudimbu、Akwakwa［刚果（金）］，Lolagbola（尼日利亚），Tola、Chinfuta、Tola Mafuta、Chanfuta（安哥拉），Tolo Chinfuta（葡萄牙），Tola walnut（英国）。
- **不规范名称**：无
- **识别要点**：树皮具有规则的深龟裂；外皮分灰白色和紫褐色两层。内皮深红褐色。端面边材部位常见树胶圈。弦切板花纹与黑胡桃很相似。树胶道分布在轴向薄壁组织带中。

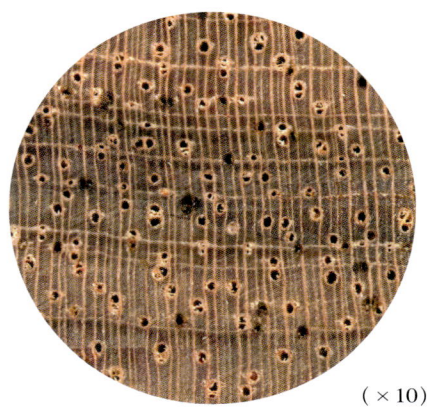

（×10）

- **宏观构造**：管孔肉眼下可见，略少，大小中等；主为单管孔，少数径列复管孔（2～3个）；具黑色树胶。轴向薄壁组织放大镜下明显，发达，环管束状、翼状、离管细带状及轮界状。木射线放大镜下明显，略密，窄。具轴向树胶道。

- **树木与分布**：大乔木，高达45 m，直径达2 m。本属共8种，主要分布于西非和中非地区，该种主要从喀麦隆、加蓬、刚果（金）、刚果（布）进口，量少。

- **横断面**：心边材区别略明显。心材浅红褐色，带有黑色树胶条纹。边材很宽，20～25 cm，浅黄色至浅玫瑰色，黑色树胶丰富。生长轮略明显，具深色组织带。

- **树皮**：厚2～3 cm，质硬脆，易长条或大块状剥离。外皮表面灰白色，内层紫褐色，厚达1.5 cm；具有规则的深龟裂，可块状脱落。内皮深红褐色。

- **木材材性**：具光泽。纹理直至略交错；结构细，略均匀；重量和强度中；干缩大。加工不难，但树胶易塞锯；锯屑有刺激性；旋切、刨切、胶黏、钉钉性能良好；略耐腐。干燥容易。气干密度约0.64 g/cm³。

- **板样**

- **木材用途**：适用于刨切薄木、装饰单板、胶合板、家具部件、细木工板、包装箱、车工制品等。可替代黑胡桃Walnut（*Juglans nigra*）用于刨切单板。

# 赛鞋木豆 *Paraberlinia bifoliolata*
## BELI

苏木科
*Caesalpiniaceae*

- 赛鞋木豆属 *Paraberlinia*
- 木材名称：赛鞋木豆
- 地方名称：Beli、Ekop-Beli（喀麦隆），Awoura、Beliawoura（加蓬），Zebreli（法国、德国）。
- 不规范名称：小斑马木
- 识别要点：木材深浅条纹比小鞋木豆Zingana（*Microberlinia* sp.）细。木射线密而甚窄。弦切面波痕可见。

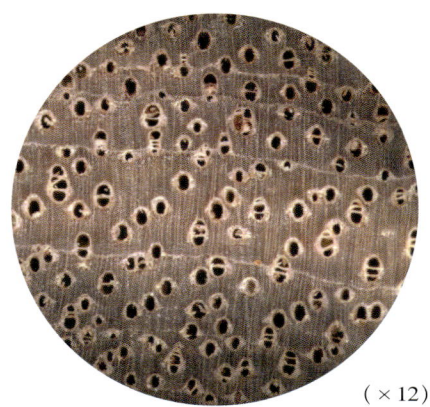

（×12）

- **宏观构造**：散孔材。管孔肉眼下可见，略少，略大；主为单管孔，少数径列复管孔（2～3个）；具沉积物。轴向薄壁组织肉眼下可见，发达，短翼状、聚翼状及轮界状。木射线放大镜下略见，密，甚窄。

- **树木与分布**：大乔木，高23～28 m，直径1.0 m左右，具小板根。本属仅1种，主要分布于赤道西非地区。常从喀麦隆及加蓬进口，成批量。

- **横断面**：心边材区别明显。心材黄褐色至浅黑褐色，具深浅相间的同心圆状条纹。边材近白色，略窄，宽约2.0 cm。生长轮略明显。

- **树皮**：厚0.5～1.0 cm，质地硬脆，易条块状剥离。外皮灰褐色；表面粗糙。内皮咖啡色；韧皮纤维较发达。树皮近似Okoume。

- **板样**

- **木材材性**：具光泽。纹理直；结构细而匀；质重硬；强度高；干缩甚大。加工较易，刨面光滑；油漆、胶黏、握钉、精加工性能好。略耐腐。干燥略慢，缺陷少。气干密度约0.77 g/cm³。

- **木材用途**：适用于刨切薄木、装饰单板、胶合板、高档家具、地板、造船、化工木桶、雕刻、农业器具等。

# 赛油楠 *Sindoropsis letestui*
## GHEOMBI

苏木科
*Caesalpiniaceae*

- **赛油楠属** *Sindoropsis*
- **木材名称**：赛油楠
- **地方名称**：Gheombi（喀麦隆），Geombi、Ngom（加蓬）。
- **不规范名称**：油檀
- **识别要点**：外皮具较密集的规则细纵裂。新鲜内皮具白酒香味。带状薄壁组织中常见轴向树胶道。

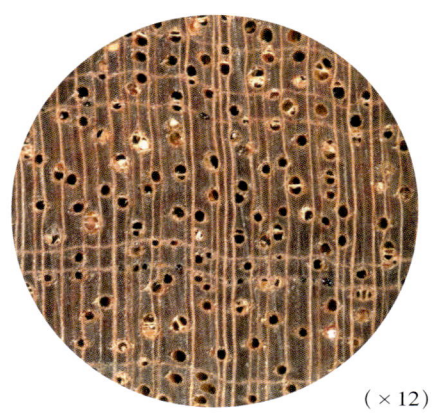

（×12）

- **宏观构造**：散孔材。管孔肉眼下可见，少，大小中等；主为单管孔，少数径列复管孔（2～3个）；具少量褐色树胶及浅色沉积物。轴向薄壁组织放大镜下明显，环管束状、短翼状及弦向带状。木射线肉眼下可见，密度中，窄。轴向树胶道可见。

- **树木与分布**：乔木，高约15 m，直径0.6～0.9 m。本属仅1种，为加蓬特产树种，少量分布于喀麦隆、利比里亚。

- **横断面**：心边材区别略明显。心材红褐色，久露大气中材色加深。边材色稍浅，有树胶。生长轮不明显。

- **板样**

- **树皮**：厚1.5～2.5 cm，质硬，易条块状脱落。外皮灰褐色至灰白色，有较密集的规则细纵裂。内皮棕褐色；新鲜内皮具白酒香味；韧皮纤维较发达，经挤压揉搓后可成麻丝状；石细胞明显，集中于近外皮部位。

- **木材材性**：光泽强。纹理直，结构粗，均匀；质地轻软至中等；强度中至高；干缩大。加工容易，刨面光滑；钉钉、胶黏、抛光及染色性能好。略耐腐。干燥性能好。气干密度0.52～0.75 g/cm³。

- **木材用途**：适用于地板、家具、单板、细木工制品、室内装修、木模、胶合板、车辆、玩具等。

# 塔布四鞋木  *Tetraberlinia tubmaniana*
## SIKON

苏木科
*Caesalpiniaceae*

- 四鞋木属 *Tetraberlinia*
- 木材名称：四鞋木
- 地方名称：Sikon、Tetraberlinia、Gola（利比里亚），Hoh（喀麦隆、利比里亚）。
- 不规范名称：铁达木
- 识别要点：外皮灰白色至灰黑色，具细裂纹；圆形皮孔小而多。管孔具深褐色树胶。轴向薄壁组织束状和轮界状。交错纹理在径面构成明显的带状纹理。

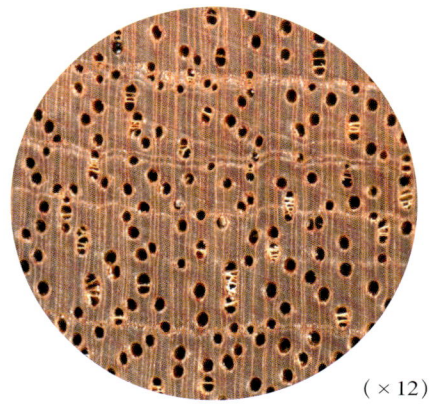

（×12）

- 宏观构造：散孔材。管孔肉眼下可见，略少，大小中等；单管孔及径列复管孔（2～6个，多数2～3个）；具深褐色树胶。轴向薄壁组织放大镜下明显，环管束状及轮界状。木射线放大镜下明显，略密，甚窄。

- 树木与分布：大乔木，高36 m以上，直径达1.2 m。本属分布于热带非洲，该种主要从利比里亚进口，成批量。

- 横断面：心边材区别明显。心材浅红褐色，久露大气中转深。边材红灰色，宽3～5 cm。生长轮明显。

- 树皮：厚1～2 cm，质硬脆，不易剥离。外皮灰白色至灰黑色；具细裂纹；圆形皮孔小而多，星散分布。内皮棕褐色。

- 木材材性：具光泽。纹理略交错；结构细而匀；重量和硬度中；强度高；干缩大。锯、刨加工容易，适宜单板旋切；车旋、胶黏、耐磨等性能良好；略耐腐；干燥慢，略开裂和变形。气干密度约0.74 g/cm³。

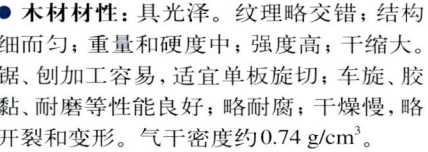

- 板样

- 木材用途：适用于旋切单板、胶合板、木模、家具部件、包装箱、车工和细木工制品、纸浆等。可作为奥克榄 Okoume（*Aucoumea klaineana*）的替代品。

# 风车木 *Combretum imberbe*
## MONZO

使君子科
*Combretaceae*

- **风车藤属** *Combretum*
- **木材名称**：暂无
- **地方名称**：Monzo（莫桑比克）
- **不规范名称**：黑紫檀、皮灰
- **识别要点**：树皮表面粗糙，具规则纵裂，内皮紫褐色至黑褐色，斜削面白褐相间的花纹明显。心材久则呈黑紫色。木射线因含结晶而反光强，呈白色细线状。材质甚重硬。

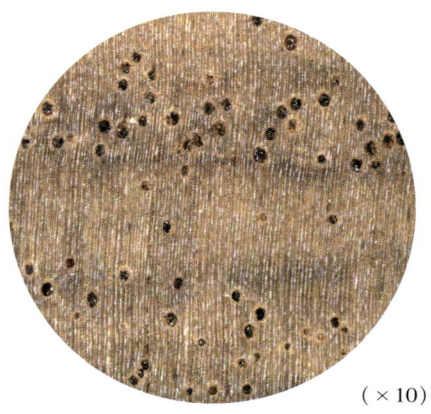

（×10）

- **宏观构造**：半环孔材。管孔大者肉眼下明显，小者放大镜下明显，略少，中至大；单管孔；部分斜列；含黑褐色沉积物。轴向薄壁组织放大镜下略见，疏环管状及轮界状。木射线放大镜下可见，因含大量白色结晶而光泽强，呈白色细线状，密而窄。

- **树木与分布**：大乔木，到货原木一般长2.0～2.6 m，直径0.4～0.7 m，具低厚板根。分布于热带非洲，该种主要以集装箱运输方式从莫桑比克进口，量较大。

- **横断面**：心边材区别明显。心材暗褐色至咖啡色略带紫，久则呈黑紫色，具深浅相间细条纹。边材黄白色，宽2～3 cm。生长轮不明显。

- **板样**

- **树皮**：厚1～2 cm，质较松脆，表面粗糙，不易剥离。外皮深灰褐色，薄，具规则的纵裂，易小块状脱落。内皮紫褐色至黑褐色；石细胞发达，层状，斜削面白褐相间的花纹明显。

- **木材材性**：具光泽；略具油性感。纹理交错；结构细；甚重硬；强度高。加工较难，径面略起毛；耐磨性强；钉钉易开裂，须先钻孔。很耐腐。干燥慢，易开裂，最好气干。气干密度0.91～1.10 g/cm³。

- **木材用途**：适用于高档家具、地板、雕刻、工艺品等。

# 艳丽榄仁 *Terminalia superba*
## FRAKE

使君子科
*Combretaceae*

- **榄仁树属** *Terminalia*
- **木材名称：** 浅黄榄仁
- **地方名称：** Frake（科特迪瓦），Ofram、Faraen（加纳），Afara、White afara（尼日利亚），Akom（喀麦隆、赤道几内亚），Pale yellow terminalia、Ketapany、Lanipau、Emeri、Idigbo、Limba [刚果（布）、刚果（金）]，Limba korina（利比里亚），Kojagei（塞拉利昂），Limbo、Chene limbo、Nganga（非洲）。
- **不规范名称：** 白木
- **识别要点：** 材表有明显棱条。外皮灰黄白至灰黄褐色，具规则纵裂，宽而浅；脱落后残留凹坑。带状薄壁组织略显波浪形。薄壁组织中含柱状晶体，木材削平断面阳光下可见晶体亮点。

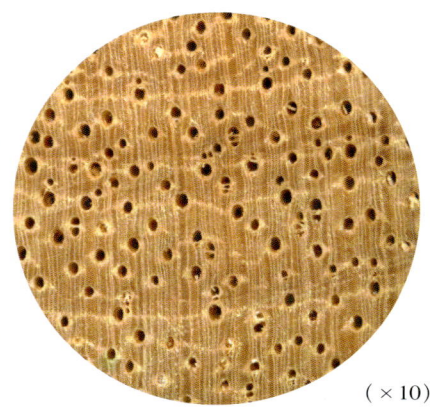

（×10）

- **宏观构造：** 散孔材。管孔肉眼下明显，少，略大；主为单管孔，少数径列复管孔（2～4个，多2～3个）。轴向薄壁组织肉眼下明显，翼状、聚翼状、波浪形傍管带状及轮界状。木射线放大镜下略见，略密，甚窄。

- **树木与分布：** 大乔木，高可达45 m，直径1.5 m，常具脆心。本属约250种，分布于世界热带地区。该种主要从加蓬、喀麦隆、刚果（金）、刚果（布）等地区进口，成批量。

- **横断面：** 心边材区别不明显。木材浅黄褐。生长轮略明显。

- **板样**

- **树皮：** 厚0.5～0.8 cm，质较软，易折断，易块状剥离。外皮灰黄白至灰黄褐色，具规则纵裂，宽而浅；脱落后残留凹坑。内皮浅栗褐色；韧皮纤维略发达，层片状。

- **木材材性：** 光泽强；略具气味。纹理直至略交错；结构中；质轻软；强度、干缩中。旋切容易；胶黏、钉钉、抛光及表面涂饰性能良好。不耐腐，易受虫害。干燥快，性能好。锯屑对皮肤有刺激性。气干密度约0.54 g/cm³。

- **木材用途：** 适用于刨切薄木、旋切单板、胶合板、家具、木线条、细木工板、室内装修、木模等。

# 乌木 *Diospyros* sp.
## AFRICAN EBONY

柿树科
*Ebenaceae*

- 柿属 *Diospyros*
- 木材名称：乌木
- 地方名称：African ebony（西非）、Omenowa、Kisibiri（加纳）、Abkpo、Nyareti、Kanran（尼日利亚）、Kukuo（赞比亚）、Mevini、Ebene（喀麦隆）、Evila（加蓬）、Ebano（赤道几内亚）、Ngoubou、Bingo（中非地区）。
- 不规范名称：黑檀
- 识别要点：心材漆黑色或黑褐色。轴向薄壁组织弦向细条纹状，排列均匀，常与木射线构成网状。材质甚重硬。

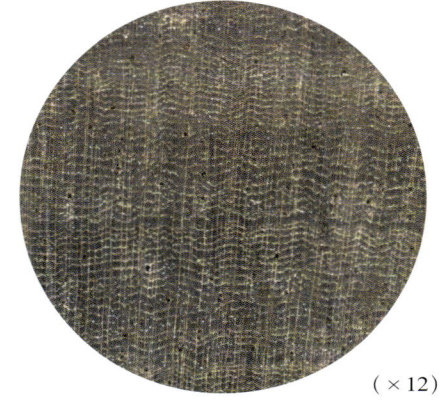

(×12)

- 宏观构造：散孔材。管孔放大镜下略见，少，略小；主为单管孔，少数径列复管孔（2～3个）；内含深色树胶。轴向薄壁组织放大镜下明显，发达，弦向细条纹状，排列均匀，常与木射线构成网状。木射线放大镜下略见，密，甚窄。

- 树木与分布：大乔木，高15～18 m，直径0.6～0.9 m。本属约500种，广泛分布于世界热带及温带地区。常从非洲的马达加斯加小批量进口，不带树皮和边材。

- 树皮：进口时一般不带树皮，不带白边。
- 横断面：心边材区别明显。心材漆黑色或黑褐色。边材近白色。生长轮不明显。

- 板样

- 木材材性：略具光泽；纹理交错；结构甚细；甚重硬；强度高；干缩甚大。加工困难，含硅石，易钝刀具，切面光滑。胶黏、磨光性良好。钉钉须先打孔。很耐腐。干燥较慢，易开裂。锯屑对皮肤和喉咙具刺激性。气干密度约1.01 g/cm³。

- 木材用途：适用于雕刻、乐器、工艺品、镶嵌工艺、车工制品、刀柄等。

# 非洲螺穗木 *Spirostachys africana*
## AFRICAN SANDALWOOD

大戟科
Euphorbiaceae

- **螺穗木属** *Spirostachys*
- **木材名称**：无
- **地方名称**：African sandalwood、African sandalo、Sandalo Africano、Tamboti、Muharaka、Msalakanu、Msaraka、Msarakana、Mtomboti、Muconite、Muharaka、Munhiti、Mutivoti、Mutomboti、Mutovoti、Nesipolela、Omupapa、Shelinga-maasm（莫桑比克、坦桑尼亚）。
- **不规范名称**：非洲檀香木、檀香花梨
- **识别要点**：木材颜色和条纹很美丽，纵切面常见漂亮的水波纹、绸缎纹和鬼脸（材料直径越小越明显）；油性感很好；具有浓郁持久、香甜的檀香味；木片燃烧后灰烬为灰白色。

(×12)

- **宏观构造**：散孔材。管孔放大镜下可见，数甚多，甚小；单管孔及径列复管孔（2～3个）。黑褐色树胶很丰富。横切面具黑色条纹。轴向薄壁组织放大镜下不见。木射线放大镜下难见，甚细，甚密。

- **树木及分布**：乔木，高18～25 m，直径可达0.4 m。主要分布于东非和南非的东北部，安哥拉、津巴布韦、莫桑比克、坦桑尼亚和肯尼亚等，一般生长在潮湿地带。

- **横断面**：心边材区别明显，光泽强。心材浅褐色至巧克力褐色，具黑色条纹；边材浅黄白色，日久成奶黄色。

- **树皮**：厚1.0～1.5 cm，硬脆，不易剥离。外皮灰白至灰褐色；粗糙，具浅纵横裂，易小块状脱落。内皮紫褐色；韧皮纤维不发达。

- **木材材性**：具光泽；油性感很好；具浓郁持久、香甜的檀香味，纹理直或轻微波状，具带状花纹；结构细而匀；甚重硬；干缩甚小；生材锯解困难，易使锯齿快速钝化，干材锯解容易，刨切切面光滑，车旋性能好；因木材具油性，砂光、油漆、胶黏较困难；钉钉必须预先钻孔。耐腐、耐久性强。干燥速度慢，性能好。气干密度0.95～1.04 g/cm³。

- **板样**

- **木材用途**：适用于高档家具、箱盒、镶嵌、雕刻、木管乐器、车旋艺术品等。

# 凯尔杂色豆 *Baphia kirkii*
## MKURUTI

蝶形花科
*Fabaceae*

- **杂色豆属** Baphia
- **木材名称**：凯尔杂色豆
- **地方名称**：Mkuruti（坦桑尼亚），Baphia（莫桑比克），Mkarakanga（赞比亚），Camwood（西非），Chiviri（中非）。
- **不规范名称**：非洲红酸枝
- **识别要点**：木材外观类似红酸枝，板面蜡质感明显；带状轴向薄壁组织发达，弦切面具美丽花纹。

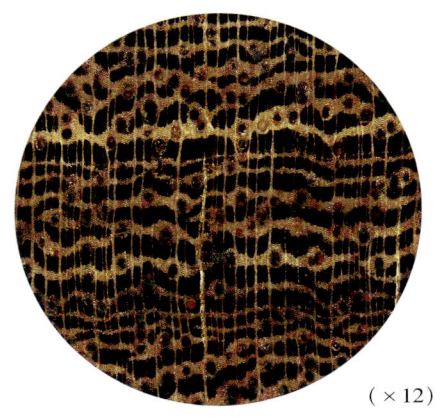

（×12）

- **宏观构造**：散孔材。管孔肉眼下明显，多，小；主为单管孔，少数径列复管孔（2～3个）；有时呈斜列；管孔内红褐色树胶及侵填体丰富，部分含黄白色沉积物。轴向薄壁组织肉眼下明显，翼状、聚翼状及不规则带状。木射线放大镜下明显，略密，甚窄。

- **树木与分布**：常绿中乔木，高达27 m，直径2.5 m。树干常不规格，根部常见深凹槽。本属有47种，主要分布于中非的坦桑尼亚、莫桑比克及西非的喀麦隆、加蓬等国家。

- **横断面**：心边材区别明显。心材从暗红褐色至紫褐色，具不规则黑褐色条纹。边材浅黄白色，宽2.0～3.0 cm。生长轮明显。

- **树皮**：厚1.0 cm，质较松软，不易剥离。外皮灰褐色至黄褐色，较平滑，略有浅纵裂，卵圆形皮孔较多。内皮浅黄白色，韧皮纤维发达，层片状。

- **木材材性**：木材具光泽，具蜡质感；具独特的辛辣气味。弦切面具美丽花纹；纹理直或轻微波状；结构细而均匀。木材硬重；强度高；干缩率小。锯、刨加工困难，极易钝锯，但切面光滑，车旋和抛光性能好；钉钉需先打孔；握钉力强；很耐腐；抗白蚁。气干很快，仅有轻微降等。气干密度约1.28 g/cm$^3$。

- **板样**

- **木材用途**：适用于重型地板、高档餐桌和柜台、车旋制品、造船、烧制木炭等。

# 可乐豆木 *Colophospermum mopane*
## MOPANE

蝶形花科
*Fabaceae*

- **可乐豆属** *Colophospermum*
- **木材名称**：无
- **地方名称**：Mapane、Mopaani、Mopanie（莫桑比克）。
- **不规范名称**：红贵宝、红瑰宝、非洲酸枝
- **识别要点**：树皮粗糙，具规则浅纵裂。木材断面常见黑褐色树汁痕迹。心材红褐色、黄褐色，具有美丽的黑色条纹。木材非常重硬，切面光滑。

- **树木及分布**：乔木，高15～30 m，胸径0.4～0.9 m。只产于热带非洲，主要分布于东非地区，津巴布韦、莫桑比克、博茨瓦纳、赞比亚、安哥拉、纳米比亚和马拉维。

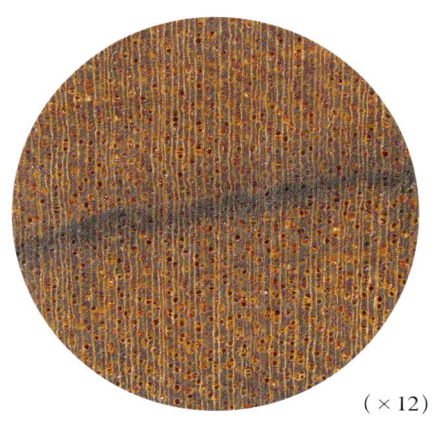

（×12）

- **宏观构造**：散孔材。管孔放大镜下可见，甚小，甚多，有斜列状趋势；主为单管孔，极少数径列复管孔（2～3个）。侵填体和红褐色树胶丰富。轴向薄壁组织放大镜下略，星散聚合状及环管状。木射线放大镜下可见，略密，略宽。

- **横断面**：心边材区别明显。心材红褐色、黄褐色至深红褐色至咖啡色，具黑色条纹。边材浅黄白色，宽3～5 cm。

- **树皮**：厚1.0～1.5 cm，质硬，不易剥离。树皮砍削后常流出黑褐色树液，残留在木材横切面。外皮灰褐色夹杂灰白色，粗糙，具规则浅纵裂，易小条片状脱落。内皮层片状，紫红褐色，斜削面具红白相间的花纹；韧皮纤维略发达。

- **木材材性**：纹理直；木材甚重硬；硬度大，加工困难，对刀具钝化明显；木材略具油性，切面光滑，车旋效果好；油漆和胶黏性能良好；钉钉难，需钻孔。耐腐，耐白蚁，耐久性强。干燥慢，易产生细裂纹，但不开裂。气干密度约1.27 g/cm³。

- **板样**

- **木材用途**：适用于地板、家具等装饰材料、雕刻、木管乐器、吉他、铁路枕木等。

# 卢氏黑黄檀 *Dalbergia louvelii* （CITES 附录 II）
## BOIS DE ROSE

蝶形花科
*Fabaceae*

- **黄檀属** *Dalbergia*
- **木材名称**：黑酸枝木
- **地方名称**：Black rosewood、Bois de rose、Madagascar rosewood、Palisander（马达加斯加）。
- **不规范名称**：大叶紫檀、大叶檀
- **识别要点**：心材橘红色至黑紫色，带黑条纹。弦向细线状薄壁组织间距小，略波浪形，与木射线构成网状。木材在白纸上紫色划痕明显。木材具酸气。弦面具波痕。

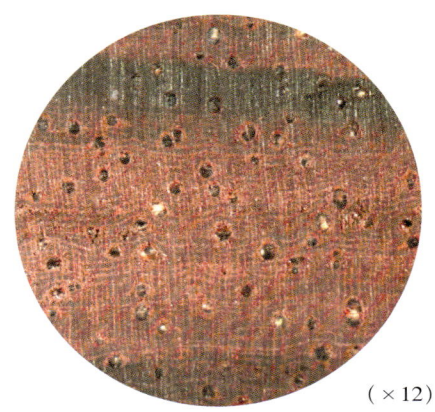

（×12）

- **宏观构造**：散孔材。管孔在肉眼下略见，少，略大；主为单管孔，极少径列复管孔（2个）；管孔内含粉红色沉积物，久则成深褐色；含硅石。轴向薄壁组织放大镜下略明显，主为弦向细线状（间距小，略波浪形，与木射线构成网状），部分环管束状及短翼状。木射线放大镜下可见，密而窄。

- **树木与分布**：乔木，高 10～12 m，直径 0.16～0.60 m。本属约120种，分布于世界热带地区，该种为非洲马达加斯加的特有树种，到货均为去除边材的心材原木，表材黑紫色光亮，涂有防护蜡。

- **树皮**：进口时一般不带树皮，不带白边。

- **横断面**：心边材区别明显。心材新切面橘红色，具有黑色条纹，久置颜色变为紫红色至黑紫色或略似乌木的黑色。边材窄，灰白色，宽 1 cm 左右。生长轮不明显。

- **板样**

- **木材材性**：具光泽；具酸香气。纹理交错；结构甚细；甚重，略不均匀。锯切容易，刨光时宜高转速。精加工光滑；钉钉前须先打孔。耐腐。干燥较难，宜采用低温、慢速干燥。气干密度约 0.95 g/cm³，也有部分木材因生长环境的影响，其密度远低于该值。

- **木材用途**：属名贵雕刻用材，被列入我国红木范畴。主要用作高档家具、雕刻家具以及雕琢工艺品。

# 东非黑黄檀 *Dalbergia melanoxylon*
## PAU PRETO

蝶形花科
Fabaceae

- **黄檀属** *Dalbergia*
- **木材名称：** 黑酸枝木
- **地方名称：** Pau preto、Grenadilla、Mojambique ebeny（莫桑比克）、African Blackwood、Africanrose wood（英国）、Mpingo、Mugembe（坦桑尼亚）、Babanus（苏丹）、Mukelete（津巴布韦、赞比亚）、Ebene（塞内加尔）、Mufunjo（乌干达）、Ebene du mozambique（法国）、Afrikanisches grenadill（德国）。
- **不规范名称：** 黑檀、乌木、紫光檀
- **识别要点：** 内皮黄白色和黑褐色相间层状排列。原木普遍存在空洞、弯曲、深凹槽、树瘤等缺陷出材率很低。心材深紫褐色带黑条纹。材质甚重硬，结构极细，沉水。弦面可见波痕。

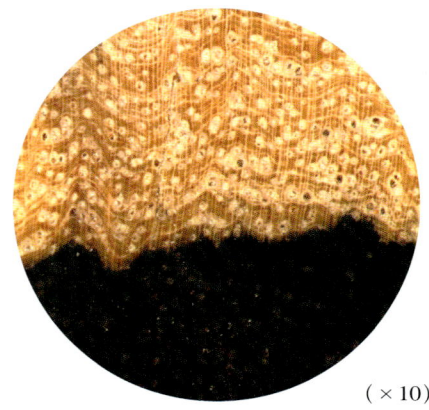

(×10)

- **宏观构造：** 散孔材。管孔放大镜下明显，少而略小；主为单管孔，少量径列复管孔（2～3个）；具丰富深褐色树胶和侵填体。轴向薄壁组织放大镜下可见，发达，主为弦向细线状（波浪形，排列紧密），部分环管状、短翼状、聚翼状。木射线放大镜下可见，密而窄。

- **树木与分布：** 小乔木，枝丫多，高4～6 m，胸径约0.2 m，通常具空洞、深凹槽、弯曲及扭曲缺陷，有的材身布满树瘤。树干端面波浪形。本属约120种，分布于世界热带地区。该种常从非洲的坦桑尼亚和莫桑比克进口，一般为长1 m左右的小原木，出材率极低。

- **横断面：** 心边材区别明显。心材深紫褐色至近黑色，带黑条纹。边材窄，2.0 cm左右，浅黄色。生长轮略见。

- **板样**

- **树皮：** 厚0.3～0.5 cm，质较硬，易条片状剥落。外皮浅黄白色，具有不规则浅纵裂，小片状脱落；具有细小的黑点状皮孔。内皮红褐色；韧皮纤维较发达，可层状分离。

- **木材材性：** 光泽弱；湿材具酸味；稍具油质感。纹理直；结构细而均匀；甚重硬；强度极高；干缩率小。刨锯加工难，极易钝锯，但切面光滑细腻。钉钉需先开孔。很耐腐。干燥缓慢，易开裂。气干密度约1.32 g/cm³。

- **木材用途：** 适用于雕刻、工艺品、红木家具、镶嵌装饰品、棋子、毛笔杆、刀柄、拐杖和木管乐器等。材质优于乌木。

# 非洲崖豆木 *Millettia laurentii*
## WENGE

蝶形花科
*Fabaceae*

- **崖豆藤属** *Millettia*
- **木材名称**：崖豆木（我国红木标准又称为鸡翅木）
- **地方名称**：Wenge [刚果（布）、刚果（金）、法国、德国、英国]，Awoung（喀麦隆）、Dikela、Palissandre du congo、Mibotu、Bokonge [刚果（金）]，Nson-so（加蓬）。
- **不规范名称**：大鸡翅、黑鸡翅
- **识别要点**：皮底及材表具明显的波痕。带状薄壁组织略具分叉，略宽。弦切面具有明显的深浅相间的鸡翅花纹。

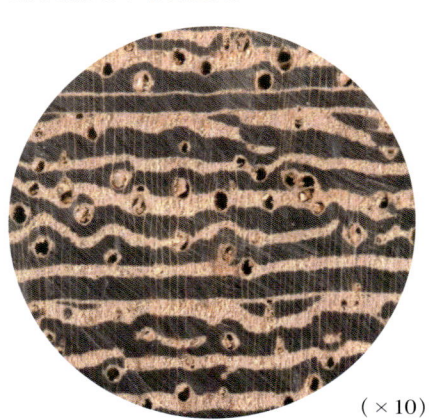

(×10)

- **宏观构造**：散孔材。管孔肉眼下可见，少，略大；主为单管孔，极少径列复管孔（2～3个）；具浅色沉积物。轴向薄壁组织肉眼下明显，发达，傍管带状（略具分叉，略宽），少数环管束状、翼状。木射线放大镜下略见，密度中，甚窄。

- **树木与分布**：大乔木，高 15～18 m，胸径可达 1.0 m。该属约 200 种，分布于热带和亚热带地区。该种主要从刚果（金）、刚果（布）、喀麦隆等中非地区进口，成批量。

- **横断面**：心边材区别明显，交界处有一圈黑线。心材新伐时黄褐色，很快变成紫褐色，久则呈黑褐色；具细密的黑条纹。边材浅黄色。生长轮略明显。

- **板样**

- **树皮**：厚 0.5～1.0 cm，质较硬，较平滑，易条块状剥离。外皮灰白色；薄，纸片状剥落。内皮黄白色至浅黄褐色；韧皮纤维较发达，可撕成丝状；石细胞分层，在树皮断面呈网状。

- **木材材性**：具光泽；有油性感。纹理直；结构粗而不均匀；质重硬，强度高；干缩甚大。加工略难，易钝锯；抛光略难；钉钉须先打孔；弯曲性能极佳。很耐腐。干燥慢，略开裂。气干密度约 0.88 g/cm³。

- **木材用途**：适用于高档家具、刨切微薄木、室内装修、地板、细木工制品、运动器材、雕刻等。

# 斯图崖豆木 *Millettia stuhlmannii*
## PANGA-PANGA

蝶形花科
*Fabaceae*

- **崖豆藤属** *Millettia*
- **木材名称**：崖豆木（我国红木标准称为鸡翅木）
- **地方名称**：Panga-panga（莫桑比克、法国、德国、英国），Jambire（莫桑比克），Mpande（坦桑尼亚），Partridgewood。
- **不规范名称**：小鸡翅、黄鸡翅
- **识别要点**：外皮灰黄褐色，具细龟裂纹。内皮黄白色，斜切面有褐色细条纹。与非洲崖豆木 Wenge（*Millettia laurentii*）相比，其弦切面鸡翅花纹更细腻，颜色更偏黄一些，管孔中沉积物更丰富一些。

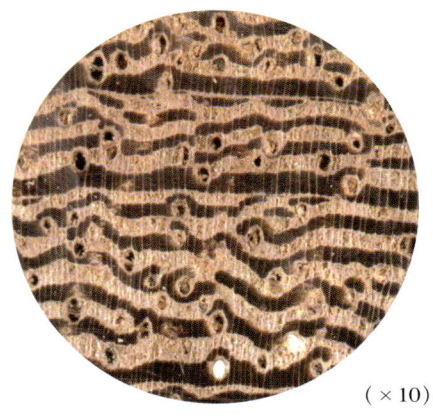

(×10)

- **宏观构造**：散孔材。管孔肉眼下可见，少而略大；主为单管孔，极少径列复管孔（2～3个）；具树胶和黄色沉积物。轴向薄壁组织肉眼下明显，发达，傍管带状（波浪形，略宽），少数环管束状、翼状。木射线放大镜下可见，密度中，窄。

- **树木与分布**：大乔木，高18～21 m，直径可达1.2 m。该属约200种，分布于热带和亚热带地区。该种主要以集装箱运输方式从坦桑尼亚、莫桑比克进口，量较多。

- **横断面**：心边材区别明显，交界处常见一圈黑线条。心材黄褐色至巧克力咖啡色，具细密的深浅相间的细条纹。边材浅黄色，宽约3 cm。生长轮明显。

- **板样**

- **树皮**：厚1.0～1.5 cm，较坚韧，表面平滑，不易剥离。外皮灰黄褐色，具细龟裂纹，易薄纸片状脱落。内皮黄白色，斜削面具黑色细条纹；石细胞颗粒状，集中于近外皮部位。

- **木材材性**：具光泽。纹理直；结构中；质重硬；强度中；干缩小。加工略难，易钝锯；耐磨、车旋性较好。难钉钉，须先钻孔。耐腐性强。干燥快，几无缺陷。气干密度约 0.90 g/cm³。

- **木材用途**：本属木材属红木中鸡翅类木材，适用于雕刻、工艺品、高档家具、高档地板、钢琴、小提琴琴弓等。

# 大美木豆 *Pericopsis elata* （CITES 附录 II）

**AFRORMOSIA**

蝶形花科 *Fabaceae*

- 美木豆属 *Pericopsis*
- 木材名称：美木豆
- 地方名称：Afrormosia、Assamela（科特迪瓦、法国），Obang（喀麦隆、加蓬），Ejen（喀麦隆），Awawabl、Kokrodua、Awawai（加纳），Ole、Bahala、Mohole［刚果（金）、荷兰］，Ayin（尼日利亚）。
- 不规范名称：柚木王、非洲柚木、红豆柚、泰柚王
- 识别要点：树皮薄，具有不规则开裂和片状剥落，内皮捏之成短绒毛状纤维。横切面具有深色组织带。材表和弦面具波痕。与柚木（*Tectona* spp.）极相似，但没有柚木的油质感及半环孔。

(×12)

- 宏观构造：散孔材。管孔放大镜下明显，略多，略小；单管孔及径列复管孔（2～4个）；含黄白色沉积物以及丰富深色树胶。轴向薄壁组织放大镜下明显，发达，环管束状、翼状、聚翼状及轮界状。木射线放大镜下明显，略密，窄。

- 树木与分布：大乔木，高30～50 m，直径约1.5 m，具板根。本属7种，非洲5种，主要分布于西非和中非地区。常从加蓬、刚果（金）、刚果（布）、喀麦隆等地区进口，成批量。

- 横断面：心边材区别明显。心材新鲜时黄褐色，久置空气中转暗褐色。边材窄，宽约2.5 cm，色浅。生长轮不明显。

- 树皮：薄，厚0.5 cm，平滑，质较软，易折断和大块状剥离。外皮灰黄色至灰褐色，具有不规则开裂，易碎片状脱落。内皮浅黄褐色，捏之易成短绒毛状纤维。

- 木材材性：具光泽。纹理直至略交错；结构细，均匀；重量中至重；强度和硬度略高；干缩中。加工性能好；表面加工、油漆、胶黏、车旋等性能均良好；弯曲性能中；握钉力强。很耐腐，抗白蚁。与黑金属接触易变色生锈。干燥慢，稳定性好。气干密度0.70～0.86 g/cm³。

- 板样

- 木材用途：适用于高档家具、刨切单板、木楼梯、橱柜、地板、细木工制品、车辆、造船等，是极好的柚木替代品。

# 安哥拉紫檀 *Pterocarpus angolensis*
## UMBILA

蝶形花科
*Fabaceae*

- **紫檀属** *Pterocarpus*
- **木材名称**：亚花梨
- **地方名称**：Umbila、Ambila（莫桑比克），Muniga、Girassonde、Mutete（安哥拉），Muninga、Mukwa（津巴布韦、赞比亚），Kiaat、Kajat、Kajaatenhout（南非），Mninga、Mtumbati（坦桑尼亚）。
- **不规范名称**：高棉红、红高棉、高棉花梨
- **识别要点**：树皮具规则的纵横深龟裂，呈整齐的块状。内皮砍削后会流出有黏性的血红色汁液。管孔为半环孔材至散孔材。弦面和材表具波痕。木材浸出液具荧光反应。

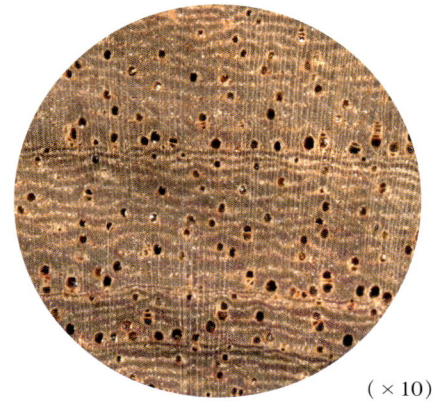

($\times 10$)

- **宏观构造**：半环孔材至散孔材。管孔肉眼下可见，少，略大；单管孔及径列复管孔（2～3个）；具红褐色树胶及丰富的侵填体。轴向薄壁组织肉眼可见，发达，弦向带状、翼状、聚翼状及轮界状。木射线放大镜下略可见，略密，甚窄。

- **树木与分布**：大乔木，高约15 m，胸径约0.6 m。该属约30种，分布于世界热带地区。该种常以集装箱运输方式从坦桑尼亚、莫桑比克进口，量较多。

- **横断面**：心边材区别极明显。心材砖红色，具深色细条纹，久则转暗红色，变异较大。边材黄白色，宽3～5 cm。生长轮略明显。

- **板样**

- **树皮**：厚1～2 cm，质松软，易块状剥离。外皮表面灰褐色，内部浅红色；具有规则的纵横深龟裂，呈整齐的块状，层状堆积明显。内皮红褐色；韧皮纤维略发达，可层状分离。内皮砍削后会流出血红色汁液，有黏性。

- **木材材性**：具光泽；稍具香气。纹理直至略交错；结构细；重量和硬度中等；强度略高。干缩极小。加工性能良好；胶黏、抛光、热弯、握钉性能良好。耐腐。干燥慢，质量好。气干密度约0.66 g/cm³。

- **木材用途**：适用于雕刻、高档家具、高级细木工制品、刨切微薄木、胶合板、地板、室内装修、农业机械、乐器、精密仪器包装、玩具等。

# 刺猬紫檀 *Pterocarpus erinaceus* （CITES 附录 Ⅱ）

**AMBILA**

蝶形花科
Fabaceae

- **紫檀属** *Pterocarpus*
- **木材名称**：花梨木
- **地方名称**：Ambila, Senegal Rosewood（塞内加尔），Pau Sangue（几内亚比绍）。
- **不规范名称**：非洲亚花梨、非洲黄花梨
- **识别要点**：木材有光泽，香气微弱。蠹虫钻蛀危害较常见，揭开树皮，在材表和树皮背面可见图案美丽的虫蛀坑道。刺猬紫檀的深色纹理比缅甸产的大果紫檀 *Pterocarpus macarocarpus* 多，更具有表现力，和黄花梨较相似。木刨花或木屑浸出液有荧光。同样以"非洲亚花梨"名称进口的木材中，有一些颜色浅黄，黑色条纹明显，密度低于 0.70 g/cm³，有难闻的酸臭味的，一般认为是安氏紫檀 *Pterocarpus antunesii*。

(×12)

- **宏观构造**：散孔材至半环孔材。管孔肉眼下可见，略少，略大；主为单管孔，少数径列复管孔（2～3个）；含浅黄白色沉积物。轴向薄壁组织放大镜下明显，主为翼状、聚翼状和不规则带状。木射线放大镜下明显，略密，甚窄。

- **树木及分布**：大乔木，高可达 21 m，直径约 1.0 m。主产于热带非洲，主要从塞内加尔、冈比亚、几内亚比绍、几内亚、马里进口。

- **横断面**：心边材区别明显。心材颜色变异较大，常见的有浅黄褐色、红褐色、紫红褐色，常带黑色条纹。边材浅黄白色。生长轮不明显。

- **树皮**：厚 1.0～1.5 cm，较硬，易长条状剥离。外皮灰褐色至灰白色，具有规则的浅纵裂，易小片状剥落。内皮红褐色；韧皮纤维不发达。

- **木材材性**：具光泽。纹理直；结构细而均匀；重量中；强度中；干缩大。刨、锯、旋切加工容易，性能好；油漆和胶黏性能良好；钉钉容易，握钉力强。不耐腐，易腐朽、蓝变及遭蠹虫钻蛀危害。干燥性能中，不易弯曲，稍有开裂。气干密度 0.80～0.85 g/cm³。

- **板样**

- **木材用途**：适用于红木家具、实木地板、刨切薄木、雕刻、仪表盒、工具柄等。

# 非洲紫檀 *Pterocarpus soyauxii*
## AFRICAN PADAUK

蝶形花科
*Fabaceae*

- **紫檀属** *Pterocarpus*
- **木材名称：** 亚花梨
- **地方名称：** African padauk、Padauk、Padouk（英国、德国、荷兰），Camwood、Barwood（英国），Osun（尼日利亚），Palo rojo（赤道几内亚），Mbel、Mbil、Muenge（喀麦隆、加蓬），N'gula、Bosulu、Corail、Nkula、Nzali、Mukula、Mongola [刚果（金）]、Kisese [刚果（布）]，Girassonde、Tacula（安哥拉）。
- **不规范名称：** 非洲花梨、红花梨
- **识别要点：** 树皮表面粗糙，具规则纵裂。内皮易撕成层状和松针状。翼状薄壁组织的双翼较细长。木射线极窄。心材新切面鲜红色。弦面具波痕。板面具变幻带状光泽。

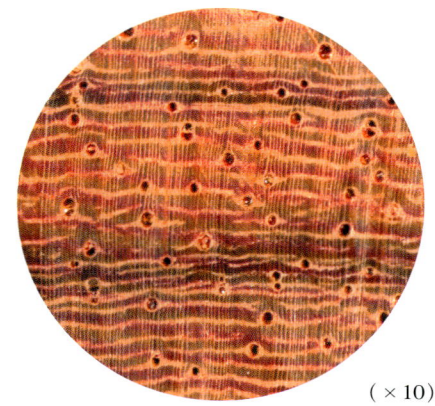

(×10)

- **宏观构造：** 散孔材。管孔肉眼下明显，略少，略大；主为单管孔，极少径列复管孔（2～3个）；含树胶和沉积物。轴向薄壁组织肉眼下可见，发达，长翼状、聚翼状及弦向带状。木射线放大镜下可见，略密，甚窄。

- **树木与分布：** 大乔木，高30 m以上，直径可达1.5 m，具宽板根。本属约30种，分布于世界热带，该种主要从中非和西非的喀麦隆、加蓬、刚果（金）、刚果（布）进口，量大。

- **横断面：** 心边材区别明显。心材新切面血红色，久则变为暗褐色。边材黄白色，宽5～8 cm。生长轮不明显。

- **板样**

- **树皮：** 厚0.5～1.5 cm，质地松脆，易条块状剥落，表面粗糙。外皮灰褐色；具规则纵裂，易小片状剥落。内皮红褐色；韧皮纤维发达，易撕成层状和松针状；石细胞发达。

- **木材材性：** 具光泽；有微弱香气。纹理直至交错；结构中；重量中至重；硬度、强度及干缩性能均中等。加工性能良好；胶黏、握钉性能良好。很耐腐。干燥慢，无缺陷。锯屑对呼吸道有刺激性。气干密度0.67～0.82 g/cm³。

- **木材用途：** 适用于高档家具、高级细木工、地板、刨切微薄木、胶合板、码头、工具柄、雕刻、隔热板等。

# 葱叶状铁木豆 *Swartzia fistuloides*
## PAO ROSA

蝶形花科
Fabaceae

- **铁木豆属** *Swartzia*
- **木材名称**：红铁木豆
- **地方名称**：Pao rosa [刚果（布）、刚果（金）]，Oken、Ndina、Awong（加蓬），Kisasamba [喀麦隆、刚果（布）]，Dina（非洲），Asomanini（加纳），Akite（尼日利亚），Boto（科特迪瓦），Kiela Kusu、Nsakala [刚果（金）]，N'guessa（中非），Saboarana、Itikiboroballi。
- **不规范名称**：红檀、大红檀、大叶红檀
- **识别要点**：树皮薄，日晒后呈纸片状翘曲。材表及弦面具波痕。心边材交界处有一圈黑线。管孔内具丰富的白色沉积物。带状薄壁组织明显，肉眼可见。

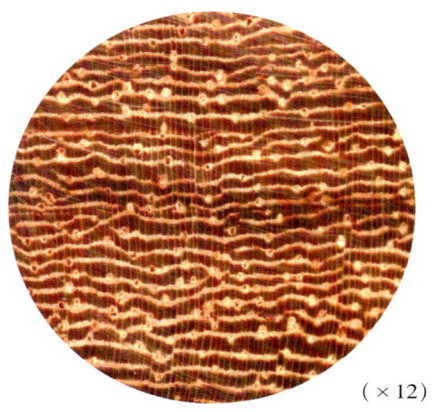

(×12)

- **宏观构造**：散孔材。管孔放大镜下略明显，略少，略小；主为单管孔，少数径列复管孔（2～3个）；具白色沉积物。轴向薄壁组织肉眼下可见，傍管带状和环管状。木射线放大镜下可见，密度中等，甚窄。

- **树木与分布**：大乔木，高 20～27 m，直径 0.5～0.8 m。本属 100 种，分布于热带美洲和非洲。该种主要从科特迪瓦、加纳、加蓬、刚果（金）、刚果（布）、喀麦隆等地区进口，量较大。

- **横断面**：心边材区别明显，交界处有一圈黑线。心材红褐色至紫红褐色，常具黑褐色同心圆状条纹。边材浅红白色至浅褐色。生长轮不明显。

- **板样**

- **树皮**：很薄，厚 0.2～0.3 cm，质软。外皮浅灰黄色至灰白色，皮底呈奶黄色；日晒后呈纸片状翘曲，易剥落。内皮黄白色；石细胞呈片状、层状排列。

- **木材材性**：具光泽。纹理交错；结构细，略均匀；质重硬；强度高；干缩中。加工较困难，刨面易起逆毛；钉钉困难；胶黏性能好；很耐腐。干燥宜慢，略有端裂。气干密度 0.89～1.04 g/cm³。

- **木材用途**：适用于高档家具、实木地板、贴面复合地板、乐器、雕刻、微薄木、工具柄、造船、重型建筑、枕木等。

# 马达加斯加铁木豆 *Swartzia madagascariensis*
PAU ROSA

蝶形花科
Fabaceae

- **铁木豆属** *Swartzia*
- **木材名称**：红铁木豆
- **地方名称**：Pau rosa、Pau ferro（莫桑比克），Awang（加蓬），Kasanda（非洲）。
- **不规范名称**：红檀、小叶红檀
- **识别要点**：树皮具大而深的纵裂，斜削面呈红黄相间分层。外皮底面明黄色。材表和弦切面具细波痕。带状轴向薄壁组织间距小，波浪形。木材特别重硬。

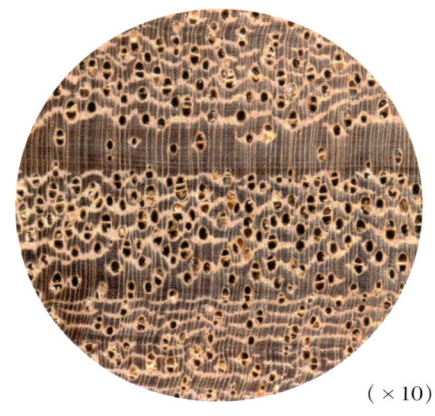

（×10）

- **宏观构造**：散孔材。管孔放大镜下明显，略少，中等大小；主为单管孔，少数径列复管孔（2～3个）；具浅褐色树胶和白色沉积物。轴向薄壁组织肉眼下明显，发达，傍管带状（间距小，波浪形）和轮界状。木射线放大镜下可见，略密，甚窄。

- **树木与分布**：小乔木，高3～5 m，直径约0.4 m。树干常严重扭曲。本属约100种，分布于热带美洲和非洲。该种主要从坦桑尼亚和莫桑比克以集装箱运输方式进口，量多。

- **横断面**：心边材区别明显。心材红褐色，常具深色同心圆状条纹。边材浅黄色，具不规则黑条纹。生长轮略可见。

- **树皮**：厚约2.0 cm，略粗糙，质软；斜削面呈红黄相间分层。外皮表面灰褐色至灰白色，底面为明黄色；具大而深的纵裂。内皮浅黄褐色；韧皮纤维略发达。

- **板样**

- **木材材性**：具光泽。略带气味。纹理交错；结构细而均匀；重硬至甚重硬；强度高；干缩中。刨切、车旋、耐磨性能好。很耐腐，抗白蚁。干燥慢，略开裂和变形。气干密度0.89～1.0 g/cm³。

- **木材用途**：适用于家具、地板、雕刻、橱柜、工艺品、镶嵌细木工、重型结构、耐久材、运动器材、乐器、玩具等。

# 非洲风车玉蕊 Combretodendron macrocarpum
## ABALE

玉蕊科
Lecythidaceae

- **风车玉蕊属** *Combretodendron*
- **木材名称**：风车玉蕊
- **地方名称**：Abale（科特迪瓦、利比里亚），Abing（喀麦隆），Abin（加蓬），Minzu［刚果（布）］，Owewe（尼日利亚），Essia（加纳），Wulo［刚果（金）、刚果（布）］。
- **不规范名称**：无
- **识别要点**：材表常残留内皮韧皮纤维。韧皮纤维发达，易撕成片状或麻丝状。生材有难闻异味。

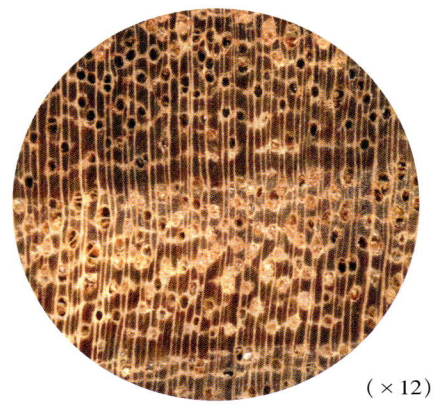

（×12）

- **宏观构造**：散孔材。管孔放大镜下明显，略少，大小中等；主为单管孔，少数径列复管孔（2～3个）；含褐色树胶和丰富的侵填体。轴向薄壁组织放大镜下明显，短翼状和聚翼状。木射线放大镜下明显，略密，窄。

- **树木与分布**：大乔木，高达36 m，直径约1.0 m。本属共2种，非洲仅此1种。主要分布于热带西非的尼日利亚、刚果（金）、科特迪瓦、加纳、刚果（布）等地区。

- **横断面**：心边材区别明显。心材红褐色，具深浅相间条纹。边材色浅，宽5～10 cm。生长轮略明显。

- **板样**

- **树皮**：厚1.0～1.5 cm，质软，易长条状剥落。外皮浅黄褐色；具浅龟裂纹，易小片状脱落。内皮黄褐色；质软；韧皮纤维发达，易撕成片状或麻丝状。

- **木材材性**：具光泽；生材有难闻异味。纹理直或斜；结构略粗；质重硬；强度略高，干缩甚大。加工困难；胶黏、抛光、涂染性能良好。耐腐。干燥慢，易变形、翘曲和开裂。气干密度0.80～0.87 g/cm³。

- **木材用途**：适用于刨切单板、胶合板、重型建筑、矿柱、造船、农业器具、家具、重载地板等。

# 安哥拉非洲楝 *Entandrophragma angolense*
## TIAMA

棟科
Meliaceae

- **非洲楝属** *Entandrophragma*
- **木材名称**：非洲楝
- **地方名称**：Tiama [科特迪瓦、加蓬、刚果（布）]，Edinam（加纳），Mukusu（乌干达），Kalungi [刚果（金）]，Gedu-nohor（尼日利亚），Timbi（喀麦隆），Abeubegne（加蓬），Kiluka [刚果（布）]，Livuite、Acuminata（安哥拉）。
- **不规范名称**：假沙比利
- **识别要点**：外皮灰白至灰褐色，具鳞片状龟裂。管孔少，主为单管孔，含树胶。新材具异味。

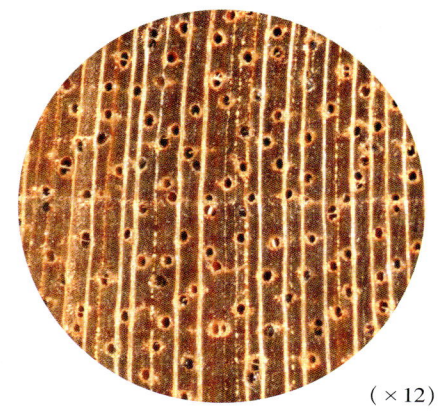

(×12)

- **宏观构造**：散孔材。管孔肉眼下可见，少，大小中等；主为单管孔，少数径列复管孔（2个）；含褐色树胶。轴向薄壁组织放大镜下略见，环管束状、少数翼状和轮界状。木射线肉眼下可见，密度中等，略宽。

- **树木与分布**：大乔木，高达48 m，直径可达2.0 m，具巨大板根。本属9种，该种主要分布于西非、中非和东非的热带雨林，常小批量从加蓬、刚果（布）、喀麦隆等地区进口。

- **横断面**：心边材区别略明显。心材粉红至暗红色，久则成暗红褐色。边材色稍浅，宽约10 cm。生长轮不明显。

- **树皮**：厚约1 cm，质硬脆，易大块状剥离。外皮灰白至灰褐色；具细龟裂，易鳞片状脱落。内皮红棕色；石细胞颗粒状，分布于近外皮部位。

- **木材材性**：具光泽；新材具异味。纹理交错；结构中；重量、强度中等；干缩小。加工容易；旋切、握钉、胶黏、握钉性能良好。耐腐性中等。干燥快，易变形、翘曲。气干密度0.56～0.63 g/cm³。

- **板样**

- **木材用途**：适用于旋切单板、胶合板、细木工板、家具、家用地板、门窗、橱柜、装饰贴面板等。可作为Sipo、Kosipo、Sapelli、非洲Acajou的替代品。

# 大非洲楝 *Entandrophragma candollei*
## KOSIPO

棟科
*Meliaceae*

- **非洲楝属** *Entandrophragma*
- **木材名称**：大非洲楝
- **地方名称**：Kosipo（科特迪瓦），Atom Assie（喀麦隆），Candollei、Penkwa-akowaa（加纳），Heavy Sapele（尼日利亚），Impompo、Esaka [刚果（金）]，Omu（英国、加纳、尼日利亚），Lifuco（安哥拉），Kosipo-mahogani（德国）。
- **不规范名称**：假沙比利、可西浦
- **识别要点**：树皮厚，质松软，具较大的凹坑。石细胞层状明显。管孔内含深色树胶明显。轴向薄壁组织弦向带状明显。是非洲楝属中唯一含硅石的树种。

- **树木与分布**：常绿大乔木，高约60 m，胸径可达2.0 m，具大板根。本属9种，分布于热带非洲。该种常从加蓬、喀麦隆、刚果（布）、赤道几内亚等地区进口。

- **横断面**：心边材区别明显。心材深红褐色，久则转深红色。边材白色至浅灰褐色，易青变，宽6～10cm。生长轮不明显。

- **树皮**：厚2～5 cm，质松软，大块状脱落。外皮表面灰褐色，内层红褐色；脱落后残留较大凹坑。内皮浅红褐色；石细胞非常发达，大颗粒状，层状分布明显。

- **木材材性**：具光泽。纹理交错；结构中；重量、强度中；干缩大。锯略难，旋切和刨切性能好；钉钉、砂光、胶黏、油漆性能良好。略耐腐。干燥慢，易变形和翘曲。气干密度0.63～0.69 g/cm³。

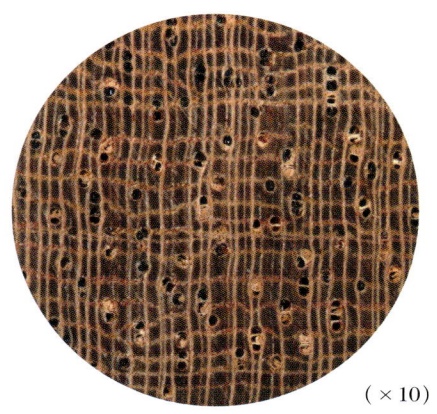

(×10)

- **宏观构造**：散孔材。管孔肉眼下可见，少，大小中等；单管孔及径列复管孔（2～4个，多2个）；含褐色树胶及硅石。轴向薄壁组织肉眼下可见，发达，环管束状及弦向带状。木射线肉眼可见，密度中，略宽。

- **板样**

- **木材用途**：适用于室内装饰、高档家具、装饰单板、细木工板、胶合板、地板、造船等。可作为筒状非洲楝Sapelli的替代品。

# 刚果非洲楝 *Entandrophragma congoense*
## ACUMINATA

楝科
*Meliaceae*

- **非洲楝属** *Entandrophragma*
- **木材名称**：非洲楝
- **地方名称**：Acuminata（德国、喀麦隆），Livuite（喀麦隆、安哥拉），Dongomanguila（赤道几内亚），Abenbegne（加蓬），Kiluka［刚果（布）］，Edinam（加纳），Tiama（科特迪瓦），Mukusu（乌干达），Lifaki、Vovo［刚果（金）］，Gedu-nohor（英国、尼日利亚），Tiama-mahagoni（德国）。
- **不规范名称**：无
- **识别要点**：外皮棕褐色；具细龟裂纹，薄鳞片状脱落。树皮日晒后易纵向内卷。

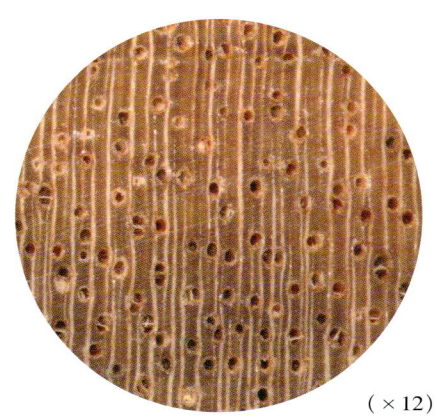

（×12）

- **宏观构造**：散孔材。管孔肉眼下可见，略少，大小中等；单管孔及径列复管孔（2～3个，多2个）；含树胶及浅色沉积物。轴向薄壁组织放大镜下可见，环管束状及轮界状。木射线肉眼下可见，密度中，略宽。

- **树木与分布**：大乔木，高40 m左右，胸径可达1.5 m。本属9种，分布于热带非洲，该种主要从刚果（布）、喀麦隆进口，量少。

- **横断面**：心边材区分略明显。心材粉红至红褐色，略具暗褐色条纹。边材色稍浅。生长轮不明显。

- **板样**

- **树皮**：厚约1 cm，质硬脆。外皮棕褐色；具细龟裂纹，鳞片状脱落。内皮红褐色。树皮日晒后易纵向内卷。

- **木材材性**：具光泽。纹理略交错；结构细；重量和强度中等；干缩大。加工容易；握钉、刨光、胶黏性能良好。略耐腐。干燥容易，易变形和开裂。气干密度约0.56 g/cm$^3$。

- **木材用途**：适用于刨切微薄木、旋切单板、胶合板、家具、地板、室内装修等。可作为Sipo、Kosipo、Sapelli、Acajou的替代品。

# 筒状非洲楝 *Entandrophragma cylindricum*
## SAPELLI

棟科
*Meliaceae*

- 非洲楝属 *Entandrophragma*
- 木材名称：筒状非洲楝
- 地方名称：Sapelli（喀麦隆），Undianuno[安哥拉、刚果（布）]，Assi、Dilolo（加蓬），Sapele-wood、Sapelli-mahagoni、Ubilesan（尼日利亚），Penkwa（加纳），Aboudikro（科特迪瓦），Bobwe、Libuyu、Lifake[刚果（金）]，M'boyo（中非），Muyovu（乌干达）。
- 不规范名称：幻影木、沙比利
- 识别要点：树皮表面具不规则浅凹坑。原木端面常呈铁锈色。径面板有深浅带状花纹和变幻带状光泽；弦切面波痕明显。树皮及木材具松脂香味。

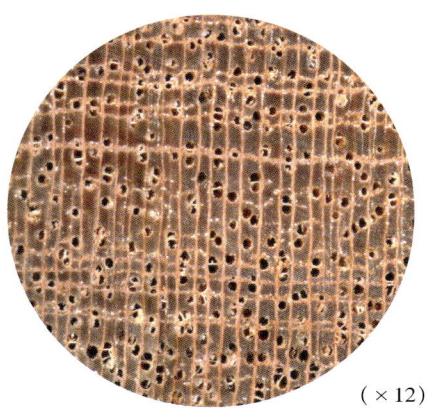

（×12）

- 宏观构造：散孔材。管孔放大镜下明显，略少，大小中等；单管孔及径列复管孔（2～3个，多2个）；黑色树胶丰富。轴向薄壁组织放大镜下明显，弦向带状及环管束状。木射线放大镜下明显，密度中，窄。

- 树木与分布：大乔木，高约40 m，胸径1.0 m以上；材表常见稀疏的纵向浅沟槽。本属9种，分布于非洲热带地区。该种主要从喀麦隆、加蓬、刚果（布）、赤道几内亚进口，量大。

- 横断面：心边材区别明显。心材新切面红褐色，久置氧化成铁锈棕褐色。边材浅黄白色，宽6～11 cm。生长轮不明显。

- 树皮：厚1.0～1.5 cm，质地较硬，易条块状剥离；具香味。外皮薄、脆；浅红褐色，略带灰白；易小片状脱落，残留不规则浅凹坑。内皮红棕色；韧皮纤维较发达，近外皮部位木质化，近材表部位层片状，易片状分离；石细胞丰富。

- 木材材性：具光泽；新切面有松脂香味。纹理交错；结构细而均匀；重量和硬度中等；强度高；干缩大。加工容易，表面易发生撕裂；旋切、刨切、胶黏、握钉、油漆、砂光、着色性能均好。略耐腐。干燥快，易翘曲和变形。气干密度0.61～0.67 g/cm³。

- 板样

- 木材用途：适用于刨切微薄木、旋切单板、胶合板、木线条、高档家具、地板、橱柜、细木工板、车旋材等。

# 良木非洲楝 *Entandrophragma utile*
## SIPO

棟科
*Meliaceae*

- 非洲楝属 *Entandrophragma*
- 木材名称：良木非洲楝
- 地方名称：Sipo（科特迪瓦、法国、德国），Utile（加纳、尼日利亚、英国），Asseng-Assie（喀麦隆），Kosi-kosi、Assi（加蓬），Abebay（赤道几内亚），Efuodwe（加纳），Okeong（尼日利亚），Liboyo[刚果（金）]，Kalungi（安哥拉），Mufumbi（乌干达），Sipo-mahagoni（德国）。
- 不规范名称：假沙比利、西浦
- 识别要点：树皮粗糙，灰褐色至灰白色；具龟裂纹，呈片状脱落。细带状的轴向薄壁组织与纤维组织颜色相近，不易观察。木材对金属有腐蚀性。弦切面具有波痕。

- 树木与分布：大乔木，高达 45 m，直径约 2.5 m。本属9种，分布于非洲热带地区。该种主要从喀麦隆、加蓬、刚果（布）进口，量不大。

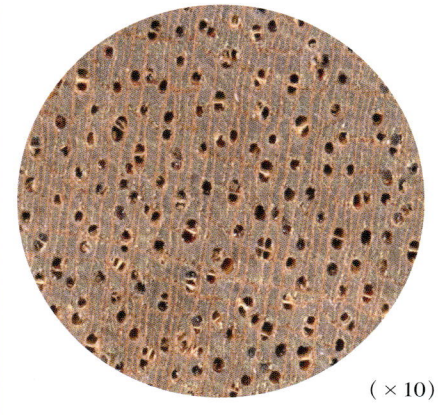

（×10）

- 宏观构造：散孔材。管孔肉眼下可见，略少，大小中等；单管孔及径列复管孔（2～3个，多2个）；黑色树胶及浅色沉积物丰富。轴向薄壁组织与纤维组织颜色相近，放大镜下不易观察，弦向细带状（波浪形）。木射线放大镜下明显，密度中等，窄。

- 横断面：心边材区别明显。心材新切面玫瑰红色，久置后变成红褐色。边材浅褐色，宽5～6 cm。生长轮不明显。

- 板样

- 树皮：厚2～4 cm，较粗糙，质较硬，不易剥落。外皮灰褐色至灰白色；具龟裂纹，呈片状脱落。内皮红褐色；韧皮纤维发达；材表和内皮表面具有明显的布格纹。

- 木材材性：具光泽，无气味。纹理交错；结构中；重量、强度和干缩率中等。加工容易，易钝锯；油漆、胶黏、钉钉、抛光性能好；对金属有腐蚀性。略耐腐。干燥略慢，略有端裂和变形。气干密度 0.58～0.66 g/cm³

- 木材用途：适用于刨切微薄木、单板、胶合板面板、高档家具、室内装修、细木工、雕刻等。可作为桃花心木 Mahogany 的替代品。

# 黑驼峰楝 *Guarea thompsonii*
## BOSSE

楝科
*Meliaceae*

- 驼峰楝属 *Guarea*
- 木材名称：驼峰楝
- 地方名称：Bosse、Muligbanaye（科特迪瓦），Dark bosse、Ebanghemwa、Timbi（喀麦隆），Obobo Nekwi、Akuraten（尼日利亚），Bolon（肯尼亚），Diampi [刚果（金）、刚果（布）、德国]，Bosassa [刚果（金）]，Black guarea（英国、加纳）、Lombe、Divuiti（加蓬）。
- 不规范名称：波丝
- 识别要点：外皮灰黄褐色；易片状脱落；残留凹坑。石细胞细颗粒状。Bosse 还有一种叫白驼峰楝 *G. cedrata*，其树皮为银灰色，纹理没有黑驼峰楝直，其他特征相似。带状薄壁组织呈波浪形。木材具雪松气味。

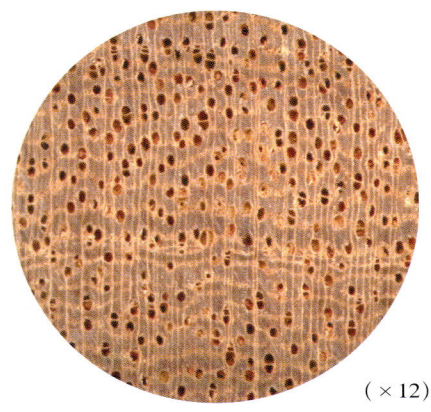

(×12)

- **宏观构造**：散孔材。管孔放大镜下明显，略少，大小中等；单管孔及径列复管孔（2～3个，多2个）；含树胶。轴向薄壁组织肉眼下可见，弦向带状（波浪形）、环管束状。木射线放大镜下明显，密度中，窄。

- **树木与分布**：大乔木，高达50 m，直径1.0 m左右。本属150种，分布于热带美洲和非洲。该种主要从刚果（布）、喀麦隆、加蓬等地区进口，量不大。

- **横断面**：心边材区别明显。心材浅红褐色，久则呈橘红褐色。边材浅粉褐色，宽3～8 cm。生长轮不明显。

- **板样**

- **树皮**：厚1.0～1.5 cm，质松软，易折断，易大块状剥离。外皮灰黄褐色；易片状脱落；残留凹坑。内皮黄棕色；韧皮纤维发达，可撕成片状；石细胞细颗粒状。

- **木材材性**：具丝绸状光泽。纹理直；结构细而均匀；重量、强度中等；干缩小。加工容易，切面光滑；胶黏、油漆、钉钉、染色和砂光性能良好。耐腐。干燥快，略有翘曲。锯屑对皮肤和呼吸道具有刺激性。气干密度约0.58 g/cm³。

- **木材用途**：适用于刨切微薄木、胶合板、高档装饰材料、装饰单板、细木工板、造船、雕刻、家具、贴面复合地板等。可替代良木非洲楝 Sipo 用于门窗加工。

# 卡雅楝 *Khaya* sp.
## ACAJOU

楝科
*Meliaceae*

- **卡雅楝属** *Khaya*
- **木材名称：** 卡雅楝
- **地方名称：** Acajou、Zaminguila（加蓬、科特迪瓦），African mahogany（英国），Lagos Wood、Ogwango（尼日利亚），Naollo、N'gollon、Mangona（喀麦隆），Dubini、Dukuma fufu、Takoradi Mahogany（加纳），Acajou bassam、Acajou krala、Krala（科特迪瓦），Caoba delgalon（赤道几内亚），Khaya mahagoni（德国），Munyama（乌干达）。
- **不规范名称：** 非洲桃花心木
- **识别要点：** 外皮灰色至灰黄色，鳞片状脱落。内皮斜削面具红白相间花纹。石细胞丰富，层状排列。轴向薄壁组织疏环管状，略见。

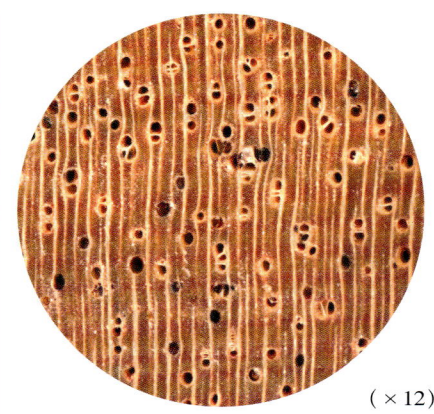

(×12)

- **宏观构造：** 散孔材。管孔肉眼下可见，略少，大小中等；单管孔及径列复管孔（2～3个）；含黑褐色树胶。轴向薄壁组织放大镜下略见，疏环管状。木射线放大镜下明显，略密，窄。

- **树木与分布：** 大乔木，高31～40 m，直径可达2 m，具高大板根。本属8种，分布于西非和南非雨林地区。常从喀麦隆、加蓬、赤道几内亚、刚果（布）进口，批量不大。

- **横断面：** 心边材区别明显。心材粉红至浅红褐色。边材奶白至黄白色，宽5～7 cm。生长轮不明显。

- **树皮：** 厚0.5～2.0 cm，质硬脆，易折断，不易剥落。外皮灰色至灰黄色；具细小龟裂纹，鳞片状脱落。内皮红褐色；斜削面具红白相间花纹；石细胞丰富，层状排列。

- **木材材性：** 具光泽。纹理直至略交错；结构细；质轻软至中；强度中；干缩小。旋切和刨切容易；胶黏、钉钉、染色、油漆等性能良好。略耐腐。干燥迅速，质量好。气干密度0.51～0.64 g/cm³。

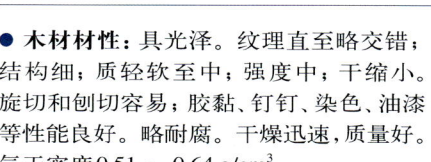

- **板样**

- **木材用途：** 适用于高档家具、刨切微薄木、胶合板、装饰单板、镶嵌板、细木工制品、车船内饰面板、乐器、运动器材等。可作为筒状非洲楝Sapelli和良木非洲楝Sipo的替代品，有非洲桃花心木之称。

# 虎斑栋 *Lovoa* sp.
## DIBETOU

棟科
*Meliaceae*

- **虎斑栋属** *Lovoa*
- **木材名称**：虎斑栋
- **地方名称**：Dibetou（科特迪瓦、加蓬、法国），Bibolo（喀麦隆），Embero、Nivero（赤道几内亚、利比里亚），Dubini-biri、Mpengwa（加纳），Apopo、Sida、Anamenila（尼日利亚）、Wnaimei（塞拉利昂），Bombulu、Lifaki-muindu［刚果（金）］，African walnut（英国），Tigerwood（美国、英国），Congowood（美国），Dilolo（法国）。
- **不规范名称**：非洲核桃木、乌心石、虎木
- **识别要点**：树皮粗糙，日晒后成鳞片状翘曲并脱落。板面具有黑条纹，极似黑胡桃木，具装饰价值。板面管孔内黑色树胶形成芝麻状小黑点。

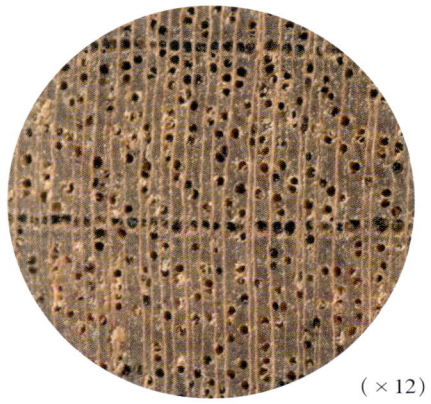

（×12）

- **宏观构造**：散孔材。管孔肉眼下可见，略少，大小中等；主为单管孔，少数径列复管孔（2～3个，多2个）；具黑色树胶。轴向薄壁组织放大镜下略见，环管束状。木射线放大镜下明显，略密，窄。

- **树木与分布**：大乔木，高15～29 m，直径约1.0 m。本属11种，分布于热带非洲。主要从喀麦隆、刚果（布）、加蓬、赤道几内亚进口，成批量。

- **横断面**：心边材区别明显。心材金褐色，具黑色细条纹。边材浅灰色，宽5～7 cm。生长轮不明显。

- **板样**

- **树皮**：厚1.0～1.5 cm，粗糙，质硬脆，不易剥离。外皮灰褐色至黑褐色；日晒后成鳞片状翘曲，易脱落。内皮紫褐色；韧皮纤维较发达；石细胞量少，单层分布于近外皮部位。

- **木材材性**：具光泽和松脂香味。纹理交错；结构细而均匀；重量和强度中；干缩小。加工容易，径切面常有撕裂；钉钉和胶黏性能良好；略耐腐；干燥迅速，略有心裂。气干密度0.51～0.57 g/cm³。

- **木材用途**：适用于高档家具、刨切薄木、装饰单板、细木工板、地板、橱柜、车工制品、体育用材等。是黑胡桃木Walnut（*Juglans nigra*）的替代品。

# 海氏瓮萼豆 *Calpocalyx heitzii*
## MIAMA

含羞草科
*Mimosaceae*

- 瓮萼豆属 *Calpocalyx*
- 木材名称：暂无
- 地方名称：Miama（加蓬、喀麦隆）。
- 不规范名称：无
- 识别要点：内皮紫褐色。边材窄，宽2～3 cm。管孔充满白色沉积物。轴向薄壁组织主为短翼状。

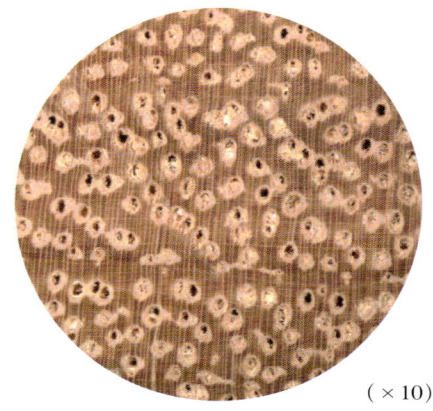

(×10)

- 宏观构造：散孔材。管孔肉眼下可见，略少，大小中等；主为单管孔，少数径列复管孔（2～3个）；具丰富的白色沉积物。轴向薄壁组织肉眼下可见，发达，短翼状和聚翼状，部分呈不规则带状。木射线放大镜下明显，略密，窄。

- 树木与分布：大乔木，高25～30 m，直径近1.0 m，具板根。本属15种，分布于西非热带地区。该种主要从赤道几内亚、喀麦隆、加蓬等地进口，量很少。

- 横断面：心边材区别略明显。心材红褐色，常见深褐色条纹。边材浅灰白色，窄，宽2～3 cm。生长轮不明显。

- 板样

- 树皮：厚1.0～1.5 cm，质硬脆，易折断，长条状脱落。外皮灰黑色；硬；片状脱落。内皮紫褐色。

- 木材材性：具光泽。纹理略交错；结构细而匀；质重硬；强度高；干缩甚大。加工不难，刨切面略不平，握钉力强，须先打孔。略耐腐。干燥易变形和翘曲。气干密度0.76～0.89 g/cm³。

- 木材用途：适用于室内装修、旋切单板、刨切薄木、家具、地板、耐久材、细木工制品、木模等。

# 加蓬圆盘豆 *Cylicodiscus gabunensis*
## OKAN

含羞草科
*Mimosaceae*

- **圆盘豆属** *Cylicodiscus*
- **木材名称**：圆盘豆
- **地方名称**：Okan（尼日利亚），Adadua、Denya、Eyee（加纳），Oduma、Edum（加蓬），African Greenheart、Adoum、Bokoka（喀麦隆），Bouemon（科特迪瓦），N'duma [刚果（布）]。
- **不规范名称**：柚檀王、奥坎
- **识别要点**：树皮粗糙，鳞片状翘曲并脱落，残留浅凹坑。心材为独特的金黄褐色，日久呈红棕色。管孔有斜列倾向。生材具异味。木材很硬重。

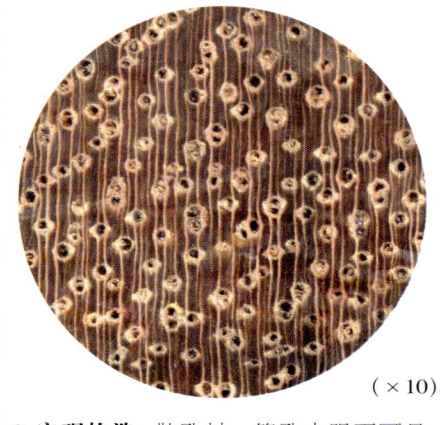

（×10）

- **宏观构造**：散孔材。管孔肉眼下可见，少，大小中等；主为单管孔，少数径列复管孔（2～3个）；管孔有斜列倾向；含褐色树胶。轴向薄壁组织肉眼下可见，短翼状及少数聚翼状。木射线放大镜下明显，略密，窄。

- **树木与分布**：大乔木，高可达50 m，大多直径达1.0 m，板根不高。本属共2种，分布于西非热带地区。该种常从喀麦隆、加蓬、刚果（布）等地区进口，量较大。

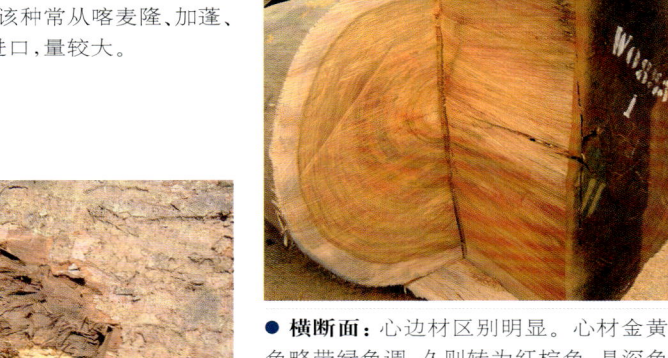

- **横断面**：心边材区别明显。心材金黄褐色略带绿色调，久则转为红棕色，具深色细条纹。边材浅粉红色，宽5～7 cm。生长轮不明显。

- **板样**

- **树皮**：厚0.5～1.0 cm，粗糙，质硬，不易折断。外皮灰白色至灰褐色；鳞片状翘曲并脱落，残留浅凹坑。内皮紫红色；韧皮纤维较发达，易撕成麻丝状短纤维。

- **木材材性**：具光泽；生材具异味。纹理交错；结构略粗；甚重硬；强度高；干缩甚大。加工略困难，刨面易起毛；车旋、胶黏、抛光性能良好；钉钉须先打孔。很耐腐。干燥慢，略有开裂和变形。气干密度大于1.0 g/cm$^3$。

- **木材用途**：适用于重型构筑物、支承桩、码头用桩、桥梁、枕木、矿柱、车辆、重载地板、家具、造船等。可作为红铁木Azobe及绿心樟Greenheart的替代品。

# 腺瘤豆 *Piptadeniastrum africanum*
## DABEMA

含羞草科
*Mimosaceae*

- 腺瘤豆属 *Piptadeniastrum*
- 木材名称：腺瘤豆
- 地方名称：Dabema [加纳、科特迪瓦、喀麦隆、刚果（金）、刚果（布）]、Dahoma（英国、加纳）、Atui（喀麦隆）、Toum（加蓬）、Tom（赤道几内亚）、Elae、Odan（加纳）、Ekhimi、Agboin（尼日利亚）、Bokungu、Likundu、Singa-singa [刚果（金）]、N'singa、Singa [刚果（布）]、Mbeli、Gaw（利比里亚）、Kabari、Mbele-guli（塞拉利昂）、Mpewere（乌干达）、Bukundu（荷兰）。
- 不规范名称：大比马
- 识别要点：内皮紫红色，石细胞丰富，大颗粒状，均匀分布。心材浅褐色或金黄褐色。生材或受潮时有难闻气味。锯屑对皮肤和黏膜有刺激性。

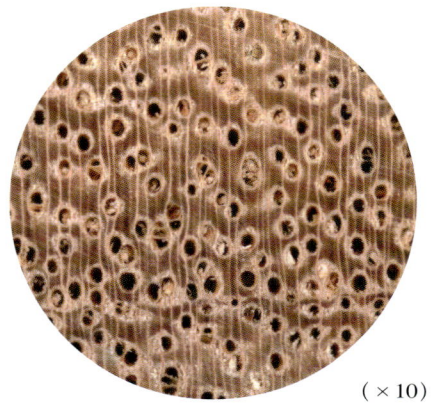

(×10)

- 宏观构造：散孔材。管孔肉眼下明显，少而略大；主为单管孔，少数径列复管孔（2～3个）；含浅色蜡质沉积物和褐色树胶。轴向薄壁组织肉眼下可见，发达，环管状、翼状、聚翼状及轮界状。木射线放大镜下明显，密度中，窄。

- 树木与分布：大乔木，高达46 m，直径达1.5 m，具大板根。本属仅1种，分布于热带非洲，常从利比里亚、喀麦隆、刚果（布）、加蓬、赤道几内亚进口，成批量。

- 横断面：心边材区别明显。心材浅褐色或金黄褐色；边材灰白色至灰黄色，宽5～8 cm，具黑色同心圆状条纹。生长轮不明显。

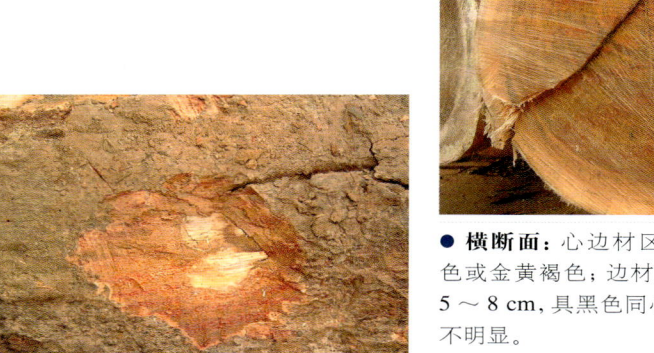

- 树皮：厚1.0～1.5 cm，质硬，易大块状剥离。外皮灰褐色；较平滑；具有较密集的圆形皮孔。内皮紫红色；石细胞丰富，大颗粒状，均匀分布。

- 木材材性：光泽强；生材或受潮时有难闻气味。纹理交错；结构粗；重量和强度中；略硬；干缩甚大。锯解易钝锯；刨切、握钉、胶黏、砂光性能好。耐腐。干燥慢，开裂、变形严重。湿材对铁器有腐蚀性。锯屑对皮肤和黏膜有刺激性。气干密度约0.7 g/cm³。

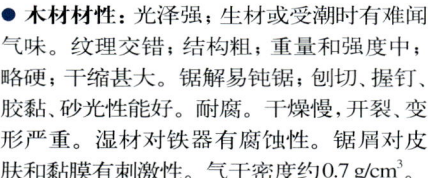

- 板样

- 木材用途：适用于重型建筑构件、港口建筑用材、甲板、地板、单板、胶合板、细木工板、电杆、枕木、运动器材、车工制品等。

# 大绿柄桑 *Chlorophora excelsa*
## IROKO

桑科
*Moraceae*

- **绿柄桑属** *Chlorophora*
- **木材名称**：绿柄桑
- **地方名称**：Iroko（科特迪瓦），Abang（喀麦隆、加蓬），Mandji（加蓬），Kambala［刚果（布）、刚果（金）］，Intule、Tule mufala（莫桑比克），Semli（塞拉利昂、利比里亚），Odoum（加纳），Rokko、Oroko（尼日利亚），Moreira（安哥拉），Lusanga、Molundu、Mokongo［刚果（金）］，Mvuli、Mvule（东非）。
- **不规范名称**：非洲黄金木、花檀、黄金柚、金柚木
- **识别要点**：树皮具乳白色汁液。锯屑能刺激皮肤。管孔中侵填体丰富。轴向薄壁组织为典型的翼状和聚翼状。本属中高贵绿柄桑 *C. regia* 带状薄壁组织明显及射线高度稍短，两者可以区别。

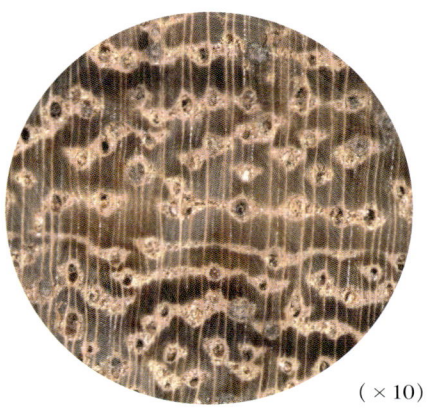

（×10）

- **宏观构造**：散孔材。管孔肉眼下可见，少，略大；主为单管孔，少数径列复管孔（2～3个，多2个）；侵填体丰富。轴向薄壁组织肉眼下明显，发达，翼状和聚翼状，少数带状。木射线放大镜下明显，密度中等，窄至略宽。

- **树木与分布**：大乔木，高达40 m，直径可达2.0 m以上。本属12种，分布热带非洲、美洲等地区。该种主要从加蓬、赤道几内亚、喀麦隆进口，量不多。

- **横断面**：心边材区别明显。心材浅褐色至黄褐色，具深色条纹。边材黄白色，宽5～8 cm。生长轮略明显。

- **板样**

- **树皮**：厚2～3 cm，质地疏松，易块状剥离，具乳白色树液。外皮灰褐色；易小片状脱落，残留较大的凹坑。内皮黄色；靠近材表部分韧皮纤维发达，可撕成麻丝状；石细胞发达，颗粒状，分布于近外皮部位。

- **木材材性**：具光泽。纹理典型交错；结构中，均匀；重量、强度、干缩中。加工较易，易钝刀；握钉、胶黏、抛光、油漆性能好。很耐腐。干燥快，稍有翘曲。锯屑能刺激皮肤而引起皮肤病。气干密度 0.62～0.72 g/cm³。

- **木材用途**：适用于刨切装饰单板、室内装修、高档家具、细木工板、地板、鞣皮革木桶、船舶、车辆、桥梁、海上用材等。可替代柚木 Teak（*Tectonga* sp.）。

# 凹果豆蔻 *Coelocaryon preussii*
## EKOUNE

肉豆蔻科
*Myristicaceae*

- **凹果豆蔻属** *Coelocaryon*
- **木材名称**：凹果豆蔻
- **地方名称**：Ekoune（加蓬），Ekun（赤道几内亚），Kikubi-lomba [刚果（布）]，Lomba-kumbi [刚果（金）]。
- **不规范名称**：无
- **识别要点**：内皮斜削面常见黄白相间的花纹；石细胞发达，层状排列明显。轴向薄壁组织轮界状及疏环管状。材质与丛花蔻 Ilomba 略相似，但略重些。

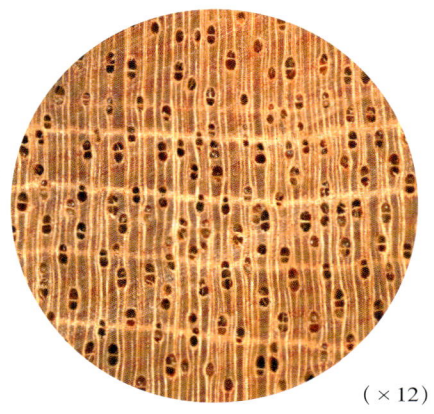

（×12）

- **宏观构造**：散孔材。管孔肉眼下可见，略少，大小中等；单管孔及径列复管孔（2个）；含侵填体。轴向薄壁组织放大镜下明显，轮界状及疏环管状。木射线放大镜下明显，略密，窄。

- **树木与分布**：大乔木，高可达 33 m，直径 0.6～1.0 m。本属 7 种，分布于非洲热带地区。该种主要从赤道几内亚、喀麦隆、加蓬等地区进口，量少。

- **横断面**：心边材区别不明显。心材红褐色，具暗紫色细条纹。边材浅褐色。生长轮不明显。

- **板样**

- **树皮**：厚 1.0～1.5 cm，质硬脆，易块状剥离。外皮灰褐色至灰白色，具细而少的纵裂纹。内皮黄褐色至红黄色，斜削面常见黄白相间的花纹；石细胞发达，大颗粒状，层状排列。

- **木材材性**：光泽强。纹理直；结构细而均匀；质轻软至重硬；强度中等；干缩大。加工较容易，适宜单板旋切；胶黏和砂光性能良好。握钉良好，须先打孔。不耐腐。干燥速度快，几无缺陷。气干密度 0.53～0.72 g/cm$^3$。

- **木材用途**：适用于旋切单板、胶合板、家具、细木工板、造船、木模、箱盒、室内装修、刨花板、玩具等。

# 安哥拉丛花树 *Pycanthus angolensis*
## ILOMBA

肉豆蔻科
*Myristicaceae*

- **丛花树属** *Pycanthus*
- **木材名称**：丛花蔻
- **地方名称**：Ilomba（安哥拉），Gboyei（塞拉利昂、利比里亚），Kpoyei（塞拉利昂），Ouale'le'、Walele（科特迪瓦），Otie（加纳），Calabo（赤道几内亚），Akomu（尼日利亚），Eteng（加蓬、喀麦隆），Nulak、Lolako、Lifondo [刚果（金）]，Pycananthus（英国）。
- **不规范名称**：无
- **识别要点**：韧皮纤维发达，可撕成层片状。原木端面易开裂。木材轴向薄壁组织肉眼难见。新切面具难闻气味。易与凹果豆蔻 Ekoune（*Coelocaryon preussii*）相混淆。

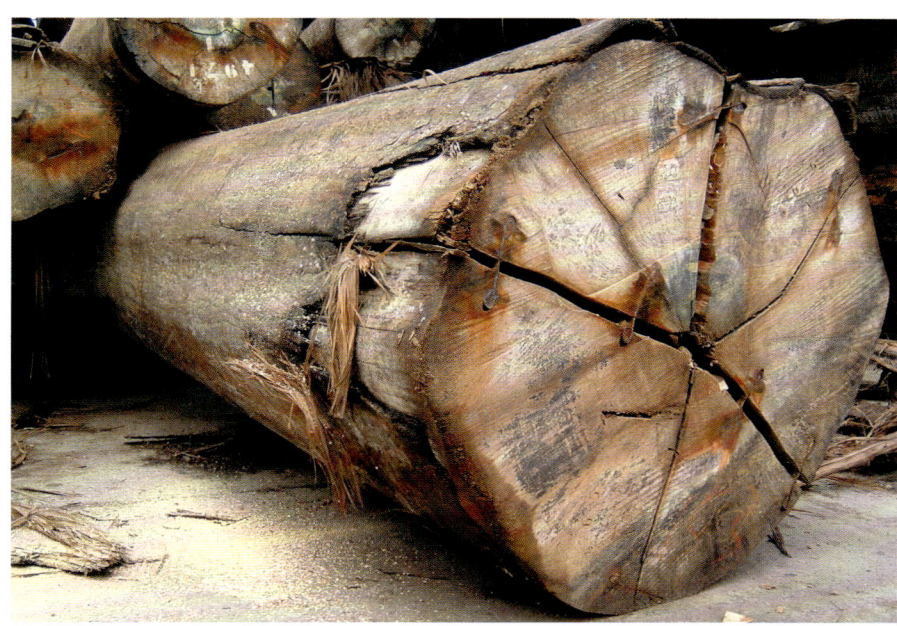

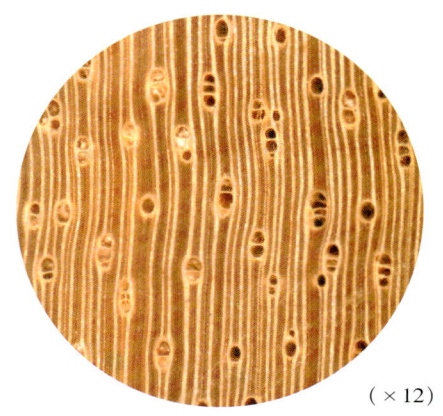

(×12)

- **宏观构造**：散孔材。管孔肉眼下可见，少而略大；单管孔及径列复管孔（2~3个）；具侵填体。轴向薄壁组织放大镜下可见，疏环管状。木射线放大镜下明显，密度中，窄。

- **树木与分布**：大乔木，高达36 m，胸径约0.75 m。本属8种，分布于热带非洲雨林地区，该种主要从赤道几内亚进口，成批量。

- **横断面**：心边材区别不明显。木材浅黄绿色或绿粉红色。生长轮略可见。

- **板样**

- **树皮**：厚2~3 cm，平滑，质较硬，易长条状脱落。外皮薄，灰褐色；略呈小片状脱落。内皮红褐色；韧皮纤维发达，可撕成层片状；石细胞丰富，大颗粒状，均匀分布。

- **木材材性**：光泽弱；新切面具难闻气味。纹理直；结构粗；质轻软；强度中；干缩甚大。锯解和刨光容易，旋切、胶黏性能好，握钉力强。不耐腐。干燥略快，易变形和开裂。气干密度约0.5 g/cm$^3$。

- **木材用途**：适用于胶合板的芯板、细木工板、刨花板、模型、家具部件等。

# 具柄西非肉豆蔻 *Staudtia stipitata*
## NIOVE

肉豆蔻科
*Myristicaceae*

- **西非肉豆蔻属** *Staudtia*
- **木材名称**：非洲肉豆蔻
- **地方名称**：Niove [加蓬、刚果（布）]，M'boun（加蓬），M'bonda（喀麦隆），Kamashi、Nkafi、Susumenga [刚果（金）]，Bokapi（赤道几内亚），Menga-menga [刚果（布）]，Oropa。
- **不规范名称**：大红檀、尼奥维
- **识别要点**：树皮具较多的卵圆形浅凹坑。到港原木表面和端面常呈红褐色。心材新鲜时血红色，具深色条纹。管孔内含丰富的侵填体。木材有辛辣味。

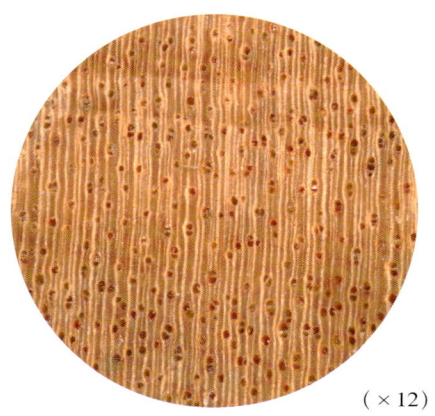

（×12）

- **宏观构造**：散孔材。管孔放大镜下略见，略多，略小；单管孔及径列复管孔（2～3个，多2个）；具丰富的侵填体。轴向薄壁组织放大镜下略见，疏环管状，轮界状。木射线放大镜下明显，略密，窄。

- **树木与分布**：大乔木，高达22 m，胸径约1.0 m，材表常见大的直棱条。本属2～3种，分布于西非地区。该种主要从加蓬、喀麦隆、刚果（布）等地区进口，较常见。

- **横断面**：心边材区别明显。心材新鲜时血红色，久则变暗红褐色，具深色条纹。边材浅黄色，宽8～13 cm。生长轮不明显。

- **板样**

- **树皮**：厚0.5～0.8 cm，质较硬脆，易小块状剥离。外皮灰褐色略带灰白，易小卵圆形脱落，残留浅凹坑。内皮红褐色至棕褐色，韧皮纤维略发达。

- **木材材性**：略具光泽和油性感；有辛辣味。纹理直；结构很细，均匀；质重硬；强度高；干缩大。锯解慢，易钝锯，最好采用钨钛钢的切削工具；刨面光滑；刨光和胶黏性能良好。很耐腐。干燥慢，易端裂。气干密度约0.9 g/cm$^3$。

- **木材用途**：适用于刨切单板、室内地板、高档家具、楼梯、装饰贴面板、船用甲板、细木工板、车旋等。

# 翼红铁木 Lophira alata
## AZOBE

金莲木科
Ochnaceae

- 红铁木属 *Lophira*
- 木材名称：红铁木
- 地方名称：Azobe、Esore（科特迪瓦），Bongossi、Bakundu（喀麦隆），Akoura、Akoga（加蓬、赤道几内亚），Kaku、Akoga、Boukole、Kako（加纳），Aba、Ekki（尼日利亚），Endwi（塞拉利昂），Hendui（塞拉利昂），Red Ironwood（英国），Bonkole [刚果（布）、英国]。
- 不规范名称：金莲木、非洲坤甸木、非洲红菠萝格
- 识别要点：木射线甚窄。管孔主为径列复管孔（2个），白色沉积物明显。轴向薄壁组织呈白色弦向细带状。心材暗红色至紫棕色。本属另一种剑叶红铁木 *L. lanceolata*，散生于几内亚，较翼红铁木质轻，强度低。

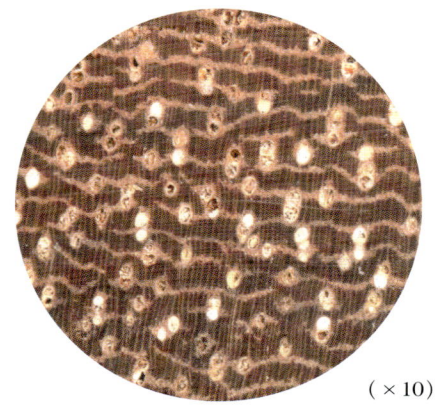

（×10）

- 宏观构造：散孔材。管孔肉眼下可见，少，略大；主为径列复管孔（2～4个，多2个），少数单管孔；含少量树胶及丰富的白色沉积物。轴向薄壁组织肉眼下明显，发达，白色弦向细带状。木射线放大镜下明显，略密，甚窄。

- 树木与分布：大乔木，高40～50 m，胸径达1.5 m。本属共2种，分布于西非。该种主要从加蓬、喀麦隆等地区进口，成批量。

- 横断面：心边材区别明显。心材暗红色至紫棕色，略具细条纹。边材浅玫瑰色，宽4～6 cm。生长轮不明显。

- 板样

- 树皮：厚0.8～1.5 cm，质硬脆，易小块状剥离。外皮灰褐色，皮底浅黄色；易鳞片状剥落。内皮紫褐色，韧皮纤维较硬，针状；石细胞发达，层状排列。

- 木材材性：具光泽。纹理交错；结构粗；甚重硬；强度高；干缩大。加工困难，极易钝锯，钉钉须先打孔；胶黏、表面装饰、刨光性能良好。很耐腐，为西非最耐久的木材之一。具抗酸性。干燥困难，多开裂。气干密度大于1.0 g/cm³。

- 木材用途：特别适合于港口用材、重型耐腐建筑结构材、桥墩、枕木、承重地板、甲板、家具、胶合板、雕刻、细木工板等。

# 特斯金莲木 *Testulea gabonensis*
## IZOMBE

金莲木科
Ochnaceae

- 特斯金莲木属 *Testulea*
- 木材名称：特斯金莲木
- 地方名称：Izombe、Ake、Akewe、N'komi（加蓬），Rone（喀麦隆），N'gwaki [刚果（布）]。
- 不规范名称：非洲金丝柚
- 识别要点：内皮紫红色。管孔绝大部分为单管孔，具丰富的深色树胶。轴向薄壁组织放大镜下不见，纵切板面常夹杂灰色斑条。

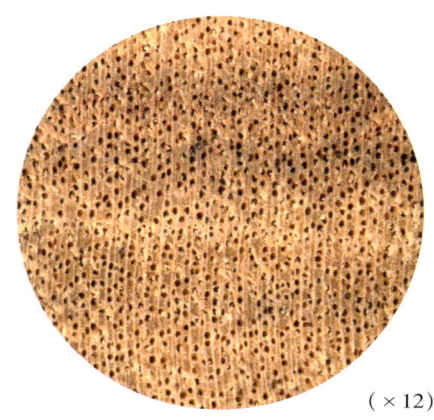

（×12）

- 宏观构造：散孔材。管孔放大镜下可见，略多，略小；主为单管孔，极少数径列复管孔（2个）；深色树胶丰富。轴向薄壁组织放大镜下不见。木射线放大镜下略可见，密度中，甚窄。

- 树木与分布：大乔木，高达35 m，直径达1.2 m，具高大板根。本属仅1种，分布于加蓬和喀麦隆，进口量不大。

- 横断面：心边材区别略明显，在交界处可见一圈红褐色线条。心材粉黄色，略带灰色调，具深色细条纹。边材浅黄色，宽3～6 cm，易蓝变。生长轮不明显。

- 板样

- 树皮：外皮表面灰褐色，内层浅黄白色。内皮紫红色。

- 木材材性：具光泽。纹理交错；结构极细，均匀；质重硬；强度略高；干缩中等。加工容易，质量好；握钉、胶黏、抛光、油漆性能良好。很耐腐。干燥容易，略有变形。气干密度0.72～0.8 g/cm³。

- 木材用途：适用于旋切单板、胶合板、细木工板、车旋、刨切微薄木、家具、地板、雕刻等。

# 克莱小红树 *Anopyxis klaineana*
## KOKOTI

红树科
*Rhizophoraceae*

- **小红树属** *Anopyxis*
- **木材名称**：小红树
- **地方名称**：Kokoti、Koketi、Kokotua、Kokoti-bakaa、Abra、Ankyi、Abari（加纳）、Weny（利比里亚）、Adonmeteu、Noudougou（喀麦隆）、Evam（加蓬）、Otutu（尼日利亚）、Bodioa（科特迪瓦）、Bobenkusu［刚果（金）］、Kasseku、Hainde、Poberoie（非洲）。
- **不规范名称**：无
- **识别要点**：外皮灰白色；硬；表面略起皱。管孔为单管孔。侵填体丰富。轴向薄壁组织翼状及聚翼状。

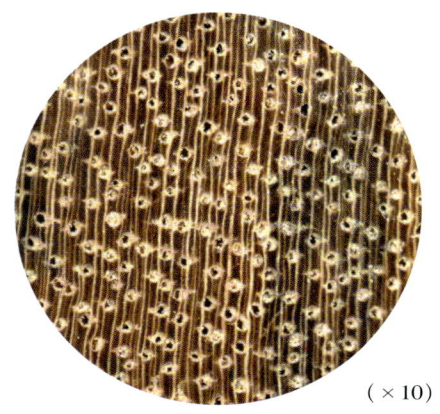

(×10)

- **宏观构造**：散孔材。管孔肉眼下可见，略少，大小中等；单管孔；侵填体丰富。轴向薄壁组织放大镜下明显，翼状及聚翼状。木射线放大镜下明显，略密，窄至略宽。

- **树木与分布**：大乔木，高达45 m，直径达1.1 m。本属3种，分布于非洲热带地区。该种主要从利比里亚进口，常成批量。

- **横断面**：心边材区别不明显。木材红褐色至黄褐色，久置后容易蓝变。生长轮不明显。

- **板样**

- **树皮**：厚2～3 cm，质地较脆，不易剥离。外皮灰白色；硬；表面略起皱。内皮红棕色；韧皮纤维发达，松针状；石细胞发达，大颗粒状，近外皮部位分布。

- **木材材性**：光泽强。纹理直；结构细而均匀；质重硬；强度大；干缩甚大。锯解和旋切加工容易；抛光、耐磨、胶黏性能好；钉钉需先打孔。略耐腐。干燥不难，易开裂。气干密度约0.88 g/cm³。

- **木材用途**：适用于旋切单板、一般建筑用材、室内装修、地板、细木工板、车旋制品、工具柄等。

# 富油红树 *Poga oleosa*
## OVOGA

红树科
*Rhizophoraceae*

- **赤非红树属** *Poga*
- **木材名称**：暂无
- **地方名称**：Ovoga（加蓬），Ngale（喀麦隆），Inoi、Nut（尼日利亚），Afo（加蓬、赤道几内亚），Jusia（加纳、科特迪瓦）。
- **不规范名称**：无
- **识别要点**：树皮松脆，表面灰褐色，密布卵圆形皮孔。管孔甚少，略大。木射线具宽、窄两类。径切面具银光花纹。木材浅玫瑰红色，质轻软。

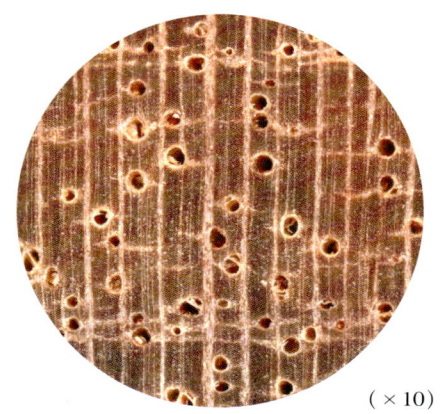

(×10)

- **宏观构造**：散孔材。管孔肉眼下明显，甚少，略大；主为单管孔，少数短径列或斜列复管孔（2个）；侵填体略见。轴向薄壁组织肉眼下可见，翼状、聚翼状及弦向带状。木射线肉眼下明显，稀，具宽、窄两类：宽者肉眼下明显，窄者放大镜下明显，甚窄。

- **树木与分布**：大乔木，高达45 m，胸径1.0 m以上。本属仅1种，主要分布于加蓬、喀麦隆、尼日利亚、刚果（布）等地区，进口量不大。

- **横断面**：心边材区别明显。心材浅玫瑰红色。边材灰白色，宽2～3 cm。生长轮不明显。

- **板样**

- **树皮**：厚约1 cm，质地松脆，易折断，易块状剥离。外皮灰褐色；密布卵圆形皮孔。内皮浅红褐色；石细胞发达，颗粒状，层状分布。

- **木材材性**：具光泽。径切面具银光花纹。纹理直；结构粗；质轻软；强度低；干缩大。加工性能良好，切面光滑，钉钉、胶黏、旋切性能良好。不耐腐。干燥性能好。气干密度约0.43 g/cm³。

- **木材用途**：适用于旋切单板、胶合板、装饰单板、家具构件、包装箱等。

# 毛帽柱木 *Mitragyna ciliata*
BAHIA

茜草科
*Rubiaceae*

- **帽柱木属** *Mitragyna*
- **木材名称：**帽柱木
- **地方名称：**Bahia（科特迪瓦、法国），Baya、Subaha（加纳），Elelom、Nzam（加蓬），Elolom（喀麦隆），Vuku、M'voukou [刚果（布）]，Mvuku、Maza [刚果（金）]，M'boy（塞拉利昂、利比里亚），Nzing（赞比亚、乌干达），Abura（尼日利亚）。
- **不规范名称：**无
- **识别要点：**管孔主要为短径列复管孔（2～3个）。轴向薄壁组织弦向细线状，与木射线构成网状。新鲜材具难闻气味。

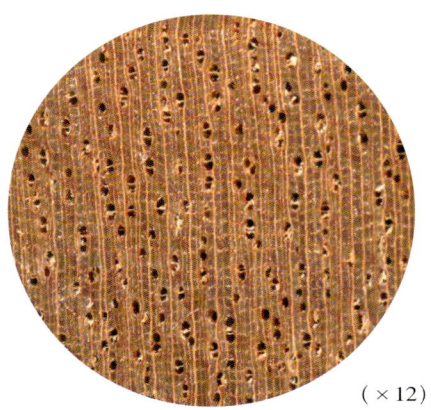

（×12）

- **宏观构造：**散孔材。管孔肉眼下可见，略多，略小；主为短径列复管孔（2～3个），少数单管孔。轴向薄壁组织放大镜下可见，弦向细线状，与木射线构成网状。木射线放大镜下明显，略密，窄。

- **树木与分布：**大乔木，高30～40 m，胸径1.0～1.2 m。本属10～12种，分布于非洲和亚洲热带地区。该种主要从加蓬，喀麦隆和刚果（布）进口，量少。

- **横断面：**心边材区别不明显。木材浅粉红褐色至浅红褐色。生长轮不明显。

- **板样**

- **树皮：**厚0.8～1.2 cm，质松软，易折断，易长条状剥离。外皮黑褐色，具不规则浅纵裂。内皮红褐色；韧皮纤维较发达。

- **木材材性：**光泽弱；新鲜材具难闻气味。交错纹理；结构甚细，均匀；重量、强度中；干缩大。锯、刨、旋切等加工容易，切面光滑，但因含硅石，易钝锯；油漆、胶黏、钉钉性能良好；抗酸性强。不耐腐。干燥快，略有降等。气干密度约0.56 g/cm³。

- **木材用途：**适用于细木工、木线条、家具、胶合板、地板、木模型、门窗等。因具抗酸性，是制造分离器和蓄电池箱的珍贵材料。

# 狄氏黄胆木 *Nauclea diderrichii*

**BADI**

茜草科
*Rubiaceae*

- **黄胆属** *Nauclea*
- **木材名称**：重黄胆木
- **地方名称**：Badi（科特迪瓦）、Kusia（加纳、利比里亚）、Bilinga（加蓬）、Akondoc（喀麦隆）、Aloma（赤道几内亚）、N'gulu-Maza [刚果（金）、刚果（布）]、Kilingi（乌干达）、Opepe（英国、尼日利亚）、Engolo（安哥拉）、Bundui（塞拉利昂）、Bonkangu、Kilu、Linzi、Mokesse（加纳）。
- **不规范名称**：黄花梨、黄檀木、金象牙
- **识别要点**：内皮黄褐色；韧皮纤维发达，易撕成松针状或麻丝状。心材深黄色至橘黄色。纹理交错。

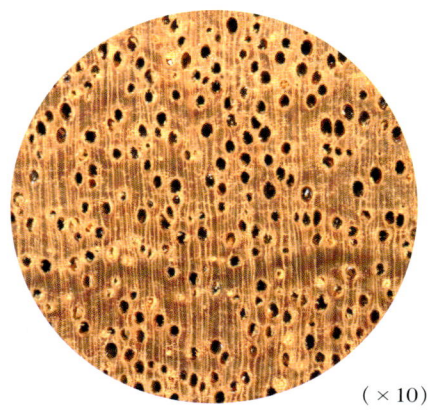

（×10）

- **宏观构造**：散孔材。管孔肉眼下明显，略少，略大；主为单管孔，极少径列复管孔（2个）；含黄褐色沉积物及侵填体。轴向薄壁组织放大镜下略见，疏环管状及星散状。木射线放大镜下可见，略密、窄。

- **树木与分布**：大乔木，高35～48 m，直径1～2 m。本属约35种，分布于热带亚洲、非洲和大洋洲。该种主要从赤道几内亚、利比里亚、喀麦隆、加蓬、刚果（布）等地区进口，量较大。

- **横断面**：心边材区别明显。心材深黄色至橘黄色。边材淡黄色或黄白色，宽4 cm左右。生长轮不明显。

- **板样**

- **树皮**：厚1～3 cm，质松软，易剥离。外皮灰褐色至灰白色；具细龟裂纹。内皮黄褐色；韧皮纤维发达，易撕成松针状或麻丝状；石细胞发达。

- **木材材性**：具光泽。纹理交错；结构细至略粗；材质中至重硬；强度略高，干缩大。加工性能良好；胶黏、抛光（需填底料）性能好；钉钉需先打孔。很耐腐。干燥慢，易开裂，略变形。气干密度0.67～0.78 g/cm³。

- **木材用途**：适用于建筑工程、高级耐腐室外用材、造船、码头、枕木、装饰单板、地板、楼梯扶手、家具、细木工等。可作为红铁木 Azobe（*Lophira* sp.）的替代品。

# 软崖椒 *Fagara heitzii*
## OLON

芸香科
*Rutaceae*

- **崖椒属** *Fagara*
- **木材名称**：软崖椒
- **地方名称**：Olon、Nungo（加蓬），Olon Tendre（法国、加蓬），Bongo（喀麦隆），M'banza［刚果（布）］，Kamasumu［刚果（金）］，Olonvogo（法国、非洲西部）。
- **不规范名称**：奥龙
- **识别要点**：外皮表面灰白色至灰褐色，底面黄色；具细小龟裂纹。内皮浅红褐色，可捏成粉末状；新材有香甜气味。

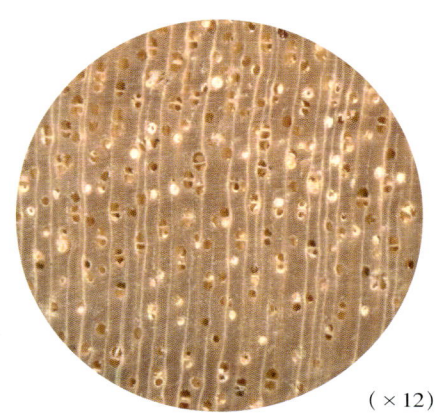

(×12)

- **宏观构造**：散孔材。管孔放大镜下明显，略少，略小；主为短径列复管孔（2～3个），少数单管孔；略见黑色树胶；侵填体和浅色沉积物丰富。轴向薄壁组织放大镜下不见。木射线放大镜下明显，稀，窄。

- **树木与分布**：大乔木，高达 31 m，直径约 1.5 m。本属 250 种，分布于热带地区。该种主要从加蓬、刚果（布）、喀麦隆、赤道几内亚、利比里亚进口，成批量。

- **横断面**：心边材区别明显。心材淡黄色，具黑色同心圆状细条纹。边材灰白色，宽 2 cm 左右。生长轮不明显。

- **树皮**：厚 1～2 cm，松脆，块状脱落。外皮表面灰白色至灰褐色，底面黄色；具细小龟裂纹。内皮浅红褐色，可捏成粉末状；石细胞颗粒状。

- **木材材性**：具光泽；新材有香甜气味。纹理交错；结构细而均匀；质轻软；强度中；韧性大；干缩中。加工较难，刨面易起毛；抛光、钉钉、胶黏、旋切性能好。略耐腐。干燥较快，略开裂。气干密度 0.51～0.56 g/cm³。

- **板样**

- **木材用途**：适用于家具构件、细木工板、室内装饰、微薄木、旋切芯板、胶合板等。

# 粗状阿林山榄 *Aningeria robusta*
## ANINGRE

山榄科
*Sapotaceae*

- **阿林山榄属** *Aningeria*
- **木材名称**：阿林山榄
- **地方名称**：Aningre（德国），Agnegra、Anegre、Aningeria（英国、科特迪瓦），Asamfona（加纳），Mukali、N'kali [刚果（布）]，Landosan、Landojan（尼日利亚），Kali（安哥拉），Tutu [刚果（金）]，Mukangu、Muna（肯尼亚），Mutok、Osan（乌干达），M'boul（中非地区）。
- **不规范名称**：安纳格
- **识别要点**：外皮表面灰白至灰黄褐色；具不规则纵向裂沟，略似菱形网格。轴向薄壁组织轮界状及弦向细线状。木制品颜色、花纹极似桦木（*Betula* sp.）。

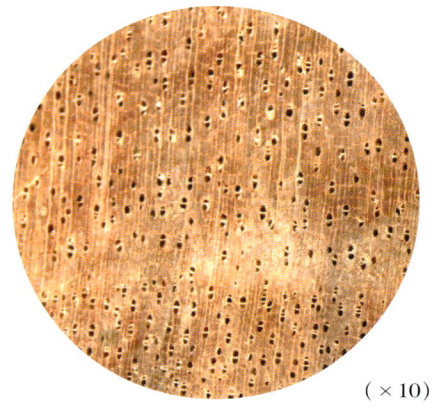

(×10)

- **宏观构造**：散孔材。管孔肉眼下略见，略少，略小；主为径列复管孔（2～3个），少数单管孔。轴向薄壁组织放大镜下可见，轮界状及弦向细线状。木射线放大镜下可见，略密，窄。

- **树木与分布**：大乔木，高30～36 m，直径可达1.5 m，具对称翼状板根。本属3种，分布于非洲热带地区。该种常从加蓬、喀麦隆、赤道几内亚进口，量较大。

- **横断面**：心边材区别不明显。木材浅黄白色。生长轮略明显。

- **树皮**：厚1～2 cm，质硬脆，易块状脱落。外皮表面灰白至灰黄褐色；具不规则纵向裂沟，略似菱形网格。内皮浅黄褐色；内皮纤维松针状；石细胞发达，大颗粒状。

- **木材材性**：具光泽和松柏香味。纹理直；结构细而匀；重量和强度中；干缩大。含硅石，易钝锯，旋切、刨切、胶黏、钉钉性能好；油漆欠佳。不耐腐，易蓝变。干燥性能好。气干密度约0.59 g/cm³。

- **板样**

- **木材用途**：适用于刨切薄木、旋切单板、胶合板、家具、细木工制品等。可作为黑胡桃 Walnut（*Juglans* sp.）的替代品。

# 奥特山榄 *Autranella congolensis*
## MUKULUNGU

山榄科
*Sapotaceae*

- **奥特山榄属** *Autranella*
- **木材名称**：奥特山榄
- **地方名称**：Mukulungu、Kabulungu、Kondo fino、Djave [刚果（金）、尼日利亚]、Elan、Elanzok、Elang [喀麦隆]、Bouanga [中非地区]、Mfua [刚果（布）]、Kungulu [安哥拉、刚果（金）]。
- **不规范名称**：红樱桃木
- **识别要点**：外皮灰白至灰褐色；具规则深沟槽。管孔呈径列或斜列。轴向薄壁组织弦向细带状，与木射线构成网状。本种与莱特山榄木材构造材性相近，本种材色更鲜红，更接近于樱桃木。

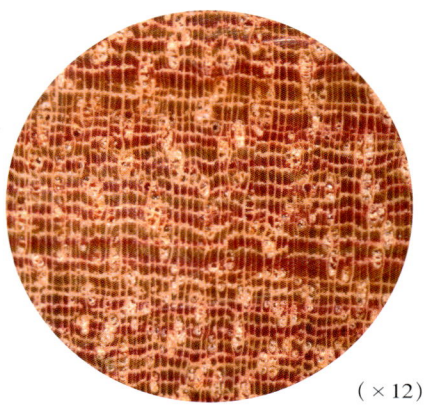

（×12）

- **宏观构造**：散孔材。管孔放大镜下可见，少，大小中等；主为短径列复管孔（2～4个），少数单管孔；径列或斜列。轴向薄壁组织放大镜下明显，弦向线状，细而密集，与木射线构成网状。木射线放大镜下明显，略密，窄。

- **树木与分布**：大乔木，高达 30 m，直径约 1.0 m。本属仅 1 种，主要分布于喀麦隆、加蓬、刚果（布）、赤道几内亚等地区，进口量不大。

- **横断面**：心边材区别明显。心材红色或深红色，略具深色细条纹。边材浅灰红色，宽 3～5 cm。生长轮不明显。

- **树皮**：厚 2～4 cm，质硬，不易折断，块状脱落。外皮表面灰白至灰褐色；具规则深沟槽；内层较厚，可达 2 cm；黑褐色。内皮鲜红色；韧皮纤维发达，层片状。

- **板样**

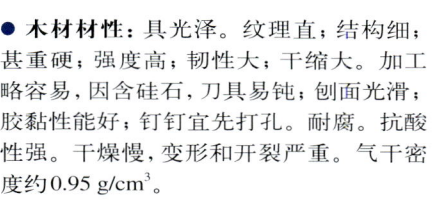

- **木材材性**：具光泽。纹理直；结构细；甚重硬；强度高；韧性大；干缩大。加工略容易，因含硅石，刀具易钝；刨面光滑；胶黏性能好；钉钉宜先打孔。耐腐。抗酸性强。干燥慢，变形和开裂严重。气干密度约 0.95 g/cm³。

- **木材用途**：适用于耐久性器材、高档地板、桥梁、刨切微薄木、装饰单板、运动器材、细木工、矿柱、酸液容器等。

# 毒籽山榄 *Baillonella toxisperma*
## MOABI

山榄科
*Sapotaceae*

- **毒籽山榄属** *Baillonella*
- **木材名称**：毒籽山榄
- **地方名称**：Moabi、Njabi（尼日利亚、喀麦隆），Adza、Oabe、Orere、M'Foi（加蓬），Adjap、Ayap（喀麦隆、赤道几内亚），Dimpampi[刚果（布）]，Muamba jaune[刚果（金）]，Daku（加纳），Djave（尼日利亚），Ayab（科特迪瓦），African Pearwood（英国）。
- **不规范名称**：樱桃木
- **识别要点**：内皮外层红褐色，具沟槽，粗糙易碎；内层黄白色。树皮受伤后溢出乳白色树液。轴向薄壁组织弦向细线状，与木射线构成网状。木材红褐色，与樱桃木材色相近。

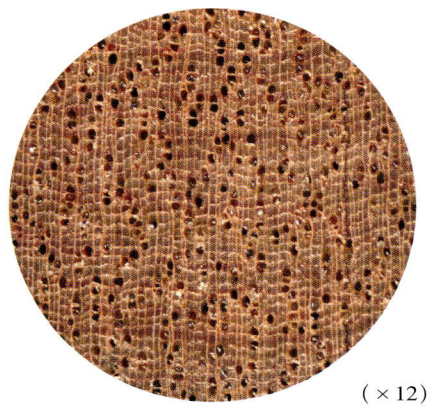

（×12）

- **宏观构造**：散孔材。管孔放大镜下明显，多，略小；主为短径列复管孔（2～3个），少数单管孔；侵填体丰富。轴向薄壁组织放大镜下可见，弦向线状，细而密集，与木射线构成网状。木射线放大镜下可见，略密，窄。

- **树木与分布**：大乔木，高达60 m，直径达3 m，材表具浅沟槽。本属仅1种，分布于非洲赤道地区，常从加蓬、喀麦隆、刚果（布）、赤道几内亚等地区进口，成小批量。

- **横断面**：心边材区别明显。心材浅红褐色至深红色。边材灰红褐色，宽5～7 cm。生长轮不明显。

- **树皮**：厚2～4 cm，质松脆，不易剥离。外皮灰褐色；易小片状剥落。内皮外层红褐色，具沟槽，粗糙易碎；内层黄白色；砍削后溢出乳白色树液。进口时外皮常不见，仅见红褐色的具沟槽的内皮。

- **木材材性**：具光泽。纹理直；结构细而均匀；重硬；强度高；干缩大。含硅石，刀具易钝；含树胶，易粘锯；钉钉、胶黏、抛光性能良好。很耐腐。干燥慢，略有变形和开裂。粉尘能刺激黏膜。气干密度0.83～0.94 g/cm³。

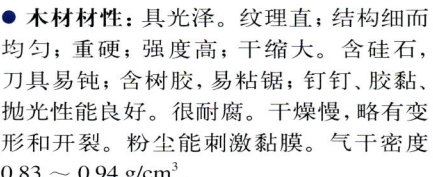

- **板样**

- **木材用途**：适用于高档家具、刨切薄木、装饰单板、室内装饰、地板、细木工、木雕等。可作为猴子果Makore（*Tieghemella heckelii*）的替代品。

# 非洲甘比山榄 *Gambeya africana*
LONGHI

山榄科
Sapotaceae

- 甘比山榄属 *Gambeya*
- 木材名称：甘比山榄
- 地方名称：Longhi [刚果（布）]、Abam（喀麦隆）、M'bebame（加蓬）、Aningueri rouge、Anandio、Akatio（科特迪瓦）、Longui、Longui Rouge [刚果（布）]、Bopambu [刚果（金）]、Longhi blanc（西非）。
- 不规范名称：白胡桃
- 识别要点：外皮灰白至灰褐色，略现浅棱条状。管孔主为短径列复管孔。轴向薄壁组织弦向细线状，与木射线构成网状。

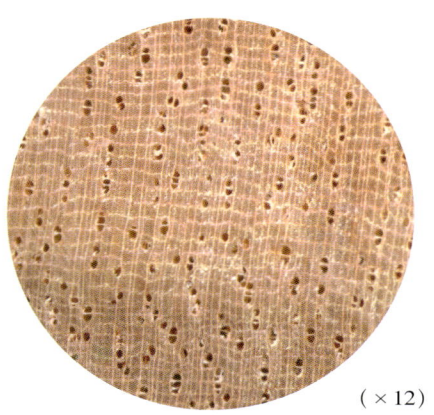

(×12)

- 宏观构造：散孔材。管孔肉眼下可见，略少，大小中等；主为短径列复管孔（2～3个），少数单管孔；侵填体可见。轴向薄壁组织放大镜下明显，弦向线状，细而密集，与木射线构成网状。木射线放大镜下可见，密而窄。

- 树木与分布：大乔木，高21～32 m，胸径0.6 m以上，具板根。本属14种，分布于美洲和非洲的热带地区。该种主要从刚果（布）、加蓬、喀麦隆进口，成批量。

- 横断面：心边材区别不明显。木材新切面粉红褐色，久则成黄褐色，具深色细而密集的条纹。生长轮不明显。

- 板样

- 树皮：厚0.5～1.5 cm，较软，日晒后易块状剥离。外皮灰白至灰褐色，略现浅棱条状。内皮黄白色；韧皮纤维略发达。

- 木材材性：略具光泽。纹理直；结构细而均匀；重量中；强度高；干缩大。旋、刨切加工容易，切面光滑；胶黏、握钉性能良好。不耐腐。干燥容易，易开裂。气干密度0.56～0.77 g/cm³。

- 木材用途：适用于刨切微薄木、单板和胶合板、细木工板、地板、家具、运动器材、车工制品等。

# 莱特山榄 *Letestua durissima*
## YESO SPRUCE

山榄科
*Sapotaceae*

- **莱特山榄属** *Letestua*
- **木材名称**：莱特山榄
- **地方名称**：Congotali [刚果（布）]，Kong-afane（加蓬）。
- **不规范名称**：无
- **识别要点**：心材紫红褐色。管孔呈径向排列，主为径列复管孔（2～6个）。轴向薄壁组织弦向细线状，与木射线构成网状。材质甚重硬。

- **树木与分布**：大乔木，高35～41 m，直径1.1～2.0 m。本属2种，分布于非洲赤道地区，该种主要从加蓬、刚果（布）、赤道几内亚进口，量不多。

- **横断面**：心边材区别明显。心材紫红褐色。边材白至浅红褐色，宽4～8 cm。生长轮不明显。

- **树皮**：厚0.5～1 cm，质硬脆，易折断，易长条状脱落。外皮灰褐色；具细龟裂纹，小片状脱落。内皮红褐色；韧皮纤维发达。

- **木材材性**：具光泽。纹理直；结构细而均匀；甚重硬；强度高；韧性高；干缩甚大。含硅石，加工困难，切面光滑，握钉力强，需先打孔；胶黏性能差。耐腐。干燥易开裂和变形。气干密度约1.1 g/cm³。

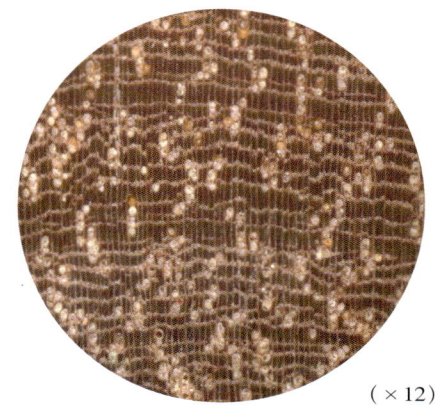

（×12）

- **宏观构造**：散孔材。管孔放大镜下明显，略少，大小中等；主为径列复管孔（2～6个），少数单管孔；径列；充满侵填体和褐色树胶。轴向薄壁组织放大镜下明显，弦向细线状，与木射线构成网状。木射线放大镜下可见，密而窄。

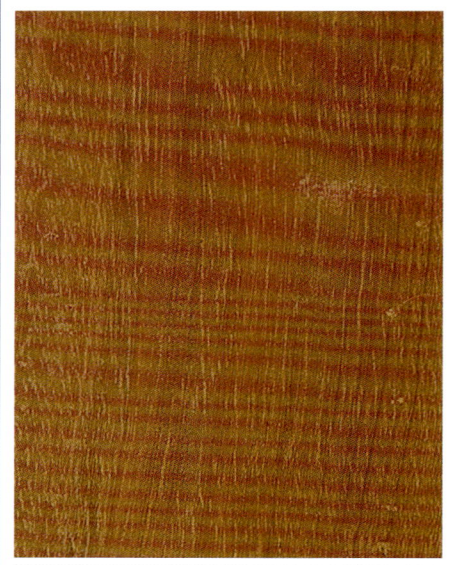

- **板样**

- **木材用途**：适用于重型建筑用材、码头、重载地板、运动器材、精密仪器、车辆、枕木、承重垫木等。

# 猴子果 *Tieghemella heckelii*
## MAKORE

山榄科
*Sapotaceae*

- 猴子果属 *Tieghemella*
- 木材名称：猴子果
- 地方名称：Makore（科特迪瓦、加蓬、利比里亚），Douka[喀麦隆、刚果（布）、加蓬]，Baku、Abaku、Edumo、Makwe（加纳），Aganokwi、Aganokwa（尼日利亚），Makorou、Dumori（科特迪瓦），Okolla（赤道几内亚）。
- 不规范名称：圣桃木、红樱桃、麦格利
- 识别要点：外皮灰白至灰红色，具细纵裂。管孔呈径向排列。轴向薄壁组织弦向细线状，与木射线构成网状。锯末对鼻、喉和皮肤具刺激性。

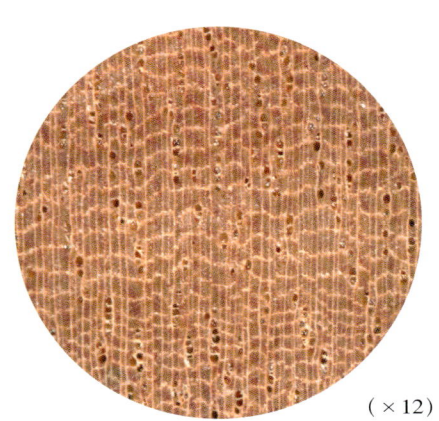

（×12）

- **宏观构造**：散孔材。管孔放大镜下明显，略少，大小中等；主为径列复管孔（2～5个），少数单管孔；呈径列；具侵填体和树胶。轴向薄壁组织放大镜下明显，弦向线状，细而密集，与木射线构成网状。木射线放大镜下可见，密，甚窄。

- **树木与分布**：大乔木，高36～45 m，直径可达3.0 m，为森林中最大树种之一。本属2种，分布于热带西非，该种主要从加蓬、喀麦隆、赤道几内亚进口，成批量。

- **横断面**：心边材区别明显。心材浅玫瑰色至深红褐色。边材浅粉红色，宽5～7 cm。生长轮不明显。

- **板样**

- **树皮**：厚2～3 cm，较疏松，易块状剥落。外皮灰白至灰红色，具细纵裂。内皮红褐色；韧皮纤维发达。

- **木材材性**：光泽强。纹理直；结构细而均匀；重量和硬度中等；强度高；干缩中。含硅石，刀具易钝；旋切、刨切、胶黏性能良好；钉钉须先打孔。很耐腐，抗白蚁。干燥慢，缺陷少。锯末对鼻、喉和皮肤具刺激性。气干密度约0.7 g/cm³。

- **木材用途**：适用于刨切单板、细木工制品、胶合板、地板、家具、木线条、室内装饰材料、车旋制品、精密仪器、雕刻等。

# 黄苹婆 *Sterculia oblonga*
## EYONG

梧桐科
*Sterculiaceae*

- **苹婆属** *Sterculia*
- **木材名称**：黄苹婆
- **地方名称**：Eyong、Bongele（喀麦隆）、Yellow sterculia、White sterculia（英国）、Okoko（尼日利亚）、Ohaa、Ekonge（加纳）、Bi、Azodo（科特迪瓦）、N'zong（赤道几内亚、加蓬）、N'jong、N'chong（加蓬）、Gboyo、Bongo（中非）、Diyo（非洲其他国家）。
- **不规范名称**：金孔雀木、黄鸡翅、蕾丝木、依杨。
- **识别要点**：内皮浅黄色；韧皮纤维极发达，易撕成层片状。轴向薄壁组织发达，弦向带状，宽窄不均匀，具有立体视觉效果。

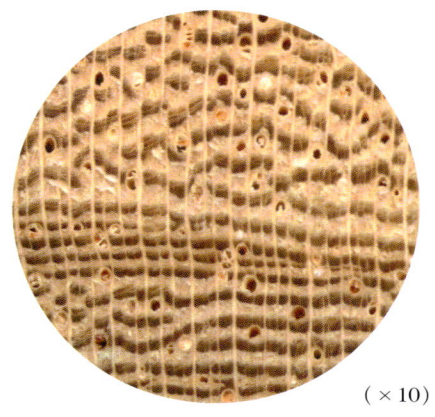

（×10）

- **宏观构造**：散孔材。管孔放大镜下可见，数少，略小；主为单管孔，少数短径列复管孔（2～3个）；含黄褐色树胶及少量白色沉积物。轴向薄壁组织肉眼下明显，发达，弦向波浪形带状，宽窄不均匀，具有立体视觉效果。木射线放大镜下明显，稀，略宽。

- **树木与分布**：大乔木，高25～31 m，直径0.7～1.0 m，具大板根。本属约300种，分布于世界热带地区。该种主要从喀麦隆、赤道几内亚、加蓬进口，成批量。

- **横断面**：心边材区别不明显。木材浅黄褐色，具深色细条纹。生长轮不明显。

- **板样**

- **树皮**：厚1～2 cm，质软，易长条状剥离。外皮灰褐色；薄；易纸片状脱落；具卵圆形皮孔。内皮浅黄色；韧皮纤维极发达，易撕成层片状。

- **木材材性**：具光泽；具难闻气味；具油性感。纹理略交错；结构粗；材质中至重硬；强度中；干缩大。机械加工容易；胶黏易脱胶；抛光性能好；钉钉易开裂；涂饰稍差。不耐腐。干燥慢，易开裂、皱缩、横弯。气干密度0.69～0.78 g/cm³。

- **木材用途**：适用于轻型建筑、装饰单板、装饰贴面板、胶合板、耐腐要求不高的结构材等。

# 褐苹婆 *Sterculia rhinopetala*
## LOTOFA

梧桐科
Sterculiaceae

- **苹婆属** *Sterculia*
- **木材名称**：褐苹婆
- **地方名称**：Lotofa（科特迪瓦）、Brown sterculia、Red sterculia（英国）、Wawabima（加纳）、Awasia、Mfotomfro（加纳）、Aye（尼日利亚）、N'kanang（喀麦隆）、Bunga（非洲）。
- **不规范名称**：无
- **识别要点**：内皮红褐色；韧皮纤维易撕成层片状。管孔含树胶及白色沉积物。轴向薄壁组织弦向带状，与木射线构成网状。生材有辛辣滋味。

- **树木与分布**：大乔木，高 28～37 m，直径 1 m 左右，具大板根。该属约 300 种，分布于世界热带地区。该种主要从喀麦隆进口，量不多。

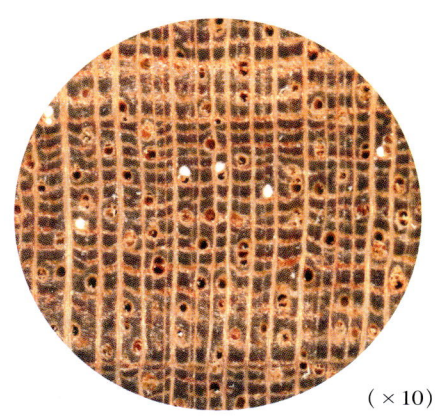

(×10)

- **宏观构造**：散孔材。管孔肉眼下可见，少，大小中等；单管孔及径列复管孔（2～4 个）；含树胶及白色沉积物。轴向薄壁组织肉眼下明显，发达，弦向带状，与木射线构成网状。木射线肉眼下可见，密度中，略宽。

- **横断面**：心边材区别略明显。心材灰红褐色至深红褐色。边材色略浅，宽 4～6 cm。生长轮不明显。

- **板样**

- **树皮**：厚 1～2 cm，质硬，具韧性，易长条状或大块状剥落。外皮灰褐色；具细龟裂，易小片状脱落。内皮红褐色；韧皮纤维发达，易撕成层片状。

- **木材材性**：光泽弱；有辛辣滋味。纹理直或略交错；结构粗；质地中至重硬；强度高；干缩大。加工容易，表面易起毛；胶黏性能良好；钉钉易开裂。不耐腐。干燥慢，易开裂、翘曲和皱缩。气干密度 0.73～0.77 g/cm³。

- **木材用途**：适用于旋切单板、胶合板、细木工、地板、家具构件、一般建筑、车工制品等。

# 白梧桐 *Triplochiton scleroxylon*
## AYOUS

梧桐科
*Sterculiaceae*

- **白梧桐属** *Triplochiton*
- **木材名称**：白梧桐
- **地方名称**：Ayous [喀麦隆、刚果（金）、刚果（布）]，Obeche（英国），Wawa（加纳、利比里亚、英国），Ayus（赤道几内亚），Pataboa（加纳），Arere、Obechi（尼日利亚），Samba（科特迪瓦），M'Bado（中非），Cepa（非洲），Abachi（德国、荷兰）。
- **不规范名称**：非洲白木、阿尤丝、非洲白胡桃
- **识别要点**：外皮铁锈红色；呈不规则小片状脱落；表面常残留白色粉末。韧皮纤维呈纸片状层状排列。生材具似臭鸡蛋样难闻气味。木材色浅，质轻，干缩小，弦面可见波痕。

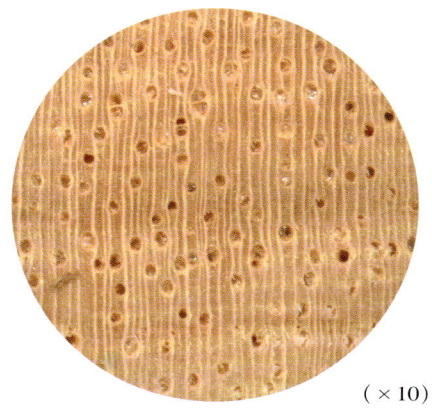

（×10）

- **宏观构造**：散孔材。管孔肉眼下可见，少，大小中等；主为单管孔，少数短径列复管孔（2～3个）；具侵填体。轴向薄壁组织放大镜下不见。木射线肉眼下略见，密度中，窄。

- **树木与分布**：大乔木，高达45 m，直径可达1.5 m，具大板根。本属2～3种，分布于热带非洲。该种常从赤道几内亚、喀麦隆、加蓬进口，批量大。

- **横断面**：心边材区别不明显。木材乳白色至淡黄色。生长轮不明显。

- **板样**

- **树皮**：厚4 cm，表面粗糙，呈大条块状剥落。外皮铁锈红色；呈不规则小片状脱落；表面常残留白色粉末。内皮红褐色；韧皮纤维发达，呈纸片状层状排列；近内皮纤维层石细胞发达，层状排列。

- **木材材性**：具光泽；生材具似臭鸡蛋样难闻气味。纹理交错，结构中，均匀；质轻软；强度低；干缩小。加工容易，切面光滑；旋切、刨切性能良好；油漆、胶黏、抛光性能好。不耐腐，易蓝变。干燥快，缺陷少。气干密度0.33～0.48 g/cm$^3$。

- **木材用途**：适用于胶合板、刨切微薄木、人造科技木、模具、轻型家具部件、包装箱、细木工制品、乐器、乒乓球拍等。可作为云杉、白杨的替代品，质更优。

# 三 其他地区
## Other Region

# 械木 Acer sp.
## MAPLE

械树科
*Aceraceae*

- **械属** *Acer*
- **木材名称**：软械木
- **地方名称**：Maple、Soft maple、Red maple、Swamp maple、Silver maple、Water maple、River maple、Big leaf maple、Scarlet maple（北美洲）。
- **不规范名称**：美洲枫木、红影
- **识别要点**：树皮具深纵裂，外皮易窄片状脱落。白色边材宽，利用价值高。弦切面常见"雀眼"图案，欣赏价值高。软械木类较硬械木类色浅，髓斑多，木射线宽而明显，密度小，质软。

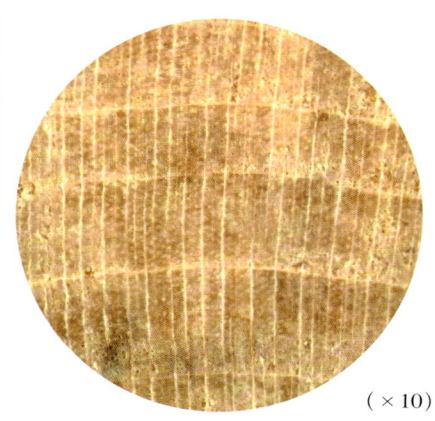

（×10）

- **宏观构造**：散孔材。管孔放大镜下可见，略少，小；主为单管孔，少数复管孔（2～3个）。轴向薄壁组织不见。木射线肉眼下可见，稀至中，窄。

- **树木与分布**：落叶乔木，高15～28 m，胸径约0.75 m。北美洲常见13种，根据密度大小，常分为软械木和硬械木，主要分布于北美洲的加拿大和美国东部。常以集装箱运输方式从美国和加拿大进口，量较大。

- **横断面**：心边材区别明显。心材浅红褐色。边材白色至灰白色，宽，利用价值高。生长轮明显，轮间介以深色细线。

- **板样**

- **树皮**：厚1.0～2.0 cm。外皮灰黄或灰褐色；具有深纵裂；易窄片状脱落。内皮灰黄或红褐色；韧皮纤维发达。

- **木材材性**：有光泽；切面常见"雀眼"图案。纹理直；结构细而均匀；质轻软；强度、韧性适中。切削、涂色、胶黏和磨光性能良好；钉子和螺钉旋入很困难；握钉力强。不耐腐。干燥较慢，可能伴有深裂。气干密度0.49～0.55 g/cm³。

- **木材用途**：主要适用于制作地板、板条箱、家具、乐器、刨切单板、胶合板、细木工制品、枪托、家具、车旋材等。

# 白桦 *Betula platyphylla*
## BIRCH

桦木科
*Betulaceae*

- **桦木属** *Betula*
- **木材名称**：桦木
- **地方名称**：Birch（通称），Bereza（俄罗斯），粉桦、兴安白桦（中国），Asian white birch（英国、法国）。
- **不规范名称**：无
- **识别要点**：外皮平滑横生，粉白色并带有白粉，常反卷。皮孔明显，横生。材表常留褐色内皮块。管孔细而密。木材结构细而匀。

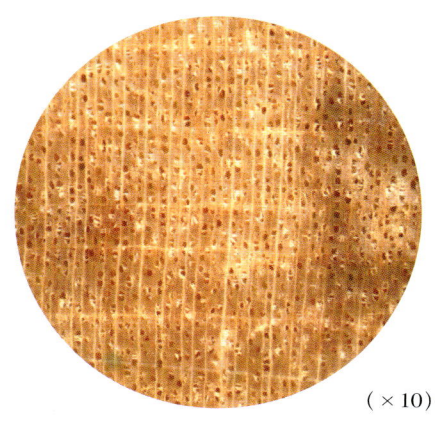

( ×10 )

- **宏观构造**：散孔材。管孔放大镜下可见，多，略小；多为径列复管孔（2～3个），少数单管孔。轴向薄壁组织放大镜下可见，轮界状。木射线放大镜下可见，密而窄。

- **树木与分布**：落叶乔木，高达 27 m，胸径达 0.8 m。主要分布于俄罗斯西伯利亚、远东地区、我国东北、内蒙古地区。主要从俄罗斯进口，量大。

- **横断面**：心边材区别不明显。木材黄白色略带褐，心部常因真菌侵害而呈红褐色，略似心材。生长轮略明显，在近轮界处，由于管孔逐渐稀少，形成一条深色的界线。

- **板样**

- **树皮**：厚 1.2～1.5 cm，质硬，不易剥离。外皮薄，常反卷，粉白色；最外层膜状，质韧，可以单层或多层横向剥离，内层呈肉红色；皮孔横生，纺锤形或线形，常出现与皮孔垂直的小纵裂纹。内皮厚 3～8 mm，栗棕色，质坚硬；石细胞明显，小块状密集，弦向排列。

- **木材材性**：具光泽。纹理直至斜；结构细，均匀。重量、硬度、强度中；富弹性；干缩小。加工性能良好，切面光滑；易黏合、染色、磨光、旋切；握钉力强，但易钉裂。不耐腐，湿材极易变性。自然干燥快，易翘曲和干裂。气干密度约 0.67 g/cm³。

- **木材用途**：可用作胶合板、细木工制品、家具、单板、纺织线轴、鞋楦、车辆、运动器材、家具、乐器、造纸原料等。

# 欧洲鹅耳枥 *Carpinus betulus*
## CHARME

桦木科
*Betulaceae*

- 鹅耳枥属 *Carpinus*
- 木材名称：暂无
- 地方名称：Charme、Hornbeam、European hornbeam（法国）、Haagbeuk（荷兰）、Hainbuche（德国、奥地利）。
- 不规范名称：无
- 识别要点：该树种为边材树种，木材浅灰色至白色。木射线分宽窄两类，生长轮与宽木射线交界处常见凹陷，并呈涟漪状花纹。

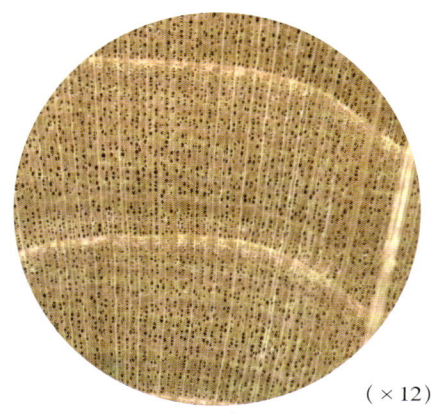

（×12）

- 宏观构造：散孔材。管孔放大镜下明显，略多，甚小；单管孔及长径列复管孔（2～10个）。轴向薄壁组织放大镜下不见。木射线密，分宽窄两类：宽者肉眼下明显，生长轮与其交界处常见凹陷，生长轮在宽木射线间呈涟漪状花纹；窄者放大镜下明显，甚窄。

- 树木与分布：乔木，高15～25 m，直径约0.6 m，树干细长。分布于欧洲、小亚细亚和伊朗，曾从法国进口，少见。

- 树皮：进口时一般不带树皮，不带白边。

- 横断面：心边材区别不明显。木材浅灰色至白色，为边材树种。生长轮明显，灰白色，波浪形。

- 板样

- 木材材性：具光泽。纹理略斜；结构细而匀；质重硬；强度高；干缩大。加工困难，切面光滑；胶黏、染色、磨光及弯曲性能良好。不耐腐。干燥容易，略翘曲和开裂。气干密度0.78～0.94 g/cm³。

- 木材用途：适用于钢琴、小提琴的琴马、细木工制品、地板、球棍、滑轮、木齿轮等，染成黑色可代替黑檀。

# 李叶苏木 *Hymenaea courbaril*
## JATOBA

苏木科
*Caesalpiniaceae*

- **李叶苏木属** *Hymenaea*
- **木材名称**：李叶苏木
- **地方名称**：Jatoba、Jatahy、Jutai（巴西），Cuapinol、Guapinol（墨西哥），Rode lokus、Moire、Not、Stinking toe、Locust、Kwanari（圭亚那），Rode lokus（苏里南），Algarrobo、Azucar-huayo（秘鲁）
- **不规范名称**：南美花梨、南美柚木、巴西柚木
- **识别要点**：活树干会渗出一种红色树胶，被称为南美树脂，用来制作树脂涂料。轴向薄壁组织丰富，环管状、翼状及轮界状。常用来冒充柚木，但李叶苏木为散孔材，两者较易区分。

- **树木与分布**：大乔木，高达 30～45 m，直径 60～150 cm。干形好，主干长，大树具板根或基部膨大。本属共 25 种，主要分布于墨西哥、古巴及热带南美洲，该种主要分布于苏里南、圭亚那、墨西哥等中南美洲国家。

- **树皮**：厚 1.0～2.0 cm，大径原木可达 5.0 cm，质硬，不易折断，易大块状脱落。外皮表面灰褐色，内部深红褐色，平滑，具细小有规则的浅龟裂。内皮红褐色，韧皮纤维不发达；石细胞丰富，大颗粒状。

- **横断面**：心边材区别明显。心材红褐色、橘红褐至紫红褐色，常具深色宽条纹。边材黄白色，较宽，8.0～12 cm。生长轮明显。

- **木材材性**：木材光泽强。纹理直或交错；结构中，略均匀；质硬重；干缩甚大。加工困难，需较大动力，建议使用合金刀具；耐磨性好；握钉力强；胶合性能好；油漆性佳。耐腐性好。干燥略困难，易出现轻微的面裂、翘曲、开裂和表面硬化。气干密度 0.88～0.96 g/cm³。

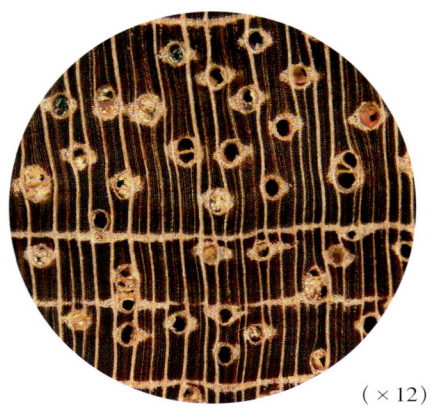

（×12）

- **宏观构造**：散孔材。管孔肉眼下可见，甚少，略大，主为单管孔，少数径列复管孔（2～4 个）；树胶及浅色沉积物丰富。轴向薄壁组织放大镜下明显，环管状、翼状及轮界状。木射线放大镜下明显，略密，略宽。

- **板样**

- **木材用途**：适用于实木地板、室内装修、高级家具、装饰单板、车旋件、楼梯扶手、橱柜、乐器等。

# 紫心苏木 *Peltogyne* sp.
## PURPLEHEART

苏木科
*Caesalpiniaceae*

- **紫心苏木属** *Peltogyne*
- **木材名称**：紫心苏木
- **地方名称**：Purpleheart（圭亚那、苏里南－代码PPH），Koroborelli、Amaranth、Amarante、Morado（委内瑞拉、玻利维亚）、Pau-roxo、Guarabu、Roxinho（巴西）、Koroboreli、Saka、Sakavalli、Mazareno、Bois violet（法属圭亚那）、Zapatero（委内瑞拉）、Polo morado（墨西哥），Coata quicava、Dioletwood。
- **不规范名称**：紫罗兰
- **识别要点**：心材具独特的紫褐色。单侧翼状的轴向薄壁组织明显。石细胞辐射状排列。木材重硬，结构细而匀。

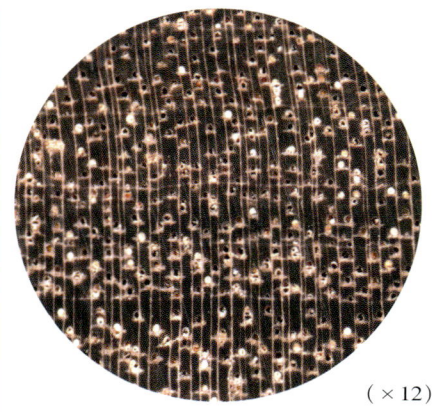

（×12）

- **宏观构造**：散孔材。管孔放大镜下明显，略多，小；主为单管孔，少数径列复管孔（2～3个）；含浅色沉积物。轴向薄壁组织放大镜下明显，较发达，单侧翼状、聚翼状、断续带状及轮界状。木射线放大镜下明显，略密，窄，排列均匀。

- **树木与分布**：大乔木，高达50 m，直径1 m以上，具大板根。本属约25种，分布于南美洲的热带地区。常从苏里南和圭亚那进口，成批量。

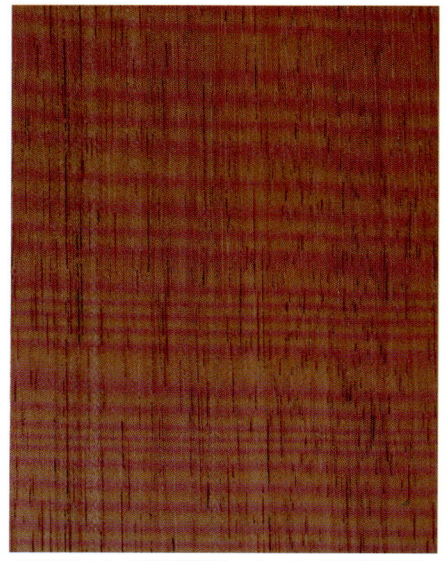

- **横断面**：心边材区别明显。心材新切面为浅褐色，逐渐转为深紫色至紫褐色。边材近白色。生长轮略明显。

- **树皮**：厚2 cm左右，质硬，块状剥离，但剥离较难。外皮薄，黑褐色；具不规则浅裂，纸片状脱落。内皮玫瑰红色；石细胞多，辐射状排列。材表有近圆形的皮刺凹痕。

- **木材材性**：具光泽。纹理直；结构细而均匀；质重硬；强度高；干缩小。加工略难，树胶易塞锯；刨切、着色、胶黏、抛光、油漆等性能良好；钉钉需先打孔。具一定耐酸和阻燃性。很耐腐，抗白蚁。干燥慢，略开裂和翘曲。气干密度常大于0.8 g/cm³。

- **板样**

- **木材用途**：适用于重型结构、高档家具、地板、室内外装修、雕刻、首饰盒、车旋制品、乐器、造船、抗酸木桶、运动器材、枕木、矿柱、电杆等。

# 甘蓝豆 *Andira* sp.
## ANGELIN

蝶形花科
*Fabaceae*

- 甘蓝豆属 *Andira*
- 木材名称：甘蓝豆
- 地方名称：Angelin、Anglim（南美洲统称），Rode kabbes（苏里南），Andira、Acapurana（巴西），Koraro（圭亚那），Partridge wood（美国）
- 不规范名称：无
- 识别要点：轴向薄壁组织很丰富，翼状及聚翼状，在弦切面上呈锯齿花纹。木材质重硬，结构细而匀。

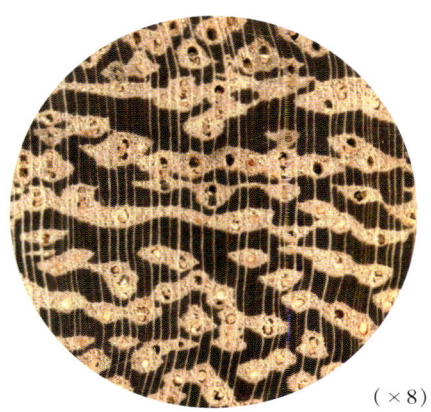

(×8)

- **宏观构造**：散孔材。管孔肉眼下明显，甚少，略大；主为单管孔，少数径列复管孔（2～3个）；含丰富浅色沉积物。轴向薄壁组织肉眼下明显，极发达，翼状及聚翼状。木射线放大镜下明显，密度中，窄。

- **树木与分布**：常绿大乔木，高达30 m，直径约0.8 m，为观赏树和遮阴树品种。本属约35种，分布于南美和中美热带地区。常从苏里南、法属圭亚那进口，量少。

- **横断面**：心边材区别略明显。心材红褐色至深红褐色，具暗淡条纹。边材宽4～5 cm，浅黄白色。生长轮不明显。

- **板样**

- **树皮**：厚0.5～0.8 cm，质略硬脆，不易剥离。外皮灰褐色，具不规则裂纹，易小片状脱落。

- **木材材性**：光泽弱。纹理直；结构细而均匀；质重硬；强度中；干缩中。加工略难，表面欠光滑；车旋、钉钉、抛光、胶黏、油漆性能好。耐腐。干燥性能良好。气干密度约0.87 g/cm³。

- **木材用途**：适用于建筑、承重结构、矿柱、造船、枕木、装饰单板、胶合板、地板、雕刻、运动器材等。此外，树皮和种子有毒，可用作杀虫剂或泻药。

# 微凹黄檀 *Dalbergia retusa* （CITES 附录 II）

**COCOBOLO**

蝶形花科
*Fabaceae*

- **黄檀属** *Dalbergia*
- **木材名称**：红酸枝木
- **地方名称**：Cocobolo、Cocobolo prieto（巴拿马），Grandillo（墨西哥、危地马拉），Funera（萨尔瓦多），Palo negro（洪都拉斯），Nambar（尼加拉瓜、哥斯达黎加）。
- **不规范名称**：南美大红酸枝
- **识别要点**：木材心材颜色变异很大，新切面很容易氧化变深至暗红褐色，黑色条纹明显，具有丁香花般辛辣气味。木材油质感比交趾黄檀 *Dalbergia cochinchinensis* 更好。一般认为产于墨西哥的微凹黄檀油质感更好，颜色更深，所以价格比其他产地的要高许多。

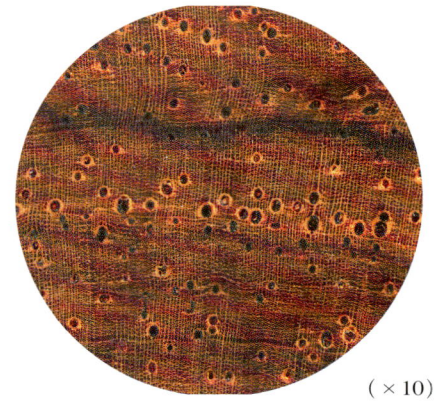

（×10）

- **宏观构造**：散孔材。管孔肉眼下可见至明显，甚少至略少，小至中等，大小不太一致；主为单管孔，少数径列复管孔（2～3个）。管孔内富含黑褐色树胶。轴向薄壁组织放大镜下明显，密集的离管细线状，和木射线局部呈网状，聚翼状及星散聚合状。木射线放大镜下明显，密，甚窄。波痕不明显。胞间道未见。

- **树木及分布**：小至中乔木，高 10～20 m，直径可达 0.5 m 或以上。树干形态通常较差，断面不圆满，空洞多见。常从中南美洲的巴拿马、墨西哥、尼加拉瓜、厄瓜多尔等地区进口，一般为木方和原木。

- **横断面**：心边材区别明显。心材颜色变异很大，新切面色浅，置于大气中很快会氧化成红黄色，乃至暗红褐色，常带黑色条纹。边材浅黄白色。生长轮明显。

- **树皮**：厚 1～2 cm，不易剥离；外皮浅灰黄色，具较规则的深纵裂，易小片状脱落。内皮黄褐色，韧皮纤维发达，层片状。

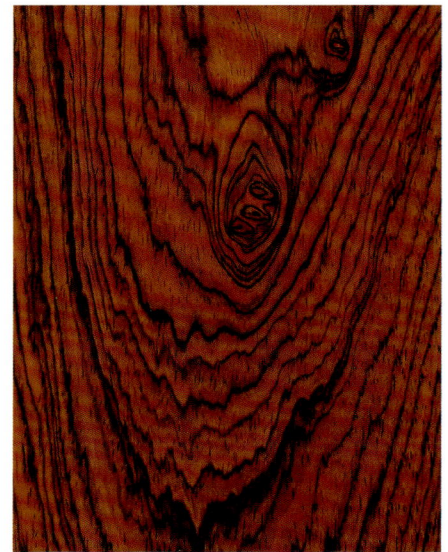

- **板样**

- **木材材性**：木材具光泽；新切面具丁香花般辛辣气味；有油性和蜡质感；结构细而均匀；木材甚重；强度高；干缩小。机械加工性能好，易砂光；油漆性佳，但胶黏性能较差；耐腐，耐磨。干燥缓慢。气干密度 0.98～1.22 g/cm³。

- **木材用途**：适用于高级红木家具、室内装饰、车旋制品、乐器部件（主要为吉他和贝斯）、首饰盒、刀具手柄等。常用作东南亚产的交趾黄檀 *Dalbergia cochinchinensis* 的替代品。

# 阔变豆 *Platymiscium* sp.
## TREBOL

蝶形花科
*Fabaceae*

- 阔变豆属 *Platymiscium*
- 木材名称：阔变豆
- 地方名称：Trebo、Guayacan trebol（哥伦比亚），Granadillo（墨西哥、洪都拉斯），Macawood（墨西哥），Coyote、Cristobal（尼加拉瓜、哥斯达黎加），Roble（委内瑞拉），Koenatepi（苏里南），Macacauba、Jacaranda do brejo（巴西），Cumaseba（秘鲁）。
- 不规范名称：南美白酸枝
- 识别要点：木材外貌和构造特征类似紫檀属及黄檀属，有些红木家具工厂将之上色后油漆，冒充大红酸枝家具，外观上很相似。木屑水浸泡液在紫外光照射下可发出蓝色荧光。

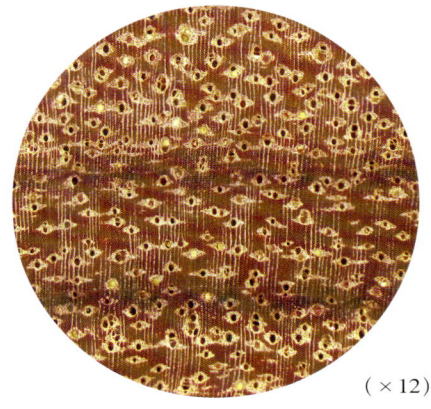

(×12)

- 宏观构造：散孔材。管孔肉眼下明显，少，略小至小；主为单管孔，少数径列复管孔（2～3个）；部分管孔含浅黄白色沉积物。横切面上深色纤维带明显。轴向薄壁组织肉眼下明显，翼状、聚翼状、轮界状。木射线放大镜下可见，甚细，略多。波痕明显。

- 树木及分布：中至大乔木，高可达25 m，直径0.70～1.2 m。树干圆满通直。本属有19种和11个亚种与变种，主要分布于墨西哥、巴西、特立尼达和多巴哥、尼加拉瓜和苏里南等中南美洲国家。

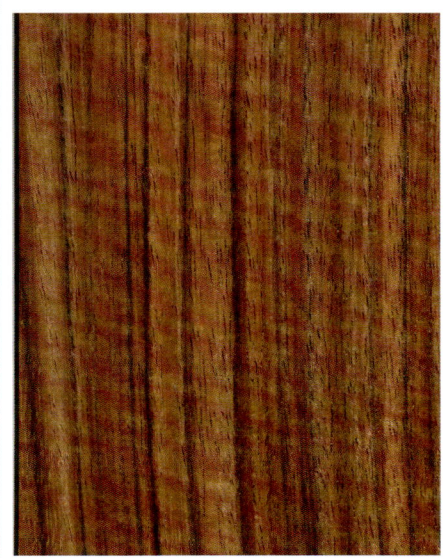

- 横断面：心边材区别明显。心材颜色变化较大，从浅红色至红褐色，或紫褐色，具不规则黑色或红紫色条纹。边材浅黄褐色，宽3～5 cm。生长轮明显。

- 板样

- 树皮：厚2.0～3.0 cm，质硬，不易剥离。外皮红褐色，具深纵裂，层片状，斜削面可见虎皮纹。内皮黄褐色，韧皮纤维发达，层片状。

- 木材材性：木材具光泽；锯解常发出香甜的气味；有蜡质感；纹理直；结构中至略细；木材硬重；强度高；干缩低至中。锯、刨加工容易，切面光滑；抛光和油漆性能好；心材极耐腐和虫蛀。气干缓慢，略有轻微翘曲和表面细裂纹。气干密度0.88～1.17 g/cm³。

- 木材用途：适用于高档家具、装饰单板、乐器、车旋工艺品、细木工、地板、小提琴琴弓、台球杆等。

# 平弯铁木豆 *Swartzia leiocalycina*
## WAMARA

蝶形花科
*Fabaceae*

- **铁木豆属** *Swartzia*
- **木材名称**：黑铁木豆
- **地方名称**：Wamara、Awartu、Brown ebony、Clubwood、Shiraip（圭亚那）、Coracao-de-negro（巴西）
- **不规范名称**：南美黑檀
- **识别要点**：心材深褐色至紫褐色，具深色条纹。轴向薄壁组织发达，翼状、聚翼状和细线状为主。弦切面具波痕，有时在弦面会形成鸡翅纹理。

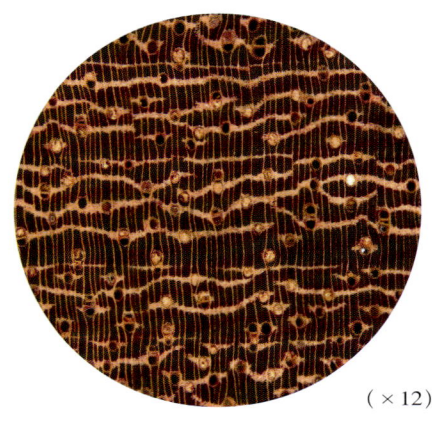

（×12）

- **宏观构造**：散孔材。管孔放大镜下明显，数少，略小；单管孔及径列复管孔（2～4个）；具侵填体和黄白色沉积物。轴向薄壁组织肉眼下明显，翼状、聚翼状、轮界状、弦向细线状。木射线放大镜下明显，密，甚窄至窄。波痕明显。

- **树木与分布**：大乔木，高达27～35 m，直径40～75 cm。本属有100种，分布于热带美洲和非洲。该种主产于苏里南、圭亚那、巴西等国家和地区，主要生长在热带雨林混交林中。

- **横断面**：心边材区别明显。心材深褐色至紫褐色，具宽窄不一的深色条纹。边材浅黄色至近白色，宽6.0～8.0 cm。生长轮明显。

- **树皮**：厚0.5～1.0 cm，较薄，质硬脆，易折断。外皮灰黄色，略平滑，小片状脱落。内皮紫红色，韧皮纤维不发达。

- **木材材性**：木材具光泽。弦切面波痕明显。纹理直至略交错；结构甚细；质硬重；强度高；干缩大。加工困难，需较大动力，建议采用20°切削角；胶粘性能好；握钉力强。略耐腐。干燥略难，宜慢，有面裂和端裂发生。锯屑会引起皮肤过敏和刺激呼吸道黏膜。气干密度0.95～1.15 g/cm³。

- **板样**

- **木材用途**：适用于实木地板、高档家具、车旋制品、运动器材、装饰单板、镶嵌构件、小提琴琴弓等。

# 欧洲水青冈 *Fagus sylvatica*
## EUROPEAN BEECH

壳斗科
*Fagaceae*

- 水青冈属 *Fagus*
- 木材名称：水青冈
- 地方名称：European beech、Beech、Common beech（欧洲各国）。
- 不规范名称：欧榉、山毛榉、榉木、红榉、白榉
- 识别要点：材表具有芝麻大小的短小棱槽。原木新断面具红心及径裂，并具深色晚材带。具宽窄两类木射线。木射线在径切面呈宽窄不一的断带斑块，弦切面上为纺锤形花纹，很美观。

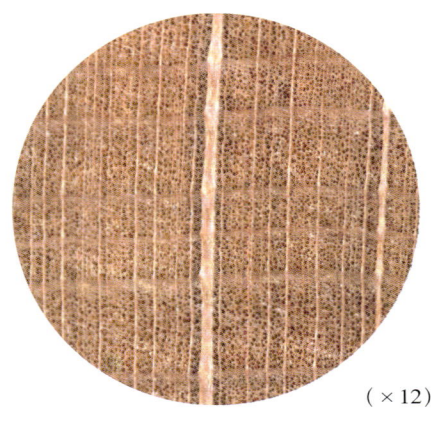

（×12）

- 宏观构造：半环孔材。管孔放大镜下明显，甚多，甚小；在生长轮内密集，较大，近生长轮界则极小，散生，略具侵填体。轴向薄壁组织放大镜下不见。木射线肉眼下明显，略密，分宽窄两类。

- 树木与分布：乔木，高 30～45 m，直径 1.2 m 左右。是欧洲最重要的阔叶树之一，被称为"森林之母"。主要分布于欧洲中部及英国，常从法国、比利时、德国等进口，曾经量很大，目前进口量有所减少。

- 横断面：心边材区别略明显。心材浅黄褐色微红，经久呈浅红褐色。边材白色。生长轮明显，轮间介以深色晚材带。心材中部常见"红心"，浅红色至棕褐色。新断面常见径裂。

- 树皮：厚 2～3 cm，质略硬，平滑，不易剥离。外皮灰褐色，具纵向链状皮孔。内皮黄白色；石细胞发达，砂粒状及片状，呈环状（外层）或径向（中间层）排列。皮底具有密集尖刺，略均匀。

- 木材材性：具光泽。纹理直；结构细而均匀；重量中等；干缩中。加工容易，切面光洁；黏合、染色、磨光、握钉、弯曲性能好。不耐腐。干燥速度中等，易出现翘曲、开裂、皱缩和扭曲等缺陷。气干密度 0.67～0.72 g/cm³。

- 板样

- 木材用途：适用于刨切微薄木、贴面板、旋切单板、胶合板、家具、地板、木线条、细木工制品、室内装修、运动器械等。

# 美洲白栎 *Quercus alba*
## WHITE OAK

壳斗科
*Fagaceae*

- 栎属 *Quercus*
- 木材名称：白栎、橡木
- 地方名称：White oak（北美洲）、Garry oak、Swamp white oas、Overcup oak。
- 不规范名称：白橡
- 识别要点：心材浅红褐色至浅褐色。环孔材。晚材管孔呈典型的火焰状径向排列。薄壁组织细线状，与细木射线构成网状。具宽窄两种木射线。与红栎 *Quercus rubra* 相比，其宽木射线的高度高许多，管孔中侵填体更丰富，心材颜色更深一些。

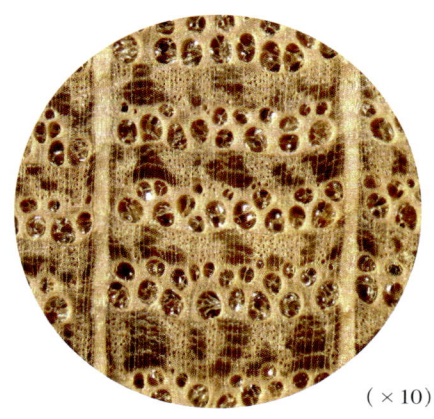

（×10）

- **宏观构造**：环孔材。早材至晚材急变。早材管孔大，肉眼下明显，1～3排，侵填体丰富；晚材管孔小，数多，呈火焰状径向排列。轴向薄壁组织发达，离管细线状及星散-聚合状。木射线分宽窄两种：宽木射线少而宽，肉眼下极明显；窄木射线密而细，放大镜下略见。

- **树木及分布**：乔木，高15～30 m，直径可达1.0 m或以上。本属约450种，白栎类木材主要分布于加拿大至美国，向东延伸至大西洋沿岸。常从美国、加拿大进口。

- **横断面**：心边材区别明显。心材浅红褐色至浅褐色，有时带玫瑰色。边材黄白色，宽2～4 cm。生长轮明显。

- **树皮**：厚2～4 cm，不易剥离。外皮灰褐色，略粗糙，具纵向深沟槽，易小片状脱落。内皮红褐色；韧皮纤维较发达，可分离成麻丝状，石细胞发达。

- **木材材性**：纹理直；结构细；材质中至重硬；干缩小。加工困难，切削面光滑；油漆、胶黏、弯曲性能好，磨光性能一般；握钉力强，须先钻孔。略耐腐。干燥慢，易开裂翘曲。气干密度0.63～0.79 g/cm$^3$。

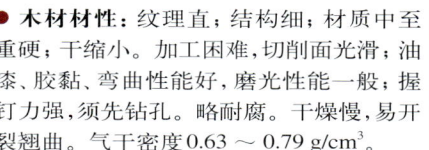

- **板样**

- **木材用途**：适用于葡萄酒桶、刨切微薄木、装饰单板、高档家具、地板、楼梯、运动器材、仪器箱盒等。

# 柞木 *Quercus mongolica* （CITES 附录Ⅱ）
## OAK

壳斗科
*Fagaceae*

- **栎属** *Quercus*
- **木材名称**：白栎
- **地方名称**：Oak（通称），Dub（俄罗斯），蒙古栎、槲栎、蒙古柞（中国）。
- **不规范名称**：柞栎、青冈栎、橡木
- **识别要点**：外皮粗糙，具不规则深纵裂。横断面宽木射线明显。环孔材。晚材管孔及管胞呈典型的火焰状径向排列。具宽窄两类木射线。

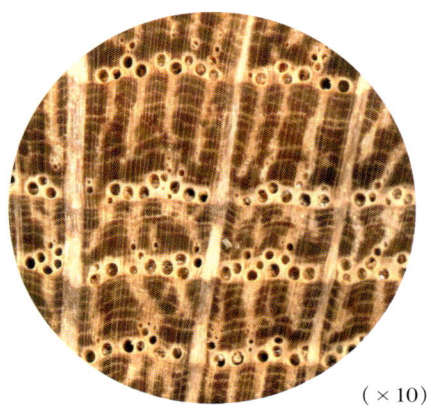

（×10）

- **宏观构造**：环孔材。早材至晚材急变。早材管孔大，肉眼下明显，连续排列成早材带，含侵填体；晚材管孔小，放大镜下略见至不见，常与丰富的环管管胞混合，呈火焰状径向排列。轴向薄壁组织发达，离管细线状（与细木射线构成网状）及星散－聚合状。木射线分宽窄两种：宽木射线少而宽，肉眼下极明显；窄木射线密而细，放大镜下略见。

- **树木与分布**：落叶乔木，高 10～30 m，胸径约 1.0 m。本属约 450 种，主要分布于美洲热带地区及亚热带地区，俄罗斯远东沿海、西伯利亚、蒙古、朝鲜、日本以及我国东北全区。常从俄罗斯进口。

- **横断面**：心边材区别明显。心材褐色至暗褐色，有时略带黄色。边材淡黄白色带褐色，约 2 cm。生长轮明显，略呈波浪状。宽木射线明显。

- **板样**

- **树皮**：厚 1～2 cm，质较硬，不易剥离。外皮厚，灰白色至灰褐色，不规则深纵裂。内皮红褐色；韧皮纤维略发达，柔韧，易薄片条状分离；石细胞发达，颗粒状。

- **木材材性**：具光泽；花纹美丽。纹理直；结构略粗，不均匀；重量和硬度中等；强度高；干缩性略大。加工容易，切削面光滑；油漆、磨光和胶黏性能良好；握钉力强，须先钻孔。耐腐。干燥较易，缺陷少。气干密度为 0.63～0.72 g/cm³。

- **木材用途**：适用于刨切薄木、胶合板、家具、地板、室内装修、运动器材、纺织器材、军工用材，也适宜制造酒桶。

# 红栎 *Quercus rubra*
## RED OAK

壳斗科
*Fagaceae*

- 栎属 *Quercus*
- 木材名称：红栎、橡木
- 地方名称：Red oak（北美洲）、Amercian red oak、Turkey oak、Shumard oak、Moss-cupped oak、European oak（欧洲）。
- 不规范名称：红橡
- 识别要点：心材粉红至浅红褐色。环孔材。晚材管孔呈火焰状径向排列。薄壁组织细线状，与细木射线构成网状。具宽窄两种木射线。与美洲白栎 *Quercus alba* 相比，其宽木射线的高度短许多，管孔中侵填体很少，心材颜色更浅一些，肉色色泽显著。

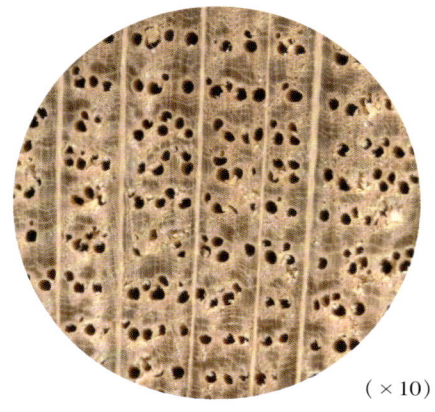

（×10）

- **宏观构造**：环孔材。早材至晚材急变。早材管孔大，肉眼下明显，1～4排，侵填体少，晚材管孔小，数多，呈火焰状径向排列。轴向薄壁组织发达，离管细线状及星散-聚合状。木射线分宽窄两种：宽木射线少而宽，肉眼下极明显；窄木射线密而细，放大镜下略见。

- **树木与分布**：乔木，高达36 m，直径0.6～0.9 m。本属约450种，红栎类主要分布于土耳其、北美洲、欧洲等地区。常从美国、加拿大进口。

- **横断面**：心边材区别明显。心材粉红至浅红褐色，肉色色泽较显著。边材近白色至灰白色，宽2～4 cm。生长轮明显。

- 板样

- **树皮**：外皮黑褐色至褐色，略粗糙，具纵向沟槽，易小片状脱落。内皮黄白色；韧皮纤维较发达，可分离成麻丝状。

- **木材材性**：纹理直；结构细；材质中至重硬；干缩小。加工困难，切削面光滑；油漆、胶黏、弯曲、磨光性能一般；握钉力强，须先钻孔。略耐腐。干燥慢，易开裂翘曲。气干密度 0.66～0.77 g/cm³。

- **木材用途**：适用于刨切微薄木、装饰单板、胶合板、运动器材、车船、高档家具、仪器箱盒、室内装修等。

# 毛药树 *Goupia* sp.
## KOPIE

毛药树科
*Goupiaceae*

- **毛药树属** *Goupia*
- **木材名称**：毛药木
- **地方名称**：Kopie、Kopi（苏里南–代码KP），Kabukali、Copi、Goupie（圭亚那），Cupiuba、Cachaceiro（巴西），Chaquiro、Sapino、Saino（哥伦比亚），Coupi（法属圭亚那），Capricornia（秘鲁），Congrio blanco（委内瑞拉）。
- **不规范名称**：圭巴卫矛
- **识别要点**：木材单管孔，均匀分布。轴向薄壁组织未见。新切面有臭味。旋切单板具黑褐色抛物线纹理，极似柚木单板。

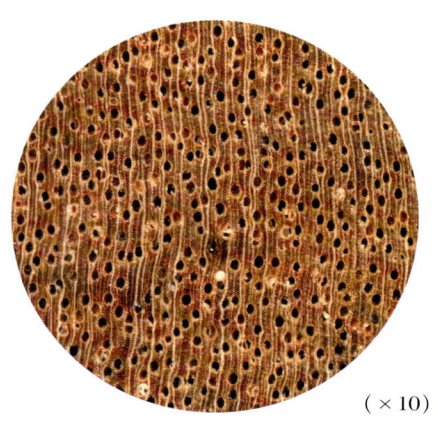

(×10)

- **宏观构造**：散孔材。管孔肉眼下略见，略多，大小中等；单管孔；具深色树胶和白色沉积物。轴向薄壁组织环管状及星散状，放大镜下难见。木射线放大镜下明显，略密，窄。

- **树木与分布**：半落叶大乔木，高达39 m，胸径约1.0 m，具高大板根。本属共3种，分布于南美洲热带雨林地区。常从圭亚那及苏里南进口，量不多。

- **横断面**：心边材区别略明显。心材浅红褐色或红褐色，常具黑色条纹。边材浅玫瑰色，宽约5.0 cm。生长轮不明显。

- **树皮**：厚1.5 cm左右，质硬脆，表面粗糙，易块状剥离。外皮灰褐色；薄；碎片状脱落；皮孔椭圆形。内皮黑褐色；石细胞发达。

- **板样**

- **木材材性**：具光泽；新切面有臭味。纹理直或略交错；结构略粗；质重硬；强度高；干缩中。加工略难，刨面略起毛；胶黏、染色性能好；钉钉难，须先钻孔。耐腐。干燥较困难，略有翘曲和开裂。气干密度约0.88 g/cm³。

- **木材用途**：适用于重型构件、耐久性用材、地板、甲板、车厢、枕木、矿柱、农具、细木工制品、车旋材等。

# 黑核桃 *Juglans nigra*
## BLACK WALNUT

核桃科
*Juglandaceae*

- 核桃属 *Juglans*
- 木材名称：黑核桃
- 地方名称：Black walnut、Walnut、Eastern black walnut、American black walnut（美国、加拿大、意大利）。
- 不规范名称：黑胡桃
- 识别要点：树皮粗糙，具深纵裂。心材紫褐色至黑褐色，具有黑色细条纹。半环孔材。侵填体十分丰富。轴向薄壁组织弦向细线状。

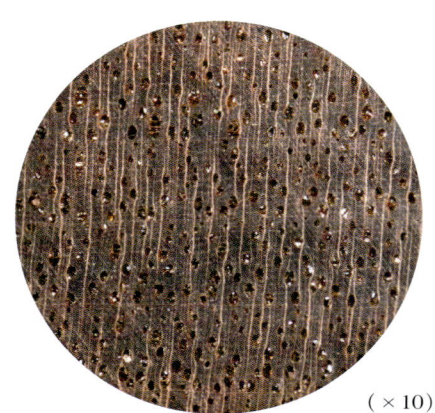

(×10)

- 宏观构造：半环孔材。管孔肉眼下可见，略多，大小向生长轮的外缘逐渐减小；单管孔及复管孔（2个）；充满侵填体。轴向薄壁组织放大镜下略见，弦向细线状，细密而断续。木射线放大镜下明显，略密，窄。

- 树木与分布：乔木，高达30 m，胸径约1.5 m。本属约15种，广泛分布于中美、北美洲、东亚地区。该种主要以集装箱运输方式从美国、加拿大进口，量较大。

- 横断面：心边材区别明显。心材紫褐色至黑褐色，具有黑色细条纹。边材黄白色，窄。生长轮明显。

- 树皮：厚1～2 cm，质较硬，不易剥离；外皮黑褐色，具深纵裂；内皮浅红褐色。

- 木材材性：具光泽；具轻微的特殊气味。纹理直或交错；结构粗而均匀；重量、强度、韧性中等；干缩中。加工容易，性能好，切面光洁；胶黏、油漆、磨光性能良好；钉钉性能中。耐腐。干燥较慢，略有深裂。气干密度0.56～0.67 g/cm³。

- 板样

- 木材用途：适用于高档家具、刨切微薄木、旋切单板、胶合板、细木工板、乐器、室内装修、枪托、车旋材等。

# 红尼克樟 *Nectandra rubra*
## RED LOURO

樟科
*Lauraceae*

- **尼克樟属** *Nectandra*
- **木材名称**：尼克樟
- **地方名称**：Red louro、Determa、Silverballi（圭亚那）、Wana、Pisi、Tejeroma（苏里南－代码WAN）、Grignon rouge（法属圭亚那）、Canelaho、louro-mogno、Louro-rosa、Louro vermelho、Louro gamela、Gamela（巴西）、Canelo、Laurel。
- **不规范名称**：无
- **识别要点**：管孔常排成斜列状，内含侵填体非常丰富。木材粉红褐色至深红褐色，具金色光泽和芳香气味；有油性感。

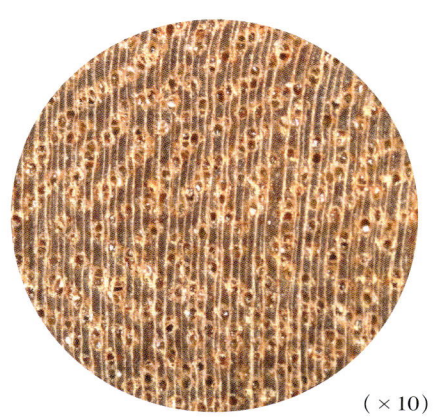

( ×10 )

- **宏观构造**：散孔材。管孔肉眼下可见，略少，大小中等；单管孔及径列复管孔（2～3个）；斜列明显。侵填体非常丰富。轴向薄壁组织放大镜下明显，环管状、短翼状及聚翼状。木射线在放大镜下明显，略密，窄。

- **树木与分布**：大乔木，高达30 m，直径0.6～1.2 m。本属约100种，分布于热带美洲。主要从圭亚那、苏里南进口，量少。

- **横断面**：心边材区别略明显。心材粉红褐色，久则转为深红褐色，具黑色细条纹。边材浅灰褐色，宽6～8 cm。生长轮不明显。

- **板样**

- **树皮**：厚1 cm左右，质硬，易块状脱落。外皮灰白至浅灰褐色；皮孔明显。

- **木材材性**：具金色光泽和芳香气味；有油性感。纹理直至交错；结构中；重量、强度中；干缩率大。加工容易，切面光滑，染色、抛光、胶黏、钉钉性能好。耐腐。气干略快，略有开裂和翘曲。气干密度0.64～0.77 g/cm³。

- **木材用途**：适用于房屋建筑、室内装修、家具、细木工板、地板、刨切微薄木、胶合板、造船、包装箱、车旋制品等。

# 雨树 *Samanea saman*
## RAINTREE

含羞草科
*Mimosoideae*

- **雨树属** *Samanea*
- **木材名称**：雨树
- **地方名称**：Raintree（缅甸、菲律宾、波多黎各、马来西亚沙巴）、Monkepod-tree（菲律宾、波多黎各）、Kihudjau、Trembesi（印度）、Kampoo（泰国）、Saman（哥伦比亚、哥斯达黎加、巴拿马）、French tamarind（圭亚那）。
- **不规范名称**：琥珀木、南美胡桃木
- **识别要点**：木材质轻软，砍削后常可闻到淡淡的清香味；木材纵锯板常见深色带状条纹，板面导管槽中黑色树胶丰富。

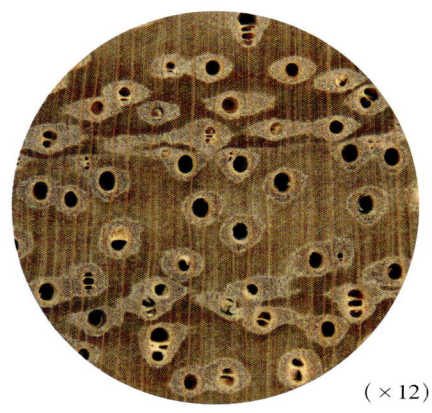

( ×12 )

- **宏观构造**：散孔材。管孔肉眼下可见，略少，大小中等；主为单管孔，少数径列复管孔（2～3个），具黑色树胶和浅色沉积物。轴向薄壁组织肉眼下明显，翼状、聚翼状及厚环管束状。木射线放大镜下明显，密度中，窄。弦切面呈细纱纹。

- **树木与分布**：落叶乔木，高达 24～38 m，直径 1～1.2 m。本属有 18 种，原产中南美洲和热带非洲，现在许多热带地区有引种。该种主要从哥伦比亚、厄瓜多尔等中南美洲国家进口，目前在亚洲的中国、印度尼西亚及菲律宾均有栽培。

- **横断面**：心边材区别明显。心材浅褐色至褐色，在径切面有黑色粗条纹。边材窄，白色或黄白色。生长轮明显。

- **树皮**：厚约 3.0 cm，质较硬，易块状脱落。外皮粗糙，表面灰褐色，具不规则纵裂，可层片状脱落，内层红褐色；外皮和内皮之间有一层约 0.5 cm 厚的白色絮状物。内皮黄白色，质软，韧皮纤维发达，层片状至麻丝状。

- **木材材性**：木材光泽略强；纹理略斜。结构略细，均匀；质轻软；强度低；干缩甚小。锯、刨等加工容易；胶黏、油漆和抛光性能好。耐腐性好。锯屑会刺激眼睛。气干密度 0.45～0.6 g/cm³。

- **板样**

- **木材用途**：适用于装饰面板、休闲大桌板、雕刻、车旋件、乐器、橱柜、镶嵌板等。

# 饱食桑 *Brosimum* sp.
## SATINE

桑科
*Moraceae*

- **饱食桑属** *Brosimum*
- **木材名称**：饱食桑
- **地方名称**：Satine、Satine Rouge（法属圭亚那）、Satijmout、Doekaliballi（苏里南）、Muirapiranga、Amapa Rana、Fal pao brasil、Candinawood（巴西）、Satinewood（圭亚那、英国）、Bloodwood（英国）。
- **不规范名称**：宝石桑、血木
- **识别要点**：树皮厚而光滑，含乳汁。木材深红色，具缎状光泽或金色光泽。轴向薄壁组织丰富，有翼状连成短弦线，长短不一。

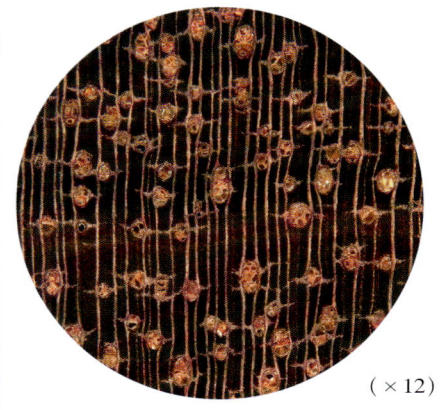

(×12)

- **宏观构造**：散孔材。管孔肉眼下明显，数中等，中至略小；主为单管孔，少数径列复管孔（2～5个，多数2～3个），复管孔部分斜列；管孔内含树胶及硬化侵填体。轴向薄壁组织较多，放大镜下明显，环管状、翼状（翼翅细窄，似海鸥状）、聚翼状。木射线放大镜下可见，甚细，略多。

- **树木与分布**：大乔木，高达27～36 m，直径0.5～0.7 m。树干圆满通直，具高大板根。本属约50种，主要分布于南美洲热带雨林地区。常从圭亚那及苏里南进口。

- **横断面**：心边材区别明显。心材红褐色至草莓红，偶具黑棕色条纹。边材黄白色，宽5～8 cm。生长轮不明显。

- **树皮**：厚1.0～2.0 cm，质较硬，不易剥离，砍削后创口流出乳白色的树汁。外皮平滑，脱落后残留卵圆形凹坑。内皮红黄褐色，韧皮纤维发达，呈绒毛状。

- **木材材性**：木材具悦目的缎状光泽或金色光泽；纹理直或略交错。结构细而匀；木材硬重；强度高；干缩大。锯、刨加工困难，但切面光滑；胶粘和油漆性能好；心材极耐腐和虫蛀。干燥快，不难，速度宜慢，小心操作，具轻微端裂、杯弯和扭曲倾向。气干密度常大于1.0 g/cm³。

- **板样**

- **木材用途**：适用于实木地板、高级家具、车旋制品、乐器、镶嵌细木工、雕刻、室内装修等。

# 水曲柳 *Fraxinus mandshurica* （CITES 附录Ⅲ）
## ASH

木犀科
*Oleaceae*

- **白蜡树属** *Fraxinus*
- **木材名称**：白蜡木
- **地方名称**：Ash（通称），Lasenj（俄罗斯），Manchurian ash、White ash、水曲柳（俄罗斯、中国）。
- **不规范名称**：曲柳
- **识别要点**：外皮灰黄褐色，交叉深裂。内皮浸入水中半小时溶液呈绿蓝色。环孔材。弦面具美丽花纹。生材有酸臭味；有蜡质感。

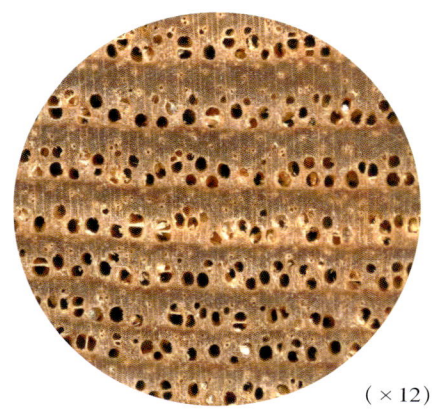

（×12）

- **宏观构造**：环孔材。管孔肉眼下明显，早材管孔大，单独及径列复管孔（2～3个），连续排列，含侵填体；晚材管孔小，放大镜下略见，为单管孔或短斜列复管孔（2个），星散分布。轴向薄壁组织放大镜下明显，为环管束状及轮界状。木射线放大镜下略见，略少，甚窄。

- **树木与分布**：落叶乔木，高 25～30 m，胸径约 1 m。本属约 600 种，分布于俄罗斯远东地区、朝鲜、日本及我国东北及华北地区。该种常从俄罗斯进口。

- **横断面**：心边材区别明显。心材暗灰褐色。边材黄白色，宽 1～2 cm。生长轮明显，宽窄均匀。

- **树皮**：厚 1.0～1.5 cm，质硬、不易剥离。树皮横切面呈小方格网状花纹。外皮灰白透黄褐色，纵横深裂，内层灰黄色。内皮黄白色，味微苦，韧皮纤维发达，层状排列。内皮浸入水中半小时溶液呈绿蓝色。

- **木材材性**：光泽强；有酸臭味；略具蜡质感；弦面山形花纹美丽。纹理通直，结构粗，不均匀；重量和硬度中等；强度高；干缩中至大。加工容易，切面光滑，胶黏、油漆、着色性能良好；握钉力强。略耐腐。干燥较慢，略有翘曲、皱缩及裂纹。气干密度 0.60～0.72 g/cm³。

- **板样**

- **木材用途**：适用于高档家具、胶合板及刨切薄木、运动器械、室内装修、机械制造、造船、车辆、地板、军工用材等。

# 西伯利亚冷杉 *Abies sibirica*
## FIR WOOD

松科
*Pinaceae*

- 冷杉属 *Abies*
- 木材名称：冷杉
- 地方名称：Fir wood、Sibirian fir、Pikhta（俄罗斯）。
- 不规范名称：臭松
- 识别要点：外皮具树脂包。树皮有橘香气味。石细胞大而多。无树脂道，早晚材渐变。木材节子无油性。

（×12）

- 宏观构造：早晚材渐变。不具正常树脂道，偶见创伤树脂道。木射线放大镜下可见，略密，窄。

- 树木与分布：大乔木，高约35 m，胸径约0.8 m。分布于俄罗斯东北部及西伯利亚、高加索山地、远东地区、爱沙尼亚、拉脱维亚。主要从俄罗斯进口，数量大。

- 横断面：心边材区别略明显。心材浅黄白略带褐色。边材粉灰色，宽1～2 cm。生长轮明显、均匀。

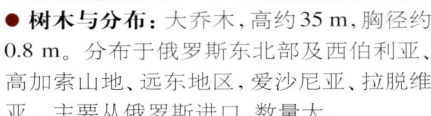

- 板样

- 树皮：厚约1 cm，质较硬，不易剥离。外皮薄，暗灰白色，粗糙不开裂，有时呈不规则纵裂或鳞裂。具树脂包，破裂后松脂流出，呈现红褐色小穴，具橘香气味。内皮较厚，呈浅红色至淡褐色；石细胞大而多，肉眼下明显。节子无油性。

- 木材材性：略有光泽。纹理直；结构中至粗；材质轻软。切削加工容易；油漆性能较好。不耐腐。易干燥，少开裂。气干密度约0.36 g/cm³。

- 木材用途：适用于造纸、纤维板原料、建筑、火柴、包装箱、小型房屋建筑结构、室内装修等。略同于鱼鳞云杉。

# 落叶松 *Larix gmelinii*
## LARCH WOOD

松科
*Pinaceae*

- **落叶松属** *Larix*
- **木材名称**：落叶松
- **地方名称**：Larch wood（通称），Listvennitsa（俄罗斯），兴安落叶松（中国东北）。
- **不规范名称**：无
- **识别要点**：外皮脱落后内层呈鲜紫红色。原木断面刺手。心边材区别极明显。年轮极明显。早材至晚材急变，晚材色深而硬。树胶道小而少。

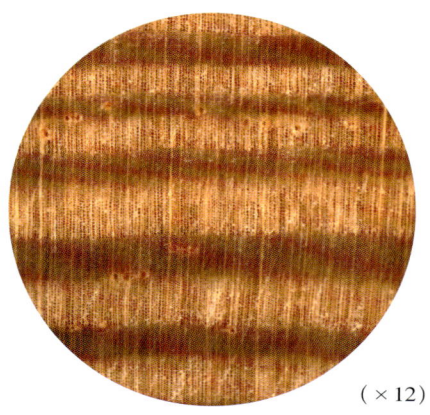

（×12）

- **宏观构造**：早材至晚材急变。早材带占年轮宽的2/3～3/4，呈黄红褐色；晚材带较窄，紫红褐色，硬，手摸之有筋质感，断面具毛刺。轴向树脂道小而少，多集中在晚材带。木射线放大镜下可见，略密，窄。

- **树木与分布**：高约30 m，胸径0.5 m左右。立木腐朽严重。分布于俄罗斯西伯利亚、远东地区及我国东北地区。主要从俄罗斯进口，量大。

- **横断面**：心边材区别明显。心材浅红棕色至黄褐色，充满树脂。边材黄白色，窄，宽约1 cm。年轮极明显。

- **树皮**：厚0.4～0.5 cm，质硬脆，不易剥离。外皮暗灰褐色，不规则多层纵裂，裂片两端略尖；易折断，横断面肉眼可见褐色针状体；内层鲜紫红色。内皮浅红色，干后呈黄褐色；横切面油点可见。

- **木材材性**：有光泽；具松脂气味。纹理直而不匀；结构略粗；重量轻；材质硬，有韧性；强度高；干缩略大。机械加工容易，切面光滑；染色、油漆性能较好；钉钉会劈裂，握钉力强。耐腐。干燥快，但易开裂和扭曲，节子处易劈裂。气干密度约0.54 g/cm³。

- **板样**

- **木材用途**：适用于矿柱、电线杆、建筑、桥梁、枕木、桩木、车辆、船舶、坑木等及其他需要耐久、强度大的场合。

# 日本鱼鳞云杉 *Picea jezoensis*
## YESO SPRUCE

松科
*Pinaceae*

- **云杉属** *Picea*
- **木材名称**：云杉
- **地方名称**：Yeso spruce、Yezo spruce、Yeddo spruce、Elka（俄罗斯）、Spruce、White wood（日本）、Little-seed spruce（中国）。
- **不规范名称**：鱼鳞松、白松、枞木
- **识别要点**：外皮呈鱼鳞状剥离。内皮石细胞卵圆形，肉眼下明显。树脂道多分布在早晚材之间，较松属木材略少且小。节子有油性。

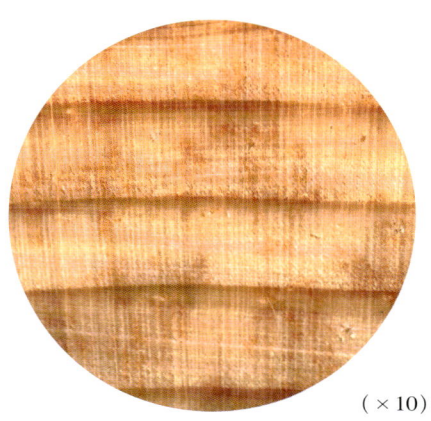

(×10)

- **宏观构造**：早材至晚材渐变至略急变。轴向树脂道肉眼下略明显，小而少，单独或两个以上成弦向排列，多分布在早晚材之间。木射线放大镜下可见，略密，窄。

- **树木与分布**：常绿乔木，高达 50 m，胸径可达 1.5 m。分布于俄罗斯西伯利亚、远东地区以及我国东北地区。主要从俄罗斯进口，量大。

- **横断面**：心边材区别不明显。木材黄褐色至浅红褐色。年轮明显，均匀。

- **板样**

- **树皮**：厚约 0.8 cm，质软，易剥离。外皮灰褐色，内层暗棕色，呈鱼鳞状圆形裂，裂片质硬，剥落后留下近似圆形凹痕。内皮红褐色，韧皮纤维短；石细胞卵圆形，肉眼下明显。节子有油性。

- **木材材性**：具光泽；略有松脂气味。纹理直；结构细而匀；质轻软，富有弹性；强度中；干缩中。易于加工，切面光滑，但节子多；胶黏容易；油漆性能中。不耐腐。干燥容易，略翘曲。气干密度 0.38 ~ 0.45 g/cm$^3$。

- **木材用途**：适用于航空器材、乐器、细木工制品、建筑材料、造船、文具、体育用品、纤维原料。

# 红皮云杉 *Picea koraiensis*
## KOREAN SPRUCE

松科
*Pinaceae*

- **云杉属** *Picea*
- **木材名称**：云杉
- **地方名称**：Korean spruce、Spruce（俄罗斯）。
- **不规范名称**：红皮臭、虎尾松、白松
- **识别要点**：树皮薄，外皮呈鳞片状脱落。内皮石细胞细颗粒状。节子有油性。与鱼鳞云杉 *Picea jezonensis* 很相似，但其晚材带宽些。

- **树木与分布**：常绿乔木，高约35 m，胸径约0.8 m。分布于俄罗斯西伯利亚、我国东北的小兴安岭、长白山地区。主要从俄罗斯进口，量大。

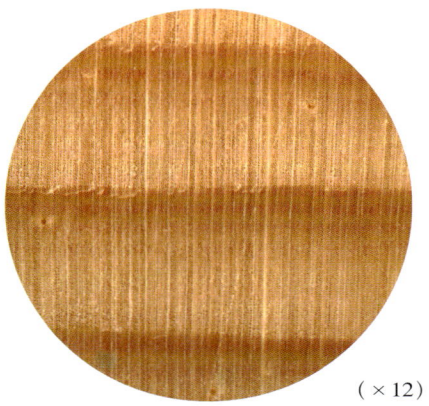

（×12）

- **宏观构造**：早晚材略急变；晚材带色深；早材带比晚材带宽数倍。轴向树脂道肉眼下略明显，少而小，呈淡黄褐色小点状，常单独或两个以上沿年轮排成一列。木射线放大镜下可见，略密，窄。

- **横断面**：心边材区别不明显。木材黄白色至黄褐色，略带红色。年轮明显，均匀。

- **树皮**：厚约0.5 cm，不易剥离。外皮灰褐色，表面呈灰白色，鳞片状，四周翘起，易脱落，脱落后留有近似圆形的凹痕。内皮黄白色；韧皮纤维发达，层状排列；石细胞细颗粒状，少，星散分布。节子有油性。

- **木材材性**：略具光泽；具有松脂气味。纹理直；结构中至细，均匀；材质轻软，有弹性。易加工，切削容易，切面光滑；油漆、胶黏、着色性能良好；握钉力低，钉钉容易。略耐腐。干燥容易，稍有开裂和翘曲。气干密度0.50～0.60 g/cm³。

- **板样**

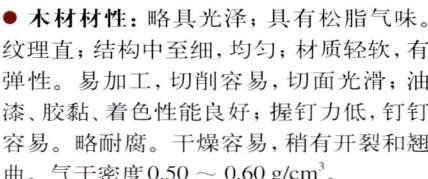

- **木材用途**：适用于胶合板、家具、航空器材、造船、桥梁、枕木、乐器、一般建筑材料、文具、体育用品、木模、造纸原料等。

# 辐射松 *Pinus radiata*
## RADIATA PINE

松科
*Pinaceae*

- 松属 *Pinus*
- 木材名称：硬木松
- 地方名称：Radiata pine（新西兰），Insignis pine（南非），Monterey pine（美国）。
- 不规范名称：新西兰松、智利松
- 识别要点：外皮脱落后呈红棕色。原木断面边材部位常见白色树脂圈。心边材区别明显，边材宽，心材窄。树脂道大而多。

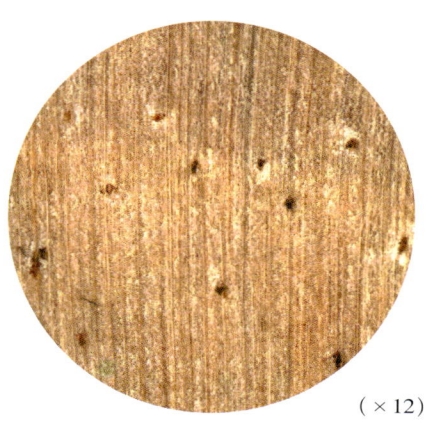

(×12)

- 宏观构造：早晚材急变；未成熟材部年轮较宽，晚材率低；成熟材部年轮窄，晚材率高。轴向树脂道放大镜下明显，大而多，呈黑色小洞眼。木射线放大镜下可见，略密，甚窄。

- 树木与分布：该树种原产于北美，系智利、新西兰、澳大利亚等国家人工林的主要针叶树种，生长快，高约25 m，胸径达0.7 m。主要从新西兰进口，量很大。

- 横断面：心边材区别明显。心材窄，黄红色。边材宽，黄白色。年轮明显，略宽，分布均匀。

- 树皮：厚1～2 cm。外皮灰或灰褐色；具不规则纵横开裂，呈块状脱落。内皮红棕色；韧皮纤维较发达。梢部皮较薄，根部皮很厚，皮沟深。

- 板样

- 木材材性：质脆；结构粗而均匀；强度略低。加工容易，切面光滑；旋切性能好；脱脂力强，纤维长。略耐腐。干燥时容易翘曲。气干密度约0.48 g/cm³。

- 木材用途：适用于旋切单板、胶合板、包装材、建筑用材、刨花板、纤维板、木片、造纸，可少量用于家具。

# 西伯利亚红松 *Pinus sibirica*
## SIBERIAN PINE

**松科**
*Pinaceae*

- **松属** *Pinus*
- **木材名称**：软木松
- **地方名称**：Siberian pine、Siberian stone pine、Manchurian pine。
- **不规范名称**：海松
- **识别要点**：边材具明显树脂圈。早晚材渐变，晚材带窄。树脂道大而多，纵切面树脂沟明显。节子色深具油性。木材略同中国红松。

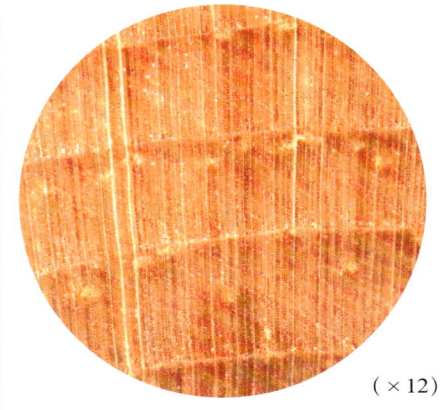

(×12)

- **宏观构造**：早材至晚材渐变。早材占生长轮2/3以上；晚材窄。管胞放大镜下明显。轴向树脂道大而多，呈浅色斑点状，主要集中在晚材带。木射线放大镜下可见，密度中，甚窄。

- **树木与分布**：常绿乔木，高24 m左右，胸径0.5～0.6 m。分布于俄罗斯西伯利亚、远东地区及我国东北三省，是东三省最重要的树种之一。主要从俄罗斯进口，量大。

- **横断面**：心边材区别明显。心材浅红色至红褐色，久则转深。边材黄白色，具明显的树脂圈。年轮明显，均匀。

- **板样**

- **树皮**：薄，厚约0.5 cm，质硬脆，不易剥离。外皮灰红褐色，呈不规则云片状或近方形块状龟裂，呈鳞片脱落。内皮红褐色，层状，横切面上黑色油点可见。节子色深，有油性。

- **木材材性**：具光泽；具有较浓的松脂气味。纹理通直；结构中而均匀；略轻软；强度低；干缩中。加工容易，切面光滑；耐磨性、胶黏性、油漆等性能稍差；握钉力弱。耐腐。干燥快，缺陷少。气干密度0.41～0.50 g/cm³。

- **木材用途**：适用于建筑用材、细木工制品、包装材料、室内装修、航空器材、桥梁、家具、运动器材、刨花板和纤维板等。是珍贵的手工艺制品材料。

# 樟子松 *Pinus sylvestris* var. *mongolica*
## MONGOLIA SCOTCH PINE

松科
Pinaceae

- **松属** *Pinus*
- **木材名称**：硬木松
- **地方名称**：Mongolia scotch pine（中国）、Europian red pine、Sosna（俄罗斯）、Red pine、Scotch pine、Red deal、Yellow deal。
- **不规范名称**：西伯利亚松、赤松
- **识别要点**：树干中上部外皮黄棕色，纸片状叠起，每层极薄，微翘曲，形态与五桠果 *Dillenia* sp. 很相似；下部外皮灰棕黑色，鳞片状脱落。边材具树脂圈。晚材带中具较多的正常树脂道。木材节子色深，油性极明显。

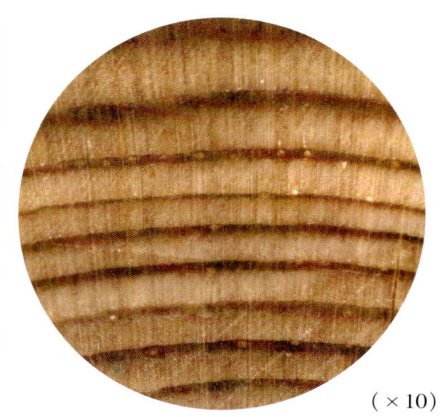

(×10)

- **宏观构造**：早材至晚材急变。早材带较宽，占年轮的3/4～2/3。具正常树脂道，略多，集中在晚材带中，呈白点状。木射线放大镜下略可见，密，甚窄。

- **树木与分布**：常绿针叶树，高20～45 m，胸径约1.5 m。分布于欧洲及亚洲北部。主要从俄罗斯进口，量大。

- **横断面**：心边材区别略明显。心材浅红褐色。边材浅黄褐色。年轮明显，略密。

- **板样**

- **树皮**：厚1.0～1.5 cm，质脆，不易剥离。外皮树干下部灰棕黑色，块状开裂，鳞片块较大，横断面层次明显；树干中上部黄棕色，纸片状叠起，每层极薄，微翘曲，易脱落。节子色深有油性。与中国樟子松外皮很相近。

- **木材材性**：光泽弱；具松脂气味。纹理通直；结构略粗；质轻软；强度低；干缩中。加工容易，切面光滑；黏合、染色、油漆和磨光性能好；握钉力较差。不耐腐。干燥容易，略翘裂。气干密度约0.48 g/cm³。

- **木材用途**：适用于建筑、细木工制、家具、枕木、桥梁、胶合板、木桩、车辆、船舶等。

# 北美黄杉 *Pseudotsuga menziesii*
## DOUGLAS FIR

松科
*Pinaceae*

- **黄杉属** *Pseudotsuga*
- **木材名称**：黄杉
- **地方名称**：Douglas Fir、Oregon Pine、Douglas spruce、Red fir（美国），British columbia pine、Columbian pine（英国）。
- **不规范名称**：洋松、花旗松
- **识别要点**：树皮内层有白色栓皮层，斜削面呈黄褐色夹白色的斑纹（俗称豹皮斑纹）。边材有白色的树脂圈。早晚材急变。木材具有松脂香味。

- **树木与分布**：大乔木，高 24～60 m，胸径 0.5～1.5 m。分布于加拿大不列颠哥伦比亚省、美国华盛顿州、俄勒冈州。主要从美国进口，量大，曾经是我国最主要的进口材。

- **横断面**：心边材区别明显。心材橘黄色至红褐色。边材灰白色，宽 8～10 cm。年轮明显，均匀。

（×10）

- **宏观构造**：早晚材急变，早材比晚材宽得多，晚材带占年轮的 1/7 左右。轴向树脂道肉眼下能见，集中在晚材带，呈小点状。木射线放大镜下可见，略密，甚窄。

- **树皮**：厚 1～2 cm，质略硬，不易剥离。外皮灰褐色至深灰褐色，夹有白色的栓皮层，具不规则深纵裂，呈块状脱落。内皮黄褐色。树皮横切面具浅黄色网状花纹。

- **木材材性**：径切和旋切面具清晰的花纹；心材具有松脂香味。纹理直；结构中至粗；强度高；干缩中。加工容易，早材带易产生波状痕；胶黏性、磨光性、染色性良好；握钉力差。略耐腐。干燥容易，会流出松脂。气干密度约 0.52 g/cm³。

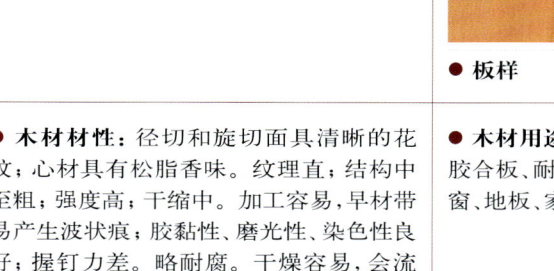

- **板样**

- **木材用途**：适用于建筑用材、旋切单板、胶合板、耐久性构件、造船、木桩、枕木、门窗、地板、家具、贮水槽等。

# 铁杉 *Tsuga* sp.
## WESTERN HEMLOCK

松科  
*Pinaceae*

- **铁杉属** *Tsuga*
- **木材名称**：铁杉
- **地方名称**：Western hemlock、West coast hemlock（北美洲）、Pacific hemlock、British columbia hemlock、Eastern hemlock、White hemlock、Hemlock spruce（美国）。
- **不规范名称**：无
- **识别要点**：内外皮交界处夹有一层玫瑰色。晚材带肉眼下可见，深红色；早材带占生长轮的2/3左右。外观与北美黄杉 *Pseudotsuga menziesii* 很相似，但不具树脂道。

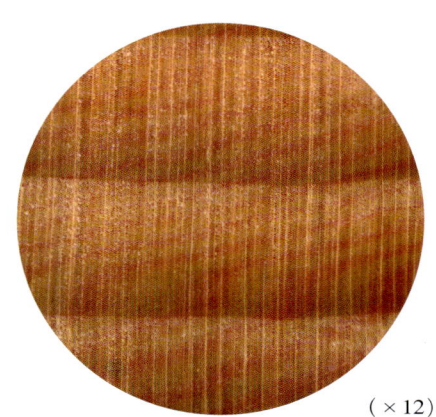

(×12)

- **宏观构造**：早材至晚材渐变至略急变；晚材带肉眼下可见，深红色；早材带占年轮的2/3左右。树脂道少见。木射线放大镜下明显，略密，窄。

- **树木与分布**：高大乔木，高15～20 m，胸径约0.5 m。分布于从美国阿拉斯加向南到加拿大不列颠哥伦比亚省的太平洋沿岸。主要从美国或加拿大进口，量大。

- **横断面**：心边材区别略明显。心材浅黄褐色略带红。边材灰红褐色。原木多呈不规则形。年轮明显，呈波浪状，轮间介以深色晚材带。

- **板样**

- **树皮**：厚0.6～1.0 cm，质软，不易剥离。外皮浅褐色至深红褐色，具不规则的浅纵裂至深纵裂（裂沟比花旗松窄），呈不规则块状脱落，在内外皮交界处有一层玫瑰红色。内皮棕褐色，韧皮纤维短；石细胞明显，颗粒状。

- **木材材性**：弦切面或径切面具深红色的条纹；生材具酸味。纹理直；结构中至细，均匀；材质中等；干缩小。加工略难，切面光滑，油漆、着色、胶黏性能好；握钉力较差，应先钻孔。不耐腐。干燥不难，略有开裂。气干密度约0.47 g/cm³。

- **木材用途**：适用于建筑用材、混凝土模板、细木工板、室内装修、地板棱条、枕木、包装箱等。常与北美黄杉 *Pseudotsuga menziesii* 交替使用。

# 甜樱桃 *Prunus avium*
## SWEET CHERRY

蔷薇科
*Rosaceae*

- 樱桃属 *Prunus*
- 木材名称：樱桃木
- 地方名称：Sweet cherry、Cerisier（法国）、Gean、Wild cherry（英国）、Kirsh、Kirsche（德国）、Kers（荷兰）。
- 不规范名称：无
- 识别要点：树皮具横向长链状皮孔；常反卷，易横向脱落。半环孔材至散孔材。木射线肉眼下清晰可见，略宽。

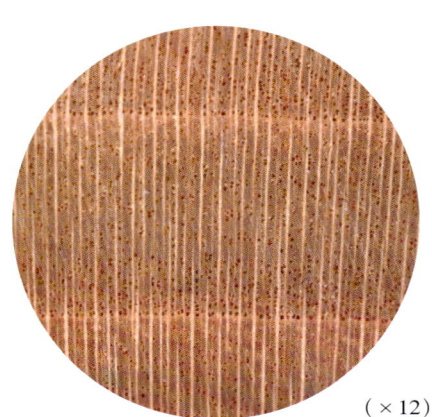

（×12）

- 宏观构造：半环孔材至散孔材。管孔放大镜下明显，略多，小；单管孔及径列复管孔（2～3个）；有斜列倾向；心材管孔含浅黄色内含物。轴向薄壁组织未见。木射线肉眼下清晰可见，密度中，略宽。

- 树木与分布：乔木，高 18～24 m，胸径约 0.8 m。主要分布于北美洲、欧洲、亚洲西部及地中海地区。常从法国进口，量不大。

- 横断面：心边材区别明显。心材红褐色至褐色，久则变为红色，犹如红木。边材暗褐色（可能遭变色菌侵蚀）。生长轮明显，轮间介以狭而不明显的管孔组织带。

- 树皮：厚 0.3～0.8 cm，不易剥离。外皮灰白至灰褐色。内皮红褐色至暗红色。

- 板样

- 木材材性：稍具光泽。纹理直；结构细而匀；重量和强度中。加工性能良好。染色、磨光、旋切、弯曲、胶黏性能好。略耐腐。干燥容易，略有翘曲。气干密度约 0.63 g/cm³。

- 木材用途：适用于旋切单板、胶合板、装饰单板、家具、地板、工艺品、乐器、玩具、把柄、木制品等。

# 黑樱桃 *Prunus serotina*
## BLACK CHERRY

蔷薇科
*Rosaceae*

- 樱桃属 *Prunus*
- 木材名称：樱桃木
- 地方名称：Black cherry、American cherry（美国）。
- 不规范名称：黑稠李、红木稠李
- 识别要点：外皮黑褐色，具有规则的浅纵裂。髓心具有较小的树脂囊。半环孔材至散孔材。材面有时具髓斑。

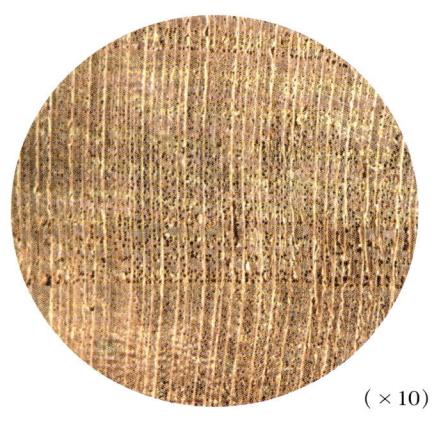

(×10)

- **宏观构造**：半环孔材至散孔材。管孔放大镜下可见，略多，略小；单管孔及径列复管孔（2～3个）。轴向薄壁组织未见。木射线肉眼下可见，密度中，略宽。

- **树木与分布**：中乔木，高18～24 m，胸径约0.75 m。分布于北美洲、欧洲、亚洲西部及地中海地区。该种主要以集装箱运输方式从美国、加拿大进口，量较大。

- **横断面**：心边材区别明显。心材暗红褐色。边材近白色，宽3～4 cm。生长轮明显，轮间介以早材管孔组织带。髓心具有较小的树脂囊。

- **树皮**：厚0.5～1.0 cm，不易剥离。外皮黑褐色，具有规则的浅纵裂。内皮红黄色。

- **木材材性**：略具光泽；生材心部常具酸臭气味。纹理直；结构细而匀；重量、硬度、强度中等；干缩小。加工容易。略耐腐。气干密度约0.58 g/cm³。

- **板样**

- **木材用途**：适用于家具、地板、模型、乐器、高档细木工制品、室内装修、枪托等。

# 杨木 *Populus* sp.
## POPLAR

杨柳科
*Salicaceae*

- 杨属 *Populus*
- 木材名称：暂无
- 地方名称：Poplar、Aspen（通称）。
- 不规范名称：无
- 识别要点：小径木和大径木的中上部树干外皮光滑，灰绿色，具大而明显的菱形皮孔，大径木基部外皮深纵裂、灰黑色。木材潮湿时有臭味。心材普遍存在红心。散孔材，具半环孔材趋势。

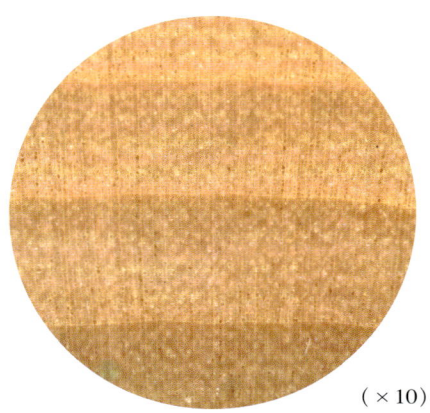

(×10)

- 宏观构造：散孔材，具半环孔材趋势。管孔肉眼下难分辨，小而多；主为径列复管孔（2～3个），少量单管孔；由于管孔斜向相连，构成锯齿状的图形。轴向薄壁组织未见。木射线放大镜下略可见，密而窄。

- 树木与分布：大乔木，高达30 m，胸径达1.0 m。本属约40种，分布于美国、加拿大、俄罗斯及我国东北地区。常从俄罗斯进口，量不大。

- 横断面：心边材区别不明显。木材奶黄色至浅黄褐色，心材心部有时因病菌侵入，出现褐色或灰褐色不规则假心材。生长轮明显，轮界处晚材颜色较深。

- 板样

- 树皮：略厚，质硬，不易剥离。小径木及老龄木树干上部外皮光滑，皮薄，灰绿白色，表面常覆盖一层灰白色，具明显的菱形皮孔，多呈横向排列；中径木的基部及老龄树的中基部深纵裂，灰黑色。内皮浅黄色，日久转为绿黄色，微带苦味；韧皮纤维呈薄片带状分离。

- 木材材性：光泽强；略有气味。纹理直；结构细；质轻软；强度低；干缩小。加工容易，表面毛刺多；胶黏、油漆、染色、钉钉性能较好。不耐腐。干燥快，易开裂翘曲。气干密度约0.4 g/cm³。

- 木材用途：适用于胶合板芯板、低档胶合板、包装材、车厢板、火柴杆、铅笔、造纸、建筑地板、装修、日用器具等。

# 玫瑰夸雷木 *Qualea rosea*

MANDIO

独蕊科
Vochysiaceae

- **夸雷木属** *Qualea*
- **木材名称**：夸雷木
- **地方名称**：Mandio、Mandioqueira（巴西），Gronfoeloe、Wato-kwari（苏里南－代码GF），Kouali、Grignon fou（法属圭亚那），Hoogland Gronfolo（法属圭亚那，代码HGR）。
- **不规范名称**：无
- **识别要点**：树皮石细胞发达，颗粒状，近外皮环状，靠内皮星散状。心材浅玫瑰褐色至暗褐色。生材有不愉快气味。

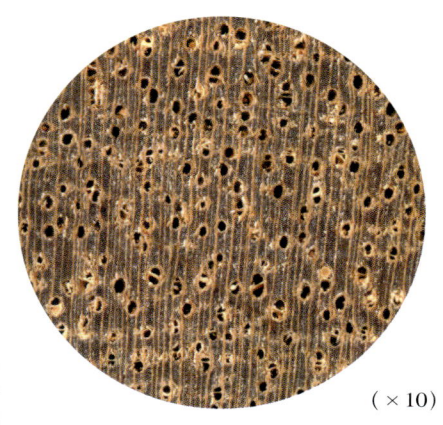

(×10)

- **宏观构造**：散孔材。管孔肉眼下可见，略少，略大；单管孔及径列复管孔（2～3个）；具浅色沉积物。轴向薄壁组织肉眼下可见，主为环管状，少数翼状。木射线放大镜下明显，略密，窄。

- **树木与分布**：大乔木，高达30 m，直径一般0.8 m，具大板根。本属约60种，分布于苏里南、圭亚那、巴西等地区，常从苏里南进口，量不大。

- **横断面**：心边材区别明显。心材浅玫瑰褐色至暗褐色。边材浅黄白至灰白色。生长轮不明显。

- **树皮**：厚1.0～1.5 cm，质硬脆，易块状剥离。外皮灰褐色；粗糙；呈碎片状脱落；圆形皮孔较多。内皮红褐色；韧皮纤维较发达；石细胞发达，颗粒状，近外皮环状，靠内皮星散状。

- **木材材性**：光泽强；生材有不愉快气味。纹理直至交错；结构略粗，均匀；重量和强度中；干缩大。锯解容易，含硅石，刀具易钝，切面起毛；胶黏、钉钉性能良好。略耐腐。干燥快，易翘曲和开裂。气干密度约0.73 g/cm³。

- **板样**

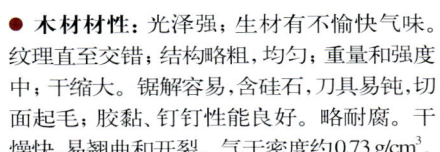

- **木材用途**：适用于建筑用材、地板、车辆材、家具、细木工板、胶合板、刨切单板、包装箱、室内装修等。

# 乔木维腊木 *Bulnesia arborea*
## VERA WOOD

蒺藜科
Zygophyllaceae

- **维腊木属** Bulnesia
- **木材名称**：维腊木
- **地方名称**：Vera Wood（通称），Maracaibo lignum-vitae（英国），Guayacan（哥伦比亚），Bera，Cuchivaro，Vera aceituna（委内瑞拉）。
- **不规范名称**：绿檀香、玉檀香、绿檀、玉檀、圣檀木
- **识别要点**：木材颜色呈玉绿色，香气浓郁独特，故得名"绿檀香"。木材断面常见绿褐色的树脂圈，工艺品密闭放置一段时间后表面常可见晶莹剔透的絮状结晶物质。木材纵剖面现绿底中夹杂着粗细不均的鱼脊状黄色条纹。管孔斜列明显，甚小甚密，管孔中富含褐色树胶。一般认为，从阿根廷进口的维腊木颜色、香味、油性均比哥伦比亚的好，从哥伦比亚进口的维腊木几乎没有香味。

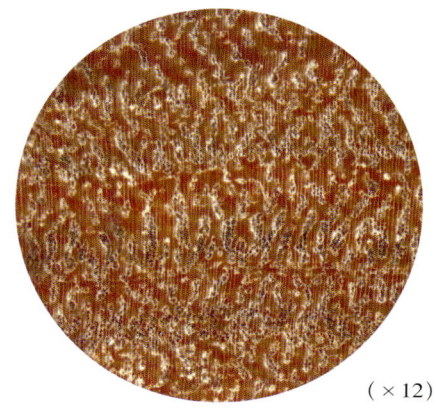

(×12)

- **宏观构造**：散孔材。管孔放大镜下可见，甚多；甚小；径列复管孔（2～5个），和单管孔；斜列或径列明显，排列成火焰状；管孔内充满暗褐色树胶。轴向薄壁组织放大镜下不见，疏环管状。木射线放大镜下可见，密而细。波痕明显。

- **树木及分布**：大乔木，高可达30 m，直径0.35～0.5 m。树干通直。本属约17种，分布在中南美洲，主要产于委内瑞拉、阿根廷、巴拉圭、哥伦比亚等国家。进口时一般为砍去白边的圆材，也有部分带皮原木。

- **横断面**：心边材区别明显。心材材色多变，从浅黄褐色、黄绿色至深橄榄绿色，经空气氧化很快转为暗绿色，并带黑色条纹。边材浅黄色至黄褐色。生长轮略明显。横断面上常见绿褐色的树脂圈。

- **树皮**：厚约1.0 cm，质较软，易折断，易块状脱落。外皮灰褐色至灰白色，薄，略平滑，有规则的细小龟裂。内皮浅红褐色至黄褐色，韧皮纤维发达，层片状。

- **板样**

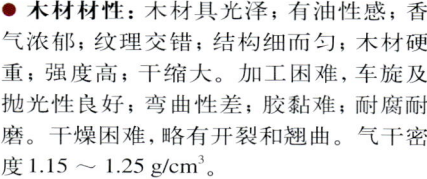

- **木材材性**：木材具光泽；有油性感；香气浓郁；纹理交错；结构细而匀；木材硬重；强度高；干缩大。加工困难，车旋及抛光性良好；弯曲性差；胶黏难；耐腐耐磨。干燥困难，略有开裂和翘曲。气干密度1.15～1.25 g/cm$^3$。

- **木材用途**：适用于高档家具、实木地板、木雕工艺品、滑轮衬套、轴环、纺织器材、体育器材等。

# 拉丁名索引

## A

| | |
|---|---|
| *Abies sibirica* | 223 |
| *Acer* sp. | 204 |
| Aceraceae | 204 |
| *Afzelia* sp. | 130 |
| *Agathis* sp. | 11 |
| *Aglaia* sp. | 68 |
| *Ailanthus integrifolia* (*A. peekellii*) | 109 |
| *Albizia falcataria* | 75 |
| *Alstonia scholaris* | 8 |
| *Alstonia* sp. | 9 |
| *Amoora cucullata* | 69 |
| Anacardiaceae | 2-7, 124 |
| *Andira* sp. | 209 |
| *Aningeria robusta* | 194 |
| *Anisoptera* sp. | 33 |
| *Anopyxis klaineana* | 189 |
| *Anthocephalus chinensis* | 93 |
| *Anthocephalus macrophyllus* | 94 |
| *Antiaris toxicaria* | 77 |
| *Antrocaryon* sp. | 124 |
| Apocynaceae | 8-10 |
| Araucariaceae | 11 |
| *Artocarpus* sp. | 78 |
| *Aucoumea klaineana* | 126 |
| *Autranella congolensis* | 195 |

## B

| | |
|---|---|
| *Baillonella toxisperma* | 196 |
| *Baphia kirkii* | 159 |
| Barringtoniaceae | 12 |
| *Berlinia* sp. | 131 |
| *Betula platyphylla* | 205 |
| Betulaceae | 205, 206 |
| *Bischofia javanica* | 45 |
| Bombacaceae | 13, 125 |
| *Brachystegia laurentii* | 132 |
| *Brachystegia mildbraedii* | 133 |
| *Brachystegia* sp. | 134 |
| *Brosimum* sp. | 221 |
| *Buchanania* sp. | 2 |
| *Bulnesia arborea* | 236 |
| *Burckella obovata* | 103 |
| Burseraceae | 14, 15, 126-129 |

## C

| | |
|---|---|
| Caesalpiniaceae | 16-22, 130-154, 207, 208 |
| *Calophyllum* sp. | 56 |
| *Calpocalyx heitzii* | 180 |
| *Campnosperma* sp. | 3 |
| *Canarium schweinfurthii* | 127 |
| *Canarium* sp. | 14, 15 |
| *Carallia brachiata* | 90 |
| *Carpinus betulus* | 206 |
| *Castanopsis acuminatissima* | 52 |
| Celastraceae | 23 |
| *Celtis latifolia* | 118 |
| *Celtis philippinensis* | 119 |
| *Chisocheton* sp. | 70 |
| *Chlorophora excelsa* | 183 |
| Chrysobalanaceae | 24 |
| *Chrysophyllum* sp. | 104 |
| *Cinnamomum culilawan* | 60 |
| *Cocos nucifera* | 87 |
| *Coelocaryon preussii* | 184 |
| *Colophospermum mopane* | 160 |
| Combretaceae | 25-28, 155, 156 |
| *Combretocarpus rotundatus* | 91 |
| *Combretodendron macrocarpum* | 171 |
| *Combretum imberbe* | 155 |
| *Copaifera religiosa* | 135 |
| *Copaifera salikounda* | 136 |
| *Cratoxylum* sp. | 59 |
| *Cryptocarya* sp. | 61 |
| Cunoniaceae | 29 |
| *Cylicodiscus gabunensis* | 181 |
| *Cynometra ananta* | 137 |

## D

| | |
|---|---|
| *Dacrydium* sp. | 88 |
| *Dacryodes buettneri* | 128 |
| *Dacryodes heterotricha* | 129 |
| *Dactylocladus stenostachys* | 67 |
| *Dalbergia cochinchinensis* | 47 |
| *Dalbergia latifolia* | 48 |
| *Dalbergia louvelii* | 161 |
| *Dalbergia melanoxylon* | 162 |
| *Dalbergia oliveri* | 49 |
| *Dalbergia retusa* | 210 |
| *Daniellia* sp. | 138 |
| Datiscaceae | 30, 31 |
| *Detarium macrocarpum* | 139 |
| *Detarium senegalense* | 140 |
| *Dialium* sp. | 16 |
| *Didelotia* sp. | 141 |
| *Dillenia* sp. | 32 |
| Dilleniaceae | 32 |
| *Diospyros* sp. | 157 |
| Dipterocarpaceae | 33-42 |
| *Dipterocarpus* sp. | 34 |
| *Distemonanthus benthamianus* | 142 |
| *Dracontomelon* sp. | 4 |
| *Dryobalanops* sp. | 35 |
| *Duabanga* sp. | 110 |
| *Durio* sp. | 13 |
| *Dyera costulata* | 10 |
| *Dysoxylum* sp. | 71, 72 |

## E

| | |
|---|---|
| Ebenaceae | 157 |
| Elaeocarpaceae | 43, 44 |
| *Elaeocarpus* sp. | 43 |
| *Elmerrillia papuana* | 65 |
| *Endiandra* sp. | 62 |
| *Endospermum* sp. | 46 |
| *Entandrophragma angolense* | 172 |
| *Entandrophragma candollei* | 173 |
| *Entandrophragma congoense* | 174 |
| *Entandrophragma cylindricum* | 175 |
| *Entandrophragma utile* | 176 |
| *Erythrophleum* sp. | 143 |
| *Eucalyptus deglupta* | 82 |
| *Eucalyptus grandis* | 83 |
| *Eugenia* sp. | 84 |
| *Euodia* sp. | 98 |
| Euphorbiaceae | 45, 46, 158 |
| *Eusideroxylon zwageri* | 63 |

## F

| | |
|---|---|
| Fabaceae | 47-51, 159-170, 209-212 |
| Fagaceae | 52, 53, 213-216 |
| *Fagara heitzii* | 193 |
| *Fagus sylvatica* | 213 |
| *Ficus* sp. | 79 |
| Flacourtiaceae | 54 |
| *Flindersia schottiana* | 99 |
| *Fraxinus mandshurica* | 222 |

## G

| | |
|---|---|
| *Gambeya africana* | 197 |
| *Garcinia* sp. | 57, 58 |
| *Gilbertiodendron* sp. | 144 |
| *Gluta* sp. | 5 |
| *Gmelina moluccana* | 120 |
| Gonystylaceae | 55 |
| *Gonystylus* sp. | 55 |
| *Gordonia papuana* | 116 |
| *Gossweilerodendron balsamiferum* | 145 |
| *Goupia* sp. | 217 |
| Goupiaceae | 217 |
| *Guarea thompsonii* | 177 |
| *Guibourtia arnoldiana* | 146 |
| *Guibourtia ehie* | 147 |
| *Guibourtia* sp. | 148 |
| Guttiferae | 56-58 |

## H

| | |
|---|---|
| *Heritiera littoralis* | 111 |
| *Homalium foetidum* | 100 |
| *Hopea* sp. | 36, 37 |
| Hypericaceae | 59 |
| *Hymenaea courbaril* | 207 |

## I

| | |
|---|---|
| *Intsia* sp. | 17 |

## J

| | |
|---|---|
| Juglandaceae | 218 |
| *Juglans nigra* | 218 |

## K

| | |
|---|---|
| *Khaya* sp. | 178 |
| *Kingiodendron* sp. | 18 |
| *Koompassia excelsa* | 19 |
| *Koompassia grandiflora* | 20 |
| *Koompassia malaccensis* | 21 |

## L

| | |
|---|---|
| *Larix gmelinii* | 224 |

| | | | | | | | |
|---|---|---|---|---|---|---|---|
| *Lauraceae* | 60-64, 219 | *Oleaceae* | 222 | *Pterocymbium* sp. | 112 | *Sterculiaceae* | 111-115, 200-202 |
| *Lecythidaceae* | 171 | *Oxystigma oxyphyllum* | 151 | *Pterygota horsfieldii* | 113 | *Strombosia javanica* | 86 |
| *Letestua durissima* | 198 | | | *Pycanthus angolensis* | 185 | *Swartzia fistuloides* | 169 |
| *Lithocarpus* sp. | 53 | **P** | | | | *Swartzia leiocalycina* | 212 |
| *Litsea* sp. | 64 | *Palaquium* sp. | 106 | **Q** | | *Swartzia madagascariensis* | 170 |
| *Lophira alata* | 187 | *Palmaceae* | 87 | *Qualea rosea* | 235 | *Syzygium buettnerianum* | 85 |
| *Lophopetalum* sp. | 23 | *Paraberlinia bifoliolata* | 152 | *Quercus alba* | 214 | | |
| *Lovoa* sp. | 179 | *Parartocarpus venenosus* | 80 | *Quercus mongolica* | 215 | **T** | |
| | | *Parastemon urophyllum* | 92 | *Quercus rubra* | 216 | *Tectona grandis* | 121 |
| **M** | | *Parinari corymbosa* | 24 | | | *Terminalia* sp. | 25-27 |
| *Magnoliaceae* | 65, 66 | *Parishia* sp. | 6 | **R** | | *Terminalia superba* | 156 |
| *Manglietia* sp. | 66 | *Peltogyne* sp. | 208 | *Rhizophoraceae* | 90, 91, 189, 190 | *Terminalia tomentosa* | 28 |
| *Manilkara merrilliana* | 105 | *Pentace* sp. | 117 | | | *Testulea gabonensis* | 188 |
| *Maniltoa psylogyne* | 22 | *Pericopsis elata* | 165 | *Rhodognaphalon brevicuspe* | 125 | *Tetraberlinia tubmaniana* | 154 |
| *Mastixiodendron pachyclados* | 95 | *Picea jezoensis* | 225 | | | *Tetrameles nudiflora* | 31 |
| *Melastomataceae* | 67 | *Picea koraiensis* | 226 | *Rosaceae* | 92, 232, 233 | *Theaceae* | 116 |
| *Meliaceae* | 68-74, 172-179 | *Pinaceae* | 223-231 | *Rubiaceae* | 93-97, 191, 192 | *Tieghemella heckelii* | 199 |
| *Microberlinia* sp. | 149 | *Pinus radiata* | 227 | *Rutaceae* | 98, 99, 193 | *Tiliaceae* | 117 |
| *Millettia laurentii* | 163 | *Pinus sibirica* | 228 | | | *Toona ciliata* var. *sureni* | 74 |
| *Millettia stuhlmannii* | 164 | *Pinus sylvestris* var. *mongolica* | 229 | **S** | | *Trichadenia philippinensis* | 54 |
| *Mimosaceae* | 75, 76, 180-182 | | | *Salicaceae* | 234 | *Triplochiton scleroxylon* | 202 |
| *Mimosoideae* | 220 | *Piptadeniastrum africanum* | 182 | *Samanea saman* | 220 | *Tristiropsis canarioides* | 102 |
| *Mitragyna ciliata* | 191 | *Planchonella thyrsoidea* | 107 | *Samydaceae* | 100 | *Tsuga* sp. | 231 |
| *Monopetalanthus* sp. | 150 | *Planchonella torricellensis* | 108 | *Sandoricum* sp. | 73 | | |
| *Moraceae* | 77-80, 183, 221 | *Planchonia papuana* | 12 | *Sapindaceae* | 101, 102 | **U** | |
| *Myristica* sp. | 81 | *Platymiscium* sp. | 211 | *Sapotaceae* | 103-108, 194-199 | *Ulmaceae* | 118, 119 |
| *Myristicaceae* | 81, 184-186 | *Podocarpaceae* | 88, 89 | *Scaphium* sp. | 114 | | |
| *Myrtaceae* | 82-85 | *Podocarpus amarus* | 89 | *Schizomeria* sp. | 29 | **V** | |
| | | *Poga oleosa* | 190 | *Shorea* sp. | 38-41 | *Vatica* sp. | 42 |
| **N** | | *Pometia* sp. | 101 | *Simaroubaceae* | 109 | *Verbenaceae* | 120, 121 |
| *Nauclea diderrichii* | 192 | *Populus* sp. | 234 | *Sindoropsis letestui* | 153 | *Vochysiaceae* | 235 |
| *Nauclea* sp. | 96 | *Prunus avium* | 232 | *Sloanea* sp. | 44 | | |
| *Nectandra rubra* | 219 | *Prunus serotina* | 233 | *Sonneratiaceae* | 110 | **X** | |
| *Neonauclea* sp. | 97 | *Pseudotsuga menziesii* | 230 | *Spirostachys africana* | 158 | *Xanthophyllaceae* | 122 |
| | | *Pterocarpus angolensis* | 166 | *Spondias* sp. | 7 | *Xanthophyllum* sp. | 122 |
| **O** | | *Pterocarpus erinaceus* | 167 | *Staudtia stipitata* | 186 | *Xylia* sp. | 76 |
| *Ochnaceae* | 187, 188 | *Pterocarpus macrocarpus* | 50 | *Sterculia oblonga* | 200 | | |
| *Octomeles sumatrana* | 30 | *Pterocarpus santalinus* | 51 | *Sterculia rhinopetala* | 201 | **Z** | |
| *Olacaceae* | 86 | *Pterocarpus soyauxii* | 168 | *Sterculia* sp. | 115 | *Zygophyllaceae* | 236 |

# 英文名索引

| A | | African padauk | 168 | Alui | 143 | Apitong | 34 |
|---|---|---|---|---|---|---|---|
| Aan | 6 | African Pearwood | 196 | ALW | 75 | Apome | 137 |
| Aba | 187 | African sandalo | 158 | AM | 69 | Apopo | 179 |
| Abachi | 202 | African sandalwood | 158 | Amapa Rana | 221 | Aprokuma | 124 |
| Abaku | 199 | African walnut | 179 | Amarante | 208 | Ara | 79 |
| Abale | 171 | Africanrose wood | 162 | Amaranth | 208 | Ara Berteh Paya | 80 |
| Abam | 197 | Afrikanisches grenadill | 162 | Amas | 110 | Arah | 79 |
| Abang | 183 | Afrormosia | 165 | Amazakoue | 147 | Arakoko | 120 |
| Abari | 189 | Afzelia | 130 | Amazoue | 147 | Aranga | 100 |
| Abe | 127 | AGA | 11 | AMB | 112 | Arere | 202 |
| Abebay | 176 | Aganokwa | 199 | Amberoi | 112 | Ares | 110 |
| Abel | 127 | Aganokwi | 199 | Ambila | 166, 167 | Arieua | 132 |
| Abem | 131 | Agathis | 11 | American black walnut | 218 | Arjun | 27 |
| Abenbegne | 174 | Agba | 145 | American cherry | 233 | Asamfona | 194 |
| Abeubegne | 172 | Agboin | 182 | American red oak | 216 | Ash | 222 |
| Abeul | 127 | AGL | 68 | AMO | 69 | Asian white birch | 205 |
| Abeum grandes feuilles | 144 | Aglaia | 68 | Amonkyi | 127 | Asomanini | 169 |
| Abin | 171 | Agnegra | 194 | Amoora | 69 | Aspen | 234 |
| Abing | 171 | Aiele | 127 | Amouk | 139, 149 | ASS | 99 |
| Abkpo | 157 | Akatio | 197 | Anamenila | 179 | Assamela | 165 |
| Aboranzorki | 139 | Ake | 188 | Anandio | 197 | Asseng-Assie | 176 |
| Aboudikro | 175 | Akewe | 188 | Andem-Evine | 136 | Assi | 175, 176 |
| Abra | 189 | Akite | 169 | Andira | 209 | Assia | 128 |
| Abuab | 23 | Akoga | 187 | Andjung | 150 | Atom Assie | 173 |
| Abura | 191 | Akom | 156 | Andoung | 150 | Atui | 182 |
| Acajou | 178 | Akomu | 185 | Anegre | 194 | Au-bukit | 88 |
| Acajou bassam | 178 | Akondoc | 192 | Anga | 5 | Australian maple | 99 |
| Acajou krala | 178 | Akoua | 124 | Angelin | 209 | Australian Walnut | 62 |
| Acapurana | 209 | Akoura | 187 | Anggerit | 97 | Awang | 170 |
| Achi | 145 | Akuraten | 177 | Anglim | 209 | Awartu | 212 |
| Acuminata | 172, 174 | Akwakwa | 151 | Angonga | 124 | Awasia | 201 |
| Adadua | 181 | Alakaak | 106 | Angouma | 126 | Awawabl | 165 |
| Adat | 59 | Alan | 40 | Angsana keling | 48 | Awawai | 165 |
| Adjap | 196 | ALAN | 40 | Angu | 137 | Awong | 169 |
| Adjouaba | 128 | Algarrodo | 207 | Anguekong | 124 | Awoung | 163 |
| Adonmeteu | 189 | ALH | 9 | Aningeria | 194 | Awoura | 152 |
| Adoum | 181 | Aligna | 130 | Aningre | 194 | Ayab | 196 |
| Adoung de heitz | 150 | Alinga | 130 | Aningueri rouge | 197 | Ayabala | 68 |
| Adza | 196 | Allen | 139 | Ankyi | 189 | Ayan | 142 |
| Aek | 41 | Allen Ele | 149 | Anokye | 147 | Ayap | 196 |
| Afara | 156 | Allihia | 136 | ANT | 77 | Aye | 201 |
| Afo | 190 | Almaciga | 11 | Antiaris | 77 | Ayin | 165 |
| African Blackwood | 162 | Almendro | 27 | Anyaran | 142 | Ayous | 202 |
| African canarium | 127 | Aloma | 192 | Anzem | 135, 136 | Ayus | 202 |
| African ebony | 157 | Alone | 125 | Apa | 130 | Azobe | 187 |
| African Greenheart | 181 | Alstonia | 8 | Apa apa | 13 | Azodau | 130 |
| African mahogany | 178 | Alu | 143 | Apiitan | 18 | Azodo | 200 |

| | | | | | | | |
|---|---|---|---|---|---|---|---|
| Azouga | 126 | Bellarosa | 33 | Bodioa | 189 | Bueng | 21 |
| Azucar-huayo | 207 | Beng kheou | 68 | Bodo | 140 | Buini | 136 |
| Azza | 130 | Bengang | 13 | Boeboem | 24 | Bukundu | 182 |
| | | Bengaris | 19 | Bofelele | 136 | Bulabog | 6 |
| **B** | | Benge | 146 | Bogdei | 134 | Bulian | 63 |
| Babanus | 162 | Bengi | 135, 146 | Boire | 140 | Bundui | 192 |
| Badam | 27 | Bengkal | 96 | Bois de rose | 161 | Bunga | 71, 72, 201 |
| Badi | 192 | Benoea | 30 | Bois violet | 208 | Buno | 93 |
| Badjudjang | 63 | Benuang laki | 110 | Bokapi | 186 | Bunsod | 60 |
| Bagac | 34 | Benzi | 146 | Bok-bok | 122 | Bunut | 56 |
| Bagras | 82 | Bera | 236 | Bokoka | 181 | BUPK | 70 |
| Bahala | 165 | BERA | 52 | Bokonge | 163 | BUR | 103 |
| Bahia | 191 | Berambang | 110 | Bokungu | 182 | Burckella | 103 |
| Baing | 31 | Berembang-bukit | 110 | Bolengu | 130, 138 | Burma gurium | 34 |
| Bakata | 54 | Bereza | 205 | Bollywood | 64 | Burma mahogang | 117 |
| Bakauan gubat | 90 | Beri | 127 | Bolon | 177 | Burma padauk | 50 |
| Baku | 199 | Berlinia | 131 | Bomanga | 132 | Burma tulipwood | 49 |
| Bakundu | 187 | Betang | 97 | Bombax | 125 | Busu plum | 24 |
| Balaka | 137 | BEW | 65 | Bombay blackwood | 48 | Buti | 120 |
| Balau | 41 | Beyo | 130 | Bombulu | 179 | | |
| Balau kumus | 41 | Bi | 200 | Bondu | 141 | **C** | |
| Balau merah | 41 | Bibolo | 179 | Bone | 24 | CA | 56 |
| Balinghasai | 2 | Bidikala | 127 | Boneapi | 24 | Cachaceiro | 217 |
| Banate | 23 | Big leaf maple | 204 | Bongele | 200 | CAD | 11 |
| Bangkal | 96, 97 | Bilinga | 192 | Bonghei | 132 | CAG | 15 |
| Bangkirai | 41 | Billi | 127 | Bongo | 193, 200 | CAH | 60 |
| Banikag | 82 | BIND | 11 | Bongossi | 187 | CAL | 56 |
| Bankawang | 24 | Bindang | 11 | Bonkangu | 192 | Calabo | 185 |
| Bansisian | 100 | Bingo | 157 | Bonkole | 187 | Calophyllum | 56 |
| Baphia | 159 | BINT | 56 | Bonsamdua | 142 | CAM | 3 |
| Bara | 90 | Bintangor | 56 | Bopambu | 197 | Cam lien | 28 |
| Barangan | 52 | Bintangor laut | 56 | Borneo camphora wood | 35 | Cambogala | 126 |
| Barre | 142 | Bintungan | 45 | Borneo ironwood | 63 | Campnosperma | 3 |
| Baru-baran | 117 | BINU | 30 | Borneo oak | 53 | Camwood | 159, 168 |
| Barwood | 168 | Binuang | 30 | Bosassa | 177 | Candinawood | 221 |
| BAS | 46 | Binukau | 57, 58 | Bosse | 177 | Candollei | 173 |
| Basong | 8 | Binung | 31 | Bosulu | 168 | Canelaho | 219 |
| Batai | 75 | BIP | 29 | Boto | 169 | Canelo | 219 |
| Batete | 18 | Birch | 205 | Bouanga | 195 | Caoba delgalon | 178 |
| Batikuling | 64 | BIRI | 115 | Bouemon | 181 | Capricornia | 217 |
| Bauloa | 108 | Biris | 115 | Bougongi | 124 | CAR | 14 |
| Bauvudi | 106 | Bishopwood | 45 | Boukole | 187 | Carallia | 90 |
| Baya | 191 | Bitaog | 56 | Bouma | 125 | Carallia wood | 90 |
| Bayott | 33 | BK | 103 | BOW | 122 | CEH | 119 |
| Bea bea | 29 | Blaang | 138 | Brachystegia | 134 | CEJ | 45 |
| Beauty-leaf | 56 | Black cherry | 233 | British columbia hemlock | 231 | CEL | 118 |
| Bebuan | 92 | Black guarea | 177 | British columbia pine | 230 | CEP | 106 |
| Bediwunua | 127 | Black Hyedua | 147 | Broutou | 141 | Cepa | 202 |
| Beech | 213 | Black rosewood | 161 | Brown ebony | 212 | CER | 74 |
| Bekak | 69 | Black walnut | 218 | Brown sterculia | 201 | Cerisier | 232 |
| Beleketebe | 44 | Bloodwood | 221 | Brown Terminalia | 26 | Chanfuta | 130, 151 |
| Beli | 152 | Bobenkusu | 189 | Brunei teak | 35 | Chaquiro | 217 |
| Belian | 63 | Bo-Bo | 38 | Bua pesa kanan | 70 | Charme | 206 |
| Beliawoura | 152 | Bobwe | 175 | Bubinga | 147, 148 | Chatian | 8 |

| | | | | | | | | |
|---|---:|---|---:|---|---:|---|---:|
| Chempaka | 66 | Dagang | 33 | Donge | 24 | Ekhimi | 182 |
| Chene limbo | 156 | Dah | 137 | Dongomanguila | 174 | Ekki | 187 |
| Chestnut | 52 | Dahoma | 182 | Dorea | 4 | Eko Andoung | 150 |
| Chhlik | 28 | Dahu ketjil daun | 4 | Douglas Fir | 230 | Ekobem | 144 |
| Chhoeuteal | 34 | Daku | 196 | Douglas spruce | 230 | Ekonge | 200 |
| Chiangpara | 90 | Dakua makedre | 11 | Douka | 199 | Ekop | 150 |
| Chinfuta | 151 | Dalchini | 60 | Doussie | 130 | Ekop Evene | 133 |
| Ching-chan | 49 | Damanu | 56 | DUA | 110 | Ekop gombe | 141 |
| Chiviri | 159 | Damar hitam | 39 | Duabai | 142 | Ekop Leke | 132 |
| Chomcha | 74 | Damar-minyak | 11 | Duabanga | 110 | Ekop mayo | 150 |
| CHR | 104 | Damoni | 4 | Duabeyie | 142 | Ekop naga | 134 |
| Chrysophyllum | 104 | Dan | 34 | Dual | 23 | Ekop zing | 141 |
| CL | 56 | Danggai | 18 | Duali | 33 | Ekop-Beli | 152 |
| CLL | 90 | Dango | 98 | Dub | 215 | Ekop-nganga | 137 |
| Clubwood | 212 | Daniela | 147 | Dubini | 178 | Ekoune | 184 |
| CM | 3 | Daniellia | 138 | Dubini-biri | 179 | Ekpagoieze | 144 |
| CN | 14 | Dao | 4 | Dugkatan | 61 | Ekpogoi | 131 |
| Coata quicava | 208 | Darah | 81 | Duguan | 81 | Ekpogol | 131 |
| Coc | 7 | Darah-darah | 81 | Dukuma fufu | 178 | Ekun | 184 |
| Cocanut palm | 87 | Dark bosse | 177 | Dumori | 199 | Ekur belangkas | 46 |
| Cochin rosewood | 47 | Dark red meranti | 40 | Dungon-late | 111 | Elae | 182 |
| Cocobolo | 210 | Dark red philippine mahogany | 40 | Dungun | 111 | Elan | 195 |
| Cocobolo prieto | 210 | | | Durian | 13 | Elang | 195 |
| Coconut | 87 | Dark red seraya | 40 | Durian daun | 13 | Elanzok | 195 |
| Columbian pine | 230 | Dedali | 86 | Durian kampong | 13 | Elelom | 191 |
| Combo Combo | 126 | Dedarah | 81 | Durian puteh | 13 | Elemi | 127 |
| Common beech | 213 | Deglupta | 82 | DURN | 13 | Elka | 225 |
| Congotali | 198 | Delinsem | 100 | DX | 71, 72 | Elolom | 191 |
| Congowood | 179 | Dembeo | 73 | DYS | 71, 72 | Elondo | 143 |
| Congrio blanco | 217 | Deng | 76 | DYS-R | 71 | Elone | 143 |
| Copal | 138 | Denya | 181 | Dysox-red | 71 | Eloun | 143 |
| Copi | 217 | Determa | 219 | DYS-W | 72 | Embero | 179 |
| Coracao-de-negro | 212 | Diampi | 177 | Dysox-white | 72 | Emeri | 156 |
| Corail | 168 | Dibetou | 179 | | | Emola | 151 |
| Coupi | 217 | Did | 141 | **E** | | Emolo | 145 |
| Coyote | 211 | Didelotia | 141 | East indian kauri | 11 | Emongi | 145 |
| CP | 3 | Dikela | 163 | Eastern black walnut | 218 | Empajang | 93 |
| Crabapple | 29 | DIL | 32 | Eastern hemlock | 231 | Empas | 21 |
| Cristobal | 211 | Dillenia | 32 | Ebana | 148 | EN | 46 |
| CRY | 61 | Dilolo | 175, 179 | Ebanghemwa | 177 | END | 62 |
| Cryptocarya | 61 | Dimpampi | 196 | Ebano | 157 | Endiandra | 62 |
| Cuapinol | 207 | Dina | 169 | Ebene | 157, 162 | Endwi | 187 |
| Cuchivaro | 236 | Dioletwood | 208 | Ebene du mozambique | 162 | Eng | 34 |
| Cui | 111 | Distemonanthus | 142 | Ebiara | 131 | Engolo | 192 |
| Cumaseba | 211 | Dita | 8 | Edinam | 172, 174 | Enouk | 139 |
| Cupiuba | 217 | Ditshipi | 144 | Edo | 142 | Entedua | 136 |
| CWW | 8 | Divuiti | 177 | Edum | 181 | Enuk | 139 |
| CWY | 96 | Diyo | 200 | Edumo | 199 | ERI | 30 |
| | | Djati | 121 | Efuodwe | 176 | Erima | 30 |
| **D** | | Djave | 195, 196 | Egba | 145 | Erun | 143 |
| Dabema | 182 | Djumelai | 17 | Ehie | 147 | Esaka | 173 |
| DAC | 88 | DL | 32 | Ehoromfia | 142 | Esore | 187 |
| Dacrydium | 88 | Doekaliballi | 221 | Ehyedua | 138 | Essabem | 131 |
| Dafo | 26 | Doengoe | 111 | Ejen | 165 | Essia | 171 |

| | | | | | | | |
|---|---|---|---|---|---|---|---|
| Essingang | 148 | Garu-buaja | 55 | Gumhar | 120 | Indochina rosewood | 47 |
| Eteng | 185 | Gaw | 182 | Gurjun | 34 | Indonesian chestnut | 52 |
| Etimoe | 136 | Gbessi | 138 | GUW | 85 | Inhas | 5 |
| Etwi | 124 | Gbordourt | 131 | Gwadau | 142 | Inoi | 190 |
| EU | 85 | Gboyei | 185 | | | Insignis pine | 227 |
| Eucalyptus | 82 | Gboyo | 200 | **H** | | Intule | 183 |
| EUG | 85 | Gean | 232 | Ha okete | 124 | Ipil | 17 |
| EUH | 98 | Gedu-nohor | 172, 174 | Haagbeuk | 206 | IPIL | 17 |
| EUL | 98 | Gempol | 96 | Hainbuche | 206 | IPOH | 74 |
| Euodia Heavy | 98 | Geombi | 153 | Hainde | 189 | Iroko | 183 |
| Euodia Light | 98 | GERO | 59 | Hambia | 29 | Irul | 76 |
| European beech | 213 | Geronggang | 59 | Haras | 57, 58 | Itikiboroballi | 169 |
| European hornbeam | 206 | Geronggang gajah | 59 | Hard Alstonia | 9 | Izombe | 188 |
| European oak | 216 | Gerunggung | 59 | Hard celtis | 119 | | |
| Europian red pine | 229 | GF | 235 | HAY | 97 | **J** | |
| Evam | 189 | Gheombi | 153 | Heavy Hopea | 37 | Jacowanda do brejo | 211 |
| Evene | 133 | Gia | 100 | Heavy Sapele | 173 | Jaman | 85 |
| Evila | 157 | Giam | 37, 42 | HEK | 5 | Jambangan | 69 |
| Eyee | 181 | GIAM | 37 | Hekakore | 5 | Jambire | 164 |
| Eyele | 138 | Giati | 121 | Hemlock spruce | 231 | Jangkar | 106 |
| Eyen | 142 | Ginoo | 19 | Hendui | 187 | Jarum-jarum | 71, 72 |
| Eyere | 127 | Gintungan | 45 | Heng | 34 | Jatahy | 207 |
| Eyong | 200 | Girassonde | 166, 168 | HER | 111 | Jati | 121 |
| | | Gluta | 5 | Heritiera | 111 | Jatoba | 207 |
| **F** | | GME | 120 | Hevi | 7 | Java Cedar | 45 |
| Fal pao brasil | 221 | Gmelina | 120 | HGR | 235 | Java-palisandre | 48 |
| Fangeri | 68 | GO | 55 | Hia | 100 | Jelengan sasak | 69 |
| Fara | 138 | Godog | 45 | Hjia | 100 | JELU | 10 |
| Faraen | 156 | Gogbei | 143 | Hogplum | 7 | Jelutong | 8, 10 |
| Faro | 138 | Goi | 69 | HOH | 37 | Jelutong bukit | 10 |
| Fig | 79 | Goi tia | 68 | Hoh | 154 | Jelutong paya | 10 |
| FIG | 79 | Gola | 154 | HOL | 36 | JELX | 69 |
| Fir wood | 223 | Golden teak | 121 | Homba | 26 | Jenitri | 43 |
| Flooded gum | 83 | GON | 55 | Hong Suan Jae | 47 | Jitang | 45 |
| Frake | 156 | Gonuo | 17 | Hoogland Gronfolo | 231 | Joesoekadoja | 24 |
| French tamarind | 220 | Gonystylus | 55 | Hornbeam | 206 | JONG | 67 |
| Funera | 210 | GOR | 116 | Hugnh-duong | 71, 72 | Jongkong | 67 |
| | | Gordonia | 116 | Humbug | 29 | Jusia | 190 |
| **G** | | Goupie | 217 | Huon pine | 88 | Jutai | 207 |
| Gabon kenvazingo | 148 | Granadillo | 211 | Hyedua | 138, 147 | | |
| Gaboon | 126 | Grandillo | 210 | Hyeduanini | 147 | **K** | |
| Gading | 122 | Grandis gum | 83 | | | Kaatoan-bangkal | 93 |
| GAG | 95 | Grenadilla | 162 | **I** | | Kabari | 182 |
| Gagil | 37 | Grey Canarium | 15 | Idigbo | 156 | Kabukali | 217 |
| Gaharu-buaya | 55 | Grignon fou | 235 | Idil | 17 | Kabulungu | 195 |
| Galip | 14 | Grignon rouge | 219 | Igangaga | 128 | Kadam | 93 |
| Galoempang | 115 | Gronfoeloe | 235 | Ilimo | 30 | Kailil aki | 4 |
| Gamari | 120 | Guapinol | 207 | Ilomba | 185 | Kajaatenhout | 166 |
| Gamela | 219 | Guarabu | 208 | Impa | 113 | Kajat | 166 |
| Gampusu | 81 | Guayacan | 236 | Impas | 21 | Kaju malas | 92 |
| Garawa | 33 | Guayacan trebol | 211 | Impompo | 173 | Kaju pinang | 117 |
| Garcinia | 57, 58 | Gubas | 46 | IN | 17 | Kaju-tjina | 89 |
| Garo garo | 95 | Guijo | 41 | In | 34 | Kako | 187 |
| Garry oak | 214 | Gum copal | 136, 138 | Indian rosewood | 48 | Kaku | 187 |

| | | | | | | | |
|---|---|---|---|---|---|---|---|
| Kalake | 24 | Kayu ara | 79 | Kingue | 125 | KPXX | 35 |
| Kalampayang | 93 | Kayu raja | 19 | Kirsche | 232 | Krabak | 33 |
| Kalantas | 74 | KDIS | 57, 58 | Kirsh | 232 | Krala | 178 |
| Kali | 194 | KDON | 14, 15 | KIS | 70 | Kralanh | 16 |
| Kalingag | 60 | Kedondong | 6, 14, 15, 127 | Kisampang | 98 | Kranghung | 47 |
| Kaloemba | 115 | Kedongdong jawa | 7 | Kisasamba | 169 | Kra-Thon | 73 |
| Kaloempang | 115 | Kekatong | 137 | Kisese | 168 | Kreoul | 5 |
| Kalumpang | 115 | KELA | 73 | Kisibiri | 157 | KRUN | 91 |
| Kalumpit | 27 | Keladan | 35 | Kiso | 70 | KRXX | 34 |
| Kalungi | 172, 176 | Kelampajan | 93 | Kitola | 151 | Kukpalik | 130 |
| Kalunti | 38, 39 | Kelansau | 35 | Klampu | 73 | Kukuo | 157 |
| KAM | 82 | Kelat | 84, 85 | Klsese | 147 | Kumbuk | 27 |
| Kamarere | 82 | Kelempayan | 93 | Koelidawa | 121 | Kuminimba | 124 |
| Kamashi | 186 | Kelumpang | 115 | Koema | 106 | KUMP | 81 |
| Kamasumu | 193 | Kelumpayang | 97 | Koemboe | 78 | Kumpang | 81 |
| Kambala | 183 | KEM | 20 | Koemea | 74 | Kumut | 78 |
| Kampoo | 220 | Kempas | 21 | Koenatepi | 211 | Kundur | 31 |
| KAN-R | 58 | Kembang semangkok | 114 | Kojagei | 156 | Kungulu | 195 |
| KAN-W | 57 | Kembayu | 127 | Koka | 45 | Kuntunkuni | 125 |
| Kandis-red | 58 | KEMS | 111 | Kokaboe | 93 | Kurutwe | 127 |
| Kandis-white | 57 | Kenari | 14, 15 | Koketi | 189 | Kusia | 192 |
| Kangali | 120 | Kendikara | 32 | Koki | 37 | Kutreamfo | 142 |
| Kangin | 34 | Keplan wangi | 60 | Koko | 120 | Kwanari | 207 |
| Kanran | 157 | Kepuh | 115 | Kokoti | 189 | KWI | 17 |
| Kantankrui | 127 | Keramu | 69 | Kokoti-bakaa | 189 | Kwila | 17 |
| KAP | 78 | Kerandji | 32 | Kokotua | 189 | Kyun | 121 |
| KAPA | 35 | Kerandji asap | 16 | Kokrodua | 165 | | |
| Kapas-kapasan | 114 | Keranji | 16 | Kolasa | 24 | **L** | |
| Kapiak | 78 | Keranji kuning besar | 16 | Komnhan | 38 | LAB | 93 |
| Kapong | 31 | KERJ | 16 | Komo | 82 | Labu | 46 |
| Kapur | 35 | KERP | 34 | Kompeng reach | 73 | Labula | 93 |
| Kapur barus | 35 | Kers | 232 | Komu | 17 | Lagos Wood | 178 |
| Kapur paya | 35 | Keruing | 34 | Kondo fino | 195 | Lamio | 4 |
| Karawe-hmanthein | 60 | Kerukh | 23 | Kondo-findo | 60 | Lamog | 12 |
| KASA | 101 | Keruntum | 91 | Kondroti | 125 | Lamot | 61 |
| Kasah | 113 | Ketapang | 25, 27 | Kong-afane | 198 | Lampati | 110 |
| Kasai | 101 | Ketapany | 156 | Kopi | 217 | Lamphu | 110 |
| Kasanda | 170 | Ketapi | 73 | Kopica | 26 | Lan oeng | 101 |
| Kaseh | 101 | Kete | 107 | Kopie | 217 | Landojan | 194 |
| Kashit | 117 | Kevazingo | 148 | Koraro | 209 | Landosan | 194 |
| Kasi besar daun | 101 | Khaya mahagoni | 178 | Korean spruce | 226 | Lanipau | 156 |
| kassa | 143 | Khleng | 16, 32 | Koroboreli | 208 | Lantjat | 95 |
| Kasseku | 189 | Kiaat | 166 | Koroborelli | 208 | Lantupak | 71 |
| Kathing | 56 | Kiela Kusu | 169 | Kosi-kosi | 176 | Lanutan-bagio | 55 |
| Kating | 105 | Kiendog | 122 | Kosipo | 173 | Laos rosewood | 47 |
| Katmon | 32 | Kifusa | 144 | Kosipo-mahogani | 173 | Laran | 93 |
| Katon | 73 | Kihudjau | 220 | Kotoprepre | 144 | Larch wood | 224 |
| Katong-maching | 70 | Kikubi-lomba | 184 | Kouali | 235 | Lasenj | 222 |
| Katong-matsin | 70 | Kiling | 81 | Kouan | 146 | Laubu | 57, 58 |
| Kaunghmu | 33 | Kilingi | 192 | KP | 217 | Laung | 13 |
| Kauri pine | 11 | Kilu | 192 | Kpalaga | 130 | Laurel | 28, 219 |
| Kawo | 130 | Kiluka | 172, 174 | Kpendei | 130 | Layang layang | 6 |
| Kayin | 34 | KIN | 18 | Kpoyei | 185 | Leda | 82 |
| Kayu | 60 | Kingiodendron | 18 | Kpuyai | 140 | Leke | 132 |

| | | | | | | | |
|---|---|---|---|---|---|---|---|
| Lelamit | 64 | Ludai | 93 | Mapala | 74 | Melunak | 117 |
| Lempaung | 46 | Ludek | 97 | Mapane | 160 | Melur | 88 |
| Libenge | 146 | LUIS | 36 | Maple | 204 | Membulan | 46 |
| Liboyo | 176 | Luis | 36 | Maracaibo ligum-vitae | 236 | Mempening | 53 |
| Libuyu | 175 | Luis-selangan | 37 | Maranda | 151 | Mendailas | 92 |
| Lifake | 175 | Lumbor | 38 | Maranuri | 26 | Mendarahan | 81 |
| Lifaki | 174 | Lun hitam | 39 | Mariig | 85 | Mendjalin | 122 |
| Lifaki-muindu | 179 | Lusanga | 183 | Mas | 110 | Mendong | 43 |
| Lifondo | 185 | | | Massoy | 61 | Mendora | 42 |
| Lifuco | 173 | **M** | | MAT | 22 | Mendou | 134 |
| Light celtis | 118 | Macacauba | 211 | Mataulat | 23 | Menga-menga | 186 |
| Light Hopea | 36 | Macawood | 211 | Mati anak | 4 | Mengaris | 19, 21 |
| Ligudu | 144 | Madagascar rosewood | 161 | Matoa | 101 | Menggeris | 19 |
| Likundu | 182 | Magas | 110 | Mavota | 55 | Menggis | 19 |
| Lilin | 122 | Mai sak | 121 | May dou | 50 | Mengilan | 11 |
| Lim | 143 | Maina | 31 | Maysak | 121 | Mengkulang | 111 |
| Limba | 156 | Maipradoo | 50 | Maza | 191 | Mengkundor | 31 |
| Limba korina | 156 | MAK | 105 | Mazareno | 208 | Mengris | 20 |
| Limbali | 144 | Makaasim | 85 | M'Babou | 151 | Menkapas | 122 |
| Limbo | 156 | Makai | 38 | M'Bado | 202 | Menpulut | 104 |
| Limpaga | 74 | Makaw farang | 7 | M'banga | 130 | Mentangol | 56 |
| Limpoh | 93 | Makore | 199 | M'banza | 193 | Mentibu | 67 |
| Limxank | 143 | Makorou | 199 | M'bebame | 197 | MER | 33 |
| Lin | 143 | Makwe | 199 | Mbel | 168 | Meransi | 90 |
| Lingue | 130 | MAL | 100 | Mbele-guli | 182 | Meranti cheriak | 40 |
| Linzi | 192 | Malabang | 6 | Mbeli | 182 | Meranti-ketuk | 40 |
| Lisang | 64 | Malafelo | 29 | Mbembakofi | 130 | Meranti-merah | 40 |
| Listvennitsa | 224 | Malagakal | 41 | M'Beng | 146 | Meranti-puteh | 38 |
| LIT | 64 | Malagumihan | 78 | Mbenge | 146 | Merawan | 36 |
| Litsea | 64 | Malaikmo | 119 | Mbidikala | 127 | Merbatu | 24 |
| Little-seed spruce | 225 | Malapinggan | 54 | Mbil | 168 | Merbau | 17 |
| Liusin | 24 | Malaruhat-puti | 85 | Mbili | 127 | Merbau darat | 17 |
| Livuite | 172, 174 | Malas | 92, 100 | M'bonda | 186 | Merdong-dong | 14, 15 |
| Locust | 207 | Malatading | 122 | M'boul | 194 | Merebong | 67 |
| Loeria | 13 | Malatumbaga | 69 | M'boun | 186 | Mergalang | 8 |
| Lokinai | 88 | Malayan kauri | 11 | M'boy | 191 | Mersawa | 33 |
| Loktob | 110 | Malor | 88 | M'boyo | 175 | Mersawa paya | 33 |
| Lolagbola | 151 | Malugai | 101 | Meblo | 134 | Mevini | 157 |
| Lolako | 185 | Mambode | 140 | Medang | 60, 61, 64 | M'Foi | 196 |
| Lomba-kumbi | 184 | Manchurian ash | 222 | Medang jongkong | 67 | Mfotomfro | 201 |
| Lombe | 177 | Manchurian pine | 228 | Medang payong | 61 | Mfua | 195 |
| Longhi | 197 | Mancone | 143 | Medang tanduk | 122 | Mfume | 125 |
| Longhi blanc | 197 | Mandio | 235 | Medangdering | 61 | MGRS | 19 |
| Longui | 197 | Mandioqueira | 235 | Medang-rawali | 60 | Miama | 180 |
| Longui Rouge | 197 | Mandji | 183 | Medang-tabak | 67 | Mibotu | 163 |
| Lonlaviol | 138 | Mang | 36 | Medjilaba | 144 | Milky pine | 8 |
| LOP | 23 | Manggachapui | 37 | MEDN | 60 | Minak angat | 122 |
| Lophopetalum | 23 | Manggasinoro | 38 | Meguza | 125 | Mindanao gum | 82 |
| Lotofa | 201 | Manggis | 19 | Melabi | 97 | Minyak burok | 122 |
| Loup | 4 | Mangilas | 92 | Melabog | 6 | Minzu | 171 |
| Louro gamela | 219 | Mangkau | 98 | Melapi | 38 | Mirabow | 17 |
| Louro-mogno | 219 | Mangona | 178 | Melegba | 131 | Missanda | 143 |
| Louro-rosa | 219 | Manilkara | 105 | Meli | 130 | Mkarakanga | 159 |
| Louro vermelho | 219 | Maniltoa | 22 | Meloor | 88 | Mkola | 130 |

| | | | | | | | |
|---|---|---|---|---|---|---|---|
| Mkora | 130 | Mufunjo | 162 | Nemesu | 40 | Nyatoh | 106 |
| Mkuruti | 159 | Mugembe | 162 | NEO | 97 | NYTO | 106 |
| Mninga | 166 | Mugonogo | 124 | Nesipolela | 158 | Nzali | 168 |
| MNKG | 111 | Muharaka | 158 | Ngale | 190 | Nzam | 191 |
| Mojambique ebeny | 162 | Muirapiranga | 221 | Nganga | 156 | Nzang | 132 |
| Moabi | 196 | Mukali | 194 | Ngawan kai | 111 | Nzing | 191 |
| Moboron | 145 | Mukangu | 194 | Ngilas | 92 | N'zong | 200 |
| Mo-ciua | 8 | Mukelete | 162 | N'gollon | 178 | | |
| Mofoumou | 126 | Mukula | 168 | Ngom | 153 | **O** | |
| Mohole | 165 | Mukulungu | 195 | N'gongo | 124 | Oabe | 196 |
| Moire | 207 | Mukusu | 172, 174 | Ngoubou | 157 | Oak | 215 |
| Mokak pareang | 7 | Mukwa | 166 | N'goumi | 126 | OAP | 52 |
| Mokesse | 192 | Muligbanaye | 177 | N'guessa | 169 | OAR | 53 |
| Mokongo | 183 | Muna | 194 | Ngula | 147 | Oarawaraha | 120 |
| Molapa | 144 | Munguza | 125 | N'gula | 168 | Obah | 84 |
| Moluccan sau | 75 | Munhiti | 158 | N'gulu-Maza | 192 | Obah ngilas | 24 |
| Molundu | 183 | Muniga | 166 | N'gwaki | 188 | Obang | 165 |
| Mongola | 168 | Muninga | 166 | Nhoi | 45 | Obar-suluk | 40 |
| Mongolia scotch pine | 229 | Munyama | 178 | Niove | 186 | Obeche | 202 |
| Mongongo | 124 | Mupafu | 127 | Nivero | 179 | Obechi | 202 |
| Monkepod-tree | 220 | Mussacossa | 130 | Njabi | 196 | Obobo Nekwi | 177 |
| Monterey pine | 227 | Mutene | 146 | Njalutung | 10 | Obolo | 131 |
| Monzo | 155 | Mutenye | 146 | Njatu | 60 | Odan | 182 |
| Mopaani | 160 | Mutete | 166 | Njatuh | 106 | Odoum | 183 |
| Mopanie | 160 | Mutivoti | 158 | N'jong | 200 | Oduma | 181 |
| Morado | 208 | Mutok | 194 | Nkafi | 186 | Oemba | 45 |
| Moreira | 183 | Mutomboti | 158 | N'kali | 194 | Oeroe | 65 |
| Moss-cupped oak | 216 | Mutovoti | 158 | N'kanang | 201 | Ofram | 156 |
| Mouguengueri | 128 | Mutsek-kamambole | 145 | N'kasa | 143 | Ogbon-eli | 146 |
| Moukoumi | 126 | Mutwinda | 81 | Nkokom | 137 | Ogea | 138 |
| Moulmein cedar | 74 | Muvenghi | 142 | N'kokongo | 130 | Ogueminya | 142 |
| Movingui | 142 | Muyovu | 175 | N'komi | 188 | Ogumalanga | 125 |
| Movingul | 142 | M'voukou | 191 | N'koumi | 126 | Ogwango | 178 |
| Mozambique | 147 | Mvuku | 191 | Nkula | 168 | Ohaa | 200 |
| Mpande | 164 | Mvule | 183 | N'kumi | 126 | Ohabu | 101 |
| Mpengwa | 179 | Mvuli | 183 | NLIN | 122 | Ohwendua | 136 |
| M'penze | 146 | Mwafu | 127 | Nomatou | 136 | Okaka | 126 |
| Mpewere | 182 | MWAN | 36 | Not | 207 | Okan | 181 |
| Mpingo | 162 | Mwavi | 143 | Noudougou | 189 | Oken | 169 |
| M'possa | 131 | Myauk-chaw | 100 | Nsakala | 169 | Okeong | 176 |
| MRBU | 17 | | | N'singa | 182 | Okoko | 200 |
| MRTW | 38 | **N** | | Nson-so | 163 | Okolla | 199 |
| Msalakanu | 158 | Naga | 134 | Nsou | 138 | Okoume | 124 |
| Msaraka | 158 | Nambar | 210 | N'su | 138 | Okume | 126 |
| Msarakana | 158 | Nang pron | 3 | N'tene | 135 | Okwen | 134 |
| MSWA | 33 | Naollo | 178 | N'Tola | 145 | Ole | 165 |
| Mtomboti | 158 | Narig | 42 | Nulak | 185 | Olengue pau incenso | 138 |
| Mtumbati | 166 | Nato | 106 | Nungo | 193 | Olive Walnut | 146 |
| Muamba jaune | 196 | Natoe | 105 | NUT | 81 | Olon | 193 |
| Muave | 143 | N'chong | 200 | Nut | 190 | Olon Tendre | 193 |
| Muconite | 158 | N'demo | 125 | Nutmeg | 81 | Olonvogo | 193 |
| Muenge | 168 | Ndina | 169 | Nyalin | 24, 122 | Olumi | 136 |
| Muharaka | 158 | N'Douma | 150 | Nyareti | 157 | Omenowa | 157 |
| Mufumbi | 176 | N'duma | 181 | Nyatau | 106 | Omu | 173 |

| | | | | | | | |
|---|---|---|---|---|---|---|---|
| Omupapa | 158 | PAR | 24, 80 | PNG Basswood | 46 | RAMN | 55 |
| Ondon | 64 | Parartocarpus | 80 | PNG box wood | 122 | Ramy | 127 |
| Onglen | 63 | Pardu | 67 | PNG Camphor wood | 60 | Red bean | 68 |
| Onyinakoben | 125 | Partridgewood | 164, 209 | PNG Kempas | 20 | Red Canarium | 14 |
| Onzabili | 124 | Pasak | 68 | PNG Oak | 52 | Red Cedar | 74 |
| Opepe | 192 | Pasang | 53 | PNG Red Oak | 53 | Red deal | 229 |
| Oregon Pine | 230 | Pasuig | 89 | PNG Walnut | 4 | Red fir | 230 |
| Orere | 196 | Pasuig podocarpus | 89 | Poberoie | 189 | Red Ironwood | 187 |
| Oriental Wood | 62 | Pataboa | 202 | Pocouli | 131 | Red jelutong | 10 |
| Oroko | 183 | Pau ferro | 170 | POD | 89 | Red lauan | 40 |
| Oropa | 186 | Pau preto | 162 | Podocarpus | 89 | Red louro | 219 |
| Osan | 194 | Pau rosa | 170 | Poei | 5 | Red maple | 204 |
| Ossabel | 128 | Pau Sangue | 167 | Poeplkhe | 8 | Red meranti | 40 |
| Osun | 147, 168 | Pauconta | 130 | Polio | 60 | Red oak | 216 |
| Otak-udang | 2 | Pauhan | 2 | Polo | 45 | Red pine | 229 |
| Otie | 185 | Pau-roxo | 208 | Polo morado | 208 | Red Planchonella | 108 |
| Otutu | 189 | Payung | 47 | Pongnget | 56 | Red sandalwood | 51 |
| Ouale'le' | 185 | Pedata-bukit | 110 | Poplar | 234 | Red sanders | 51 |
| Ovangkol | 147 | Pelai | 8 | Poplea | 32 | Red silkwood | 108 |
| Ovblaleke | 136 | PELI | 8 | Popunti | 54 | Red sterculia | 201 |
| Oveng | 148 | Penaga | 56 | Potrodum | 143 | Red-brown Terminalia | 27 |
| Ovengkol | 147 | Penarahan | 81 | PP | 101 | REHU | 5 |
| Overcup oak | 214 | Pencil cedar | 106 | PPH | 208 | Rempayan | 89 |
| Ovili | 127 | Pengiran | 33 | PQ | 106 | Rengas | 5, 6 |
| Ovoga | 190 | Pengiran kerangas | 33 | Pradoo | 50 | Rengas hutan | 5 |
| Owewe | 171 | Penkwa | 175 | Pradu | 50 | Rengas susu | 6 |
| OWT | 113 | Penkwa-akowaa | 173 | Pring | 84 | Rengas tembaga | 5 |
| Ozigo | 128 | Peo | 26 | Pterygota | 113 | Resak | 42 |
| Oziya | 138 | Pepauh | 98 | Pulai | 8 | Resak julong | 42 |
| Ozonga | 126 | Perawas | 64 | Pulai biasa | 8 | Resak puteh | 42 |
| | | Perepat darat | 91 | Punggai | 13 | RESK | 42 |
| **P** | | Pererpat paya | 91 | Purpleheart | 208 | RGAS | 5 |
| PA | 24 | PERK | 23 | Purukuma | 124 | Rimu | 88 |
| Pacific hemlock | 231 | Peropa Kapoete | 111 | Putat hutan | 90 | Ringgit darah | 90 |
| Pacific maple | 69 | Perupok | 23 | Putat paya | 12 | River maple | 204 |
| Padouk | 168 | Perupok dual | 23 | Puyot | 100 | Roble | 211 |
| Pagsahingin | 14, 15 | Perupuk sjawa | 23 | Pycananthus | 185 | Rode kabbes | 209 |
| Pah | 21 | Petaling padang | 100 | Pyinkado | 76 | Rode lokus | 207 |
| Paldao | 4 | Phan cham | 42 | | | Roemoe | 111 |
| Pale yellow terminalia | 156 | Phay | 110 | **Q** | | Rokfa | 28 |
| Palisander | 161 | Phdiek | 33 | QUA | 43 | Rokko | 183 |
| Palisandro de Siam | 47 | Phlo | 32 | Quandong | 43 | Rone | 188 |
| Palisandro de Tonkin | 47 | Pikhta | 223 | Queensland maple | 99 | Rose maple | 61 |
| Palissandre du congo | 163 | Piling-liftan | 14 | Queensland walnut | 62 | Rosekamala | 68 |
| Palissandro | 147 | Pink Birch | 29 | | | Rosewood | 48, 49 |
| Palo negro | 210 | Pink Satinwood | 2 | **R** | | Roxinho | 208 |
| Palo rojo | 168 | Pisi | 219 | RABO | 90 | | |
| Palosapis | 33 | PLA | 12 | Rabong | 90 | **S** | |
| Panga-panga | 164 | Planchonia | 12 | Radiata pine | 227 | Saboarana | 169 |
| Panong | 38 | PLB | 24 | Rahan | 81 | Safoukala | 128, 129 |
| Pao rosa | 169 | PLR | 108 | Raintree | 220 | Safukala | 129 |
| Papao | 130 | Pluang | 34 | Ramin | 55 | Sagwan | 121 |
| Papita | 112 | PLW | 107 | Ramin melawis | 55 | Saino | 217 |
| Papo | 127 | PM | 101 | Ramin telur | 55 | Saka | 208 |

| | | | | | | | |
|---|---|---|---|---|---|---|---|
| Sakavalli | 208 | Selangan batu kumus | 41 | Sipo | 176 | Tamboti | 158 |
| Salam | 84 | Selangan kacha | 39 | Sipo-mahogani | 176 | Tambulian | 63 |
| Saligna gum | 83 | Selangan kang kong | 12 | Sisiat | 117 | Tampaluan | 92 |
| Salinggogon | 59 | Selangan kuning | 39 | SIW | 109 | Tanghon | 56 |
| Salumpho | 17 | Selimbar | 100 | SLGB | 41 | Tangile | 40 |
| Samak | 116 | Selimpoh | 93 | SLGM | 37 | Tangisang bayauak | 79 |
| Samama | 94 | Semli | 183 | SLO | 44 | Tapang | 19 |
| Saman | 220 | SEMP | 88 | Sloanea | 44 | Tapi | 73 |
| Samba | 202 | Sempalawan | 92 | Smanta | 131 | Tasua | 69 |
| Sampang | 98 | Sempayang | 93 | SMKU | 4 | TAU | 101 |
| Sampinur | 67, 88 | Semplior | 88 | Soft maple | 204 | Tau | 42 |
| Samrong | 114 | Sendok-sendok | 46 | Sokram | 76 | Taun | 101 |
| San | 84 | Senegal Rosewood | 167 | Sompong | 31 | TB | 27 |
| Sandalo Africano | 158 | Sengkuang | 4 | Son | 5 | Tchiebuessain | 76 |
| Sandan | 138 | Sengkurat | 43 | Sonkeling | 48 | Tchitola | 151 |
| Sanga burong | 43 | Sengon | 75 | Sonobrits | 48 | Teak | 121 |
| Sang-trang | 23 | Sengon batai | 75 | Sosna | 229 | TEB | 26 |
| Saninten | 52 | Sengon laut | 75 | SPO | 7 | Tebako | 134 |
| Santol | 73 | SENK | 43 | Spondias | 7 | Teca | 121 |
| SAP | 2 | Sentul | 73 | Spruce | 225, 226 | Techicai Sitan | 47 |
| Sapele-wood | 175 | Sepul | 6 | Squeaker | 29 | Teck | 121 |
| Sapelli | 175 | Seraya-kuning | 39 | Srokraham | 88 | Teek | 121 |
| Sapelli-mahogani | 175 | Serungan | 59 | STE | 115 | Tejeroma | 219 |
| Sapi | 89 | Sesendok | 46 | Sterculia | 115 | Teku | 121 |
| Sapino | 217 | SH | 29 | Stirking toe | 207 | Teluto | 112 |
| Sapo | 141 | Shaitan | 8 | Subaha | 191 | TEM | 31 |
| Sarang | 98 | Shaitan wood | 8 | Sundri | 111 | Teng | 41 |
| Sarkpei | 131 | Shedua | 138 | Suren | 74 | Teo | 78 |
| Sarosaro | 108 | Shelinga-maasm | 158 | Surian | 74 | Teo mongkoeni | 78 |
| Sasswood | 143 | Shiraip | 212 | Surian sabrang | 74 | TER | 27 |
| Satijmout | 221 | Shumarb oak | 216 | Surian sepul | 6 | Terap | 77, 78, 80 |
| Satinash | 85 | Siam rosewood | 47 | Susumenga | 186 | Terap Hutan | 80 |
| Satine | 221 | Siberian pine | 228 | Swamp maple | 204 | Terbulan | 46 |
| Satine Rouge | 221 | Siberian stone pine | 228 | Swamp white oas | 214 | TERE | 3 |
| Satinewood | 221 | Sibirian fir | 223 | Sweet cherry | 232 | Terentang | 3 |
| Satoeh | 73 | Sibu | 101 | SZ | 29 | Terentang daun besar | 3 |
| Sau | 73 | Sida | 179 | | | Terentang kelintang | 3 |
| Sau-dau | 73 | Sikon | 154 | **T** | | Term | 45 |
| Sauh ketjik | 105 | Sikop | 57, 58 | Taas | 64 | Terumtum | 91 |
| Sawah | 105 | Silae | 65 | Tabalangon | 18 | Tete sesele | 107 |
| Sawai | 105 | Silver ash | 99 | Tacula | 168 | Tetekon-nini | 131 |
| Sawbya | 31 | Silver maple | 204 | Tagahas | 110 | Tetraberlinia | 154 |
| Sawo ketjik | 105 | Silverballi | 219 | Takalis | 117 | Tetrameles | 31 |
| Sawokecik | 105 | SIML | 32 | Takhian tong | 36 | TEY | 25 |
| Saya | 40 | SIMP | 32, 88 | Takoradi Mahogany | 178 | Thai rosewood | 47 |
| Scarlet maple | 204 | Simplior | 88 | Talantang putih | 3 | Thakiam | 37 |
| SCH | 116 | Simpoh laki | 32 | Tali | 143 | Thingan | 37 |
| Schima | 116 | Simpor | 32 | Talihan | 63 | Thingan-net | 37 |
| Schizomeria | 29 | Simpur jangkang | 32 | Talisai | 25, 27 | Thit nee | 69 |
| Scotch pine | 229 | Sinedon | 145 | Taloengang | 111 | Thitka | 117 |
| Sehmeh | 144 | Sinfa ndola | 138 | Taloesa losesa | 71, 72 | Thitpok | 31 |
| Seladah | 127 | Singa | 182 | Tamalan | 49 | Thitto | 73 |
| Selangan | 36 | Singa-singa | 182 | Tambacoumba | 140 | Thkeou | 93 |
| Selangan batu | 37, 41 | Sioh | 98 | Tambalau | 81 | Thong | 21 |

| | | | | | | | |
|---|---|---|---|---|---|---|---|
| Tiama | 172, 174 | Tualang | 19, 21 | Walnut | 218 | Wulo | 171 |
| Tiama-mahagoni | 174 | Tule mufala | 183 | Walnut Beat | 62 | Wupa | 131 |
| Tiaong | 40 | Tung | 31 | Wamara | 212 | **X** | |
| Tigerwood | 179 | Tunggeureuk | 52 | WAN | 219 | XA | 122 |
| Tihin | 63 | Tungi | 146 | Wana | 219 | Xoay | 16, 32 |
| Timbi | 172, 177 | Turit | 67 | Wande-poete | 71, 72 | **Y** | |
| Tinjau tasek | 23 | Turkey oak | 216 | Water Gum | 85 | Yakal | 41 |
| Tinpeddaeng | 10 | Tutu | 194 | Water maple | 204 | Yang | 34 |
| Tipoeloe | 78 | **U** | | Wato-kwari | 235 | Yeddo spruce | 225 |
| Tjina | 11 | | | Wau beech | 65 | Yegna | 132 |
| TK | 27 | Ubah | 84 | Wawa | 202 | Yellow Cheesewood | 96 |
| Tola | 145, 151 | Ubilesan | 175 | Wawabima | 201 | Yellow deal | 229 |
| Tola Blanc | 145 | Ulin | 63 | Wehis | 19 | Yellow hardwood | 97 |
| Tola Branca | 145 | Ulukwala | 68 | Wehu | 137 | Yellow lauan | 39 |
| Tola Mafuta | 151 | Umbila | 166 | Wenge | 163 | Yellow meranti | 39 |
| Tola walnut | 151 | Undianuno | 175 | Weny | 189 | Yellow seraya | 39 |
| Tolo Chinfuta | 151 | Upas | 77 | West coast hemlock | 231 | Yellow sterculia | 200 |
| Tolong | 11 | Upil | 21 | Western hemlock | 231 | Yellow Terminalia | 25 |
| Tom | 182 | UPPI | 6 | Whimawe | 147 | Yemane | 120 |
| Toolur rose gum | 83 | Uriam | 45 | White afara | 156 | Yeso spruce | 225 |
| Toon | 74 | Utile | 176 | White Albizia | 75 | Yezo spruce | 225 |
| Toubaouat | 141 | Utuna | 137 | White ash | 222 | Yi thong bueng | 16 |
| Toum | 182 | Uvala | 130 | White birch | 29 | Yom hom | 74 |
| Trac | 47 | **V** | | White cheesewood | 8 | Yuan | 19 |
| Trai-ly | 57, 58 | | | White hemlock | 231 | **Z** | |
| Tram | 85 | Vaa | 144 | White laurel | 61 | | |
| TRBU | 46 | Vangtam | 66 | White meranti | 38 | Zaminguila | 178 |
| TRC | 54 | Ven-ven | 33 | White oak | 214 | Zapatero | 208 |
| Trebo | 211 | Vera aceituna | 236 | White Planchonella | 107 | Zebrano | 149 |
| Trembesi | 220 | Vera Wood | 236 | White sikwood | 107 | Zebrawood | 149 |
| TRI | 102 | Verure | 107 | White siris | 109 | Zebreli | 152 |
| Trichadenia | 54 | Vovo | 174 | White sterculia | 200 | Zingana | 149 |
| Tristiropsis | 102 | Vuku | 191 | White tola | 145 | Zoele | 150 |
| Tro | 34 | | | White tulip oak | 113 | | |
| Truong | 101 | **W** | | White wood | 225 | | |
| Tschibudimbu | 151 | Waka | 148 | Wild cherry | 232 | | |
| Tsibudimba | 151 | WAL | 4 | Wnaimei | 179 | | |
| Tuai | 45 | Walele | 185 | Woeroe | 65 | | |

# 中文名索引

## A

| | | | | | | | |
|---|---|---|---|---|---|---|---|
| 阿必通 | 34 | 巴新无花果 | 79 | 波罗蜜 | 78 | 大绿柄桑 | 183 |
| 阿林山榄 | 194 | 巴新橡木 | 52 | 波罗蜜属 | 78 | 大美木豆 | 165 |
| 阿林山榄属 | 194 | 巴新樟木 | 60 | 波丝 | 177 | 大蒜树 | 71, 72 |
| 阿摩栋 | 69 | 白把麻 | 38 | 剥皮桉 | 82 | 大头茶 | 116 |
| 阿摩楝 | 69 | 白宫 | 19 | 菠萝格 | 17 | 大头茶属 | 116 |
| 阿摩楝属 | 69 | 白桂 | 61 | 伯克尔臭椿 | 109 | 大叶红檀 | 169 |
| 阿诺古夷苏木 | 135, 146 | 白合欢 | 75 | 伯克山榄 | 103 | 大叶黄梁木 | 94 |
| 阿尤丝 | 202 | 白胡桃 | 197 | 伯克山榄属 | 103 | 大叶檀 | 161 |
| 埃梅木 | 65 | 白桦 | 205 | | | 大叶紫檀 | 161 |
| 埃梅木属 | 65 | 白樫木 | 72 | **C** | | 代德苏木 | 141 |
| 爱里古夷苏木 | 147 | 白榉 | 213 | 草花梨 | 50 | 代德苏木属 | 141 |
| 安贝木 | 112 | 白蜡树属 | 222 | 沉水梢 | 41 | 单瓣豆 | 150 |
| 安东 | 150 | 白蜡木 | 222 | 赤非红树属 | 190 | 单瓣豆木 | 150 |
| 安哥拉丛花树 | 185 | 白栎 | 214, 215 | 赤松 | 229 | 单瓣豆属 | 150 |
| 安哥拉非洲楝 | 172 | 白柳安 | 38 | 翅苹婆 | 113 | 倒卵伯克山榄 | 103 |
| 安哥拉紫檀 | 166 | 白桫 | 41 | 翅苹婆属 | 113 | 灯架木 | 8 |
| 安纳格 | 194 | 白木 | 55, 156 | 臭椿属 | 109 | 狄氏黄胆木 | 192 |
| 桉属 | 82, 83 | 白楠 | 66 | 臭桑 | 80 | 地达木 | 141 |
| 凹果豆蔻 | 184 | 白乳木 | 8 | 臭桑属 | 80 | 第伦桃 | 32 |
| 凹果豆蔻属 | 184 | 白山榄 | 107 | 臭松 | 223 | 蝶形花科 | 47-51, 159-170, 209-212 |
| 奥古曼 | 126 | 白山毛榉 | 120 | 臭酸仔 | 30 | | |
| 奥坎 | 181 | 白山竹 | 57 | 船形木 | 114 | 东非黑黄檀 | 162 |
| 奥克榄 | 126 | 白水青冈 | 120 | 船形木属 | 114 | 东卫矛 | 23 |
| 奥克榄属 | 126 | 白丝光木 | 107 | 春茶木 | 106 | 洞果漆 | 124 |
| 奥吉古 | 128 | 白丝里丝 | 109 | 刺猬紫檀 | 167 | 洞果漆属 | 124 |
| 奥龙 | 193 | 白松 | 225, 226 | 枞木 | 225 | 兜状阿摩楝 | 69 |
| 奥氏黄檀 | 49 | 白酸枝 | 49 | 葱叶状铁木豆 | 169 | 毒果木 | 77 |
| 奥特山榄 | 195 | 白娑罗双 | 38 | 丛花蔻 | 185 | 毒籽山榄 | 196 |
| 奥特山榄属 | 195 | 白橡 | 214 | 丛花树属 | 185 | 毒籽山榄属 | 196 |
| | | 白梧桐 | 202 | 粗状阿林山榄 | 194 | 独蕊科 | 235 |
| | | 白梧桐属 | 202 | | | 杜里木棉 | 13 |
| **B** | | 白芸香木 | 30 | **D** | | 杜英 | 43 |
| 八宝树 | 110 | 饱食桑 | 221 | 大斑马木 | 149 | 杜英科 | 43, 44 |
| 八宝树属 | 110 | 饱食桑属 | 221 | 大瓣苏木 | 144 | 杜英属 | 43 |
| 八果木 | 30 | 宝石桑 | 221 | 大瓣苏木属 | 144 | 短盖豆 | 134 |
| 八果木属 | 30 | 北美黄杉 | 230 | 大比马 | 182 | 短盖豆属 | 132-134 |
| 巴布亚大头茶 | 116 | 贝壳杉 | 11 | 大非洲楝 | 173 | 椴树科 | 117 |
| 巴布亚金刀木 | 12 | 贝壳杉属 | 11 | 大枫子 | 54 | | |
| 巴花 | 148 | 贝特豆 | 18 | 大风子科 | 54 | **E** | |
| 巴林蔷薇木 | 24 | 贝特豆属 | 18 | 大甘巴豆 | 19 | 鹅耳枥属 | 206 |
| 巴西柚木 | 207 | 鞭茜草木 | 95 | 大果荚髓苏木 | 139 | | |
| 巴新埃梅木 | 65 | 鞭茜草木属 | 95 | 大果紫檀 | 50 | **F** | |
| 巴新椴木 | 46 | 槟榔青 | 7 | 大红酸枝 | 47 | 法罗 | 138 |
| 巴新红橡 | 53 | 槟榔青属 | 7 | 大红檀 | 169, 186 | 番龙眼 | 101 |
| 巴新胡桃木 | 4 | 冰片香 | 35 | 大花甘巴豆 | 20 | 番龙眼属 | 101 |
| 巴新黄杨木 | 122 | 冰片香属 | 35 | 大鸡翅 | 163 | 番樱桃 | 84 |
| 巴新孔雀木 | 79 | 冰糖果 | 56 | 大戟科 | 45, 46, 158 | 番樱桃属 | 84 |

| | | | | | | | |
|---|---|---|---|---|---|---|---|
| 非洲白胡桃 | 202 | 橄榄科 | 14, 15, 126-129 | 红樟木 | 71 | 黄花梨 | 20, 192 |
| 非洲白木 | 202 | 橄榄木 | 14, 15 | 红栎 | 216 | 黄鸡翅 | 164, 200 |
| 非洲菠萝格 | 143 | 橄榄属 | 14, 15, 127 | 红柳桉 | 40 | 黄金柚 | 183 |
| 非洲风车玉蕊 | 171 | 刚果非洲楝 | 174 | 红玫瑰 | 131 | 黄梁木 | 93, 94 |
| 非洲甘比山榄 | 197 | 高棉红 | 166 | 红梅嘎 | 101 | 黄梁木属 | 93, 94 |
| 非洲橄榄 | 127 | 高棉花梨 | 166 | 红木稠李 | 233 | 黄柳安 | 39 |
| 非洲核桃木 | 179 | 格木 | 143 | 红木棉 | 125 | 黄玫瑰 | 132-134 |
| 非洲黑胡桃 | 146 | 格木属 | 143 | 红木棉属 | 125 | 黄牛木 | 59 |
| 非洲红菠萝格 | 187 | 古夷苏木 | 148 | 红尼克樟 | 219 | 黄牛木属 | 59 |
| 非洲红酸枝 | 159 | 古夷苏木属 | 146-148 | 红皮臭 | 226 | 黄苹婆 | 200 |
| 非洲花梨 | 168 | 冠瓣木 | 23 | 红皮云杉 | 226 | 黄漆树 | 6 |
| 非洲黄花梨 | 167 | 冠瓣木属 | 23 | 红槭 | 61 | 黄乳木 | 96 |
| 非洲黄金木 | 183 | 圭巴卫矛 | 217 | 红山榄 | 108 | 黄杉 | 230 |
| 非洲金丝柚 | 188 | 桂木 | 78 | 红山榄木 | 108 | 黄杉属 | 230 |
| 非洲坤甸木 | 187 | 桂樟 | 60 | 红山竹 | 58 | 黄梢 | 41 |
| 非洲楝 | 172, 174 | | | 红杉 | 74 | 黄婆罗双 | 39 |
| 非洲楝属 | 172-176 | **H** | | 红树科 | 90, 91, 189, 190 | 黄檀 | 210 |
| 非洲螺穗木 | 158 | 海桑科 | 110 | 红丝光木 | 108 | 黄檀木 | 192 |
| 非洲肉豆蔻 | 186 | 海氏瓮萼豆 | 180 | 红酸枝木 | 47, 49, 210 | 黄檀属 | 47-49, 161, 162, 210 |
| 非洲酸枝 | 160 | 海松 | 228 | 红檀 | 105, 169, 170 | 黄桃木 | 127 |
| 非洲桃花心 | 126 | 海棠木 | 56 | 红铁木 | 187 | 黄桐 | 46 |
| 非洲桃花心木 | 178 | 海棠木属 | 56 | 红铁木豆 | 169, 170 | 黄桐属 | 46 |
| 非洲檀香木 | 158 | 含羞草科 | 75, 76, 180-182, 220 | 红铁木属 | 187 | 黄杨木 | 122 |
| 非洲崖豆木 | 163 | 合欢属 | 75 | 红桐木 | 59 | 黄叶木 | 122 |
| 非洲亚花梨 | 167 | 核桃科 | 218 | 红橡 | 216 | 黄叶树 | 122 |
| 非洲柚木 | 147, 165 | 核桃属 | 218 | 红心漆 | 5 | 黄叶树科 | 122 |
| 非洲紫檀 | 168 | 褐榄仁 | 26 | 红雪松 | 74 | 黄叶树属 | 122 |
| 菲律宾朴 | 119 | 褐苹婆 | 201 | 红樱桃 | 199 | 黄硬木 | 97 |
| 菲律宾深红桃花心木 | 40 | 黑稠李 | 233 | 红樱桃木 | 195 | 黄芸香 | 142 |
| 菲律宾特里卡木 | 54 | 黑核桃 | 218 | 红影 | 204 | 黄芸香木 | 31 |
| 粉椴木 | 2 | 黑胡桃 | 4, 28, 218 | 猴欢喜 | 44 | 灰橄榄 | 15 |
| 粉桦 | 205 | 黑鸡翅 | 163 | 猴欢喜属 | 44 | 火把树科 | 29 |
| 粉桦木 | 29 | 黑玫瑰 | 140 | 猴子果 | 199 | 霍氏翅苹婆 | 113 |
| 风车果 | 91 | 黑酸枝木 | 48, 161, 162 | 猴子果属 | 199 | | |
| 风车果属 | 91 | 黑檀 | 28, 147, 157, 162 | 厚壳桂 | 61 | **J** | |
| 风车木 | 155 | 黑铁木豆 | 212 | 厚壳桂属 | 61 | 鸡翅木 | 163, 164 |
| 风车藤属 | 155 | 黑驼峰楝 | 177 | 槲栎 | 215 | 鸡骨常山 | 9 |
| 风车玉蕊 | 171 | 黑樱桃 | 233 | 虎斑楝 | 179 | 鸡骨常山属 | 8, 9 |
| 风车玉蕊属 | 171 | 黑紫檀 | 155 | 虎斑楝属 | 179 | 蒺藜科 | 236 |
| 凤眼木 | 20 | 红樟木 | 71 | 虎木 | 179 | 加蓬榄 | 126 |
| 辐射松 | 227 | 红桉木 | 144 | 虎皮木 | 91 | 加蓬圆盘豆 | 181 |
| 富油红树 | 190 | 红翅木 | 131 | 虎尾松 | 226 | 夹油木 | 34 |
| | | 红椿 | 74 | 琥珀木 | 220 | 夹竹桃科 | 8-10 |
| **G** | | 红豆柚 | 165 | 花梨木 | 50, 167 | 夹竹桃木 | 10 |
| 甘巴豆 | 21 | 红椴木 | 2 | 花旗松 | 230 | 夹竹桃木属 | 10 |
| 甘巴豆属 | 19-21 | 红橄榄 | 14 | 花檀 | 183 | 荚髓苏木 | 139, 140 |
| 甘拔 | 21 | 红高棉 | 166 | 桦木 | 205 | 荚髓苏木属 | 139, 140 |
| 甘笔 | 21 | 红瑰宝 | 160 | 桦木科 | 205, 206 | 假凤梨喃喃果 | 137 |
| 甘比山榄 | 197 | 红贵宝 | 148, 160 | 桦木属 | 205 | 假沙比利 | 172, 173, 176 |
| 甘比山榄属 | 197 | 红褐榄仁 | 27 | 幻影木 | 175 | 樫木（白） | 72 |
| 甘蓝豆 | 209 | 红厚壳木 | 56 | 黄把麻 | 39 | 樫木（红） | 71 |
| 甘蓝豆属 | 209 | 红花梨 | 168 | 黄胆木 | 96 | 樫木属 | 71, 72 |
| 橄榄（红） | 14 | 红桦 | 29 | 黄胆属 | 96, 192 | 柬埔寨红酸枝 | 47 |
| 橄榄（灰） | 15 | 红榉 | 213 | 黄档木 | 96 | 尖柱苏木 | 151 |

| | | | | | | | | |
|---|---|---|---|---|---|---|---|---|
| 尖柱苏木属 | 151 | 苦木科 | 109 | 李叶苏木属 | 207 | 木姜子属 | 64 |
| 见血封喉木 | 77 | 苦味罗汉松 | 89 | 罗汉松 | 89 | 木兰科 | 65,66 |
| 渐尖栲 | 52 | 夸雷木 | 235 | 罗汉松科 | 88,89 | 木莲 | 66 |
| 箭毒木 | 77 | 夸雷木属 | 235 | 罗汉松属 | 89 | 木莲属 | 66 |
| 箭毒木属 | 77 | 坤甸 | 62 | 螺穗木属 | 158 | 木棉科 | 13,125 |
| 姜饼木 | 24 | 坤甸铁木 | 37 | 落叶松 | 224 | 木犀科 | 222 |
| 姜饼木属 | 24 | 坤甸铁樟木 | 63 | 落叶松属 | 224 | | |
| 胶木 | 106 | 昆士兰胡桃木 | 62 | | | **N** | |
| 胶木属 | 106 | 阔变豆 | 211 | **M** | | 纳托山榄 | 106 |
| 胶漆树 | 5 | 阔变豆属 | 211 | 马鞭草科 | 120,121 | 南美白酸枝 | 211 |
| 胶漆树属 | 5 | 阔叶黄檀 | 48 | 马达加斯加铁木豆 | 170 | 南美大红酸枝 | 210 |
| 交趾黄檀 | 47 | 阔叶朴 | 118 | 马拉斯 | 100 | 南美黑檀 | 212 |
| 金不换 | 19-21 | | | 马来蔷薇属 | 92 | 南美胡桃木 | 220 |
| 金车花梨 | 76 | **L** | | 马来蔷薇 | 92 | 南美花梨 | 207 |
| 金刀木科 | 12 | 拉明木 | 55 | 马来橡皮树 | 78 | 南美柚木 | 207 |
| 金刀木属 | 12 | 蜡烛木 | 128,129 | 马尼尔豆 | 22 | 南洋扁柏 | 11 |
| 金孔雀木 | 200 | 蜡烛木属 | 128,129 | 马尼尔豆属 | 22 | 南洋钢柏木 | 19-21 |
| 金莲木 | 187 | 莱特山榄 | 198 | 玛瑙木 | 85 | 南洋桂树 | 11 |
| 金莲木科 | 187,188 | 莱特山榄属 | 198 | 麦格利 | 199 | 南洋红木 | 20 |
| 金丝木 | 134 | 榄仁(褐) | 26 | 迈氏铁线子 | 105 | 南洋红檀 | 16 |
| 金丝檀木 | 106 | 榄仁(红褐) | 27 | 毛榄仁 | 28 | 南洋夹竹桃 | 10 |
| 金丝桃科 | 59 | 榄仁(黄) | 25 | 毛荔枝 | 13 | 南洋木宝 | 17 |
| 金丝柚 | 65,66 | 榄仁树属 | 25-28,156 | 毛帽柱木 | 191 | 南洋漆 | 5 |
| 金苏木 | 18 | 老红木 | 47 | 毛药木 | 217 | 南洋杉科 | 11 |
| 金象牙 | 192 | 劳氏短盖豆 | 132 | 毛药树 | 217 | 南洋桐 | 10 |
| 金橡实科 | 24 | 老挝大红酸枝 | 47 | 毛药树科 | 217 | 南洋楹 | 75 |
| 金星紫檀 | 51 | 蕾丝木 | 200 | 毛药树属 | 217 | 南洋油崀木 | 34 |
| 金叶山榄 | 104 | 类槭巨盘木 | 99 | 帽柱木 | 191 | 喃喃果木 | 137 |
| 金叶山榄属 | 104 | 棱柱木 | 55 | 帽柱木属 | 191 | 喃喃果属 | 137 |
| 金油檀 | 41 | 棱柱木科 | 55 | 玫瑰斑马木 | 131 | 尼奥维 | 186 |
| 金柚木 | 183 | 棱柱木属 | 55 | 玫瑰夸雷木 | 235 | 尼克樟 | 219 |
| 榉木 | 213 | 冷杉 | 223 | 美木豆 | 165 | 尼克樟属 | 219 |
| 巨桉 | 83 | 冷杉属 | 223 | 美木豆属 | 165 | 拟桂木 | 80 |
| 巨盘木属 | 99 | 栎属 | 214-216 | 美洲白桦 | 214 | 牛毛纹紫檀 | 51 |
| 具柄西非肉豆蔻 | 186 | 楝科 | 68-74,172-179 | 美洲枫木 | 204 | 牛血树 | 45 |
| | | 良木非洲楝 | 176 | 蒙古栎 | 215 | | |
| **K** | | 两蕊苏木 | 142 | 蒙古柞 | 215 | **O** | |
| 卡里松 | 11 | 两蕊苏木属 | 142 | 米兰 | 68 | 欧榉 | 213 |
| 卡锣卡锣木 | 95 | 烈味夭料木 | 100 | 米氏短盖豆 | 133 | 欧洲鹅耳枥 | 206 |
| 卡雅楝 | 178 | 裂冠木 | 29 | 米瓦桃花心木 | 71,72 | 欧洲水青冈 | 213 |
| 卡雅楝属 | 178 | 裂冠木属 | 29 | 米仔兰 | 68 | | |
| 凯尔杂色豆 | 159 | 榴莲 | 13 | 米仔兰属 | 68 | **P** | |
| 凯特山榄 | 107 | 榴莲属 | 13 | 缅甸红 | 34 | 帕里漆 | 6 |
| 坎诺漆 | 3 | 龙脑香 | 34 | 缅甸红酸枝 | 49 | 帕里漆属 | 6 |
| 坎诺漆属 | 3 | 龙脑香科 | 33-42 | 缅甸桃花心木 | 117 | 皮灰 | 155 |
| 可乐斗木 | 160 | 龙脑香属 | 34 | 缅茄 | 130 | 平萼铁木豆 | 212 |
| 可乐豆属 | 160 | 卢氏黑黄檀 | 161 | 缅茄木 | 130 | 苹婆 | 115 |
| 可西浦 | 173 | 陆均松 | 88 | 缅茄属 | 130 | 苹婆属 | 115,200,201 |
| 壳斗科 | 52,53,213-216 | 陆均松属 | 88 | 面包树 | 78 | 坡垒(轻) | 36 |
| 克莱小红树 | 189 | 绿柄桑 | 183 | 摩鹿加石梓 | 120 | 坡垒(重) | 37 |
| 克隆木 | 34 | 绿柄桑属 | 183 | 木菠萝 | 78 | 坡垒属 | 36,37 |
| 克杪木 | 70 | 绿檀 | 236 | 木荚豆 | 76 | 婆罗洲橡树 | 53 |
| 肯帕斯 | 19,20 | 绿檀香 | 236 | 木荚豆属 | 76 | 婆罗洲柚木 | 35 |
| 孔雀木 | 87 | 李叶苏木 | 207 | 木姜子 | 64 | 蒲桃 | 85 |

| 蒲桃属 | 85 | 桑科 | 77-79, 183, 221 | 娑罗双（重黄） | 41 | 乌心石 | 179 |
| --- | --- | --- | --- | --- | --- | --- | --- |
| 朴开拉 | 103 | 沙比利 | 175 | 娑罗双属 | 38-41 | 乌烟杪 | 39 |
| 朴木 | 118, 119 | 山樣子 | 2 | | | 无患子科 | 101, 102 |
| 朴属 | 118, 119 | 山樣子属 | 2 | **T** | | 吴茱萸 | 98 |
| 普朗木 | 12 | 山茶科 | 116 | 塔布四鞋木 | 154 | 吴茱萸属 | 98 |
| | | 山道楝 | 73 | 塔利 | 143 | 梧桐科 | 111-115, 200-202 |
| **Q** | | 山道楝属 | 73 | 太平洋格木 | 17 | 五桠果 | 32 |
| 槭木 | 204 | 山桂花 | 33 | 泰柚 | 121 | 五桠果科 | 32 |
| 槭树科 | 204 | 山榄科 | 103-108, 194-199 | 泰柚王 | 165 | 五桠果属 | 32 |
| 槭属 | 204 | 山榄属 | 107, 108 | 檀香花梨 | 158 | | |
| 漆木 | 3, 5 | 山毛榉 | 213 | 檀香紫檀 | 51 | **X** | |
| 漆树科 | 2-7, 124 | 山样子 | 2 | 唐木 | 101 | 西伯利亚冷杉 | 223 |
| 铅笔柏 | 106 | 山樟 | 35 | 糖胶树 | 8 | 西伯利亚红松 | 228 |
| 浅黄榄仁 | 25, 156 | 山竹子（白） | 57 | 桃金娘科 | 82-85 | 西伯利亚松 | 229 |
| 茜草科 | 93-97, 191, 192 | 山竹子（红） | 58 | 特里卡属 | 54 | 西非肉豆蔻属 | 186 |
| 蔷薇科 | 92, 232, 233 | 山竹子属 | 57, 58 | 特斯金莲木 | 188 | 西非苏木 | 138 |
| 乔木维腊木 | 236 | 梢木 | 41 | 特斯金莲木属 | 188 | 西非苏木属 | 138 |
| 青冈栎 | 215 | 韶子木 | 13 | 特斯铁罗 | 102 | 西非香脂树 | 136 |
| 青梅 | 42 | 舍帝巨盘木 | 99 | 特斯铁罗属 | 102 | 西浦 | 176 |
| 青皮 | 42 | 麝香猫果 | 13 | 藤黄科 | 56-58 | 溪沙 | 70 |
| 青皮属 | 42 | 深红把麻 | 40 | 天料木 | 100 | 溪沙属 | 70 |
| 轻黄牛木 | 59 | 深红娑罗双 | 40 | 天料木科 | 100 | 腺瘤豆 | 182 |
| 轻坡垒 | 36 | 神圣香脂树 | 135 | 天料木属 | 100 | 腺瘤豆属 | 182 |
| 秋枫 | 45 | 圣檀木 | 236 | 甜樱桃 | 232 | 香椿属 | 74 |
| 秋枫属 | 45 | 圣桃木 | 199 | 铁达木 | 154 | 香花梨 | 50 |
| 曲柳 | 222 | 石栎 | 53 | 铁梨木 | 17 | 香樟木 | 60 |
| | | 石栎属 | 53 | 铁木豆属 | 169, 170, 212 | 香脂树 | 135, 136 |
| **R** | | 石梓 | 120 | 铁青木 | 86 | 香脂树属 | 135, 136 |
| 人面子 | 4 | 石梓属 | 120 | 铁青木属 | 86 | 香脂苏木 | 145 |
| 人面子木 | 4 | 使君子科 | 25-28, 155, 156 | 铁青树科 | 86 | 香脂苏木属 | 145 |
| 人面子属 | 4 | 柿树科 | 157 | 铁杉 | 231 | 橡木 | 214-216 |
| 任嘎漆 | 5 | 柿属 | 157 | 铁杉属 | 231 | 小斑马木 | 152 |
| 日本鱼鳞云杉 | 225 | 水胶木 | 85 | 铁线子 | 105 | 小红树 | 189 |
| 日罗冬 | 10 | 水蒲桃 | 85 | 铁线子属 | 105 | 小红树属 | 189 |
| 榕树 | 79 | 水青冈 | 213 | 铁柚木 | 37 | 小鸡翅 | 164 |
| 榕属 | 79 | 水青冈属 | 213 | 铁樟属 | 63 | 小脉夹竹桃 | 10 |
| 肉豆蔻 | 81 | 水曲柳 | 222 | 桶木 | 59 | 小鞋木豆 | 149 |
| 肉豆蔻科 | 81, 184-186 | 丝光木 | 99 | 筒状非洲楝 | 175 | 小鞋木豆属 | 149 |
| 肉豆蔻属 | 81 | 丝光槭 | 99 | 土楠 | 62 | 小叶红檀 | 170 |
| 乳松 | 8 | 斯图崖豆木 | 164 | 土楠属 | 62 | 小叶紫檀 | 51 |
| 软短盖豆 | 132, 133 | 四数木 | 31 | 团花木 | 93, 94 | 鞋木 | 131 |
| 软巨盘木 | 99 | 四数木科 | 30, 31 | 驼峰楝 | 177 | 鞋木属 | 131 |
| 软门格 | 19 | 四数木属 | 31 | 驼峰楝属 | 177 | 新黄胆木 | 97 |
| 软木松 | 228 | 四鞋木 | 154 | | | 新黄胆属 | 97 |
| 软朴木 | 118 | 四鞋木属 | 154 | **W** | | 新乌檀 | 97 |
| 软槭木 | 204 | 松科 | 223-231 | 瓦乌山毛榉 | 65 | 新西兰松 | 227 |
| 软崖椒 | 193 | 松属 | 227-229 | 微凹黄檀 | 210 | 兴安白桦 | 205 |
| | | 苏门达腊八果木 | 30 | 微腊木 | 236 | 兴安落叶松 | 224 |
| **S** | | 苏木科 | 16-22, 130-154, 207, 208 | 微腊木属 | 236 | 血木 | 221 |
| 赛鞋木豆 | 152 | 酸枣木 | 7 | 卫矛科 | 23 | | |
| 赛鞋木豆属 | 152 | 娑罗双（白） | 38 | 瓮萼豆属 | 180 | **Y** | |
| 赛油楠 | 153 | 娑罗双（黄） | 39 | 乌金木 | 149 | 桠果木 | 32 |
| 赛油楠属 | 153 | 娑罗双（深红） | 40 | 乌木 | 157, 162 | 鸭脚树 | 8 |
| 伞花姜饼木 | 24 | | | 乌檀 | 96 | 崖豆木 | 163, 164 |

| | | | | | | | |
|---|---|---|---|---|---|---|---|
| 崖豆藤属 | 163,164 | 印尼黑酸枝 | 48 | 榆科 | 118,119 | 重黄胆木 | 192 |
| 崖椒属 | 193 | 印尼花梨 | 5 | 雨树 | 220 | 重黄娑罗双 | 41 |
| 亚花梨 | 166,168 | 印尼漆 | 3 | 雨树属 | 220 | 重坡垒 | 37 |
| 胭脂木 | 121 | 印茄 | 17 | 玉蕊科 | 171 | 重阳木 | 45 |
| 艳丽榄仁 | 156 | 印茄木 | 17 | 玉檀 | 236 | 舟翅桐 | 112 |
| 杨柳科 | 234 | 印茄属 | 17 | 玉檀木 | 33 | 舟翅桐属 | 112 |
| 杨木 | 234 | 樱檀 | 105 | 玉檀香 | 236 | 竹节木 | 90 |
| 杨属 | 234 | 樱桃木 | 196,232,233 | 圆盘豆 | 181 | 竹节树 | 90 |
| 洋松 | 230 | 樱桃属 | 232,233 | 圆盘豆属 | 181 | 竹节树属 | 90 |
| 椰子木 | 87 | 硬门格 | 21 | 云杉 | 225,226 | 爪哇木 | 45 |
| 椰子属 | 87 | 楹木 | 75 | 云杉属 | 225,226 | 爪哇铁青树 | 86 |
| 野牡丹科 | 67 | 硬椴 | 117 | 芸香科 | 98,99,193 | 椎属 | 52 |
| 依杨 | 200 | 硬椴属 | 117 | | | 紫光檀 | 162 |
| 异翅香 | 33 | 硬木松 | 227,229 | **Z** | | 紫罗兰 | 208 |
| 异翅香属 | 33 | 硬朴木 | 119 | 杂色豆属 | 159 | 紫花梨 | 48 |
| 异毛蜡烛木 | 129 | 硬乳木 | 9 | 摘亚木 | 16 | 紫檀木 | 51 |
| 翼红铁木 | 187 | 油抄 | 41 | 摘亚木属 | 16 | 紫檀属 | 50,51,166-168 |
| 印度玫瑰木 | 48 | 油抄 | 42 | 樟科 | 60-64,219 | 紫心苏木 | 208 |
| 印度紫檀 | 48 | 油檀 | 153 | 樟属 | 60 | 紫心苏木属 | 208 |
| 银口树 | 111 | 柚木 | 121 | 樟子松 | 229 | 棕榈科 | 87 |
| 银丝木 | 106 | 柚木王 | 16,165 | 智利松 | 227 | 柞栎 | 215 |
| 银叶树 | 111 | 柚木属 | 121 | 中非蜡烛木 | 128 | 柞木 | 215 |
| 银叶树属 | 111 | 柚檀王 | 181 | 钟康木 | 67 | | |
| 印缅漆 | 6 | 鱼鳞松 | 225 | 钟康木属 | 67 | | |

# 附录1　木材宏观识别特征基本知识

木材宏观构造是指在肉眼或扩大镜下所能观察的木材构造和外貌特征，分构造特征和辅助特征两大类。构造特征包括边材和心材、生长轮（年轮）、早材和晚材、管孔、轴向薄壁组织、木射线及树脂道等；辅助特征包括木材的颜色、光泽、气味、滋味、纹理、结构及花纹等。另外，原木的材表特征也列为宏观构造范畴，作为识别的参考依据。

## 一、木材的构造特征

### （一）边材和心材

从木材横切面上看，木质部可分为两部分。通常外部靠近树皮部分的，材色较浅，称为边材；内部靠近髓心的，材色较深，称为心材。

木材心、边材颜色有显著差别的，称为心材树种，在针叶材中有杉木、马尾松、红松等。心材与边材颜色无显著差别的，分隐心材树种和边材树种，前者有含水率差别，后者无含水率差别。

边材与心材除有颜色的区别外，在立木时期，一般边材的含水率高，具有生理功能；而心材的含水率低，无生理功能。边材中含有适合菌虫生活的养料，故易招致腐朽和虫蛀，而心材含单宁、色素、树脂、芳香油或碳酸钙等浸提物质，对菌类有毒害作用，故心材的天然耐久性较边材强。但是，心材由于浸提物质的阻塞，故它对气体和液体的贯透性就小。

有些心、边材无明显差别的树种，由于菌类寄生，常使木材变色（多变为棕色或红棕色），很像心材，中心部分称为假心材或伪心材。以山杨（Populus davidi-ana）最易形成。

在心边材有明显差别的树种中，其心材部分偶尔会出现材色较浅的环带，这种形似边材的部分称为内含边材。这是在树木生长过程中，由于菌类的寄生或气候的影响而形成的，在栎木类木材中较为常见。

从边材到心材的颜色变化，有缓有急。各种树木的边材宽窄不同，边材的宽窄也是鉴定木材的特征之一。边材宽度随树种、树龄、生长条件（特别是土壤）、光照等的不同而不同，在同一树种不同植株及同株不同高度也有变化。同树种内边材的宽度直接与该树木在林分里的优势程度有关，活力大的树木有较宽的边材。在树木内部，树干上部树冠的边材最宽，向下到树干基部宽度减小。

### （二）生长轮或年轮、早材和晚材

**1. 生长轮或年轮**

在木材横切面上，有一圈圈的木质层。这种由于一个生长周期所产生的围绕髓心的同心圆圈，称生长轮。温带地区的树木，一年只有一度生长，在生长季节后，有一个休眠期，所以又称生长轮为年轮，但在热带地区，由于一年间的气候变化很少，树木的生长季节是与雨季和旱季相符合，一年之内能形成几个圆环，因此，称这种生长轮为年轮是不适当的。

年轮在木材的各个不同切面呈现出不同的形状。在横切面上为同心圆圈状；在径切面上为明显的条状；在弦切面上为抛物线状或呈"V"字形花纹。

在横切面上，大多数树种的年轮平滑近似于圆形，但也有非圆形的，如波浪形、曲折形等。

树木在生长季节内，由于菌害、虫害、霜雹、火灾、干旱、气候突变等的影响，致使生长暂时中断，经过一定时期后，生长又重新开始。因此，在同一生长周期内，将形成两个或更多的年轮，其中不完整的年轮称为假年轮。假年轮的界限通常不如真年轮明显，往往也不成完整的圆圈。

**2. 早材和晚材**

每个年轮均由内外两部分组成。年轮内部靠近髓心的部分系树木生长初期形成的，其细胞分裂速度快，因而体积大，胞壁薄，在肉眼下看，材质较疏松，颜色较浅，称为早材；年轮外部靠近树皮的部分系树木生长后期形成的，其细胞分裂速度慢，因而体积小，胞壁较厚，材质较坚硬，颜色较深，称为晚材。

由于早晚材结构不同，在两个年轮交界处的组织有显著差异，明显地衬托出一条界线，称轮界线。在一个年轮内，早材至晚材的转变程度是识别针叶树材的重要特征之一。多数针叶树材从早材至晚材是逐步转变的，称为缓变，少数树种从早材至晚材的转变是急剧的，称为急变。

### （三）管孔

导管是绝大多数阔叶树材所具有的输导组织，其直径远远大于其他细胞，用肉眼可以看出有孔，所以，阔叶树材称为有孔材，又称硬材；针叶材因无导管，其横切面上组织细致而均匀，用肉眼看不出有孔，所以针叶树材称为无孔材，又称软材。

导管分子的横切面称为管孔，它是阔叶树材特有的构造名称。管孔的分布类型是识别阔叶树材、进行阔叶树材分类的重要特征之一。根据导管的解剖特征，阔叶树材可分下述六大类（图1-1）：

1. 环孔材：指在一个生长轮内，早材管孔比晚材管孔显著为大，并沿生长轮方向呈环状排列成一至数列。

根据晚材管孔的分布，环孔材又可分为三种（图1-2）：

（1）径列型：晚材管孔沿木射线呈径向排列，一至数列，如蒙古栎、栓皮栎。在径列管孔中，有的管孔排列与木射线方向成一定角度，呈斜列状，如化香、梓树等；还有的管孔聚集径列，形似火焰状，如苦槠、槲栎。

（2）弦列型：晚材管孔呈弦向倾斜排列，与年轮略呈平行或波浪形，管孔多列，如榆木、榉树等，也称榆木状。

（3）星散型：晚材管孔的多数单独散生，均匀或比较均匀地分布于年轮内，如水曲柳、白蜡树等。

2. 散孔材：指在一个生长轮内，早晚材管孔的大小无显著的区别，分布均匀或比较均匀，如桦木、槭木等。

3. 半散孔材：也称半环孔材。指在一个生长轮内，管孔的排列介于环孔材与散孔材之间，早材开始部分的管孔较晚材末端部分的管孔显著为大，且在多数情况下沿生长轮呈稀疏环状排列（似环孔材）；但早材管孔逐渐向晚材部分变小，早晚材之间的过渡无明显的界限，生长轮内管孔分布比较均匀（似散孔材），如核桃木、乌桕、枫杨等。

4. 辐射孔材：指早晚材管孔的大小无显著差别，分布不均匀或很不均匀，只呈显著的辐射排列，可穿过一个或数个生长轮，如薄叶栎、青冈栎、拟赤杨等。

5. 切线孔材：指在一个生长轮内的全部管孔成数列切线状弦向排列，并在宽射线间向树心凸起，如银桦、红叶树、大果山龙眼等。

6. 交叉孔材：指一个生长轮内的管孔有规律呈交叉状排列，如木樨、鼠李等。

导管在纵切面上呈细沟状，称为导管槽。粗导管的导管槽特别明显。导管很少在树干中垂直通过，在纵切面上，只显露导管的一部分，所以，通常所看到的细沟表现很短。导管槽是形成木材花纹的主要因子之一。在导管内，通常还含有侵填体、树胶等内含物。

侵填体：在木材横切面上用肉眼或扩大镜观察，侵填体呈泡

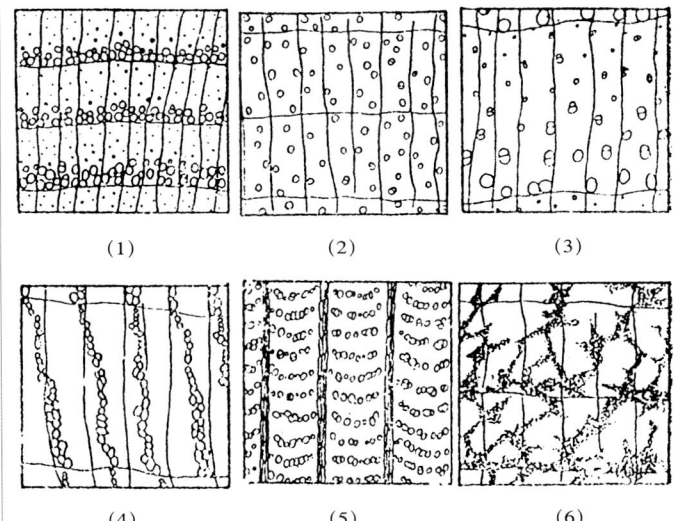

图1-1 管孔分布类型
（1）环孔材；（2）散孔材；（3）半散孔材；（4）辐射孔材；
（5）切线孔材；（6）交叉孔材

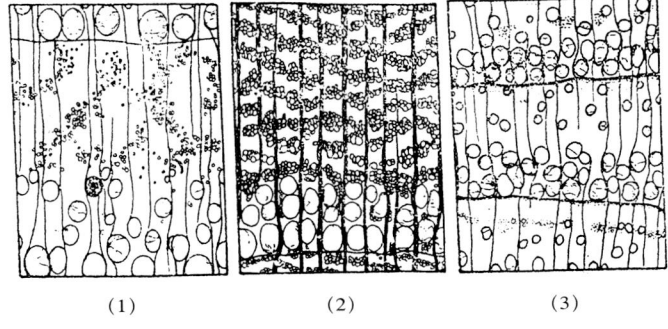

图1-2 晚材管孔排列
（1）径列型；（2）弦列型；（3）星散型

沫状；在纵切面的导管槽内，则呈有光泽的薄膜。它是识别阔叶树材的特征之一。侵填体多发生于心材。具有侵填体的树种，天然耐久性强，透水性低，不易进行防腐处理。

管孔内除具侵填体外，有时还含有树胶。在肉眼下观察，树胶为暗褐色块状，无光泽。如楝树、香椿的早材管孔中就含有较多的红褐色树胶。

（四）轴向薄壁组织

在木材横切面上，可见一部分材色较周围稍浅、用水湿润后更明显，并能形成各种形态的组织，称为轴向薄壁组织或木薄壁组织。

轴向薄壁组织在针叶树材中不仅数量少，且形式也简单，在宏观下不以此为识别特征。轴向薄壁组织在阔叶树材中不仅数量多、形式复杂，而且明晰可见，有的还很明显，因此，阔叶树材轴向薄壁组织对宏观识别木材具有重要的特征意义。

1. 轴向薄壁组织的明晰度：指轴向薄壁组织在宏观下可见的明晰程度，分为三类：

（1）不发达：在扩大镜下不见或不明晰。

（2）发达：在扩大镜下可见或明晰。

（3）很发达：在肉眼下可见或明晰。

2. 轴向薄壁组织的分布类型

（1）离管型轴向薄壁组织：指轴向薄壁组织与导管之间夹有其他组织，使轴向薄壁组织的多数基本上处于离开管孔的状态。它通常分为下列几种类型（图1-3）：

星散：指轴向薄壁组织数量少且多数单独分散，在宏观下难以见到或不见，如桦木。

切线状：指轴向薄壁组织在宏观下呈浅色或近于白色的弦向短线，如核桃木、枫杨等。若轴向薄壁组织的分布距离与木射线相隔距离略等，相互交织成网状，则可称为网状，如柿树。

轮界状：指轴向薄壁组织位于两个年轮交界处，沿年轮分布成一条浅色细线，如毛白杨。

离管带状：指轴向薄壁组织在宏观下呈弦向细带状分布于年轮内，如黄檀。

（2）傍管型轴向薄壁组织：指轴向薄壁组织多数依附于导管侧旁，与导管连生（图1-4）。

环管状：指轴向薄壁组织围绕四周，形成不同宽度的鞘，呈圆形或卵圆形，如香樟。

翼状：指轴向薄壁组织围绕管孔周围向两侧延伸，形似眼睛，如泡桐。

聚翼状：指翼状薄壁组织相互连接在一起，形成规则斜带，如花榈木。

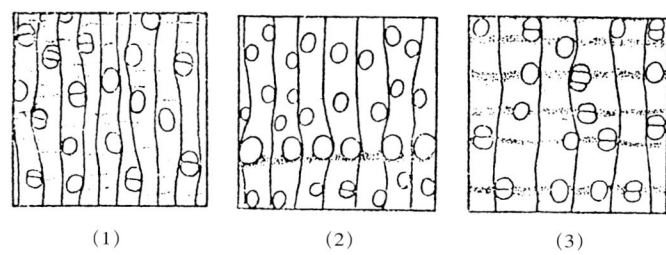

图1-3 离管型轴向薄壁组织
（1）切线状；（2）轮界状；（3）离管带状

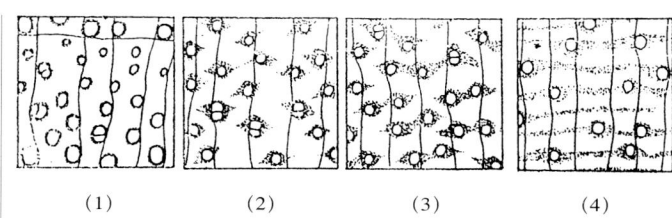

图1-4 傍管型轴向薄壁组织
（1）环管状；（2）翼状；（3）聚翼状；（4）傍管带状

傍管带状：指轴向薄壁组织在横切面上形成同心线或同心带，将管孔包藏于此宽度的薄壁组织之中，如花榈木。

轴向薄壁组织是树木生长时贮藏养分的组织，也是构成花纹的主要因子之一，但其本身会导致木材的开裂和强度的降低。

（五）木射线

在木材横切面上，有许多由内向外呈辐射状的浅色条纹，其位置与年轮垂直，或断或续地穿过数个年轮，这些条纹有的从髓心放射出来，称为髓射线；有的位于木质部，称为木射线；还有的位于韧皮部，称为韧皮射线。木射线对识别木材具有重要意义。

木射线在横切面上呈细线辐射状，反映其宽度和长度；在径切面上呈或断或续的丝带状或片状，反映其长度和高度；在弦切面上呈短竖线状或纺锤状，反映其高度和宽度。

木射线在横切面上所反映的宽度随树种而异，可分为下列几级：

第一级：极细木射线——宽度在0.05 mm以下，特点是在肉眼下不见。

第二级：细木射线——宽度在0.05～0.1 mm，特点是在肉眼下可见至易见。

第三级：中等木射线——宽度在0.1～0.2 mm，特点是在肉眼下易见至明晰。

第四级：宽木射线——宽度在0.2～0.4 mm，特点是在肉眼下明晰至显著。

第五级：极宽木射线——宽度在0.4 mm以上，特点是在肉眼下的明视距离内非常显著。

在现场工作时，也可灵活地将木射线的宽度分为下列三种：

细木射线——射线宽度在0.05 mm以下，特点是在肉眼下不见至可见，即第一级射线。

中等木射线——射线宽度在0.05～0.2 mm，特点是在肉眼下可见至明晰，即包括第二、三两级的宽度在内。

宽木射线——宽度在0.2 mm以上，特点是在肉眼下明晰至很显著，即包括第四、五两级的宽度在内。

在有些阔叶树材中，由许多小而窄的木射线集合为一组，在肉眼或低倍扩大镜下，好像一根单一的宽木射线，称为聚合木射线，如桤木等。

木射线是由许多薄壁细胞组成的，是木材中物理力学性质低弱之处，木材在干燥时最易沿木射线的方向开裂，其径切面常呈现出银光纹理，构成美丽花纹，木射线起横向输导和贮藏作用。

在某些阔叶树材的弦切面上，用肉眼观察，有细的浅色水平线纹，呈层阶状或带状并列，用水湿润后更为显著，它形式似布格纹，又如在一定距离内观察老式房子的房顶，好似瓦块排列的纹路。它是木射线或轴向细胞叠生排列所形成，称为波痕，又称布格纹或叠生构造。

（六）树脂道

树脂道又称细胞间隙道或胞间道，为泌脂细胞所围成的充满树脂的孔道。树脂道为某些针叶树材所特有，在木材横切面上，呈浅色的小点，大的好像针孔，在晚材中最为明显；在木材纵切面上，呈深色的沟槽或线条。树脂道有轴向和横向两种，两者有时彼此相互贯通、相互联结、相互渗透，构成产生树脂的网系。轴向树脂道一般星散分布于年轮中，也有呈断续切线状分布的，如云杉；横向树脂道存在于纺锤形木射线中，非常细小，在木材的弦切面上呈褐色小点。

具有正常树脂道的针叶树材，主要有松、云杉、落叶松、黄杉、银杉、油杉等六属。

除正常树脂道外，尚有受伤树脂道，其形成原因是树木受机械损伤、菌类侵袭、火灾、严寒、干旱等影响。总之，凡能破坏树木正常生理活动的，均足以引起受伤树脂道的形成。

## 二、辅助特征

识别木材除上述构造特征之外，还可通过眼、鼻、舌等器官的作用，去观察研究木材的另一些特征，称辅助特征。如颜色、光泽、气味、滋味、纹理、结构、花纹、重量、硬度、髓斑等。

1. 颜色

木材细胞本身无明显的颜色，但因细胞内含有各种色素、树脂、单宁、树胶及油脂等物质，致使木材呈现各种颜色。木材的颜色可作为识别木材的特征之一，识别木材要看新切削材面的颜色。

2. 光泽

木材的光泽是木材细胞壁对光线吸收和反射的结果，观察木材的光泽，应该在新刨切的木材纵切面上进行。

3. 气味

木材本身无味，之所以有各种气味，是由于木材细胞腔所含有的挥发性油、单宁、树脂、树胶等以及细胞壁的沉积物质所致。木材的气味一般是在木材的新制切面为最显著。

4. 滋味

木材的滋味是由于某些可溶的物质沉淀或积聚于木材细胞内或细胞壁上所致，而与木材细胞壁本身无关。木材的滋味，一般是新伐材较干材为显著，边材部分较心材部分为显著。

5. 纹理

木材纹理，简称木纹，是指木材轴向细胞排列的状态。木材的纹理可分两大类：

（1）直纹理：指木材轴向细胞的长轴与树干轴线平行或基本平行的状态。具直纹理的木材强度较大，易于加工。

（2）斜纹理：指木材轴向细胞的长轴与树干轴线呈各种偏斜（即木纹倾斜）的状态。具斜纹理的木材不易加工，刨削面不光滑，干燥时易出现反翘和开裂，但它能刨切成美丽的花纹，适合作装修用材。

斜纹理又可分为六种：

① 螺旋纹理：指木材轴向细胞呈螺旋状排列的状态，仅见于原木的木纹，成材则为斜纹理。

② 交错纹理：指木材轴向细胞在径切面上相互交错排列的状态。

③ 带状纹理：指具交错纹理的木材沿径向锯解，其板材径面呈现出一条色深、一条色浅的状态，形似带状。

④ 波浪纹理：指木材细胞在弦切面上按一定的规律向左右卷曲，但细胞并不互绞，在径切面上貌似波浪的状态。

⑤ 皱状纹理：与波浪纹理的意义基本相同，只是波浪的意义幅度较小。

⑥ 团状纹理：指木材细胞按一定规律沿径向前后卷曲，呈波浪状，由于光线的反射，从弦切面上看，形成许多起伏不平的圆形。

6. 结构

木材的结构是指组成木材各种细胞的大小与组合的状态。

由较多大细胞组成的木材，其材质疏松，称为粗结构；由较多小细胞组成的木材，其材质致密，称为细结构。

结构粗糙不均匀的木材，加工时容易起毛，油漆无光，但花纹悦目；结构细致均匀的木材，易于加工，材面光滑，适合作细木工、雕刻等用材，但花纹简单。

7. 花纹

木材表面因年轮、管孔、木射线、轴向薄壁组织、材色、节疤、斜纹理等而产生的各种图案,称为木材花纹。

木材花纹有下列几种:

(1)银光花纹:指宽木射线在径切面上所显示的、具明显光泽的花纹。

(2)树丫花纹:指沿树木枝丫锯切所显示的花纹。由于木材细胞相互排列成一定角度,形似鱼骨,故又称鱼骨花纹。

(3)鸟眼花纹:指寄生植物寄生于树木的皮部,使局部木材凸陷而成鸟眼状的花纹。

(4)树瘤花纹:树瘤是树木受伤或因病菌而形成的一圆球状凸出物。经锯切或刨切后,材面显示出极为美丽的图案,称为树瘤花纹。

(5)根基花纹:根基部分的木材细胞排列极不规则,经刨切后,可形成悦目花纹,这种花纹称为根基花纹。

8. 重量和硬度

木材的重量一般用密度表示,根据木材气干密度的大小,一般可分为三级:

轻的木材:密度小于 $0.4 \text{ g/cm}^3$。

中等木材:密度 $0.5 \sim 0.8 \text{ g/cm}^3$。

重的木材:密度大于 $0.8 \text{ g/cm}^3$。

木材的硬度是指木材抵抗另一种物体(如钢球)侵入的能力,其精确判断需要用力学试验机测定。

9. 髓斑和色斑

在某些树种的木材横切面上,可以看到褐色弯月状斑点;在纵切面上为长度不定、宽窄不等的深褐色条纹,即为髓斑。

髓斑是伤愈后的薄壁组织,质地松软,分布无规律,常发生在某些特征的树种中,如桦木、椴木等。

## 三、材表特征

原木剥去树皮后的躯干称为材身;材身的表面则称为材表。材表有下列几种类型(图1-5):

1. 槽棱:指木射线在木质部或韧皮部折断的情形。如果射线在木质部内折断,原木材身上则呈槽状或沟状,树皮底上相应呈突棱;反之,木射线在材身呈突棱。

2. 棱条:树干在增长过程中,因受树皮的不平衡压力,使材表形成不规则的纵向凸出条纹,称为棱条。具棱条的树种,树干断面大多数为多边形或不规则形。如鹅耳枥、黄杞、拟赤杨等。

3. 网纹:略宽至中等宽木射线,在材身上排列较整齐,高度较一致,射线间的距离小于或略等于射线的宽度,因而在材身上形成一种形似渔网的图案,称网纹。如山龙眼、银桦、悬铃木等。

4. 细纱纹:中等至细木射线,在材身上排列整齐,高度较一致,其距离宽度大于射线宽度,在材身上形成一种细纱般的网状图案,称为细纱纹,也称灯纱纹。如冬青、朴树、鸭脚木等。

5. 波痕:木射线和轴向分子整齐排列在同一水平上,在材身上出现一种浅色波状线条,称为波痕。如柿树、黄檀、椴木等。

6. 枝刺:材身上不发育短枝或休眠芽所形成的短而小的刺,称为枝刺。如柘树、石楠、紫树等。

7. 乳汁迹:指一种具有乳液痕迹的径向裂隙状的通道或透镜形的孔穴,在木材上具有乳汁痕迹,如灯架木。乳汁迹的特点是具有乳汁管。它们起源于叶及轴芽迹。具乳汁迹的木材,在利用上是个缺陷,不宜做胶合板面板。

8. 平滑:指木材的材表无典型特征、基本是平滑的情形。针叶树材的材表绝大部分是光滑的。

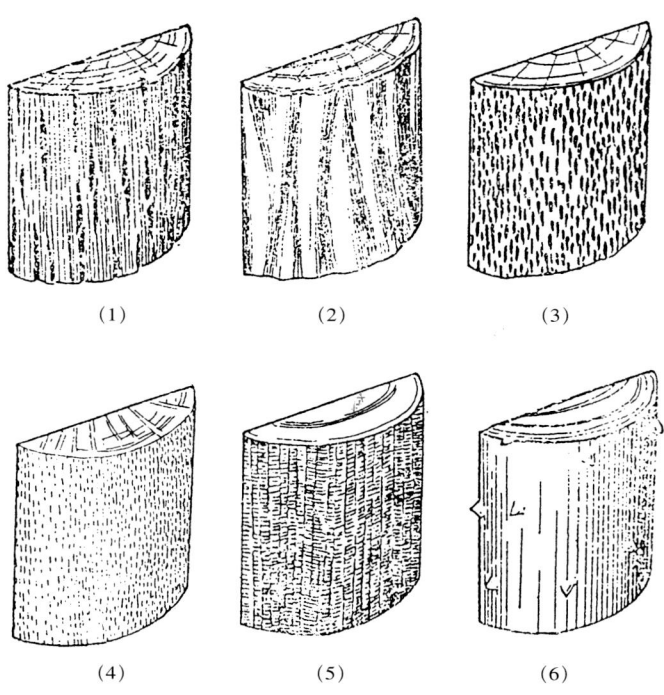

图1-5 材表特征的类型
(1)槽棱;(2)棱条;(3)网纹;(4)细纱纹;(5)波痕;(6)枝刺

# 附录2  我国濒危物种进出口管理办公室行政许可事项公示内容

### 第一项  野生动植物允许进出口证明书核发

**一、实施机关**

中华人民共和国濒危物种进出口管理办公室。

**二、承办机构**

中华人民共和国濒危物种进出口管理办公室及其办事处。

**三、依据**

（一）《中华人民共和国野生动物保护法》；

（二）《中华人民共和国森林法》；

（三）《中华人民共和国野生植物保护条例》；

（四）《濒危野生动植物种国际贸易公约》及其有关决议、决定等。

**四、条件**

（一）申请人资格条件

根据国家有关规定允许从事对外贸易经营活动的公民、法人或者其他组织。

（二）申请人需提交的材料

申请人根据其进出口活动的不同情形，提交以下相关材料：

1. 书面申请。

2. 野生动植物允许进出口证明书申请表。

3. 国务院有关行政主管部门的批准文件。出口国家重点保护野生动植物种标本，以及进出口《濒危野生动植物种国际贸易公约》（以下简称《公约》）附录所列野生动植物种标本的，须提交国务院野生动植物行政主管部门或国务院的批准文件。

4. 进出口合同或协议（进出口个人拥有所有权的野生动植物种标本的情况除外）：

（1）对于商业性进出口的，须提交申请人或代理人与外方签订的进出口贸易合同；属于委托代理进出口的，须提交申请人与代理人签订的进出口委托代理合同或协议。

（2）对于非商业性进出口的，须提交申请人与外方签订的协议。

5. 物种成分含量表和说明书。出口含野生动植物成分的药品、食品等商品的，须提供所涉商品的成分含量表和外包装说明书。

6. 海关证明材料。再出口野生动植物种标本的，须提交经海关签注的原批准进口的野生动植物允许进口证明书和加盖申请人公章（个人拥有所有权的情况除外）的原海关进口货物报关单原件。

7. 境外相关证明文件：

（1）进口《公约》规定豁免的《公约》附录Ⅰ所列野生动植物种标本的，须提交出口国或地区、再出口国或地区的《公约》管理机构签发的批准出口或再出口的相关证明文件。

（2）出口《公约》附录Ⅰ所列野生动植物种标本的（豁免情形除外），或再出口《公约》附录Ⅰ所列活体野生动植物种标本的，须提交进口国或地区的《公约》管理机构签发的进口许可证复印件。

（3）进口《公约》附录Ⅱ、附录Ⅲ所列野生动植物标本的，须提交出口国、再出口国或地区的《公约》管理机构签发的出口许可证复印件或再出口证明书复印件、原产地证书复印件、植物检疫证明书复印件。

（4）涉及与非《公约》缔约国间的《公约》限制进出口的野生动植物种标本的进口、出口或再出口，按《公约》规定提交有关材料。

8. 需提交的其他材料。

**五、数量**

对野生动植物种标本的进出口，实行限额管理等措施，有限制进出口限额的，在限额数量内进行审批；未实行限额管理的，无数量限制。

**六、程序**

（一）申请人向国家濒管办或其指定办事处提出申请（注：指定办事处及其许可范围另行公示）；

（二）国家濒管办可根据需要征求国家濒危物种科学委员会意见，或与《公约》秘书处进行咨询、与进出口国《公约》管理机构对其出具的许可证或证明书进行确认等（该款程序所需时间

不包括在实施许可的规定期限内);

(三)审查合格的,由国家濒管办或其指定办事处向申请人核发《野生动植物允许进出口证明书》;审查不合格的,由国家濒管办或其指定办事处书面通知申请人并说明理由,告知复议或者诉讼权利。

**七、期限**

20个工作日内。经批准可以延长10个工作日。

**八、收费标准和依据**

(一)标准

详见依据。

(二)依据

1.《财政部、国家计委关于调整野生动植物进出口管理费政策有关问题的通知》(财综字 [2000] 75号);

2.《国家计委、财政部关于野生动植物进出口管理收费标准的通知》(计价格 [2000] 1004号);

3.《国家物价局、财政部关于发布中央管理的林业系统行政事业性收费项目及标准的通知》([1992] 价费字196号)。

## 第二项 非进出口野生动植物种商品目录物种证明核发

**一、实施机关**

中华人民共和国濒危物种进出口管理办公室。

**二、承办机构**

中华人民共和国濒危物种进出口管理办公室及其办事处。

**三、依据**

(一)《国务院对确需保留的行政审批事项设定行政许可的决定》(国务院令第412号);

(二)国家濒管办、海关总署《关于统一使用非〈进出口野生动植物种商品目录〉物种证明的函》(濒办字 [1999] 9号);

(三)国家濒管办、海关总署《关于统一使用非〈进出口野生动植物种商品目录〉物种证明的通知》(濒办字 [2001] 67号)。

**四、条件**

(一)申请人资格条件

根据国家有关规定允许从事对外贸易经营活动的公民、法人或者其他组织。

(二)申请人需提交的材料

1. 书面申请。

2. 进出口合同或协议(进出口个人拥有所有权的野生动植物种标本的情况除外)。

3. 省级野生动植物行政主管部门相关证明:

(1)出口人工培植所获的与《国家重点保护野生植物名录》中同名的植物种标本、"国家保护的有益的或者有重要经济、科学研究价值的陆生野生动物名录"中的野生动物种标本的,须提供省级野生动植物行政主管部门出具的物种标本合法来源证明。

(2)进口非《公约》附录陆生野生动物种标本的,须提供省级野生动物行政主管部门出具的进口目的证明。

4. 海关证明文件。再出口与我国《国家重点保护野生植物名录》、《国家重点保护野生动物名录》中同名物种的标本的,需提供加盖申请人公章(个人拥有所有权的情况除外)的原海关进口货物报关单原件。

**五、数量**

无数量限制。

**六、程序**

(一)申请人向国家濒管办或其指定办事处提出申请(注:指定办事处实施许可的地理区域范围另行公示);

(二)审查合格的,由国家濒管办或其指定办事处向申请人核发《非〈进出口野生动植物种商品目录〉物种证明》;审查不合格的,由国家濒管办或其指定办事处书面通知申请人并说明理由,告知复议或者诉讼权利。

**七、期限**

20个工作日内。经批准可以延长10个工作日。

**八、收费标准和依据**

不收取费用。

# 附录3　濒危野生动植物种国际贸易公约（CITES）简介及濒危木材物种进口贸易管理

## 一、什么是CITES？

CITES是濒危野生动植物种国际贸易公约(Convention on International Trade in Endangered Species of Wild Fauna and Flora)的英文缩写。因其签署于华盛顿，又称华盛顿公约。CITES于1973年3月3日签署，1975年7月1日生效。

国际公约：运用法律手段，将保护野生动植物与控制其贸易有机地结合起来，以期达到保护与可持续利用的双赢结果。

## 二、CITES的运行机制

CITES实施分类管理的物种贸易管控机制，其包括以下三个附录。

附录Ⅰ：有灭绝危险的物种，商业性国际贸易被禁止。

附录Ⅱ：尚未濒临灭绝，但需对其贸易严加管理以避免其趋于灭绝的物种，与已经列入附录Ⅰ或附录Ⅱ的物种比较相像的物种，允许其国际贸易但受到控制。

附录Ⅲ：某一国家请求所有缔约国协助其保护的物种，允许其国际贸易但受到控制，对其限制通常小于附录Ⅱ物种。

## 三、我国的履约情况

野生动植物国际贸易量持续增加，保护与利用的矛盾日益突出，公约关注的敏感濒危种越来越多，我国有关管理体系不断完善。1981年1月8日加入公约，成为公约第63个缔约国。1995年，设立国家林业局濒危物种进出口管理中心，对外称中华人民共和国濒危物种进出口管理办公室，代表中国政府履约：核发允许进出口证明书；协调有关部门执法。

## 四、CITES公约对木材物种的管制

截至2016年7月，隶属于24科35属的254种木材物种已被列入CITES公约附录。

附录Ⅰ种类7种，隶属于5科7属。

附录Ⅱ种类234种，隶属11科18属。

附录Ⅲ种类13种，隶属8科10属。

## 五、我国对濒危木材物种进口的管制政策

（1）实行CITES允许进口证明书制度。

（2）实行境外许可证核实确认制度。

（3）实行《进出口野生动植物种商品目录》制度。

（4）实行《非〈进出口野生动植物种商品目录〉物种证明》制度。

## 六、CITES允许进出口证明书适用对象

进出口CITES附录Ⅰ、附录Ⅱ和附录Ⅲ所列野生动植物标本；《公约》规定豁免的物种标本除外；与中国台湾地区的CITES附录物种标本贸易除外。

## 七、非CITES允许进出口证明书适用对象

（1）出口非CITES附录的国家重点保护的野生动植物种及其产品；

（2）与中国台湾地区的CITES附录物种标本贸易；

（3）不适用于出口人工培植来源的与国家重点保护的同名的野生植物；

（4）既是国家重点保护又是CITES附录物种的野生动植物种，适用于CITES允许进出口证明书。

## 八、CITES证明书与非CITES证明书的区别

CITES证明书是经在秘书处注册的标准证书，可在境外流通。境外海关与管理机构有义务和责任对我国的CITES证明书进行查验。

非CITES证明书是为控制和管理我国野生动植物资源出口贸易而产生的许可证件，没有境外流通功能。境外海关与管理机构也没有义务和责任对其进行查验。

在核发濒危木材的CITES允许进口证明书之前，国家濒管办会与出口国管理机构进行联系，核实确实相应CITES出口许可证的真实性和有效性，以防止申请人以欺诈手段骗取CITES允许进口证明书。

# 附录 4　濒危野生动植物种国际贸易公约（CITES）附录（木材物种）

| 附录 I | 附录 II | 附录 III |
|---|---|---|
| **松科 PINACEAE** | | |
| 危地马拉冷杉 *Abies guatemalensis* | | 红松 *Pinus koraiensis*（俄罗斯） |
| **罗汉松科 PODOCARPACEAE** | | |
| 弯叶罗汉松 *Podocarpus parlatorei* | | 百日青 *Podocarpus neriifolius*（尼泊尔） |
| **南洋杉科 ARAUCARIACEAE** | | |
| 智利南洋杉 *Araucaria araucana* | | |
| **红豆杉科 TAXACEAE** | | |
| | 喜马拉雅红豆杉 *Taxus wallichiana* | |
| | 南方红豆杉 *Taxus wallichiana* var. *mairei* | |
| | 东北红豆杉 *Taxus cuspidata* 和本种的种内分类单元 | |
| | 红豆杉 *Taxus wallichiana* var. *chinensis* (*Taxus chinensis*) 和本种的种内分类单元 | |
| | 喜马拉雅密叶红豆杉 *Taxus fuana* 和本种的种内分类单元 | |
| | 苏门答腊红豆杉 *Taxus sumatrana* 和本种的种内分类单元 | |
| **柏科 CUPRESSACEAE** | | |
| 智利柏 *Fitzroya cupressoides* | | |
| 皮格尔柏 *Pilgerodendron uviferum* | | |
| **樟科 LAURACEAE** | | |
| | 玫香安尼樟 *Aniba rosaeodora* | |
| **瑞香科 THYMELAEACEAE (Aquilariaceae)** | | |
| | 沉香属所有种 *Aquilaria* spp. | |
| | 棱柱木属所有种 *Gonystylus* spp. | |
| | 拟沉香属所有种 *Gyrinops* spp. | |
| **蔷薇科 ROSACEAE** | | |
| | 非洲李 *Prunus africana* | |
| **豆科 LEGUMINOSAE** | | |
| 巴西黑黄檀 *Dalbergia nigra* | 巴西苏木 *Caesalpinia echinata* | 达里黄檀 *Dalbergia darienensis* [巴拿马种群（巴拿马）] |

(续表)

| 附录Ⅰ | 附录Ⅱ | 附录Ⅲ |
|---|---|---|
| | 黄檀属所有种 Dalbergia spp.（马达加斯加种群） | 巴拿马二翅豆 Dipteryx panamensis（哥斯达黎加、尼加拉瓜） |
| | 交趾黄檀 Dalbergia cochinchinensis | 危地马拉黄檀 Dalbergia tucurensis |
| | 中美洲黄檀 Dalbergia granadillo | 刺猬紫檀 Pterocarpus erinaceus |
| | 微凹黄檀 Dalbergia retusa | |
| | 伯利兹黄檀 Dalbergia stevensonii | |
| | 大美木豆 Pericopsis elata | |
| | 膜荚豆 Platymiscium pleiostachyum | |
| | 檀香紫檀 Pterocarpus santaliuns | |
| 楝科 MELIACEAE | | |
| | 墨西哥桃花心木 Swietenia humilis | 劈裂洋椿 Cedrela fissilis（玻利维亚） |
| | 大叶桃花心木 Swietenia macrophylla（新热带种群） | 阿根廷洋椿 Cedrela lilloi（玻利维亚） |
| | 桃花心木 Swietenia mahagoni | 香洋椿 Cedrela odorata（巴西和玻利维亚；哥伦比亚、危地马拉和秘鲁也将其国家的种群列入） |
| 胡桃科 JUGLANDACEAE | | |
| | 枫桃 Oreomunnea pterocarpa | |
| 蒺藜科 ZYGOPHYLLACEAE | | |
| | 萨米维腊木 Bulnesia sarmientoi | |
| | 愈疮木属所有种 Guaiacum spp. | |
| 木兰科 MAGNOLIACEAE | | |
| | | 盖裂木 Magnolia liliifera var. obovata（尼泊尔） |
| 水青树科 TROCHODENDRACEAE (Tetracentraceae) | | |
| | | 水青树 Tetracentron sinense（尼泊尔） |
| 多柱树科 CARYOCARACEAE | | |
| | 多柱树 Caryocar costaricense | |
| 柿树科 EBENACEAE | | |
| | 柿属所有种 Diospyros spp.（马达加斯加种群） | |
| 檀香科 SANTALACEAE | | |
| | 东非沙针 Osyris lanceolata（布隆迪、埃塞俄比亚、肯尼亚、卢旺达、乌干达和坦桑尼亚联合共和国种群） | |
| 壳斗科 FAGACEAE | | |
| | | 柞木 Quercus mongolica（俄罗斯） |
| 木犀科 OLEACEAE | | |
| | | 水曲柳 Fraxinus mandshurica（俄罗斯） |

# 参 考 文 献

1. 阿平.名贵木材鸡翅木.中国木材 [J]，2000（5）：19-20.
2. 柴修武.阔叶树木材横断面识别图.北京：中国林业科学研究院木材工业研究所，1986.
3. 陈嘉宝.马来西亚和圭亚那木材的识别、性质和用途.江西木材工业研究所，1976.
4. 成俊卿，杨家驹，刘鹏.中国木材志 [M].北京：中国林业出版社，1992.
5. 成俊卿.中国热带及亚热带木材 [M].北京：科学出版社，1980.
6. 范银甫.新编木材专业技术手册 [M].北京：中国物资出版社，1991.
7. 洪少友.婆罗洲铁木——坤甸.中国木材 [J]，2002（1）：19.
8. 季仰虹.常用装潢用木材树种名称、材性、用途的介绍.中国木材 [J]，2000（1）：38-44.
9. 江西省木材工业研究所译.新几内亚、巴布亚和沙捞越木材的性质和用途.江西省木材工业研究所，1972.
10. 江泽慧，彭镇华.世界主要树种木材科学特性 [M].北京：科学出版社，2001.
11. 姜笑梅，张立非，刘鹏.拉丁美洲热带木材 [M].北京：中国林业出版社，1999.
12. 林仰三.试论柚木的宏观识别特征.中国木材 [J]，1997（1）：39-40.
13. 刘鹏，姜笑梅，张立非.非洲热带木材 [M].北京：中国林业出版社，1996.
14. 刘鹏，杨家驹，卢鸿俊.东南亚热带木材 [M].北京：中国林业出版社，1993.
15. 潘彪，洛嘉言.加纳主要商用材的特性和用途.中国木材 [J]，1998（4）：29-34.
16. 全日本检数协会.新输入原木图鉴（改订版）[M].1996.
17. 沈思曜.铁线子属木材介绍.中国木材 [J]，1996（5）：41-42.
18. 苏玉贞，李向光，王廷本.红花梨.中国木材 [J]，2001（5）：10-11.
19. 天河出版社编辑委员会.经济木材图鉴（彩色版）[M].台北：台北天河出版社，1975.
20. 汪师孟.中国进口材 [M].北京：学苑出版社，1991.
21. 王廷本，李向光.金莲木——西非典型树种.中国木材 [J]，2000（6）：7-8.
22. 王廷本.紫酸枝.中国木材 [J]，2002（2）：18-19.
23. 卫广扬，唐汝明，江泽慧等.东南亚木材——识别与用途 [M].合肥：安徽科学技术出版社，1988.
24. 温乃明，王廷本.风车木.中国木材 [J]，2003（3）：15.
25. 伍蔚威.巴新主要用材树种的材性和用途.中国木材 [J]，1999（2）：36-44.
26. 须藤彰司.南洋材 [M].日本：日本地球社，1970.
27. 徐永吉，何迅.世界名木乌木类（Ebony）木材探究.中国木材 [J]，2000（4）：8-9.
28. 徐永吉.木材学 [M].南京：南京林业大学，2000.
29. 杨家驹，卢鸿俊，高永发.国外商用木材拉汉英名称 [M].北京：中国林业出版社，1993.
30. 中华人民共和国国家质量监督检验检疫总局.中华人民共和国国家标准GB/T 18513—2001 [S].中国主要进口木材名称.北京：中国标准出版社，2002.
31. 周正，陈喜军，薛茂贤.世界主要用材树种概论 [M].北京：中国林业出版社，1997.
32. Association Internationale Technique des Bois Tropicaux (ATIBT). Tropical Timber Atlas: Volume One-Africa. Paris, 1990.
33. Bolza E. and Keating WG. African Timbers: The Properties, Uses and Characteristics of 700 Species. Melbouren-Australia: CSIRO, Division of Building Research, 1972.
34. Burgess P F. Timber of Sabah. Malaysia: The Forest Department, Sabah, 1966.
35. Eddowes P. J. Commercial Timbers of Papua New Guinea. Office of Forests, Papua New Guinea, 1977.
36. H Super Group. Guide to the Use of West African Hardwood for Structural Purposes, Timber Research & Development Association (TRADA), 1975.
37. Patterson D. Commercial Timbers of the World. Cambridge UK: Gower Technical Press, 1988.